Unanue · Benacerraf
Immunologie

Emil R. Unanue
Baruj Benacerraf

Immunologie

2., verbesserte und erweiterte Auflage

übersetzt von
Helmut Hahn und Stefan H. E. Kaufmann

W DE G
Walter de Gruyter
Berlin · New York 1987

Titel der Originalausgabe
Textbook of Immunology, Second Edition
Williams & Wilkins, Baltimore/London

428 East Preston Street, Baltimore, MD 21202, USA

Autoren der Originalausgabe
Emil R. Unanue, M.D.
Department of Pathology
Harvard Medical School
Boston, Massachusetts

Baruj Benacerraf, M.D.
Department of Pathology
Harvard Medical School
Dana-Faber Cancer Institute
Boston, Massachusetts

Übersetzer
Helmut Hahn, Dr. med.
o. Professor für Medizinische Mikrobiologie
Institut für Medizinische Mikrobiologie
Freie Universität Berlin
1000 Berlin 45

Stefan H. E. Kaufmann, Dr. rer. nat.
Professor für Medizinische Mikrobiologie und Immunologie
Abteilung für Medizinische Mikrobiologie und Immunologie
Universität Ulm
7900 Ulm

1. Auflage 1982
1. Nachdruck 1985
2. Auflage 1987

CIP-Kurztitelaufnahme der Deutschen Bibliothek

Unanue, Emil R.:
Immunologie / Emil R. Unanue ; Baruj Benacerraf. Übers. von Helmut Hahn u. Stefan H. E. Kaufmann. - 2., verb. u. erw. Aufl. -
Berlin ; New York : de Gruyter, 1987.
Einheitssacht.: Textbook of immunology ⟨dt.⟩
1. Aufl. u.d.T.: Benacerraf, Baruj: Immunologie
ISBN 3-11-011279-5
NE: Benacerraf, Baruj:

Printed in Germany.
Satz: Appl, Wemding. - Druck: Mercedes-Druck, Berlin. - Bindearbeiten: Dieter Mikolai, Berlin.

Vorwort der Übersetzer zur zweiten Auflage

Die Immunologie befindet sich weiterhin in einer Phase rascher Entwicklung. Es ist daher erfreulich, daß die Verfasser dieses Buches, Emil Unanue und Baruj Benacerraf, die Mühe auf sich genommen haben, eine zweite Auflage herauszubringen. In dieser Auflage wurden neue Erkenntnisse der Immunologie berücksichtigt und eingearbeitet. Wir haben daher gern die Chance wahrgenommen, auch die zweite Ausgabe ins Deutsche zu übersetzen und hoffen, daß damit Mediziner und Naturwissenschaftler nicht nur zu den Grundlagen der Immunologie einen Zugang finden, sondern auch zu aktuellen Fragen eine Antwort erhalten.

Ulm, Berlin
Juli 1987

Stefan H. E. Kaufmann
Helmut Hahn

Vorwort zur zweiten amerikanischen Ausgabe

In der vorliegenden Auflage haben wir mehrere Änderungen vorgenommen, um der Fülle an neuen Informationen, die während der letzten Jahre verfügbar wurden, gerecht zu werden. Dieses Buch ist weiterhin als Einführung in die Immunologie gedacht, in dem in erster Linie immunologische Grundphänomene behandelt werden. Die meisten Ergänzungen und Änderungen waren auf dem Gebiet der Immunglobulin-Gene, der Histokompatibilität und der T-Zellfunktion nötig. Die beiden letztgenannten Gebiete werden in vier Kapiteln schrittweise behandelt. Zuerst beschreiben wir die Histokompatibilitäts-Gene und Moleküle (Kap. 6) und danach deren Rolle bei der Transplantation und bei der Kontrolle zellulärer Interaktionen (Kap. 6, 7 und 8). In Kap. 10 gehen wir schließlich auf die Funktion der Immunantwort-Gene ein.

Den vielen Kollegen, die uns bei der Erstellung des Buchs halfen, sind wir dankbar.

Dr. K. J. Bloch überarbeitete Kap. 3 und zusammen mit Dr. S. Canelosi einen Großteil von Kap. 4. Dr. K. F. Austen überarbeitete Kap. 12 und Dr. F. S. Rosen Kap. 15. Dr. R. N. Germain verfaßte Teile von Kap. 11. Weiterhin danken wir Dr. M. E. Dorf, Dr. E. J. Yunis und Dr. E. Kabat für ihre Hilfe bei der Erstellung dieser Auflage. G. F. Schreiner und F. S. Rosen lasen die meisten Kapitel und halfen uns bei vielen wissenschaftlichen und redaktionellen Fragen. Wir danken P. Battaglino, die die neuen Abbildungen für diese Ausgabe zeichnete. Schließlich sind wir B. K. Gricus zu großem Dank verpflichtet, die das ganze Buch tippte und uns bei vielen redaktionellen Fragen hilfreich zur Seite stand.

Boston, Massachusetts
November 1983

Emil R. Unanue
Baruj Benacerraf

Vorwort zur ersten amerikanischen Ausgabe

Für Medizin- und Biologiestudenten sind gewisse Kenntnisse auf dem Gebiet der Immunologie heute unumgänglich. So haben immunologische Arbeitsmethoden Eingang in die verschiedensten Bereiche von Biologie und Medizin gefunden und sind dort unersetzbar geworden, und umgekehrt werden grundlegende Arbeitsmethoden der Biochemie, Genetik, Zellbiologie und Pathologie auch in der Immunologie eingesetzt. Diese Methoden haben viel dazu beigetragen, komplexe Zusammenhänge in der Immunologie aufzuklären. Differenzierungsvorgänge des lymphatischen Systems und die einzelnen Funktionen der Lymphozyten stellen ausgezeichnete Modelle für das Studium komplexer zellulärer Systeme dar. So sind die Wechselwirkungen zwischen diesen Zellen und die genetischen Grundlagen, die den einzelnen Phänomenen zugrunde liegen, exemplarisch für zahlreiche Differenzierungssysteme. Auch die genetischen Grundlagen, die für die Diversität der Bindungsstellen der Immunglobuline verantwortlich sind, haben für Molekularbiologen und Genetiker allgemeines Interesse, und die Untersuchungen zum Komplementsystem und der Anaphylaxie ermöglichen ein besseres Verständnis der Entzündungsreaktionen und der Gewebepathologie.

Mit diesem Buch wird versucht, den Medizin- und Biologiestudenten einen Überblick über die so schnell wachsende Forschungsrichtung Immunologie zu geben. Die ausgewählten Kapitel decken das Feld der Immunologie weitgehend ab. Es werden die grundlegenden immunologischen Phänomene, die Biochemie der Antikörper und Antigene, immunologische Techniken, die zellulären und genetischen Grundlagen der Immunantwort und schließlich die Immunpathologie beschrieben. Der angebotene Stoff sollte für ein tieferes Verständnis der Immunologie ausreichen. Auch als Einführung in weitergehende Studien ist das Buch gedacht.

Dieses Lehrbuch basiert auf Vorlesungen eines Einführungskurses in die Immunologie der Harvard Medical School, Boston. Die einzelnen Kapitel dekken sich in etwa mit dem angebotenen Unterrichtsstoff und werden auch in der gleichen Reihenfolge dargeboten.

Zahlreiche Kapitel wurden von Professoren der Harvard Medical School verfaßt. Dr. Kurt J. Bloch schrieb die Kapitel über Antikörperstruktur und immunologische Techniken; Dr. K. Frank Austen das Kapitel über Komplement; Dr. Fred S. Rosen das Kapitel über Immundefizienz und Dr. Ronald N. Germain das Kapitel über die Tumorimmunität. Weiter waren an der Abfassung des Textes Dr. Kenneth A. Ault, Dr. Martin E. Dorf, Dr. Eric Martz und Dr. Edmond J. Yunis beteiligt, denen wir an dieser Stelle danken möchten. Zum Schluß möchten wir auch den Medizinstudenten der Harvard-Universität danken, die uns durch ihre Kritik eine wertvolle Hilfe waren.

Boston, Massachusetts, September 1979 *Baruj Benacerraf · Emil R. Unanue*

Inhaltsverzeichnis

1 Immunologie: Prinzipien und Phänomene

Dieses Kapitel gibt eine kurze Übersicht über die wichtigsten Phänomene der humoralen und zellulären Immunologie. Es ist als Einleitung gedacht und einer detaillierten Beschreibung der an der Immunität beteiligten Zellen und Moleküle vorangestellt.

Historisches

Die Wissenschaft der Immunologie wurzelt in der uralten Beobachtung, daß Patienten, die eine Infektionskrankheit überwunden haben, selten noch einmal daran erkranken.

Als selbständige Wissenschaft ist die Immunologie noch relativ jung. Ihren Beginn kann man im 18. Jahrhundert ansetzen, als in England gehäuft Pockenepidemien auftraten. Die Pocken stellen eine ernste Viruserkrankung mit charakteristischen ansteckenden Läsionen in Haut und inneren Organen dar. In der Epidermis entstehen Bläschen, die später aufbrechen, eitern und vernarben. Zu jener Zeit kam die Praxis der „Variolation" zur Pockenverhütung auf, die ihren Ursprung im Vorderen Orient hatte. Der infektiöse Pockeninhalt wurde auf ein Individuum übertragen, um eine begrenzte Infektion hervorzurufen. Die so vorbehandelten Personen waren gegen eine schwere Pockenerkrankung, wie sie bei Epidemien auftraten, gefeit. Die Variolation war aber nur von geringem Erfolg, da es schwierig war, das Ausmaß der Infektion in jedem Fall zu kontrollieren und häufig schwerwiegende Erkrankungen ausgelöst wurden. Edward Jenner versuchte als erster, gegen eine Infektionskrankheit mit einem attenuierten (also abgeschwächten) Mikroorganismus zu immunisieren. Zu jener Zeit herrschte jedoch noch kein Verständnis dafür, daß Mikroorganismen Infektionskrankheiten hervorrufen. Als Jenner junger Assistenzarzt war, kam ein Landmädchen zu ihm und erzählte ihm, daß sie nicht mehr an echten Pocken erkranken könne, da sie schon Kuhpocken gehabt habe. Kuhpocken werden durch Viren hervorgerufen und kamen damals häufig bei Milchmägden vor. Kuhpockenviren und die echten Pockenviren besitzen mehrere Antigene gemeinsam. Nach langem Experimentieren injizierte Jenner schließlich einem Jungen namens James Phipps kuhpockenhaltiges Material in der Hoffnung, hierdurch gegen echte Pocken Schutz hervorzurufen. Jenners Versuche verliefen erfolgreich, und er zog daraus den Schluß, daß die harmlosen Kuhpocken gegen die ernste Pockenkrankheit schützen können. 1798 publizierte er seine klassische Arbeit: „An inquiry into the causes and effects of the variolae vacciniae".

Weniger als zwei Jahrhunderte später konnte die Weltgesundheitsorganisation die Pocken aufgrund eines weltweiten Impfprogramms als ausgelöscht erklären.

Der nächste große Fortschritt im Verständnis des Jennerschen Experiments kam viele Jahre später mit der Keimtheorie von Infektionskrankheiten, die im wesentlichen auf den experimentellen Arbeiten von Louis Pasteur fußte. Pasteur war anfangs an Bakterien und ihren Pathogenitätsmechanismen interessiert. Später beschäftigte er sich jedoch zunehmend mit der Verhütung von Infektionskrankheiten und wurde so der erste große Experimentalimmunologe. Obwohl man damals verhältnismäßig wenig darüber wußte, wie Bakterien Krankheiten hervorrufen, erkannte Pasteur, daß Immunisierungsmethoden entwickelt werden können. Diese leitete er aus der Beobachtung ab, daß sich bei Hühnchen durch die Gabe attenuierter oder modifizierter Cholera-Stämme eine Immunität gegen Cholera hervorrufen ließ. Diese Immunität war mit derjenigen nach Infektion mit virulenten Organismen vergleichbar. Die attenuierten Stämme waren damit in der Lage zu immunisieren, ohne die Krankheit hervorzurufen. Pasteurs Versuche trugen zum Verständnis von Jenners Vaccinationsexperimenten bei, und Pasteur nannte die Prophylaxe-Methode zu Ehren von Jenner *Vaccination*. Bei der Vaccination oder Schutzimpfung wird durch Injektion eines Mikroorganismus oder seiner Produkte Immunität gegen den gleichen Mikroorganismus hervorgerufen. Aus dem Gesagten wird ersichtlich, daß die Immunologie in ihren Anfängen als eine Teildisziplin der Bakteriologie entstanden ist und sich ursprünglich vorwiegend mit Untersuchungen über die Entwicklung der Immunität und der spezifischen Abwehrmechanismen gegen infektiöse Agentien und ihre toxischen Produkte beschäftigte. In dieser Phase der immunologischen Forschung war die Entdeckung der Antikörper ein entscheidender Fortschritt. 1888 zeigten Roux und Yersin am Pasteur-Institut, daß Toxine des Diphtherie-Erregers im Kulturfiltrat vorkommen, und sie konnten nachweisen, daß die Immunität gegen dieses Toxin mit dem Auftreten einer spezifischen neutralisierenden Substanz (des Anti-Toxins) im Blut eines immunen Tieres korreliert. Hierauf beruht das Konzept der Antikörper. Antitoxin-Immunität konnte mit Immunserum passiv auf nicht-immune Tiere übertragen werden. Dieser Versuch wurde erstmalig von v. Behring und Kitasato 1890 am Robert-Koch-Institut in Berlin für das Tetanus-Antitoxin durchgeführt. Die spezifischen Substanzen im Serum eines immunen Tieres, die für die passive Immunisierung verantwortlich waren, wurden Antikörper genannt und zum Objekt intensiver Forschung. Antikörper konnten:

1. Toxine neutralisieren;
2. Bakterien agglutinieren;
3. zusammen mit normalem Serum Bakterien abtöten und lysieren. Die Komponenten des normalen Serums, die für die Lyse notwendig waren, waren hitzelabil. Sie wurden anfangs *Alexine* und später von Bordet, der diese Fähigkeit des normalen Serums entdeckt hatte, *Komplement* genannt;

4. Bakterien opsonisieren, so daß diese von Makrophagen oder polymorphkernigen Phagozyten phagozytiert wurden;
5. passiv anaphylaktische Reaktionen übertragen.

Diese Phänomene zeigen eine außerordentliche Spezifität. Bei einem Patienten, der Immunität entwickelt, führen sie zum Schutz gegen Krankheiten und stellen damit einen zentralen Verteidigungsmechanismus gegen bestimmte infektiöse Agentien dar. Da Immunseren mit diesen charakteristischen Eigenschaften passiv Immunität übertragen können, nennt man diese Art der Immuntherapie, die auch heute noch angewandt wird, Serumtherapie.

Michael Heidelberger entdeckte, daß spezifische Proteine das stoffliche Substrat der Antikörper-Eigenschaften eines Antiserums darstellen. Heidelberger zeigte, daß die Kapsel-Polysaccharide von Pneumokokken mit spezifischen Serum-Proteinen aus Anti-Pneumokokken-Antiseren vom Kaninchen präzipitieren. Diese Protein-Antikörper sind Moleküle, die für die Präzipitation, Agglutination und Komplement-Bindung durch ein spezifisches Antiserum verantwortlich sind. Später fanden A. Tiselius und E. Kabat, daß die meisten Antikörper eines hyperimmunen Antiserums in der Elektrophorese als Gamma-Globuline wandern. In den folgenden Jahrzehnten waren die Immunologen hauptsächlich damit beschäftigt, die Eigenschaften und Strukturen der Antikörper, die Antikörper-Synthese und das Komplement-System zu analysieren.

Antikörper und Antigene

Antikörper sind Moleküle, deren Synthese durch Injektion eines Antigens stimuliert wird und die Spezifität für dieses Antigen besitzen. Antigene sind Moleküle, die nach Gabe in ein geeignetes Versuchstier die Synthese spezifischer Antikörper (bzw. spezifischer T-Lymphozyten, s. unten) stimulieren, welche wiederum mit dem Antigen in spezifischer Weise reagieren können. Die Antikörper-Struktur und die verschiedenen Klassen, denen sie angehören, werden in Kap. 3 besprochen. Für den Augenblick reicht es aus, folgendes festzustellen: Antikörper reagieren mit ihrem korrespondierenden Antigen über Antigen-Bindungsstellen. Ein Antikörpermolekül besteht aus zwei identischen „Molekülhälften", die jeweils eine schwere und eine leichte Kette enthalten. Jede Hälfte bindet eine Antigendeterminante an dem Ende, an dem die schwere und leichte Kette die Antigenbindungsstelle bilden. Eine *Determinante* stellt einen kleinen Antigenabschnitt dar, der bei Proteinen einige Aminosäuren lang ist. Ein Antikörper kann daher zwei identische Antigendeterminanten binden.

Die Wechselwirkung zwischen Antikörper und Antigen hängt von der sterischen Konfiguration beider Moleküle ab, die eine enge Bindung zwischen der Bindungsstelle des Antikörpers und der korrespondierenden Determinante des Antigens (s. unten) zulassen.

Neben der Fähigkeit, Antigen zu binden, besitzen Antikörper noch eine weitere bedeutende Eigenschaft: Sie können mit den Zellen und löslichen Faktoren der Entzündungsreaktion interagieren und auf diese Weise wichtige biologische Phänomene auslösen. Hierzu gehören u.a. die *Lyse* von Zielzellen, die *Phagozytose* und die *Degranulation* (d.h. die Sekretion intrazellulärer Bestandteile) von Neutrophilen, Makrophagen und Mastzellen. Antikörpermoleküle können in fünf Hauptklassen aufgeteilt werden, die als IgG, IgM, IgD, IgA und IgE bezeichnet werden. Antikörperklassen unterscheiden sich in der Struktur der schweren Ketten. Obwohl Antikörper aller Klassen ein bestimmtes Antigen mit der gleichen Spezifität binden können, bewirkt jede Antikörperklasse andere biologische Phänomene. Das Antikörpermolekül besitzt daher zwei verschiedene Fähigkeiten: Zum einen bindet es spezifisch ein ganz bestimmtes Antigen, zum anderen reagiert es unspezifisch mit Entzündungszellen und/oder löslichen Serumbestandteilen.

Es soll hierbei nicht unerwähnt bleiben, daß praktisch alle natürlichen Antigene zahlreiche antigene Determinanten tragen, von denen jede einen spezifischen Antikörper induzieren kann. Daher ist die Antikörper-Antwort gegen das Antigen im allgemeinen heterogen. Zusätzlich aber sind auch die Antikörper gegen eine einzelne Determinante heterogen, wenn man ihre Bindungsaffinität betrachtet. Diese Tatsache spiegelt die Aminosäurensequenz der Bindungsstelle des Antikörpers für Antigen wider (s. Kap.3). Das Antikörper-Repertoire ist demnach enorm groß. Es deckt einen weiten Bereich ab und weist gleichzeitig hohe Spezifität auf. Wir müssen uns vorstellen, daß die Antikörperantwort gegen ein bestimmtes Antigen in der Produktion von Antikörpern mit verschiedenen Affinitäten zu den verschiedenen Determinanten des Antigens besteht. Daher ist zu erwarten, daß Antikörper gegen Moleküle mit verwandten Strukturen bis zu einem bestimmten Grad kreuzreagieren, obwohl man mit Hilfe von Absorptionsversuchen zeigen kann, daß eine kleine Population innerhalb dieser Antikörpergruppe exklusiv-spezifisch für das immunisierende Antigen ist. Das Ausmaß der Kreuzreaktionen hängt von der strukturellen Ähnlichkeit der Antigene ab. So wird beispielsweise Rinder-(bovines)Serumalbumin (BSA) und Human-Serumalbumin (HSA) die Synthese von Kaninchen-Antikörpern stimulieren, die eine hohe Kreuzreaktivität zeigen, während Anti-Human-Serumalbumin- und Anti-Human-Gammaglobulin (HGG)-Antikörper nicht kreuzreagieren.

Welche Eigenschaften des Antigens sind für die Immunogenität von Bedeutung? Im Kap. 2 soll diese Frage näher untersucht werden. Es läßt sich aber schon jetzt feststellen, daß im allgemeinen folgende Molekülgruppen antigene Wirkung besitzen:

1. Körperfremde Proteine und Polypeptide mit einer Größe von mehr als acht Aminosäuren;
2. Polysaccharide, die sich aus regelmäßig wiederkehrenden Struktureinheiten aufbauen.

Im allgemeinen sind niedermolekulare Verbindungen, Lipide und Nukleinsäuren nicht immunogen (Haptene), können sich aber nach Bindung an einen immunogenen Protein-Träger als antigene Determinanten verhalten und die Bildung spezifischer Antikörper gegen sich selbst induzieren. Das Studium der Antikörper-Spezifitäten hängt sehr vom Verständnis der Antigen-Determinanten ab. Wir verdanken Karl Landsteiner die Entdeckung, daß definierte Chemikalien, wie z. B. 2,4-Dinitrofluorbenzol, kovalent an immunogene Moleküle gebunden werden können, und daß so neue Antigene entstehen. Die Immunantwort gegen derartige Antigene richtet sich gegen die neu eingeführte chemische Gruppe. Eine Determinante, die selbst nicht in der Lage ist, eine Immunantwort zu stimulieren, aber mit Antikörpern reagieren kann, wird Hapten genannt. So reagieren z. B. Antikörper gegen DNP-BSA mit DNP-HGG (DNP = Dinitrophenyl-Rest).

Die Reaktion von löslichem DNP-HGG mit den homologen Antikörpern führt unter geeigneten Bedingungen zu der Bildung eines Aggregats, das größer wird und schließlich ausfällt (s. Kap. 4). Diese Reaktion wird durch DNP-Lysin verhindert (s. Kap. 2). Wenn Haptene an einen immunogenen Träger gekoppelt werden, entsteht aus beiden ein Vollantigen, und das gebundene Hapten heißt jetzt antigene Determinante. Die Trennung, welche zwischen Antikörper-Spezifität für Haptene und Immunogenität besteht, weist darauf hin, daß auf zellulärer Ebene bei der Antikörper-Induktion separate Erkennungssysteme für das Hapten und das Trägermolekül existieren. Diese Frage wird im Kap. 8 ausführlich besprochen. Die Immunogenität eines Moleküls hängt entscheidend davon ab, wie weit sich ein Molekül von den Komponenten des Wirts unterscheidet, da man im allgemeinen davon ausgehen kann, daß unter Normalbedingungen autologe Komponenten, welche zwar für eine fremde Spezies starke Antigene darstellen, im eigenen Wirt nicht immunogen wirken.

Die primäre und sekundäre Antikörper-Antwort

Injiziert man ein konventionelles Antigen in ein Versuchstier, welches mit diesem Antigen noch nie in Kontakt gekommen war, so beobachtet man eine Latenzphase von mehreren Tagen, in der man weder Antikörper noch antikörperproduzierende Zellen nachweisen kann. Je empfindlicher die Nachweismethode, desto kürzer scheint die Latenzphase zu sein; sie unterschreitet jedoch selten drei bis vier Tage. Danach steigt der Antikörper-Spiegel im Serum exponentiell an, erreicht sein Maximal-Niveau und fällt dann wieder ab. Man nennt dies die *Primärantwort*. Die Primärantwort liefert hauptsächlich IgM-Antikörper und manchmal auch einen kleinen Anteil von IgG-Antikörpern, die später auftreten, und zwar in Abhängigkeit von Antigenart, Dosierung und Applikationsweg. Läßt man das Tier jetzt in Ruhe, bis die Antikörper-Konzentration auf sehr niedrige oder nicht mehr nachweisbare Werte abgefallen ist und injiziert dann die gleiche oder eine geringere Menge des gleichen Antigens, dann entwickelt sich die zweite Antikörper-Antwort viel rascher und stärker. Die Latenzphase ist viel kürzer, und der Hauptanteil der gebildeten Antikörper besteht aus IgG-Antikörpern. Nachdem diese sogenannte *sekundäre* oder *anamnestische Antwort* ihren Höhepunkt erreicht hat, fällt der Antikörper-Spiegel viel langsamer ab. Es besteht also ein immunologisches Gedächtnis, das sich nach dem ersten Antigenkontakt ausbildet. Auf ihm beruhen alle prophylaktischen Immunisierungsprozeduren.

Die genannten, im Serum ablaufenden Ereignisse spiegeln die zelluläre Dynamik der Immunantwort wider. Auf zellulärer Ebene stellt die Antikörper-Antwort

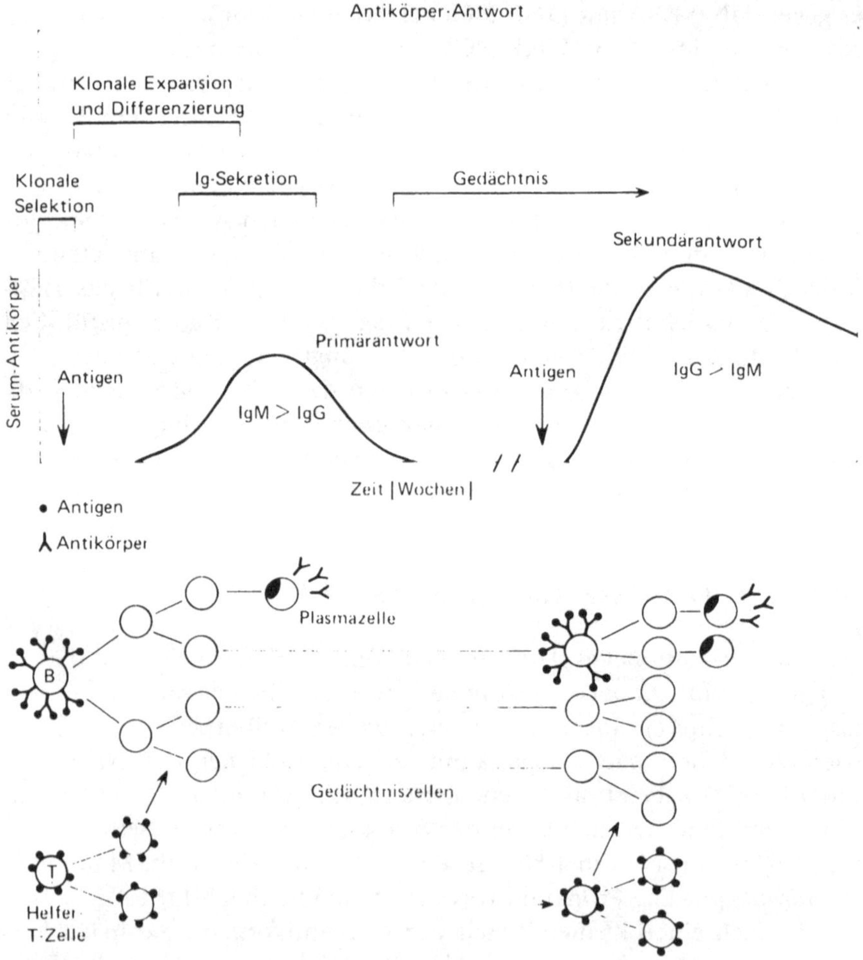

Abbildung 1.1 Serum-Antikörper-Antwort gegen ein konventionelles thymusabhängiges Antigen. Im oberen Teil der Abbildung sind die Serum-Antikörper-Spiegel nach Primär- und Sekundär-Immunisierung dargestellt. Der untere Teil der Abbildung illustriert die zellulären Ereignisse bei der Immunantwort.

das Resultat aus der Reaktion von Antigen mit spezifischen Lymphozyten unter entsprechenden Bedingungen dar (s. Kap. 5 und 8). Nach Antigenstimulation differenzieren sich entsprechende Lymphozyten zu antikörperproduzierenden Zellen (Plasmazellen). Außerdem entstehen Lymphozyten, die für das immunologische Gedächtnis verantwortlich sind. Das immunologische Gedächtnis geht auf eine Expansion der Lymphozyten-Population zurück, welche für das immunisierende Antigen spezifisch ist und durch die Erststimulation induziert wurde (s. Abb. 1.1).

Eine wichtige Eigenschaft der Antikörper-Antwort ist die Zunahme der durchschnittlichen Affinität des Antikörpers zum Antigen im Verlauf der Immunantwort. Man bezeichnet diesen Vorgang im allgemeinen als *Reifung der Immunantwort*. Eine derartige Steigerung der Antikörper-Affinität wurde bei konventionellen Antigenen, wie dem Diphtherietoxin oder Influenza-Viren, aber auch bei Hapten-Protein-Konjugaten, beobachtet. Gregory Siskind und Herman Eisen haben genaue Affinitätsmessungen mit Antigen-Hapten-Antikörpern durchgeführt und festgestellt, daß im Verlauf einer Immunantwort die Affinität der späten Antikörper um etwa das 10000fache zunahm. Dieses Phänomen ist von der verwendeten Antigen-Dosis abhängig: Bis zu einem bestimmten Wert verläuft die Reifung der Antikörper-Affinität um so schneller, je weniger Antigen eingesetzt wird; setzt man jedoch zu wenig Antigen ein, dann erreicht die Antikörper-Affinität nicht mehr das optimale Maß.

Die beschriebene Zunahme der Antikörper-Affinität im Verlauf eines Immunisierungsprozesses ist deshalb von außerordentlicher Bedeutung, weil der Wirksamkeitsgrad der humoralen Immunität mindestens genausosehr von der Affinität der Antikörper zum Antigen abhängt wie von der produzierten Antikörper-Menge. Bei den meisten Abwehrmechanismen, an denen Antikörper beteiligt sind, kommen nämlich in den Körperflüssigkeiten nur sehr niedrige Antikörper- und Antigen-Konzentrationen vor.

Die Zellen des Immunsystems

Die Ereignisse im Serum spiegeln das Geschehen auf zellulärer Ebene während der Immunantwort wider. Eine Immunantwort beruht im Prinzip darauf, daß Antigen mit *Lymphozyten* reagiert, welche spezifische Proteinrezeptoren auf der Zellmembran tragen. Lymphozyten gehören zu einer extrem heterogenen Zellpopulation, die aus zwei Hauptgruppen besteht, die als T-Zellen und B-Zellen bezeichnet werden. T-Zellen stammen vom Thymus ab, in dem sie heranreifen und nach Interaktion mit den Stromazellen differenzieren. Die reifen T-Zellen verlassen den Thymus und zirkulieren kontinuierlich zwischen Blut und Lymphe. Wir können drei T-Zellsubpopulationen unterscheiden: *T-Helferzellen*, *T-Suppressorzellen* und *zytotoxische* oder *zytolytische T-Zellen*. Wie der Name andeutet, helfen T-Helferzellen anderen Zellen und regulieren deren Funktion. Dies bewirkt, daß B-Zellen Antikörper sezernieren, zytotoxische T-Zellen funktionsfähig werden und Makrophagen aktiviert werden. Zahlreiche dieser Funktionen werden von löslichen Proteinen vermittelt, welche von T-Helferzellen gebildet und als *Lymphokine* bezeichnet werden (s. Kap. 7). T-Suppressorzellen grenzen eine gegebene Immunantwort ein und beenden sie (s. Kap. 8 und 9). Eine Immunantwort ist daher das Ergebnis eines fein abgestimmten Wechselspiels zwischen T-Helfer- und T-Suppressorzellen, und leichte Veränderungen führen schnell zu einer abnormen Immunantwort. Zytotoxische-T-Zellen töten Tumorzellen oder virus-infizierte Zellen nach direktem Zell-Zell-Kontakt ab (s. Kap. 7 und 11).

B-Zellen oder *antikörper-produzierende Zellen* stammen von unreifen Vorläuferzellen des Knochenmarks ab. Im reifen Zustand findet man sie in den lymphatischen Organen in Ansammlungen, die als Lymphfollikel bezeichnet werden (s. Kap. 5). B-Zellen interagieren mit ihrem Antigen über Antikörpermoleküle, die in der Zellmembran verankert sind und als Rezeptoren fungieren.

Nach Interaktion mit Antigen und T-Zellen differenzieren sich B-Zellen in antikörper-produzierende Zellen, die als Plasmazellen bezeichnet werden. Plasmazellen sezernieren Antikörper, die die gleiche Spezifität besitzen wie die Rezeptoren, die die Mutter-B-Zelle trug. Das Prinzip, daß B-Zellen Antikörper als Rezeptoren tragen, die sie nach Antigenstimulation sezernieren, wurde bereits 1902 von Paul Ehrlich postuliert. Zu dieser Zeit hatte man von Lymphozyten und Zellrezeptoren noch keine Ahnung. Die *Seitenkettentheorie von Ehrlich* postuliert, daß Zellen, welche Antitoxine produzieren, Protoplasmafortsätze tragen, welche das Toxin spezifisch binden können und daß diese Bindung die Ausbildung weiterer Seitenketten induziert, die dann ins Serum abgegeben werden. Ehrlichs Theorie kam für ihre Zeit zu früh, und erst vor kurzem hat das Zeitalter der zellulären Immunologie richtig begonnen.

Anfangs der fünfziger Jahre existierten zwei konkurrierende Theorien, die versuchten, das Phänomen der Antikörper-Spezifität zu erklären. Die *Instruktionstheorie* postuliert im Prinzip, daß das Antigen als Matrize dient, über der sich die Antikörper-Moleküle falten und dadurch eine exakt komplementäre Konfiguration bekommen. Die Instruktionstheorie wurde fallengelassen, als klar wurde, daß Antikörper verschiedener Spezifitäten im Bereich ihrer Bindungsstellen verschiedene Aminosäuresequenzen besitzen. Die *Selektionstheorie*, erstmals von Niels Jerne und David Talmage vorgebracht, besagt im Prinzip, daß Antikörper aller Spezifitäten in niedriger Konzentration schon vor Bekanntschaft des Organismus mit einem Antigen vorhanden sind und daß das Antikörper-Molekül selbst selektiv das Antigen bindet und erst so die Stimulation einer spezifischen Antikörper-Synthese ermöglicht. Das Verständnis immunologischer Vorgänge wurde durch den Beitrag von Sir McFarlane Burnet weiter vorangebracht. Burnet verlagerte die Selektion auf die zelluläre Ebene und postulierte die *klonale Selektionstheorie der Immunität*. Sie besagt im wesentlichen folgendes:

1. Immunkompetente Lymphozyten tragen Antikörper-Rezeptoren auf ihrer Zellmembran, die genau die gleiche Spezifität besitzen wie die Antikörper, die von den Nachkommen dieser Zellen nach Aktivierung und Differenzierung synthetisiert werden.
2. Jeder immunkompetente Lymphozyt besitzt Antikörper-Rezeptoren einer einzigen Spezifität (s. Abb. 1.2).

Wir wissen heute, daß jede B-Zelle mit einer einzigartigen Antigendeterminante reagiert, d.h. sämtliche Rezeptoren einer einzelnen B-Zelle sind monospezifisch. Das Immunsystem basiert daher, wie ursprünglich von Burnet postuliert, darauf, daß Antigen von den Lymphozyten erkannt wird, die Rezeptoren mit hoher Affinität für eben dieses Antigen besitzen.

Die Antigen-Spezifität der Lymphozyten ist bereits vor dem Erstkontakt mit Antigen festgelegt. Diese Festlegung geschieht während der Lymphozyten-Differenzierung. Die Antigenbindung regt die Vermehrung spezifischer B-Lymphozyten an, und es entstehen Tochterzellen der gleichen Spezifität. Die klonale Selektionstheorie erklärt auch die Zunahme der Antikörper-Affinität im Verlauf einer Immunantwort. Im Laufe der Zeit kommt es zu einem Vermehrungsvorteil für

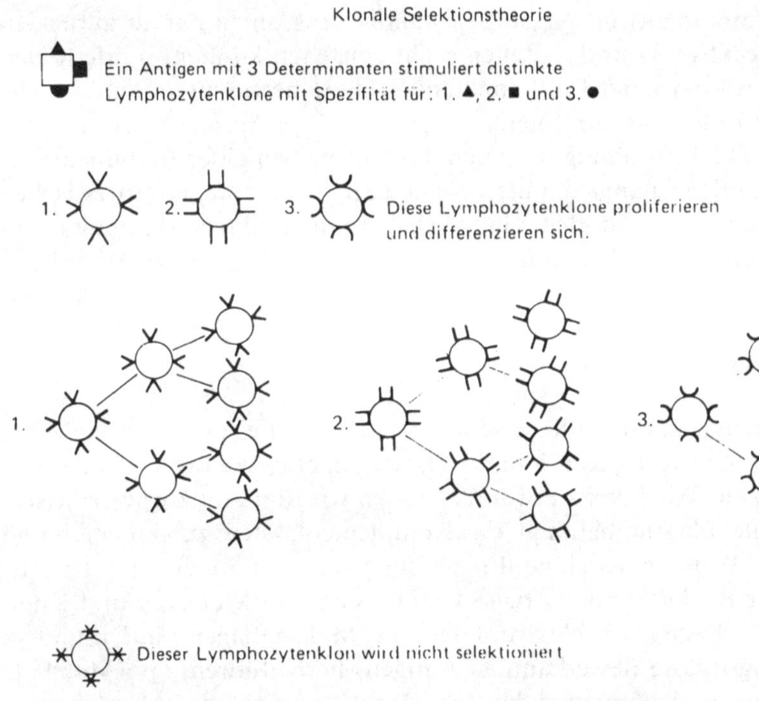

Abbildung 1.2 Schematische Darstellung der klonalen Selektionstheorie nach Burnet. Verschiedene Antigen-Determinanten stimulieren verschiedene Lymphozyten-Klone. Jeder Klon besitzt Antikörper-Rezeptoren, die für eine einzige Determinante spezifisch sind.

diejenigen B-Zellen, welche Antikörper höherer Affinität produzieren, da die Antigenkonzentration laufend abnimmt und so die B-Zellen mit höherer Antigen-Affinität bevorzugt stimuliert werden.

Die Interaktion von T-Helferzellen mit Antigen stellt einen zentralen Schritt der Immunantwort dar, der äußerst komplex ist und von dem Wechselspiel mit mononukleären Phagozyten abhängt, die Antigen adäquat verarbeiten und präsentieren (s. Kap. 5, 6, 7 und 8). Bei dieser Interaktion erkennen T-Zellen Antigen in Assoziation mit Oberflächenmolekülen auf Phagozyten, die vom Transplantations-Genlokus kodiert werden. Die biochemische Aufklärung der relevanten Rezeptoren hat gerade erst begonnen (s. Kap. 7). Die *Transplantations-* oder *Histokompatibilitäts-Moleküle* wurden ursprünglich bei der Transplantatabstoßung gefunden. Später wurde jedoch klar, daß die Histokompatibilitäts-Moleküle für die Interaktion zwischen T-Helferzellen und Phagozyten sowie zwischen zytotoxischen T-Zellen und ihren Zielzellen wesentlich sind. Der Histokompatibilitäts-Lokus kodiert äußerst polymorphe Zellmembran-Glycoproteine, die man aufgrund ihrer chemischen Struktur und ihrer biologischen Funktion in zwei Hauptklassen unterteilt: in Klasse-I- und Klasse-II-Moleküle. Die Erkennung von Fremdantigen durch T-Helferzellen hängt mit der Erkennung der Histokompatibilitäts-Glycoproteine direkt zusammen. Diese Restriktion der Antigenerkennung ermöglicht die Kontrolle der Immunantwort.

Eine fehlende Immunantwort gegen Selbstantigene ist nicht darauf zurückzuführen, daß autoreaktive T- und B-Zellen nicht entstehen können, sondern vielmehr darauf, daß während der Embryonalentwicklung bestimmte regulatorische Interaktionen stattfinden, die zur Toleranz gegen autologe Antigendeterminanten führen (s. Kap. 9). Die Entstehung wie auch das Ausbleiben einer Immunantwort gegen ein Proteinantigen hängt damit von der geeigneten Interaktion zwischen Antigen, T-Zell-Rezeptor und den Haupt-Histokompatibilitäts-Molekülen auf der antigen-präsentierenden Zelle ab.

Effektorfunktionen

Das Immunsystem hat zur Erfüllung seiner Hauptaufgabe, dem Aufbau einer schützenden Immunantwort gegen Krankheitserreger, eine Vielfalt von Effektorreaktionen entwickelt. Wie bereits erwähnt, kennen wir fünf Antikörper-Klassen. IgM- und IgG-Moleküle sind befähigt, das Komplementsystem zu aktivieren und können auf diese Weise eine akute Entzündungsreaktion in Gang setzen (s. Kap. 12). Nach der Reaktion mit Antigen können sich IgG-Moleküle und Komplement an die Oberfläche von Neutrophilen und Makrophagen binden und so eine effiziente Phagozytose des erkannten Antigens herbeiführen. IgG-Moleküle sind plazentagängig und können daher auf den Fötus und das Neugeborene Schutz übertragen. IgA-Moleküle sind in den äußeren Sekreten zu finden und ermöglichen die Eliminierung bestimmter Bakterien und Viren auf den Schleimhäuten. IgE-Moleküle, die man lediglich in Spuren im Serum findet, binden sich mit hoher Affinität an Mastzellen. Wenn Antigen mit den gebundenen IgG-Molekülen reagiert, kommt es zur Mastzell-Degranulation, d.h. zur Freisetzung vasoaktiver Amine, welche Vasodilatation und Permeabilitätsveränderungen hervorrufen. IgE-Moleküle wurden bei Untersuchungen über allergische Reaktionen entdeckt, die jedoch eine abnorme Manifestation der IgE-Antwort darstellen (s. Kap. 14).

Zu den Effektormechanismen gehören auch T-zell-abhängige Phänomene. T-Zellen produzieren Lymphokine, die Entzündungsreaktion und Makrophagenaktivierung bewirken (s. Kap. 7). Aktivierte Makrophagen sind für die Tumorabwehr und die Infektabwehr gegen intrazelluläre Bakterien entscheidend.

Bei dieser kurzen Übersicht sollen zwei wichtige Charakteristika des Immunsystems nicht unerwähnt bleiben. Diese beiden Fähigkeiten sind wichtig für die effektive Abwehr von Krankheitserregern und daher lebensnotwendig: (1) Das Immunsystem kann sämtliche Antigene, die auf allen möglichen Pathogenen vorkommen können, erkennen. Dies geschieht unabhängig davon, ob die Erreger bereits bekannt sind oder nicht. (2) Ergänzend zu der enormen Spezifitätsvielfalt wurden äußerst effektive Effektorfunktionen entwickelt, welche mit den verschiedenartigsten Mikroorganismen fertig werden. Ein funktionsfähiges Immunsystem muß diese beiden Fähigkeiten jedoch auf fremde Moleküle beschränken. Aus diesem Grund entwickelten sich komplexe Zellinteraktionen, die vom Haupt-Histokompatibilitäts-System überwacht werden, um eine autoreaktive Immunantwort zu verhindern. Aus physiologischer Sicht darf das Immunsystem lediglich gegen Fremd reagieren.

Zum Schluß sollen noch kurz die *Immunerkrankungen* erwähnt werden. Zahlreiche pathologische Veränderungen beruhen auf Abnormalitäten des Immunsystems. Sie reichen von der gestörten Entwicklung von T-Zellen, B-Zellen und akzessorischen Zellen über Fehler im Komplementsystem bis hin zu Störungen regulatorischer Interaktionen (s. Kap. 15). Autoimmunerkrankungen beruhen auf der Reaktion gegen autologe Antigene (s. Kap. 13). Das Immunsystem stellt ein Netzwerk fein regulierter Signale und Reaktionen dar. Immunpathologische Veränderungen sind daher auf *Störungen* derselben Mechanismen zurückzuführen, die normalerweise dem Schutz des Individuums dienen (s. Kap. 13 und 14).

2 Antigene

Als Antigene werden Substanzen bezeichnet, die eine spezifische Immunantwort induzieren. Im allgemeinen besitzen Antigene keine charakteristische oder spezifische chemische Zusammensetzung, die sie von analogen Substanzen, die nicht antigen wirken, unterscheiden. Die Definition eines Antigens ist daher völlig empirisch und hängt nur davon ab, ob die in Frage kommende Substanz eine Immunantwort stimulieren kann oder nicht. Normalerweise induzieren Antigene sowohl eine humorale als auch eine zelluläre Immunantwort. Es gibt jedoch Bedingungen, unter denen die eine oder die andere Form der Immunantwort bevorzugt stimuliert wird. Die Antigenität oder, wie manche Immunologen es ausdrücken, die *Immunogenität* eines Moleküls hängt zu einem großen Teil davon ab, wie fremd ein Molekül ist, d.h. von dem Grad der phylogenetischen Verwandtschaft zwischen Wirt und Antigen. Kaninchen werden z.B. Antikörper gegen Human-Albumin, aber nicht gegen Kaninchenalbumin produzieren. Umgekehrt wird der Mensch gegen Kaninchenalbumin, aber nicht gegen Human-Albumin immunologisch reagieren. Für den Menschen ist daher Human-Albumin kein Antigen und somit kein immunogenes Protein. Dennoch sind die Albumine von Mensch und Kaninchen chemisch fast identisch. Die kleinen chemischen Unterschiede werden jedoch vom Immunsystem der jeweiligen Spezies erkannt.

Jahrelang beschäftigte man sich ausführlich mit der Frage, was ein Material zum Antigen macht und wodurch sich ein starkes Antigen von einem schwachen unterscheidet. Die Zahl der potentiellen Antigenmoleküle für eine gegebene Spezies ist sehr hoch und verdeutlicht die Vielfalt der Erkennungsstrukturen, die dem Immunsystem zur Verfügung stehen. Kurz gesagt, die Antigenität einer Substanz hängt im Endeffekt ab: von einem empfindlichen Gleichgewicht zwischen der Fähigkeit des Antigens, auf der einen Seite B-Lymphozyten (also die Zellen, die dazu bestimmt sind, Antikörper zu produzieren) und – in den meisten Fällen – auch regulatorische „Helfer"-T-Lymphozyten zu stimulieren und auf der anderen Seite der Eigenschaft, entweder Lymphozyten überhaupt nicht zu stimulieren oder aber Toleranz bzw. eine negative Immunantwort zu induzieren (s. Kap. 9).

Toleranz wird in einigen Fällen durch die Aktivierung regulatorischer Suppressor-T-Lymphozyten hervorgerufen. Ob eine Substanz einen positiven Weg (Immunität) oder einen negativen Weg (Toleranz und/oder Ausbleiben der Immunantwort) induziert, hängt von zahlreichen Variablen ab, von denen einige weiter unten erörtert werden sollen. Zunächst jedoch sollen die Methoden zur Untersuchung von Antigenen geschildert werden.

Methoden für Untersuchungen an Antigenen

Antigene lassen sich auf verschiedene Weise untersuchen. Bei einer Methode wird das Fremdmaterial isoliert (sei es ein Protein, ein Kohlenhydrat oder ein Lipid) und einem Versuchstier appliziert, dessen humorale oder zelluläre Immunität man dann untersucht. Zelluläre Immunreaktionen werden üblicherweise mit Hilfe von Hauttests festgestellt. Hierbei injiziert man eine kleine Antigenmenge in die Haut und stellt fest, ob das Antigen eine verzögerte allergische Reaktion auslöst (s. Kap. 7). Heutzutage stehen einfachere und quantitativ besser auswertbare Tests zur Verfügung, bei denen man in vitro die Aktivität der T-Lymphozyten mißt, indem man die Proliferation der T-Lymphozyten oder die Sekretion biologisch aktiver Moleküle bestimmt.

Zwei wichtige Entwicklungen haben die Untersuchungen an Antigenen sehr erleichtert. Dies war einmal die Einführung von *Haptenen*, die ausführlich von Karl Landsteiner und Mitarbeitern untersucht wurden, und zum anderen die Verwendung von künstlich im Labor synthetisierten Antigenen.

Haptene. Landsteiner führte die Verwendung von Proteinen ein, an die kleine chemische Gruppen (d.h. Haptene) gekoppelt sind. Er und seine Mitarbeiter benutzten verschiedene aromatische Amine, die sie bei alkalischem pH an Tyro-

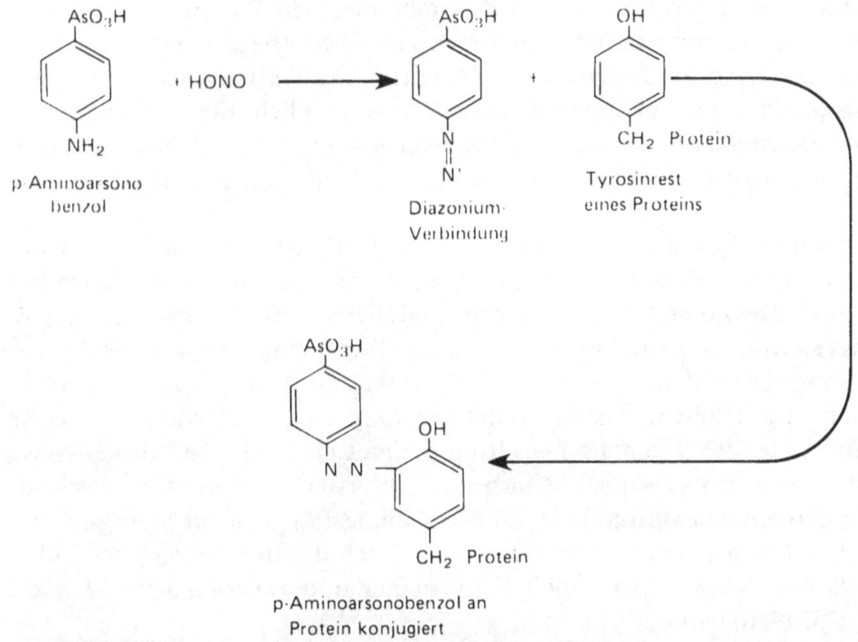

Abbildung 2.1 Kopplung von para-Aminoarsonobenzol an Proteine durch Diazotierung. Normalerweise findet die Konjugation am Tyrosin des Proteins statt.

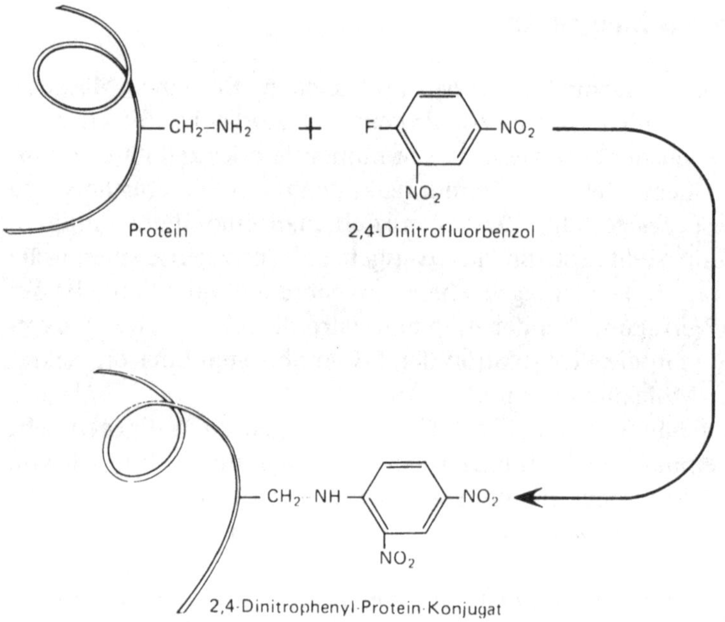

Abbildung 2.2 Konjugation von Dinitrophenyl-Gruppen an Proteine. Diese Konjugation findet gewöhnlich an der ε-ständigen Amino-Gruppe des Lysins statt.

sin-, Histidin- oder Lysin-Seitenketten des immunogenen Proteins über Diazobrücken gekoppelt hatten. Die Proteine werden als *Träger* bezeichnet, das gebundene Hapten als *antigene Determinante.* Da chemische Verbindungen bekannter Struktur an die Proteine gekoppelt wurden, war es möglich, die Immunantwort gegen definierte chemische Gruppen zu untersuchen. Die Abb. 2.1 und 2.2 zeigen zwei Beispiele für in der experimentellen Immunologie sehr häufig verwendete Haptene.

Die Immunisierung mit einem Hapten-Protein-Konjugat führt zur Produktion einer heterogenen Population von Antikörpern, deren Spezifität sich in vitro mit Hilfe chemisch verwandter Verbindungen analysieren läßt. So kann man z. B. immer das gleiche Hapten, an verschiedene Träger-Proteine gekoppelt, zur Immunisierung verwenden. Eine andere Möglichkeit ist, Haptene zu verwenden, die sich von dem Hapten, das zur Immunisierung eingesetzt wurde, an einer bestimmten Stelle des aromatischen Ringes unterscheiden. Auf diese Weise gelang es Landsteiner und seinen Mitarbeitern als ersten, die Spezifität der Antikörper und deren hochempfindliche Unterscheidungsfähigkeit für geringste chemische Unterschiede zu analysieren. Dies wird durch das in Abb. 2.3 dargestellte Beispiel aus ihrer klassischen Arbeit (Landsteiner und van der Scher, J. Exp. Med., 63: 325, 1936) verdeutlicht.

Die Immunisierung mit einem Hapten-Protein-Konjugat kann zur Bildung von zwei Antikörper-Hauptgruppen führen:

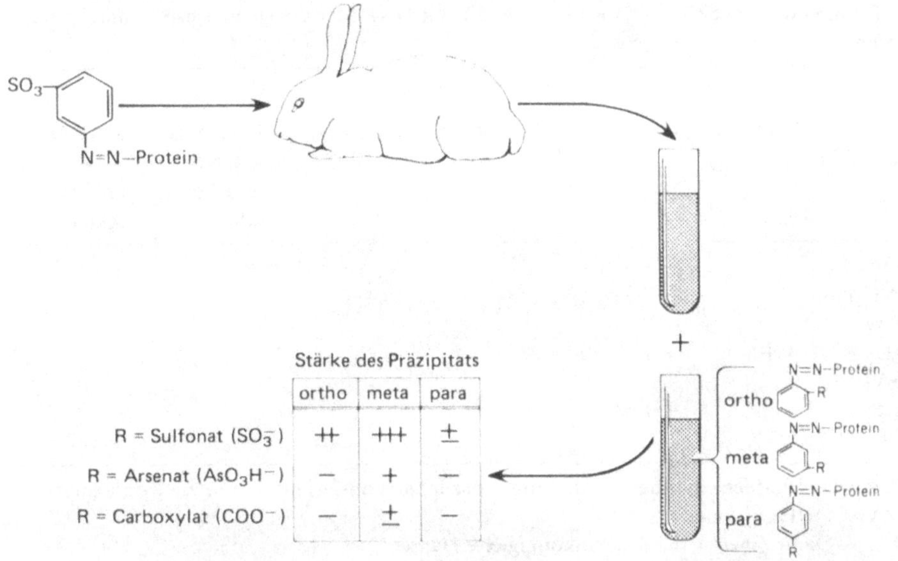

Stärke des Präzipitats

	ortho	meta	para
R = Sulfonat (SO_3^-)	++	+++	±
R = Arsenat (AsO_3H^-)	–	+	–
R = Carboxylat (COO^-)	–	±	–

Abbildung 2.3 Immunisierung mit Pferdeserum, an welches meta-Amino-Benzolsulfonsäure gekoppelt wurde. Immunisierung mit diesem Antigen führt zur Bildung eines Antiserums, welches in vitro maximal mit dem immunisierenden Antigen präzipitiert. Die Präzipitation mit Amino-Benzolarsenosäure ist geringer und die mit Amino-Benzoesäure noch schwächer. Das Antiserum ist weiterhin in der Lage, die Position des Säurerests am Benzolring zu erkennen. Dementsprechend präzipitieren ortho- und para-Amino-Benzolsulfonsäuren schwächer als meta-Derivate. Später wurden diese Untersuchungen verfeinert, da empfindlichere Methoden zur Bestimmung der Antigen-Antikörper-Reaktion entwickelt worden waren. Haptene haben den großen Vorteil, daß sie Untersuchungen mit einfachen, gut definierten Antigen-Determinanten, die an ein Protein gebunden sind, erlauben.

1. einer Gruppe mit Spezifität für das Hapten und
2. einer Gruppe mit Spezifität für das Protein.

In einigen Fällen kann noch eine kleinere Antikörpergruppe entstehen, die sich gegen einen überlappenden Bereich des Hapten-Träger-Proteins richtet.

Im folgenden soll das Beispiel des Dinitrophenyl-Rests (DNP), der häufig in der experimentellen Immunologie als Hapten Verwendung findet, näher geschildert werden (s. Abb. 2.2). Kaninchen, die man mit Meerschweinchenalbumin, an das mehrere DNP-Gruppen gekoppelt wurden (DNP-Meerschweinchenalbumin), immunisiert hatte, bildeten Antikörper, die mit Meerschweinchenalbumin reagierten. (Normalerweise ist Meerschweinchenalbumin für das Kaninchen immunogen und wird daher, unabhängig davon, ob DNP daran gekoppelt wurde oder nicht, eine Antikörperbildung bewirken. Solche Antikörper werden nur dann nicht gebildet, wenn das Meerschweinchenalbumin sehr stark mit DNP konjugiert wurde; in diesem Fall ist das Protein teilweise denaturiert bzw. seine nativen Antigen-Determinanten sind verändert oder maskiert.) Weiterhin werden Antikörper gegen das Hapten DNP gebildet, die sehr leicht mit Hilfe entspre-

Tabelle 2.1 Antikörper im Serum von Kaninchen, die mit DNP-Meerschweinchen-Albumin immunisiert wurden

Getestetes Präparat	Präzipitation MSA	DNP-MSA	DNP-OVA	DNP-OH	DNP-MSA + DNP-OH im Überschuß	DNP-OVA + DNP-OH imÜberschuß
Gesamtserum (Anti-DNP plus Anti-MSA)	+ + +	+ + + +	+ +	–	+ +	–
Gereinigtes Anti-MSA	+ +	+ +	–	–	+ +	–
Gereinigtes Anti-DNP	–	+ +	+ +	–	–	–

DNP-MSA = DNP-Meerschweinchen-Albumin, das zur Immunisierung eingesetzte Konjugat
DNP-OVA = DNP-Ovalbumin
DNP-OH = Dinitrophenol, das freie unkonjugierte Hapten
MSA = Meerschweinchenalbumin

chender Methoden identifiziert werden können. Diese Antikörper binden und präzipitieren DNP-Konjugate mit Träger-Proteinen, die mit dem Träger, der zur Immunisierung verwendet wurde, nichts zu tun haben, z. B. DNP-Ovalbumin. Wenn man zu dem Gemisch aus Anti-DNP-Antikörpern und DNP-Ovalbumin unkonjugiertes DNP-Hapten im Überschuß zugibt, dann wird die Präzipitationsreaktion gehemmt. Das DNP-Hapten (DNP-OH) ist monovalent (d. h., es bindet sich nur an eine einzelne Antigen-Bindungsstelle des Antikörpers) und wird sich daher an jede Antigen-Bindungsstelle binden und somit die Bindung des Antikörpers mit dem multivalenten DNP-Träger-Protein verhindern. Gerade diese Reaktion ist jedoch für die Ausbildung der Latex-Struktur, welche schließlich zur Präzipitation führt, erforderlich. In Tab. 2.1 ist dieser Zusammenhang dargestellt.

Es sei noch einmal daran erinnert, daß Haptene in nichtkonjugierter Form (also nicht an ein Träger-Protein gebunden) unfähig sind, eine Immunantwort zu induzieren. Haptene sind somit Substanzen, die zwar mit dem Antikörper reagieren können, für sich aber nicht in der Lage sind, eine Immunantwort zu stimulieren. Dies gelingt erst, wenn das Hapten an einen immunogenen Träger gekoppelt und damit zum Vollantigen geworden ist.

Man kann Haptene auch als isolierte Determinanten eines Antigens auffassen. Natürliche Antigene, wie z. B. Proteine, enthalten verschiedene antigene Determinanten. Umgekehrt läßt sich sagen, daß sie zahlreiche natürliche Haptene tragen. Das Hapten-Konzept hat ausgedehnte klinische Anwendungsgebiete gefunden. Man kann heute Antikörper gegen zahlreiche Komponenten herstellen, die normalerweise nicht immunogen sind, da sie zu klein sind und/oder da der Wirt nicht auf sie anspricht (natürliche Toleranz gegenüber dem Antigen, aus genetischen Gründen oder einfach wegen schlechter Immunogenität). Die klinische Medizin verfügt dadurch heute über Antikörper gegen die meisten Hormone, gegen Metabolite wie z. B. *cyclo*-AMP und GMP, gegen pharmakologisch aktive Peptide und gegen zahlreiche Arzneimittel. Diese Antikörper werden bei Radioimmunoassays oder Enzymimmunoassays eingesetzt, mit deren Hilfe eine Antigen-Menge exakt bestimmt werden kann (s. Kap. 4).

Um immunogen zu wirken, muß ein Hapten nicht unbedingt kovalent an das Träger-Molekül gebunden sein. Es gibt auch zahlreiche Beispiele für Haptene, die über Ionen-Bindungen an den Träger gekoppelt sind und dann ebenfalls hoch immunogen werden. So ist DNA ein großes nicht-immunogenes Molekül, das eine Immunantwort induzieren kann, wenn es nicht-kovalent an einen immunogenen Träger gebunden ist.

In Kapitel 8 werden ausführlich die Grundlagen der Reaktion gegen Hapten-Träger-Komplexe aus der Sicht der zellulären Immunologie analysiert, die – kurz gesagt – ein Beispiel für Interaktionen zwischen B- und T-Zellen darstellt. In den meisten Versuchen stellen Haptene die Determinanten dar, die von der B-Zelle erkannt werden, während der Träger zusätzliche Determinanten trägt, die die T-Zelle erkennt. Diese Determinanten sind hauptsächlich für die Immunogenität der thymusabhängigen Antigene verantwortlich.

Synthetische Polypeptide. Bei diesem Versuchsansatz werden Polymere synthetisiert, welche aus Aminosäure-Resten bestehen, die über Peptid-Brücken miteinander verbunden sind. Synthetische Polypeptide können Homopolymere sein. Das sind Polymere, die aus einer einzelnen Aminosäure hergestellt wurden. Es können auch willkürliche Copolymere sein. Solche Polymere sind Verbindungen aus zwei oder mehreren verschiedenen Aminosäuren in zufälliger Sequenz.

Schließlich gibt es Block-Polymere. Hierbei sind kleine bekannte Peptide miteinander verbunden. Jede dieser Peptidarten kann an eine Polypeptid-Grundstruktur bekannter Sequenz gekoppelt werden und so ein Vielketten-Copolymer bilden.

Synthetische Polypeptide wurden erstmals in den Laboratorien von M. Sela, T. Gill und P. Maurer synthetisiert. Sie erlauben, den Einfluß der Größe, optischen Konfiguration, chemischen Komplexität und des Metabolismus auf die Immunogenität genau zu studieren. Weil außerdem die Struktur dieser Verbindungen von limitierter Heterogenität ist (im Gegensatz zu den natürlichen Proteinen, die die verschiedensten Determinanten tragen können), sind sie von unschätzbarem Wert für Untersuchungen über die genetische Kontrolle der Immunantwort (s. Kap. 10).

Ein synthetisches Polypeptid, das (TG)-A-L-Molekül, ist in Abb. 2.4 schematisch dargestellt. Dieses Molekül wurde von M. Sela und Mitarbeitern synthetisiert und von ihnen sowie von H. O. McDevitt bei Untersuchungen über die genetische Kontrolle der Immunantwort eingesetzt.

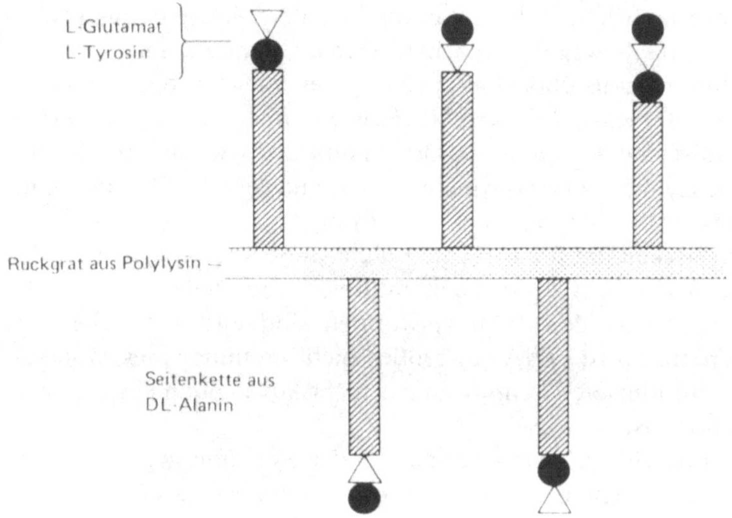

Abbildung 2.4 Das Molekül besteht aus einem Rückgrat aus L-Polylysin, an welchem Seitenketten aus DL-Alanin hängen. L-Tyrosin und L-Glutamat befinden sich am Ende der Alanin-Seitenketten. Der Großteil der Antikörper-Antwort ist gegen diese Endgruppen gerichtet.

Faktoren, die zur Immunogenität beitragen

Zahlreiche Faktoren bedingen die Immunogenität eines Moleküls. Diese Faktoren stehen miteinander im Zusammenhang, so daß es unmöglich ist, sie voneinander zu trennen.

Der Grad der Fremdheit. Eine wichtige Voraussetzung für die Immunogenität ist die phylogenetische Beziehung zwischen Wirt und Antigen. Je fremder eine Substanz für den Wirt ist, um so besser wird dessen Immunantwort stimuliert. Dagegen werden Substanzen, die mit denen des Individuums sehr nahe verwandt oder völlig identisch sind, keine Immunantwort hervorrufen. Das liegt wohl daran, daß der Fremdorganismus eine große Zahl verschiedener Determinanten auf dem Antigen erkennt. Die Antikörper-Antwort einer Ziege gegen Truthahnalbumin wird also stärker sein als gegen Rinder- oder Schafalbumin. Es sei hier jedoch bemerkt, daß Proteine von Individuen derselben Spezies Antikörper induzieren können, wenn die Antigene geringe chemische Unterschiede aufweisen (z. B. Isoenzyme oder Ig-Allotypen). Um in solchen Fällen eine Immunantwort zu erzeugen, müssen jedoch besondere Immunisierungsmethoden angewandt werden. Im Gegensatz zur Antikörper-Antwort ist die *zelluläre Immunantwort* gegen Zellen und Gewebeantigene (wie z. B. Histokompatibilitäts-Antigene) auch bei Mitgliedern derselben Spezies sehr stark (s. Kap. 6).

Eine gegen Eigenbestandteile gerichtete Immunität – die sogenannte *Autoimmunität* – kann durch entsprechende Immunisierungsmethoden induziert werden. Man kann das Antigen z. B. chemisch verfremden oder an einen immunogenen Träger koppeln und/oder es zusammen mit einem starken Adjuvans verabreichen (s. Kap. 13). Die Beobachtung, daß man Autoimmunität induzieren kann, veranlaßte Immunologen zu postulieren, daß ein Individuum, zumindest während einer bestimmten Entwicklungsphase, spezifische Lymphozyten mit Erkennungsstrukturen besitzt, die nicht nur gegen fremde, sondern auch gegen eigene Antigene gerichtet sind. Der Unterschied zwischen Immunität und Toleranz gegen Eigenantigene hängt demnach von regulatorischen Interaktionen ab, die das Gleichgewicht in eine positive oder negative Richtung drängen können.

Die chemische Zusammensetzung des Antigens. Eine Immunantwort kann gegen die unterschiedlichsten chemischen Verbindungen induziert werden. Die am besten untersuchten Antigene sind Proteine und Polysaccharide, die stark immunogen wirken, wenn sie entweder in löslicher Form oder als Teil einer komplexeren Struktur, wie z. B. einer Bakterienzellwand verabreicht werden. Lipide, Steroide und Nukleinsäuren sind entweder sehr schwach oder überhaupt nicht immunogen, wenn sie nicht an einen immunogenen Träger gekoppelt wurden (s. das oben diskutierte Hapten-Konzept). Im allgemeinen gilt, daß ein Antigen eine um so stärkere Immunantwort hervorruft, je komplexer es ist. Partikuläre Antigene – Bakterien, Viren, Erythrozyten – sind hochimmunogen. Große fremde Proteine, wie z. B. das Hämocyanin der Schlüsselloch-Napfschnecke, sind ebenfalls hochwirksame Antigene. Bei diesen Fällen spielen sowohl die Größe als auch die chemische Komplexität eine entscheidende Rolle.

Bezüglich der Größe, die ein Antigen benötigt, um immunogen zu sein, läßt sich keine Gesetzmäßigkeit feststellen. Auch besteht zwischen der Stärke eines Antigens und seiner Größe keine feste Beziehung. Es gibt sehr kleine natürliche Proteine, wie z. B. das Glukagon (2600 Dalton), die immunogen sind. Einige Gründe für die starke Immunogenität komplexer Antigene sind bekannt. Die zellularimmunologischen Studien der letzten Jahre haben folgendes erbracht: 1. Die Beziehungen zwischen den Determinanten, die von T-Zellen und solchen, die von B-Zellen erkannt werden und 2. die Aufnahme des Antigens durch Makrophagen sind zwei miteinander in Beziehung stehende und sehr kritische Faktoren für die Immunogenität eines Antigens.

Wichtige Punkte bei der Immunogenität eines Antigens sind demnach Zahl und Zugänglichkeit der Determinanten, die von Helfer-T-Zellen erkannt werden. Dies wurde mit Hilfe von Hapten-Träger-Konjugaten ausführlich analysiert. Die Untersuchungen wurden auch auf natürliche Proteine ausgedehnt, wie z. B. das Glukagon-Molekül. Bei diesem wird ein Teil von der T-Zelle erkannt, was die Entwicklung der Immunantwort gegen einen zweiten Teil, der von der B-Zelle erkannt wird, fördert (s. Kap. 8). Genetische Untersuchungen mit synthetischen Polypeptiden an Inzuchtmäusestämmen haben weiterhin gezeigt, daß die T-Zell-Erkennung einer genauen genetischen Kontrolle unterliegt und daß Mäusestämme sich in ihrer Fähigkeit unterscheiden, eine Immunantwort gegen verschiedene synthetische Polypeptide mit begrenzter struktureller Heterogenität zu entwickeln. Es ist zu erwarten, daß im Falle eines Antigens von hoher chemischer Komplexität ein Individuum eher kooperierende Lymphozyten besitzt, die einige oder alle Determinanten erkennen. Ist die chemische Komplexität dagegen geringer und wird damit die Zahl der verschiedenen antigenen Determinanten limitiert, dann ist die Chance, daß keine korrespondierenden Helfer-T-Zellen existieren, größer. Synthetische Homopolymere, die aus L-Aminosäuren bestehen, wirken selten immunogen. Dagegen sind Polymere, die aus zwei oder mehr Aminosäuren bestehen, durchaus in der Lage, eine Immunantwort zu induzieren. Häufig sind aromatische Säuren, besonders Tyrosin, für die Immunogenität entscheidend. Koppelt man z.B. ein kleines Peptid, welches Tyrosin enthält, an Gelatine, so wird diese an sich schwache Antigen immunogen. Man stimmt heute darin überein, daß die Diversität der chemischen Zusammensetzung einen wichtigen Faktor bei der Immunogenität darstellt. Der zweite gewichtige Grund, warum große komplexe Antigene eine starke immunogene Wirkung besitzen, ist die Tatsache, daß sie von Makrophagen sehr gut aufgenommen werden. Sehr kleine Antigene, die sich der Aufnahme durch Makrophagen entziehen, sind normalerweise schwach immunogen.

Andere chemische Faktoren der Immunogenität wurden hauptsächlich mit Hilfe von Haptenen, die an Träger-Proteine gekoppelt waren, oder mit Hilfe synthetischer Antigene untersucht. Die Form eines Moleküls ist für die Immunogenität ohne Bedeutung, wohingegen die Struktur des Träger-Moleküls einen modulierenden Einfluß auf die gesamte Immunogenität einer antigenen Determinante ausübt. In diesem Sinne stellen die elektrische Ladung eines Moleküls und seine optische Konfiguration wichtige Faktoren dar. M. Sela und Mitarbeiter konnten zeigen, daß die Immunisierung mit einem Hapten, das entweder an ein negativ oder positiv geladenes Träger-Protein gekoppelt ist, zur Bildung von Anti-Hapten-Antikörpern führt, die eine zu der des Trägers inverse elektrische Ladung besitzen. Die Ladung des Trägers spielt demnach für die Selektion der entsprechenden Lymphozyten-Populationen eine gewisse Rolle. Die Ladung eines Moleküls ist zwar wichtig, aber nicht essentiell, da ungeladene natürliche Moleküle, wie z.B. Dextran oder ungeladene synthetische Polymere, durchaus immunogen wirken können. Die optische Konfiguration eines Antigens bestimmt das Ausmaß seiner Metabolisierung. So sind synthetische Polypeptide aus D-Aminosäuren, die gegen Proteasen resistent sind und deshalb schlecht abgebaut werden, sehr schwach immunogen. Es ist interessant, daß diese Polypeptide dann immunogen werden, wenn sie an natürlich metabolisierbare Proteine gekoppelt sind (in diesem Fall verhalten sich D-Polypeptide als Haptene). Die entscheidende Rolle spielt demnach die Behandlung, d.h. die Metabolisierbarkeit, des Gesamtmoleküls und nicht so sehr das biologische Verhalten der speziellen antigenen Determinante.

Immunisierungsweg und Antigendosis. Weitere wichtige Faktoren, die die Immunogenität eines Antigens bestimmen, sind der Immunisierungsweg, die Antigen-Dosis, der Immunisierungsplan und die Verwendung von Adjuvantien. Die meisten partikulären Antigene – wie Bakterien, Erythrozyten, Viren oder große Polymere – rufen sowohl nach intrakutaner als auch nach intravenöser Verabreichung über einen großen Dosisbereich hinweg die Bildung von Antikörpern hervor. Dagegen setzen lösliche Proteine und Kohlenhydrate einen aufwendigen Immunisierungsplan voraus, bei dem man das Antigen unter Umständen mehrfach verabreichen muß. In diesen Fällen kann die Antigen-Menge, die zur Immunisierung verwendet wird, kritisch werden, und es kann notwendig sein, Adjuvantien einzusetzen, um die Antwort zu verstärken. Bei diesen Antigenen verstärken Bedingungen, die eine gesteigerte Antigen-Aufnahme durch Phagozyten oder eine Entzündungsreaktion hervorrufen, die Immunogenität.

Adjuvantien sind Materialien, die eine Immunantwort verstärken. Zahlreiche Adjuvantien enthalten Bakterien oder deren Bestandteile, wie z. B. abgetötete *Bordetella pertussis* oder Endotoxin gramnegativer Keime. Mykobakterien sind besonders starke Adjuvantien; zusammen mit einem Protein verabreicht, steigern sie die Immunantwort gegen das Protein um ein Mehrfaches. Tote Tuberkelbakterien in einer Wasser-in-Öl-Emulsion (Freundsches Adjuvans) werden im Labor häufig zur Steigerung der Immunantwort gegen Proteine eingesetzt. Die zugrundeliegenden Wirkungsmechanismen sind noch nicht völlig aufgeklärt. Man glaubt aber, daß Adjuvantien über eine Steigerung der Makrophagen- und T-Helfer-Zell-Funktion wirken.

Genetik. Dieser wichtige Punkt wird im Kap. 10 genau besprochen.

Zelluläre Interaktionen. Zahlreiche Antigene reagieren mit T-Lymphozyten und stimulieren deren Funktion. Zu diesen Antigenen gehören Proteine, die entweder in löslicher Form oder als Strukturbestandteile eines Mikoorganismus oder einer Zelloberfläche vorliegen können. Dagegen stimulieren Kohlenhydrate T-Lymphozyten nicht oder nur sehr schlecht. Aufgrund ihrer Fähigkeit zur B-Zell-Stimulation werden Antigene gewöhnlich in zwei Gruppen unterteilt: Als thymusabhängig werden Antigene bezeichnet, die nur in der Anwesenheit von spezifischen T-Helfer-Zellen mit B-Zellen reagieren können. Hierzu gehören die meisten Protein-Antigene. Thymusunabhängige Antigene stimulieren dagegen B-Zellen, ohne daß die Anwesenheit von T-Lymphozyten nötig ist. Thymusunabhängige Antigene sollten demnach schlecht mit T-Lymphozyten reagieren können. Zu den thymusunabhängigen Antigenen gehören Lipopolysaccharide der gramnegativen Bakterien (LPS) und zahlreiche Kohlenhydrate, bei denen sich die antigene Determinante regelmäßig wiederholt. Die Antwort gegen viele, aber nicht alle, thymusunabhängigen Antigene, ist auf die IgM-Antikörperantwort beschränkt und zeigt ein schwaches immunologisches Gedächtnis. Zahlreiche thymusunabhängige Antigene bringen eine große Zahl von B-Zellklonen unspezifisch dazu, sich zu vermehren und Antikörper zu sezernieren. Diese Antigene werden als *polyklonale Aktivatoren* bezeichnet. Sie beschränken sich nicht darauf, B-Zellen mit spezifischen Rezeptoren für die antigenen Determinanten zu stimulieren. Das bestbekannte Beispiel ist das LPS; in hohen Dosen reagiert LPS mit B-Zellen verschiedenster Spezifität und stimuliert deren Proliferation und Differenzierung in antikörperproduzierende Zellen. Die antikörperproduzierenden Zellen stellen dann völlig unabhängig von der Art des Stimulus diejenigen Antikörper her, für die sie genetisch programmiert sind. Werden dagegen limitierende LPS-Dosen eingesetzt, dann reagiert LPS bevorzugt mit den B-Zell-Klonen, die spezifische LPS-Rezeptoren tragen; dementsprechend werden dann hauptsächlich Anti-LPS-Antikörper gebildet.

Einige biologische Überlegungen

Wie ist die Struktur der antigenen Determinanten eines Antigens beschaffen, das von B-Zellen und Antikörpern erkannt wird? Ein komplexes Protein oder Polysaccharid trägt zahlreiche Determinanten, von denen einige stärker als andere eine Antikörperantwort stimulieren; ein derartiges Molekül wird daher Gruppen tragen, die *immundominant* sind. Ein wichtiger Punkt für die Immundominanz ist die *Erreichbarkeit* der Determinante für spezifische Funktionsträger. Antigene Gruppen, die hydrophil sind und in die wäßrige Umgebung ragen, werden eher immundominant wirken als Gruppen, die versteckt liegen und in das Molekül hineinreichen. Immundominante Gruppen liegen insbesondere in Form von endständigen Resten von Aminosäureketten oder Zuckerseitenketten vor. Beim (TG)A-L-Polypeptid (s. Abb. 2.4) sind die Antikörper hauptsächlich gegen den Tyrosin-Glutamin-(TG-)Teil des Antigens und nicht gegen die Alanin-(A-)Seitenketten gerichtet. Dreht man die Sequenz der Seitenketten um, so daß das TG direkt mit dem Polylysin-Gerüst verbunden ist und die Alaninketten jetzt das Ende bilden, dann richten sich die Antikörper gegen die Alanylgruppen und nicht gegen die TG-Gruppen.

Wie groß sind antigene Determinanten? Eine antigene Determinante ist klein und hat eine komplementäre Struktur zur Antikörper-Bindungsstelle. Diese ist etwa $3{,}5 \times 1$ nm groß. Die Größe der antigenen Determinante wurde für Proteine und Zucker dadurch bestimmt, daß man die minimale Größe einer bestimmten Polypeptidkette oder einer Zuckerkette maß, die für die Hemmung einer Präzipitations-Reaktion benötigt wurde. Die grundlegenden Arbeiten von E. Kabat und Mitarbeitern haben am Dextran-System ergeben, daß eine Antigenbindungsstelle Platz für ein Hexasaccharid bieten muß; bei Proteinantigenen muß sie etwa vier bis acht Aminosäuren aufnehmen. Diese Fragen werden im Kap. 3 noch einmal aufgegriffen.

Das Schicksal des Antigens

Der Hauptanteil eines Proteinantigens wird in der Regel auf normalem Wege katabolisiert und in Form von Aminosäuren und/oder kleinen Peptiden eliminiert. Eine Ausnahme stellen die D-Aminosäuren dar, die sich dem physiologischen Abbau entziehen. Wie erwähnt, sind sie sehr schwache Antigene.

Was erkennen die verschiedenen Lymphozyten-Arten, wenn ein Antigen in den Körper gelangt? Das native Antigen oder dessen Abbauprodukte? Die primäre Aminosäure-Struktur eines Antigenabschnitts oder eine neue Struktur, bei der das Antigen irgendwie mit Gewebestrukturen assoziiert ist? Dies sind zentrale Fragen in einem entscheidenden und schwierigen Bereich der Immunologie. Zur Zeit lassen sie sich erst teilweise beantworten.

Das Schicksal eines Antigens hängt sehr von seinem chemischen Aufbau ab. Verschiedene Möglichkeiten, die sich aber gegenseitig nicht ausschließen, sind beobachtet worden:

1. *Das Antigen wird vor dem Abbau erkannt.* B-Lymphozyten scheinen globuläre Proteine vor deren physiologischen Abbau zu erkennen. Zu diesem Schluß kam man aufgrund von Untersuchungen über die Spezifität der Serum-Antikörper. Der B-Lymphozyt erkennt das Antigen über sein membrangebundenes Ig. Anschließend differenziert er sich in eine Zelle, die Antikörper ausscheidet, welche genau die gleichen Bindungseigenschaften für Antigene haben wie das Rezeptor-Ig (s. Kap. 5). Wenn man daher die Antikörper darauf untersucht, ob sie mit dem Antigen in seiner nativen Form oder in einer denaturierten Form reagieren, kann man feststellen, ob das Antigen vor oder nach biologischer Veränderung erkannt wurde. Es hat sich herausgestellt, daß die Antikörper hauptsächlich gegen das native Protein gerichtet sind, und zwar gegen *konformationsbestimmte Determinanten.* Was passiert, wenn man mit einem denaturierten entfalteten Protein immunisiert? Wird das Individuum hiergegen Antikörper bilden? Ja: Globuläre Proteine, die nach ihrer Denaturierung in ein Versuchstier injiziert werden, führen zur Bildung von Antikörpern, die die primäre Aminosäurestruktur des Proteins binden und nicht das native Protein. Dies sind Antikörper gegen *sequenzbestimmte Determinanten.* Offensichtlich sind in einem Individuum sowohl B-Zellen mit Rezeptoren für konformationsbestimmte Determinanten als auch B-Zellen für sequenzbestimmte Determinanten vorhanden. Dennoch wird eine Immunisierung mit einem globulären Protein bevorzugt die Selektion der B-Zellen bewirken, die Rezeptoren für konformationsbestimmte Determinanten tragen. Wir müssen hieraus schließen, daß Proteine von der B-Zelle zu einem großen Teil vor ihrer Veränderung erkannt werden.

2. *Antigen-Erkennung nach teilweisem Abbau.* Im Gegensatz zu den oben diskutierten Beobachtungen bei globulären Proteinen werden Antigene, die zur T-Zell-Aktivierung führen (dies kommt nach Antigen-Erkennung in Assoziation mit Makrophagen vor), erst nach partieller Denaturierung erkannt. Eine Immunisierung mit Ribonuklease führt z. B. zur Bildung von Antikörpern, die hauptsäch-

lich gegen konformationsbestimmte Determinanten gerichtet sind, während sich die gebildeten T-Zellen (als Maß dient die verzögerte allergische Reaktion) gegen sequenzbestimmte Determinanten der Ribonuklease richten. Gegen einige antigene Determinanten bestimmter Bakterien werden Antikörper erst nach deren enzymatischer Verdauung gebildet. Infektionen mit Streptokokken der Gruppe A führen z. B. zur Bildung von Antikörpern, die mit dem A-Kohlenhydrat reagieren. Gleichzeitig werden jedoch auch Antikörper gebildet, die mit einer A-Variante reagieren. Die normalen Antikörper gegen das A-Kohlenhydrat erkennen hauptsächlich N-Acetylglucosamin; die Antikörper gegen die A-Variante erkennen Rhamnose, die erst nach enzymatischer Abspaltung des N-Acetylglucosamins frei wird. Hier soll bereits darauf hingewiesen werden, daß die Antigenerkennung durch T-Zellen vom Haupt-Histokompatibilitäts-Komplex reguliert wird (s. Kap. 8 und 10).

3. *Antigen-Erkennung nach biochemischen Veränderungen.* Am besten untersucht sind kleine Moleküle, die im Körper metabolisiert und an körpereigene Proteine gebunden werden. Dadurch kommt es zur Bildung immunogener Hapten-Träger-Konjugate. Penicillin wird z. B. erst nach stärkeren chemischen Veränderungen immunogen. Dabei wird Penicillin zu der reaktiven Zwischenstufe Penicillansäure abgebaut, die dann in ein hochaktives Penicilloyl-Protein-Konjugat umgewandelt wird, das immunogen wirkt. Ein anderes Beispiel ist die Hautallergie gegen niedermolekulare Chemikalien. Diese werden an Hauptproteine gebunden, wodurch immunogene Verbindungen entstehen. Zu den häufigsten Konjugatbildnern gehören Pflanzenprodukte, wie z. B. das Urushiol des nordamerikanischen Giftsumach oder Schwermetalle, wie Nickel (s. Kap. 6).

Blutgruppen

Ein Verständnis der Blutgruppen-Antigene ist wichtig, da Bluttransfusionen sehr häufig durchgeführt werden. Die ersten Versuche, Blut von einer Person auf eine andere zu übertragen, führten oft zu schwersten Zwischenfällen. Diese kamen sogar dann vor, wenn der vorgesehene Empfänger vorher noch niemals eine Bluttransfusion erhalten hatte. Der Grund für dieses Problem sind natürliche Antikörper gegen bestimmte hochimmunogene Antigene auf der Erythrozytenoberfläche. Das System der Blutgruppenantigene umfaßt unter anderem die Gruppen AB0, Rh, Lewis, MN, P, Kell, Duffy und Kidd. Das AB0- und Rh-System stellen die beiden wichtigsten Systeme dar, die deshalb hier ausführlicher besprochen werden sollen.

Das AB0-System. Beim AB0-System werden vier verschiedene Blutgruppen unterschieden: A, B, AB und 0. Die Bezeichnung entspricht dem jeweiligen Antigen auf der Erythrozyten-Oberfläche. Dementsprechend besitzen Personen mit der Blutgruppe A das A-Antigen, Träger der Blutgruppe B das B-Antigen und

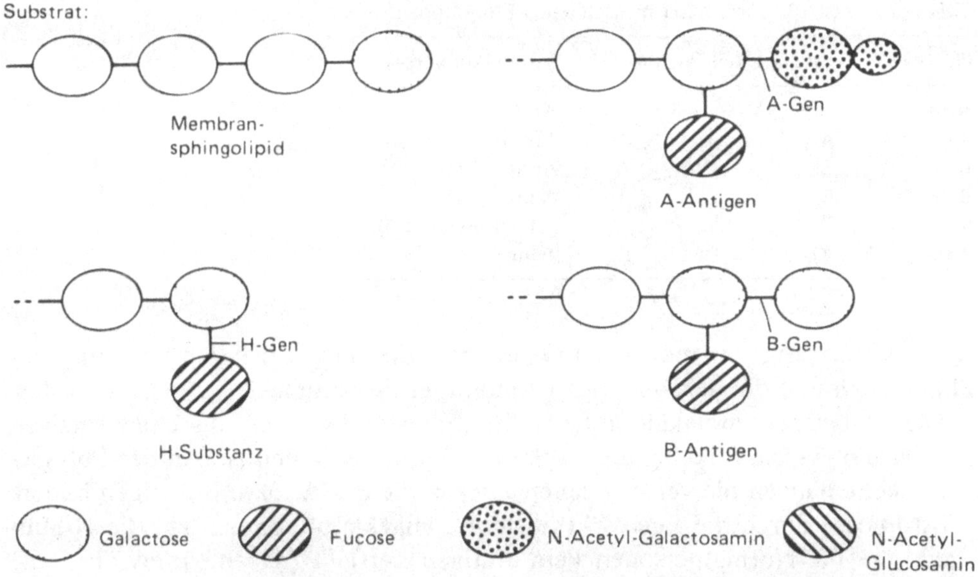

Abbildung 2.5 Schematische Darstellung der Moleküle des AB0-Systems. Die für die Synthese der A- und B-Antigene der Erythrozyten verantwortlichen Gene kodieren Glycosyltransferasen. Diese Enzyme schließen die terminalen Zucker an die H-Substanz an, welche das Rückgrat für die beiden Antigene darstellt. Das A-Gen ist für den Anschluß des N-Acetyl-Galactosamins verantwortlich und das B-Gen für den Anschluß der Galactose. Auf diese Weise entstehen die A- und B-Antigene. Die H-Substanz entsteht, wenn die Fucosyl-Transferase an die terminale Galactose Fucose heftet.

AB-Träger beide Antigene. Personen der Blutgruppe 0 haben weder A- noch B-Antigene. Da normalerweise Toleranz gegen die eigenen Antigene besteht, läßt sich voraussagen, daß niemand Antikörper gegen Antigene seiner eigenen roten Blutkörperchen besitzt. Das zunächst Unerwartete hierbei ist, daß wir alle Antikörper gegen die Antigene tragen, die wir nicht besitzen. Dementsprechend tragen Personen der Blutgruppe A Anti-B-Antikörper und Personen der Gruppe B Anti-A-Antikörper. Personen der Blutgruppe 0 haben sowohl Anti-A- als auch Anti-B-Antikörper, und Personen der Blutgruppe AB haben weder Anti-A- noch Anti-B-Antikörper. Die meisten natürlichen Anti-A- und Anti-B-Antikörper gehören zur IgM-Klasse (s. Kap. 3). Sie entstehen wahrscheinlich als Resultat einer Immunantwort gegen ähnliche oder kreuzreagierende Antigene von Bakterien des Intestinaltrakts.

Die Antigene des AB0-Systems stellen chemisch komplexe Oligosaccharide auf der Erythrozytenoberfläche dar. Ähnliche Saccharide kommen in der Tier- und Pflanzenwelt recht häufig vor. Abb. 2.5 zeigt den terminalen Aufbau der für das AB0-System wichtigen Moleküle. Jeder Zuckerbaustein wird an den vorhergehenden durch ein Enzym angeheftet.

Das AB0-System steht unter der Kontrolle eines Gen-Locus mit 3 Haupt-Allelen, nämlich dem A-, B- und 0-Allel, wobei die Allele A und B über 0 dominant

Tabelle 2.2 Das AB0-System der menschlichen Blutgruppen

Genotyp	Erythrozyten-Phänotyp	Serum-Antikörper
A/A	A	Anti-B
A/0	A	Anti-B
B/B	B	Anti-A
B/0	B	Anti-A
0/0	0	Anti-A und Anti-B
A/B	AB	keine

sind. Tab. 2.2 zeigt die möglichen Genotypen, die entsprechenden Erythrozyten-Phänotypen und die dazugehörigen Antikörper im Serum.

Die Blutgruppenmoleküle auf den Erythrozyten bestehen aus einer einzigen riesigen Polysaccharidkette, die an Sphingolipide gebunden ist. An der Polysaccharidkette hängen die verschiedenen Zucker, die das A- bzw. B-Antigen bilden. Wird Fucose durch die Fucosyl-Transferase angeknüpft, so entsteht die H-Substanz, die für Normalpersonen kein Antigen darstellt (da alle Individuen die H-Substanz besitzen, reagieren sie nicht darauf). Die H-Substanz ist eine obligatorische Vorstufe für die Expression des A- oder B-Gens. Die Fucosyl-Transferase, die für die Bildung der H-Substanz nötig ist, steht unter der Kontrolle sogenannter H-Gene, die sich von den AB0-Genen unterscheiden. Durch Addition des N-Acetylgalactosamins an die terminale Galactose der H-Substanz entsteht das A-Antigen. Das A-Gen kodiert das für diese Reaktion verantwortliche Enzym (Personen, die das A-Gen nicht besitzen und deshalb auch auf ihren Erythrozyten kein A-Antigen tragen, werden dagegen Antikörper bilden; in der Tat haben diese Personen natürlich erworbene Antikörper, deren Bildung wohl durch A-Substanzen aus der Umgebung angeregt wurde). Bei Personen, die das B-Gen besitzen, wird Galactose an die terminale Galactose der H-Substanz angeheftet.

Es gibt einige wenige Personen, die die Fucosyl-Transferase, die für die Bildung der H-Substanz durch Fucose-Anlagerung verantwortlich ist, nicht besitzen. Diese Individuen gehören scheinbar der Blutgruppe 0 an, da ihre Erythrozyten weder das A- noch das B-Antigen tragen. Ein Individuum mit dieser Mutation, die unter dem Namen *Bombay* bekannt ist, kann aber Antikörper gegen die H-Substanz bilden. Sein Blut kann deshalb nicht auf einen Empfänger mit der Blutgruppe 0 übertragen werden.

Blutgruppenmoleküle findet man auch in externen Sekreten, besonders im Speichel. Dort kommen sie als Glycoproteine mit heterogener Molekülmasse vor. Ihr Vorkommen in Sekreten steht unter der Kontrolle eines regulatorischen Gens (des Sekretor- oder Se-Gens); 80% aller Personen sind Sekretoren.

Ein viertes Gen ist am AB0-, H- und Se-System beteiligt. Dies ist das Gen, welches für die Lewis-Blutgruppen-Antigene verantwortlich ist. Lewis-Antigene sind löslich und kommen im Plasma und im Speichel vor. Erythrozyten produzieren

Lewis-Antigene nicht selbst, sondern nehmen diese aus dem Plasma auf. Die Expression der beiden wichtigsten Lewis-Spezifitäten hängt von der Interaktion der H- und Se-Gene ab. Das Lewis-Gen kodiert eine Fucosyl-Transferase, welche Fucose an das vorletzte Zuckermolekül des Polysaccharid-Grundgerüsts koppelt.

In der Blutbank werden Erythrozyten durch Mischen mit Antiseren mit hohem Antikörper-Titer gegen eines der Antigene typisiert. Im positiven Fall tritt eine Agglutination der roten Blutkörperchen auf. Die Testseren gewinnt man gewöhnlich von Personen, die eine imkompatible Transfusion erhielten oder von Frauen, die Kinder mit einer anderen Blutgruppe geboren haben.

Nach dem Gesagten wird verständlich, daß es zwei Möglichkeiten einer inkompatiblen Transfusion gibt. In einem Fall wird der Empfänger Antikörper gegen die transfundierten roten Blutkörperchen besitzen. Da dieser Zwischenfall für den Patienten eine schwerwiegende Komplikation darstellt, wird er als *Major-Reaktion* bezeichnet. Es kommt zu einer sofortigen Agglutination sämtlicher übertragenen Erythrozyten durch das Empfängerserum. Man vermeidet diesen Zwischenfall durch die Auswahl der richtigen Blutgruppe. Wäre dies die einzig mögliche Komplikation, so könnte man einem AB-Empfänger getrost irgendein Blut transfundieren und Blut der Gruppe 0 jedem Empfänger verabreichen. (Diese Methode ist in der Tat ziemlich sicher; im Krieg oder bei Notfällen wird die Gruppe 0 als Universal-Spenderblut angesehen). Obwohl das transfundierte Blut im Empfänger nur eine geringe Menge ausmacht, enthält es aber Plasma und damit Antikörper. Den resultierenden Zwischenfall bezeichnet man als *Minor-Reaktion*. Er ist deshalb weniger schwerwiegend, weil die übertragenen Isoagglutinine rasch im Empfänger verdünnt werden und eine nur geringfügige Agglutination verursachen. Im Normalfall wird daher nur kompatibles Blut transfundiert. Nach der Typisierung mit konventionellen Anti-Seren werden zusätzlich Kreuzproben durchgeführt. Hierzu mischt man das Serum des Empfängers mit den Erythrozyten des vorgesehenen Spenders und umgekehrt. Man kann dadurch mögliche Inkompatibilitäten aufgrund anderer Antigene als der AB0-Antigene feststellen (von diesen Antigenen gibt es viele, die meisten sind aber schwach immunogen und werfen daher kaum Probleme auf).

Das Rh-System – Erythroblastosis foetalis. Das Rh-System stellt ein weiteres Erythrozyten-Antigen-System dar. Rh steht für Rhesus. Das System wurde erstmalig von Landsteiner und Wiener 1940 beschrieben, welche durch Zufall fanden, daß Kaninchen-Antikörper gegen Erythrozyten des Rhesusaffen 80% der Erythrozyten von Normalpersonen agglutinieren.

Zur gleichen Zeit (1939) fanden Levine und Stetson im Serum einer Frau, die eine Totgeburt zur Welt gebracht hatte, Antikörper, welche später als Anti-Rh-Antikörper ausgemacht werden konnten, die die Mutter gegen die Rh-Antigene des Fötus gebildet hatte. Dieses System ist noch nicht so gut untersucht und ist chemisch noch nicht charakterisiert. Die Kenntnis des Rh-Systems führte jedoch zu einem der größten therapeutischen Erfolge der Immunologie.

Innerhalb des Rh-Systems ist eine große Zahl von Antigenen bekannt, von denen viele kreuzreagieren und sich schwer definieren lassen. Die meisten sind schwach immunogen und verursachen selten Schwierigkeiten. Eine Ausnahme stellt das als „D" bezeichnete Antigen dar. Zum leichteren Verständnis des Rh-Systems sollte man sich drei verschiedene Antigen-Stellen vorstellen, von denen jede zwei alternative Antigene enthalten kann. Eines davon ist D, das entweder vorhanden sein (D) oder fehlen kann (d). Dementsprechend wird der eine Fall Rh-positiv und der andere rh-negativ genannt. Außerdem gibt es noch die Antigene C und c, E und e. Für jedes Paar gibt es nur eine Alternative. Mögliche Kombinationen sind z. B. Dce, DCe, DcE, DCE, dce, dCe, dcE und dCE. Jede dieser Kombinationen wird von einem einzigen Gen kontrolliert. Mit ein bißchen Überlegung kann man sich leicht 32 mögliche Genotypen zusammenstellen. In diesem System kann die Typisierung sehr aufwendig werden. Sie wird dadurch noch weiter kompliziert, daß die Antigene schwach sind und die Antiseren eine viel schwächere Agglutination hervorrufen als bei den AB0-Antiseren. Zur Bestimmung der Rh-Determinanten werden spezielle Techniken eingesetzt, wie z. B. die Agglutination in einer Lösung von Albumin oder anderen geladenen Molekülen (sogenanntes Supplement). Man setzt dadurch die Oberflächenladung der roten Blutkörperchen und somit auch ihre gegenseitige Abstoßung herab, was die Agglutination sehr erleichtert.

Es gibt zwei Gründe dafür, daß Erythrozyten-Antigene schwer nachweisbar sein können. Einmal ist es möglich, daß die Antikörper gegen diese Antigene vorwiegend zur IgG-Klasse gehören. IgG hat nur schwach agglutinierende Eigenschaften, da es nur zwei Bindungsstellen besitzt, während IgM zehn Bindungsstellen hat. (Die meisten Antikörper gegen das AB0-System gehören zur IgM-Klasse, während die Anti-Rh-Antikörper zur IgG-Klasse gehören). Außerdem kommen Antigene, wie das Rh-Antigen, nur spärlich auf der Erythrozyten-Oberfläche vor; dies setzt natürlich die Möglichkeit einer Agglutination beträchtlich herab.

Eine andere Möglichkeit zum Nachweis schwacher Antigene oder Antikörper ist der *indirekte Coombs-Test*. Bei diesem Test wird das Serum (entweder das des vorgesehenen Transfusions-Empfängers oder ein Typisierungs-Serum) mit den Erythrozyten des fraglichen Spenders gemischt, und die ungebundenen Antikörper werden weggewaschen. Dann fügt man das Coombs-Reagenz, einen Anti-Immunglobulin-Antikörper (z. B. Kaninchen-Anti-Human-Globulin) hinzu. Der zweite Antikörper bewirkt eine viel stärkere Agglutination, da er die Vernetzung durch den ersten Antikörper verstärkt. Befindet sich das D-Antigen auf den Erythrozyten, so wird der Träger als Rh-positiv bezeichnet, unabhängig davon, welche anderen Antigene des Rh-Systems er besitzt. Es gibt keine nachweisbaren natürlichen Antikörper gegen D. Für rh-negative Personen stellt die Transfusion von Rh-positiven Erythrozyten und die dadurch bedingte Sensibilisierung den einzigen Weg dar, zu solchen Antikörpern zu kommen. Dies kann natürlich nach einer Transfusion mit inkompatiblem Blut geschehen, was für den Empfänger jedoch noch kein Problem aufwirft, da er keine natürlichen Antikörper besitzt (eine weitere Transfusion von Rh-positivem Blut wird dann natürlich einen schweren Zwischenfall hervorrufen). Eine zweite Möglichkeit, bei der eine rh-negative Person Rh-positive Blutkörperchen erhält, besteht bei der Geburt eines Rh-positiven Kindes durch eine rh-negative Mutter. Da das Allel D dominant ist, muß ein solches Kind einen Rh-positiven Vater haben. Normalerweise kommt es bei der Geburt zu einer Vermischung des mütterlichen und des Neugeborenen-Blutes, da dabei die stark vaskularisierte Plazenta einreißt. Beim erstenmal wird ein Übertritt des Neugeborenen-Blutes auf die Mutter keine Komplikationen verursachen; die Mutter wird jetzt aber sensibilisiert und bildet in den darauffolgenden Wochen Antikörper gegen D. Bei einer zweiten Schwangerschaft wird die Anti-D-Antwort der Mutter durch kleine Mengen Rh-positiver Erythrozyten des Fötus im Sinne einer Sekundärantwort stimuliert. Die Mutter wird daher große IgG-Antikörpermengen gegen D produzieren. Diese Antikörper durchqueren die Plazenta und bewirken im Fötus eine Hämolyse. Aus zwei Gründen kommt es nun zu schweren Komplikationen: Erstens wird der Fötus in utero anämisch, und es kann sich ein Herzversagen mit Ödemen entwickeln. Dies führt unter Umständen zum Tod in utero. Zweitens gelangt eine große Menge freien Hämoglobins in die Zirkulation, das zu Bilirubin umgewandelt wird. Die fötale Leber kann eine solche Bilirubinmenge vor der Geburt nicht ausscheiden. Bilirubin akkumuliert und ruft Gewebeschäden, besonders im Gehirn, hervor (Kernikterus).

Dieser Zustand, der als *Erythroblastosis foetalis* bezeichnet wird, läßt sich folgendermaßen diagnostizieren: erstens aus der Anamnese, wenn eine rh-negative Frau schon früher ein Rh-positives Kind geboren hat, zweitens durch den Nachweis Rh-positiver Erythrozyten und/oder eines hohen Bilirubinwertes im Fötus, der durch Amniozentese (Punktion von Amnionflüssigkeit oder fötalem Blut durch eine lange, in den Uterus eingeführte Nadel) festgestellt werden kann. Die Behandlung besteht gewöhnlich in einer Austauschtransfusion rh-negativer Erythrozyten für den Fötus in utero und der Einleitung einer Frühgeburt. Post partum erfolgen eine Austauschtransfusion sowie Maßnahmen, die den Bilirubinspiegel herabsetzen. Die Behandlung ist problematisch; Tod oder Gehirnschäden treten gelegentlich auf. Die gleiche Krankheit (als isoimmunhämolytische Krankheit bezeichnet) des Neugeborenen kann auch aufgrund anderer Inkompatibilitäten auftreten, die jedoch weit seltener sind.

Die Möglichkeit, eine Immuntherapie durchzuführen, läßt heute die Hoffnung berechtigt erscheinen, daß die *Erythroblastosis foetalis* bald völlig beseitigt sein wird. Man hat festgestellt, daß eine AB0-Inkompatibilität die Immunisierung der Mutter gegen D verhindert. Eine Mutter der Blutgruppe 0, rh-negativ, die ein A-positives Kind zur Welt brachte, wird z. B. nicht gegen D sensibilisiert. Die genauen Gründe dafür sind nicht bekannt, aber diese Beobachtung führte zu der Überlegung, daß die Gabe hoher Anti-D-Antikörper-Mengen während der Geburt eine Sensibilisierung gegen Rh verhindern könnte. Diese Behandlung erwies sich als höchst erfolgreich. Heute wird einer rh-negativen Frau 24 Stunden vor der Geburt routinemäßig konzentriertes Gammaglobulin von einem Spender mit hohem Anti-D-Titer injiziert, wenn ein Rh-positives, AB0-verträgliches Kind erwartet wird. Ein derartiges konzentriertes Gammaglobulin wird auch bei Fehlgeburten gegeben, wenn die Möglichkeit einer Rh-Inkompatibilität nicht auszuschließen ist.

Diese Behandlung verhindert mit hoher Zuverlässigkeit eine Sensibilisierung Schwangerer. Bei einer Frau, die bereits sensibilisiert ist, ist sie nicht von Nutzen; da die Methode sich jedoch weiter Verbreitung erfreut, ist die Häufigkeit der Erythroblastose deutlich gesunken. Es ist nicht ganz klar, wie die verabreichten Antikörper die Immunantwort verhindern. Folgende Möglichkeiten werden erwogen:

1. Die Antikörper binden sich an die fötalen Erythrozyten, nachdem diese in den mütterlichen Kreislauf gelangt sind und bedecken die Antigene.
2. Die Antikörper bewirken eine Phagozytose der Erythrozyten, bevor diese eine Immunantwort stimulieren können.
3. Die entstandenen Antigen-Antikörper-Komplexe führen zu einer zeitweiligen Toleranz gegen das Antigen; dieses Phänomen ließ sich in experimentellen Systemen nachweisen.

Welcher Mechanismus auch immer eine Rolle spielen mag, die Möglichkeit, eine Anti-D-Immunantwort zu verhindern, ist eine immunologische Therapiemaßnahme, die auch bei der Therapie anderer Erkrankungen Verwendung finden könnte. Voraussetzung für eine derartige Therapie ist einmal, daß das Antigen bekannt ist und zum anderen, daß das Antigen nur vorübergehend mit dem Immunsystem in Kontakt kommt.

3 Antikörper und ihre Funktionen

Proteine, die spezifisch mit einem Antigen reagieren, werden Antikörper genannt und unter dem Begriff Immunglobuline (Ig) bzw. Gammaglobuline zusammengefaßt. Dieser Begriff leitet sich von der Beobachtung ab, daß die meisten Antikörper des Serums elektrophoretisch in der Gamma-Region wandern (s. Kap. 4). Alle Immunglobuline haben eine gemeinsame Struktur: Sie bestehen aus zwei großen und zwei kleinen Polypeptid-Ketten, deren Aufbau in Abb. 3.1 dargestellt ist. Die großen Polypeptidketten werden schwere (englisch *heavy*) oder H-Ketten genannt; die kleinen werden als leichte (englisch *light*) oder L-Ketten bezeichnet. Die menschlichen Immunglobuline gehören fünf verschiedenen Klassen an, die

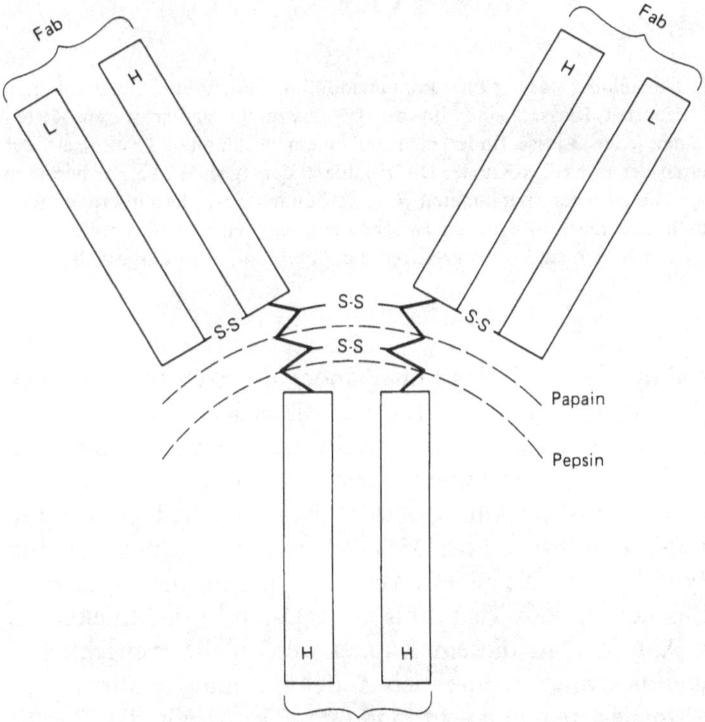

Abbildung 3.1 Schematische Darstellung eines IgG-Antikörper-Moleküls. In jedem Fab-Fragment befindet sich eine Tasche oder Nische, in welcher eine bestimmte Determinante gebunden wird; bestimmte biologische Funktionen des IgG-Antikörper-Moleküls werden durch Bereiche des Fc-Fragments vermittelt. In der Abbildung sind die Angriffspunkte der Enzyme Papain und Pepsin dargestellt. H = schwere Kette; L = leichte Kette.

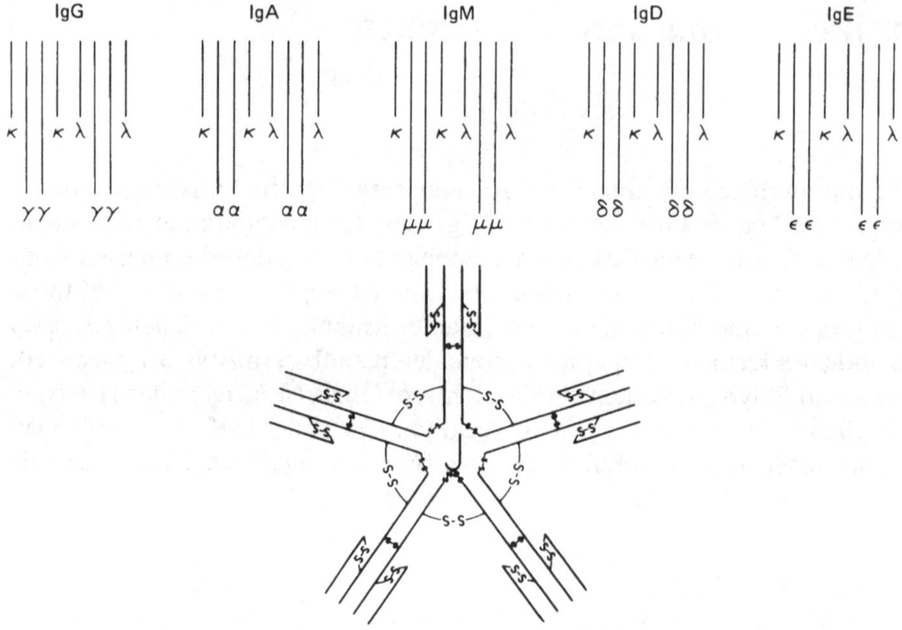

Abbildung 3.2 Schematische Darstellung der fünf Immunglobulin-Klassen des menschlichen Systems. Unterschiede zwischen den Klassen sind auf die Primärstruktur der schweren Ketten zurückzuführen. Innerhalb einer jeden Klasse findet man auf einem bestimmten Prozentsatz der Monomeren zwei leichte Ketten der κ- bzw. λ-Klasse. Die zirkulierenden IgM-Antikörper bestehen aus fünf IgM-Monomeren, welche zu einem pentameren Ring verbunden sind, der außerdem auch die verbindende J-Kette enthält. Die Disulfid-Brücken zwischen den leichten und schweren Ketten sowie die zwischen zwei schweren Ketten sind im oberen Teil der Abbildung nicht dargestellt.

aufgrund der Primärstruktur der H-Ketten voneinander unterschieden werden. Die Klassen heißen IgG, IgA, IgM, IgD und IgE und die H-Ketten dementsprechend γ, α, μ, δ und ε. Die L-Ketten kommen in zwei verschiedenen Formen vor, die als κ (Kappa) und λ (Lambda) bezeichnet werden. Etwa 65% der im menschlichen Serum vorhandenen IgG-Moleküle besitzen zwei H-Ketten vom γ-Typ und zwei L-Ketten vom κ-Typ, während etwa 35% zwei H-Ketten vom γ-Typ und zwei L-Ketten vom λ-Typ besitzen. Die gleiche Verteilung gilt für die zirkulierenden IgA- und IgM-Moleküle; das κ/λ-Verhältnis der IgD- und IgE-Moleküle ist noch nicht bekannt (s. Abb. 3.2). In diesem Kapitel werden die menschlichen Immunglobuline genauer beschrieben, die neben den Immunglobulinen von Maus und Kaninchen am besten untersucht sind. Im Prinzip gilt das für die menschlichen Antikörper Gesagte auch für die Antikörper anderer Arten.

Immunglobulin G

Unser Wissen über die Immunglobulin-Struktur entstammt hauptsächlich Untersuchungen an IgG-Molekülen. Die wichtigsten Experimente sollen daher im folgenden kurz dargestellt werden. 1959 gelang es R. Porter, Kaninchen-IgG-Antikörper durch Behandlung mit dem Enzym Papain in Gegenwart von Cystein in zwei große Fragmente zu trennen. Eines der beiden Fragmente besaß die Antigen-Bindungsstellen des intakten Moleküls und wurde deshalb Fab-Fragment genannt („ab" steht für *antigen binding,* Antigen bindend). Das zweite Fragment, welches das Antigen nicht binden konnte, kristallisierte leicht aus und wurde deshalb Fc-Fragment genannt („c" steht für *crystallizable,* kristallisierbar). Jedes Fragment hatte eine Molekülmasse von ungefähr 50000 Dalton; die Fab-Fragmente machten etwa zwei Drittel, die Fc-Fragmente etwa ein Drittel des papainbehandelten IgG aus. Wir wissen heute, daß Papain das IgG-Molekül ungefähr in der Mitte der schweren Ketten spaltet, in einem Gebiet, das als Gelenkregion *(hinge region)* bezeichnet wird. Cystein scheint eine doppelte Funktion zu haben: Einmal aktiviert es das Enzym Papain und zum anderen reduziert es die Disulfid-Brücken zwischen den H-Ketten.

Später wurde entdeckt, daß das Fc-Fragment des IgG für bestimmte biologische Funktionen verantwortlich ist, wie z.B. Transport durch die Placentaschranke, Aktivierung des Komplementsystems und Bindung an heterologe Gewebe. Dies führte zu der Erkenntnis, daß Immunglobuline zwei Funktionen besitzen. Die eine Eigenschaft, nämlich eine bestimmte Antigen-Determinante zu binden, liegt im Fab-Teil des Moleküls, während der Fc-Teil für die biologischen Fähigkeiten verantwortlich ist, die das weitere Schicksal des Antigens bestimmen, im wesentlichen unspezifische, amplifikatorische Funktionen.

Läßt man Pepsin auf das IgG einwirken, so entstehen andere Spaltprodukte. Pepsin spaltet die H-Ketten an einer Stelle, die distal von den Disulfid-Brücken in der Gelenk-Region liegt. Daher wird durch Pepsinbehandlung der Teil, der dem Fc-Fragment nach Papain-Behandlung entspricht, zerlegt, während die beiden antigenbindenden Fragmente beisammen bleiben. Diese Fragmente sind etwas größer als die Fab-Fragmente nach Papain-Behandlung und werden deshalb Fab'-Fragmente genannt. Pepsin-Behandlung des IgG-Moleküls führt somit zu einem bivalenten Fragment, das $F(ab')_2$ genannt wird und das eine Sedimentationskonstante von 5S hat. Durch Reduktion der Disulfid-Brücken des $F(ab')_2$-Fragments entstehen zwei antigenbindende Bruchstücke.

Weitere Erkenntnisse über die Struktur des IgG verdanken wir G. Edelman, der die Moleküle in Anwesenheit von Harnstoff mit reduzierenden Agentien behandelte. Dies führte zu einer Abnahme der Molekülmasse, was darauf schließen läßt, daß die Peptid-Ketten des IgG über Disulfid-Brücken verbunden sind. In weiteren Versuchen wurden weniger starke Reduktionsbedingungen angewandt, so daß nur wenige Disulfid-Brücken gespalten wurden. Anschließend wurde eine Behandlung mit Propionsäure durchgeführt. Mit Hilfe der Gelfiltration konnte man jetzt zwei Komponenten mit einer Molekülmasse von 50000 und 25000 Dalton nachweisen. In diesen Experimenten hatte die Propionsäure die Aufgabe, nicht-kovalente hydrophobe Bindungen zwischen den Peptid-Ketten zu brechen und die Ketten mit einer positiven Ladung zu versehen. Dadurch stießen sich die Ketten gegenseitig ab. Aufgrund der Molekülmasse des ursprünglichen IgG-Moleküls (150000) und des Anteils der schweren und leichten Komponenten konnte man schließen, daß die Moleküle aus zwei schweren und zwei leichten Polypeptid-Ketten aufgebaut sind.

Durch Reduktion und Alkylierung des Fab-Fragments und anschließende Gel-Filtration in Harnstoff und Propionsäure erhielt man eine leichte Kette und die aminoterminale Hälfte der schweren Kette, die als Fd-Fragment bezeichnet wurde. Damit war die Beziehung zwischen den einzelnen Fragmenten aufgeklärt, und das in Abb. 3.4 dargestellte Modell der Immunglobulin-Struktur konnte formuliert werden. Es sei noch darauf hingewiesen, daß zusätzlich zu den Disulfid-Brücken auch zahlreiche andere intermolekulare Kräfte zwischen den Peptid-Ketten wirksam sind, die zur Stabilität der Vierketten-Struktur beitragen.

Eigenschaften des IgG. IgG-Moleküle haben eine Molekülmasse von 150000 Dalton und eine Sedimentationskonstante von 7S. Jedes Molekül besteht aus zwei L-Ketten vom κ- bzw. λ-Typ und zwei H-Ketten vom γ-Typ. Aufgrund weiterer Antigen- und Struktur-Unterschiede in den schweren Ketten können wir vier Unterklassen unterscheiden, die als γ1, γ2, γ3 und γ4 bezeichnet werden. Der relative Anteil der vier Unterklassen am Serum-IgG beträgt: 65 bis 70% IgG 1, 23 bis 28% IgG 2, 4 bis 7% IgG 3 und 3 bis 4% IgG 4. Diese Unterklassen unterscheiden sich u.a. in ihren Wanderungseigenschaften im elektrischen Feld. IgG 2 und IgG 4 wandern zur Anode, während IgG 1 und IgG 3 zur Kathode wandern. Weiterhin hat die H-Kette des IgG 3 (γ3) eine Molekülmasse von etwa 60000 Dalton, während γ1 und γ2 eine Molekülmasse von etwa 52000 Dalton besitzen. Peptidkartierungen der Fc-Fragmente nach Trypsinbehandlung ergaben, daß 17 bis 22 der 24 Peptide allen vier Subklassen gemeinsam sind. Bei γ1 und γ2 können vier tryptische Peptide unterschieden werden und bei γ3 und γ4 achtzehn. Im Kohlenhydratanteil scheinen sich die vier Subklassen nicht zu unterscheiden. Versuche mit Pepsin, Papain und Trypsin ergaben, daß sich die IgG-Unterklassen in ihrer Empfindlichkeit gegenüber diesen Enzymen beträchtlich unterscheiden. Es existieren auch einige Informationen über den Metabolismus dieser Proteine: IgG 3 scheint die kürzeste Plasma-Halbwertszeit, die niedrigste Synthese- und die höchste Abbaurate zu besitzen. Für IgG 3 ist weiterhin eine ungewöhnlich große Zahl von Disulfid-Brücken zwischen den schweren Ketten charakteristisch. Die Antikörper-Antwort gegen bestimmte Antigene setzt sich aus allen vier IgG-Subklassen zusammen. Einige Antikörper scheinen jedoch vorwiegend durch eine der Subklassen repräsentiert zu sein. Die bei einigen Patienten spontan auftretenden Antikörper gegen Gerinnungsfaktoren gehören z.B. hauptsächlich der IgG4-Klasse an. Antikörper gegen bestimmte Kohlenhydrate, wie das Dextran, sind hauptsächlich unter den IgG2-Molekülen zu finden. Eine Subklassen-Restriktion wurde auch bei den antinukleären Antikörpern, z.B. den Anti-DNA-Antikörpern, beobachtet; sie gehören hauptsächlich zur IgG1- und IgG3-Subklasse.

Immunglobulin M

IgM hat eine Molekülmasse von etwa 900000 Dalton. Jedes IgM-Molekül besteht aus fünf identischen Untereinheiten von etwa 180000 Dalton, die aus zwei leichten Ketten vom κ- bzw. λ-Typ und zwei schweren μ-Ketten zusammengesetzt sind. Letztere haben eine Molekülmasse von etwa 70000 Dalton. Fünf monomere Untereinheiten sind über Disulfid-Brücken zwischen den schweren Ketten der Untereinheiten verbunden und bilden so einen Ring oder Pentamer. Außerdem enthält das IgM-Molekül eine weitere, verbindende Kette, die sogenannte *J-Kette* (aus dem Englischen *joining* = verbindend). Da zehn Fab-Einheiten vorhanden sind, sollte man annehmen, daß ein IgM-Antikörper zehn antigenbindende Valenzen besitzt. Obwohl im Experiment dieser Wert für einige IgM-Antikörper-Moleküle erhalten wurde, kann man in einigen Fällen nur fünf Valenzen feststellen. Gründe für diese Unterschiede konnten bisher nicht gefunden werden. Einige, aber nicht alle fünf, IgM-Antikörper-Untereinheiten scheinen nach Antigen-Kontakt mit dem Komplementsystem zu reagieren. Die Komplement-Bindungsstelle befindet sich auf der schweren Kette des Antikörper-Moleküls im Bereich der Cμ4-Domäne (s. hierzu die Behandlung des Domänenkonzeptes weiter unten).

Ein IgM-Molekül kann zwei verschiedene Oligosaccharid-Einheiten tragen; der einfache Typ besteht aus Mannose und N-Acetylglucosamin, der komplexe Typ besteht aus Mannose, N-Acetylglucosamin, Fucose, Galactose und Neuraminsäuren. Diese Kohlenhydrat-Einheiten stehen mit der Cμ3-Domäne in Verbindung.

J-Ketten kommen nur bei bestimmten Arten und auf polymeren Immunglobulinen, wie IgM und IgA, vor. Bezüglich ihrer elektrophoretischen und antigenen Eigenschaften und ihrer Aminosäurezusammensetzung existieren zwischen den J-Ketten der verschiedenen Arten nur geringe Unterschiede.

Erstmals wurden J-Ketten entdeckt, als man die Disulfid-Brücken polymerer Immunglobuline spaltete und die Bestandteile anschließend elektrophoretisch auftrennte. Die J-Ketten erschienen als eine Proteinbande, die schneller als die L-Ketten der Immunglobuline zur Anode wanderte. Die Fraktion konnte anschließend isoliert und Antiseren dagegen hergestellt werden. Untersuchungen mit diesen Antiseren ergaben, daß die antigenen Determinanten der J-Ketten im intakten polymeren Immunglobulin kaum zugänglich sind und erst nach Denaturierung auftreten.

Die Molekülmasse einer J-Kette beträgt etwa 150000 Dalton. Eine J-Kette besteht aus 118–125 Aminosäuren und 7–8 Kohlenhydratresten. Auffällig sind die sechs Cysteinreste. Man hat ein Modell vorgeschlagen, in dem zwei Cysteinreste an der Verbindung zwischen der J-Kette und zwei der fünf Untereinheiten des IgM-Moleküls beteiligt sind; die restlichen Cysteinreste werden wahrscheinlich für die Bildung von Disulfid-Brücken zwischen den Ketten benötigt. Möglicherweise setzt eine intrazellulär vorkommende J-Kette die Polymerisation des IgM-Moleküls in Gang, indem sie sich über Disulfid-Brücken mit einer IgM-Untereinheit verbindet. Dieser Prozeß könnte dann zur Verbindung mit den anderen Untereinheiten führen. Nach Anlagerung der fünften Untereinheit könnte der Ring durch Reaktion einer Sulfhydryl-Gruppe der μ-Kette mit einer Sulfhydryl-Gruppe der J-Kette geschlossen werden (s. Abb. 3.2).

Immunfluoreszenzstudien und Biosyntheseuntersuchungen ergaben, daß die J-Kette von Plasmazellen synthetisiert wird, die für die Bildung von IgM- (und IgA-) Immunglobulinen verantwortlich sind. Die J-Kette dürfte den limitierenden Schritt der Synthese darstellen.

Immunglobulin E

IgE-Moleküle bestehen aus zwei H-Ketten vom ε-Typ und zwei L-Ketten vom κ- bzw. λ-Typ. IgE-Moleküle scheinen eine Disulfid-Brücke zwischen einer schweren und einer leichten Kette und zwei Brücken zwischen zwei schweren Ketten zu besitzen. Die Molekülmasse des IgE beträgt 190000 Dalton und die Sedimentationskonstante 8S. Der Kohlenhydratanteil liegt bei etwa 12%; er ist mit der schweren Kette assoziiert. IgE kommt im normalen menschlichen Serum in sehr geringen Konzentrationen vor; als Mittelwert gelten etwa 10 μg/100 ml Serum. IgE hat die kürzeste Halbwertszeit, die höchste Abbaurate und die niedrigste Syntheserate aller Immunglobulinklassen. Die Serumhalbwertszeit liegt bei zwei bis drei Tagen. Aufgrund dieser Tatsache waren in vielen Fällen Untersuchungen mit IgE-Myelom-Proteinen nötig. (Zur Entdeckung dieser Immunglobulinklasse haben aber auch Untersuchungen mit IgE aus Normalseren beigetragen). IgE wird durch Hitze und reduzierende Agentien bereits unter Bedingungen denaturiert, die auf die anderen Immunglobulinklassen (mit Ausnahme des IgD) nur eine geringe Wirkung ausüben. Bereits eine 30 Minuten dauernde Inkubation der IgE bei 56°C führt zu einer irreversiblen Konformationsänderung im carboxyterminalen Teil der schweren Ketten.

Immunglobulin A

Monomere IgA-Moleküle haben eine Molekülmasse von 150000 Dalton und polymere bis zu 350000 Dalton. Ein IgA-Molekül besteht aus zwei leichten Ketten vom κ- bzw. λ-Typ und zwei schweren Ketten vom α-Typ. Die polymeren

Formen des IgA besitzen eine J-Kette. Polymere, die aus zwei oder drei IgA-Monomeren bestehen, findet man im normalen Serum. Sie machen dort eine kleine Fraktion aus.

Aufgrund der Strukturunterschiede in der schweren α-Kette kann man zwei Unterklassen unterscheiden, das IgA 1 und das IgA 2. Die IgA2-Moleküle können nochmals in zwei Gruppen aufgeteilt werden, die sich an ihren genetischen Markern A2m(1) und A2m(2) identifizieren lassen. (Das Problem der genetischen Marker auf Immunglobulinmolekülen wird weiter unten diskutiert). Bei den IgA2-Molekülen, die den A2m(1)-Marker tragen, fehlen die Disulfid-Brükken zwischen den schweren und leichten Ketten. Dagegen existieren diese Brükken bei der A2m(2)-Variante (sowie bei allen IgA1-Molekülen). Sowohl bei der IgA1- als auch bei der IgA2-Subklasse kommen innerhalb der schweren Kette zwei Disulfid-Brücken vor.

Sekretorisches IgA. IgG überwiegt nicht nur im Serum, sondern auch in internen Sekreten, wie dem Augenkammerwasser oder der Cerebrospinal-, Amnion-, Synovial-, Pleura- und Peritonealflüssigkeit. In den externen Sekreten herrscht dagegen das *sekretorische IgA* (SIgA) vor. Diese Klasse ist charakteristisch für den Mundschleim, die Tränenflüssigkeit, die Nasen-, Tracheobronchial-, Intestinal- und Zervikal-Flüssigkeiten und auch für Galle und Urin. Wir wollen aber darauf hinweisen, daß hier auch andere Immunglobuline (also IgG, IgM und IgE) vorkommen, und zwar in so hohen Konzentrationen, daß sie nicht nur aus dem

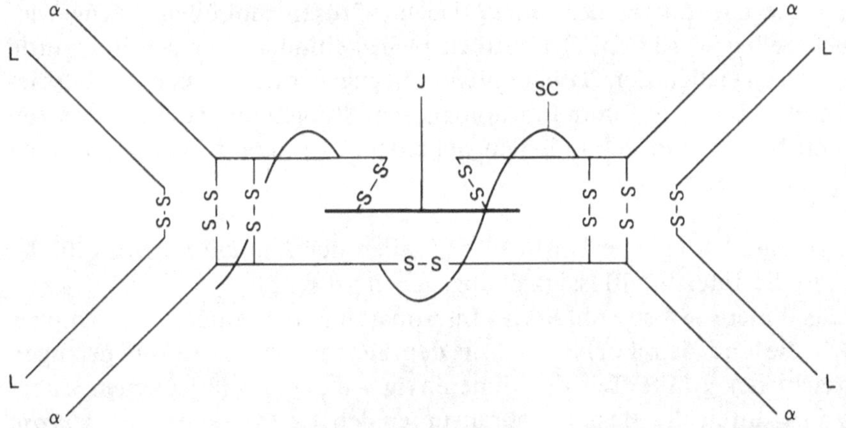

Abbildung 3.3 Schematische Darstellung des sekretorischen IgA (SIgA)-Moleküls
Ein SIgA-Molekül besteht aus zwei IgA-Monomeren, welche über Disulfid-Brücken zwischen den schweren Ketten der Monomeren verbunden sind, sowie aus weiteren Proteinen, nämlich der J-Kette und der sekretorischen Komponente (SC). Die J-Kette befindet sich im Innern zwischen den carboxy-terminalen Enden der beiden Ketten; SC windet sich um die Fc-Enden der beiden IgA-Monomeren. Die beiden dargestellten IgA-Monomeren gehören zu der IgA2m(1)-Kategorie, welche zwischen den schweren und leichten Ketten keine Disulfid-Brücken besitzt.

Serum stammen können. Zu einem beträchtlichen Teil werden diese Immunglobuline wie auch das sekretorische IgA von Plasmazellen der *Lamina propria* des Respirations- und Gastrointestinaltrakts produziert.

Der Hauptanteil der IgA-Moleküle der externen Sekrete des Menschen besteht aus Dimeren, die sich aus zwei 7S-IgA-Monomeren und zwei weiteren Proteinen, die nicht zu den Immunglobulinen gezählt werden, nämlich der J-Kette und dem Sekretstück, aufbauen. Ein IgA-Monomer besteht aus zwei schweren Ketten vom α-Typ und zwei leichten Ketten vom κ- bzw. λ-Typ. In einem Dimer weisen beide Monomere den gleichen L-Ketten-Typ auf. Die J-Kette des polymeren IgA ist ähnlich oder sogar identisch mit der J-Kette des IgM (s. den Abschnitt über IgM). Die sekretorische Komponente ist ein Protein mit einer Molekülmasse von 71000 Dalton. Ein Modell der SIgA-Struktur ist in Abb. 3.3 dargestellt. Zwei IgA-Monomere sind End-zu-End über ihre Carboxylenden miteinander verbunden. In Abb. 3.3 ist die J-Kette über Disulfid-Brücken verknüpft und liegt zentral zwischen den Fc-Enden der IgA-Monomeren versteckt. Die Polypeptid-Kette des Sekretstücks ist um den doppelten Fc-Zylinder gewunden. Die Molekülmasse des SIgA beträgt 390000 Dalton, seine Sedimentationskonstante 11 S.

Ort und Ablauf des Zusammenbaus der SIgA-Moleküle wurden mit Hilfe der Immunfluoreszenz und in Biosynthesestudien bestimmt. Plasmazellen, die IgA enthalten, kommen überwiegend in der *Lamina propria* des Respirations- und Gastrointestinaltrakts vor. Die Dichte der IgM und IgG enthaltenden Plasmazellen im Gastrointestinaltrakt beträgt ungefähr ⅙ bzw. ⅒ bis 1/20 der Dichte der IgA enthaltenden Zellen. Die sekretorische Komponente wurde im *Mucosa-Epithel*, in den intrazellulären Zwischenräumen der *Mucosa* und auf der Oberfläche der Epithelzellen, die das *Lumen* der sekretorischen Drüsen umhüllen, nachgewiesen; in Plasmazellen wurde das Sekretstück nicht gefunden. Die J-Kette wurde dagegen auf Plasmazellen der *Lamina propria* nachgewiesen. Basierend auf diesen Untersuchungen und auf immunhistologischen Studien, die eine Differenzierung zwischen freiem und gebundenem Sekretstück erlauben, wurde folgende Ereignisfolge postuliert:

1. IgA-Dimere und J-Kette werden in Plasmazellen der *Lamina propria* gebildet und dann in die Interstitialflüssigkeit abgegeben.
2. Obwohl das dimere IgA sowohl in das Intestinallumen als auch in die lymphatischen Kanäle und damit schließlich in den allgemeinen Kreislauf gelangen kann, erreicht der größte Teil des dimeren IgA lediglich das *Lumen*. Dabei muß das IgA durch die Basalmembran unter den Epithelzellen der *Mucosa* sowie zwischen den und durch die Epithelzellen hindurch gelangen.
3. Das Sekretstück wird von den sekretorischen Epithelzellen vom Serosatyp produziert. Es könnte auf der Oberfläche dieser Zellen als Rezeptor für das dimere IgA dienen.
4. Das aus Sekretstück und IgA-Antikörpern bestehende Molekül wird von den Epithelzellen in Endozytosevesikeln aufgenommen. Während der Passage des

dimeren IgA zwischen den bzw. durch die Epithelzellen hindurch laufen kovalente und nichtkovalente Reaktionen zwischen Sekretstück und dimerem IgA ab, und es entstehen SIgA-Moleküle. Anschließend werden die SIgA-Moleküle durch Exocytose zum *Lumen* hin abgegeben.

Zahlreiche Hinweise lassen vermuten, daß das Sekretstück die Aufgabe hat, das dimere IgA vor der Proteolyse durch Gastrointestinalenzyme zu schützen. Weiterhin dürfte das Sekretstück die leicht dissoziierbaren IgA2m(1)-Sekretionsproteine stabilisieren. Das IgA2/IgA1-Verhältnis ist in Sekreten höher als im Serum; möglicherweise bestimmen IgA-Proteasen dieses Verhältnis (s. weiter unten). Die SIgA-Produktion ist deshalb außergewöhnlich, weil sie von der Kooperation zweier verschiedener Zelltypen, nämlich der Plasmazellen und der serösen Epithelzellen, abhängt. Das Sekretstück kommt auch in ungebundener Form vor; seine Synthese scheint unabhängig von der Immunglobulinbildung zu sein. Bei Patienten, die nicht in der Lage sind, Immunglobulinmoleküle zu bilden, kann das Sekretstück dennoch in den externen Sekretionsprodukten vorkommen.

IgA-Proteasen. Zahlreiche Bakterienarten, zu denen auch einige natürlicherweise im Intestinaltrakt vorkommende Keime gehören, sezernieren ein proteolytisches Enzym mit Spezifität für IgA. Dieses Enzym spaltet eine Brücke in der Gelenkregion des IgA 1. Da diese Brücke bei IgA 2-Molekülen fehlt, ist das Enzym hier unwirksam.

Immunglobulin D

Immunglobuline der Klasse D wurden bei Untersuchungen über ein ungewöhnliches menschliches Myelomprotein entdeckt (zur Diskussion der Myelomproteine s. weiter unten). Ein Großteil unseres Wissens über das IgD basiert auf Untersuchungen über derartige Proteine. Normales menschliches IgD ist schwer zu untersuchen, da es nur in sehr geringen Konzentrationen im Serum vorkommt. Die Durchschnittskonzentration beträgt etwa 30 µg pro ml. Weiterhin tendiert IgD dazu, während der Aufarbeitung Aggregate und Fragmente zu bilden. IgD-Proteine sind empfindlich gegen Proteolyse durch das Enzym Plasmin, das bei der Blutgerinnung entsteht. IgD und IgE werden durch Hitze und Säure unter Bedingungen, die IgG-, IgA- und IgM-Moleküle nicht beeinflussen, denaturiert.

IgD-Moleküle bestehen aus zwei schweren Ketten vom δ-Typ und zwei leichten Ketten vom κ- bzw. λ-Typ, welche über drei Disulfid-Brücken verbunden sind. Zwei dieser Brücken stellen Verbindungen zwischen schweren und leichten Ketten her, und eine Brücke verbindet die schweren Ketten. Der Sedimentationskoeffizient des IgD beträgt 7 S und die Molekülmasse 170000 bis 200000 Dalton. IgD ist ein Glycoprotein; die Kohlenhydrate sind auf mindestens drei Glycopeptide verteilt, die an die schwere Kette gebunden sind. IgD stellt einen geringen Bestandteil der Serum-Immunoglobuline dar. Bei ungefähr 70% der Normalbevölkerung kommen etwa 20 bis 50 μg IgD pro ml Serum vor, bei 15% weniger als 3 μg pro ml, und bei einer dritten Gruppe findet man etwa 100 bis 400 μg oder mehr pro ml Serum. Die biologischen Grundlagen für dieses ungewöhnliche Verteilungsmuster sind unklar. Die Syntheserate des IgD ist 100fach niedriger als die des IgG, und das IgD hat eine rasche Umsetzungsrate. Die Halbwertszeit im Serum beträgt etwa drei Tage.

Über die biologische Funktion des Serum-IgD ist wenig bekannt. Die Serumkonzentrationen des IgD steigen bei chronischen Infektionen an; bis jetzt konnte man jedoch noch keine eindeutige Korrelation zwischen einer bestimmten Infektion und einer IgD-Zunahme herstellen. IgD-Antikörper ließen sich mit Hilfe indirekter Methoden identifizieren; die identifizierten Antikörper besaßen antinukleäre Spezifität oder waren gegen Schilddrüsenbestandteile, Insulin, Penicillin oder Diphtherietoxin gerichtet. In nativer oder aggregierter Form reagiert IgD nicht mit dem klassischen Komplementsystem und ist auch nicht in der Lage, im Meerschweinchengewebe eine passive kutane Anaphylaxie hervorzurufen. Bei einem Großteil der menschlichen B-Lymphozyten findet man auf der Zellmembran sowohl IgD als auch monomeres IgM.

Tabelle 3.1 Charakteristika der menschlichen Immunglobuline: Klassen und Subklassen

	IgG	IgA	IgM	IgD	IgE
Schwere Kette	λ	α	μ	δ	ε
Subklassen	γ1, γ2, γ3, γ4	α1, α2	μ1, μ2	-	-
Leichte Kette	κ oder λ	κ oder λ	κ oder λ	κ oder λ	κ oder λ
J-Kette	–	±	+	–	–

Tabelle 3.2 Charakteristika der menschlichen Immunglobuline

	IgG	IgA	IgM	IgD	IgE
Molekülmasse (Dalton)	150000	150000-350000	900000	180000	190000
Sedimentations-koeffizient ($S_{20,w}$)	7	7 (9-15)	19	7	8
ungefährer Kohlenhydratanteil (%)	3	7	12	12	12
Halbwertszeit im Plasma (Tage)	21	6	5	3	2
Plazentadurchgängigkeit	+	–	–	–	–
Aktivierung des klassischen Komplementwegs	+	–	+	–	–
Serumkonzentration (mg/100 ml)	1100	250	100	3	0,01

Zelluläre Herkunft und Muster der Immunglobulinsynthese

Immunglobulinmoleküle werden von B-Lymphozyten und ihren Nachkommen, den Plasmazellen, synthetisiert (s. Kap. 5). B-Lymphozyten stellen nur einen kleinen Teil der zirkulierenden Lymphozyten dar, aber den Großteil der Zellen in den Follikeln von Lymphknoten und Milz. Plasmazellen kommen normalerweise in der Zirkulation nicht vor. Man findet sie jedoch in Lymphknoten, Milz und Knochenmark und in diffuser Verteilung auch in der *Lamina propria* des Respirations- und Gastrointestinaltrakts. B-Zellen synthetisieren Immunglobuline und inkorporieren sie in die Plasmamembran; Plasmazellen synthetisieren ebenfalls Immunglobulinmoleküle, sezernieren sie aber in das externe Milieu. Der Großteil der zirkulierenden menschlichen B-Lymphozyten trägt entweder nur monomeres IgM oder monomeres IgM und IgD auf der Zellmembran. Bei einem kleinen Teil der zirkulierenden B-Lymphozyten findet man IgA, IgG, IgD oder IgE auf der Plasmamembran. Es existieren überzeugende Hinweise dafür, daß IgG- oder IgA-tragende B-Lymphozyten von IgM- bzw. IgM- und IgD-tragenden Vorläufern abstammen (s. Kap. 5). B-Zellen reagieren mit dem Antigen über Antikörpermoleküle auf der Zelloberfläche. Im allgemeinen synthetisiert und sezerniert eine Plasmazelle Antikörpermoleküle, die eine Klasse von schweren Ketten und einen Typ leichter Ketten besitzen. In vielen Fällen führt die Immunisierung mit einem bestimmten Antigen zum Auftreten von Plasmazellen, die entsprechende IgM-, IgA-, IgG-, IgD- und IgE-Antikörper produzieren. In anderen Fällen ist die Antikörperantwort weniger heterogen. Man beginnt gerade zu verstehen, wieso Plasmazellen Antikörpermoleküle mit identischer Antigenspezifität, aber verschiedenen Klassen von schweren Ketten produzieren können.

Die leichten und schweren Ketten der Immunglobulinmoleküle werden an den Polyribosomen synthetisiert. Die leichten Ketten werden anschließend in einen intrazellulären Pool abgegeben und könnten bei der Freisetzung der schweren Ketten vom Syntheseort eine Rolle spielen. Möglicherweise verbinden sich in einem ersten Schritt eine L- und eine H-Kette und bilden so ein halbes Molekül. Anschließend könnten sich dann zwei halbe Moleküle zu einer Einheit aus vier Ketten zusammenschließen. Unter Normalbedingungen scheint ein geringer Überschuß an L- und H-Ketten synthetisiert zu werden. Es ist noch unklar, ob einige Plasmazellen ein ausgeglichenes Synthesemuster aufweisen (d.h. die gleiche Anzahl von leichten und schweren Ketten produzieren) und andere ein ungleiches Muster, oder ob allen Plasmazellen ein geringfügig unterschiedliches Synthesemuster eigen ist. Bei neoplastischen Plasmazellen können beide Synthesemuster vorkommen. Außerdem gibt es neoplastische Plasmazellen, die nur L- oder H-Ketten produzieren (s. weiter unten).

Myelom und Bence-Jones-Proteine. Multiple Myelome sind neoplastische Erkrankungen der Plasmazellen. Patienten mit einem multiplen Myelom können Tumormassen mit einem Gesamtgewicht von ½ bis 1 kg aufweisen. Man nimmt an, daß diese Tumoren die Abkömmlinge einer einzigen Plasmazelle sind, welche mehrere Jahre zuvor durch ein bis jetzt unbekanntes Agens in eine neoplastische Zelle umgewandelt wurde. (Nach neueren Untersuchungen findet die Transformation auf der Ebene der B-Lymphozyten-Vorläuferzelle oder der Stammzelle statt; falls dies richtig ist, muß die transformierte Zelle weiterhin in der Lage sein, sich in eine Plasmazelle zu differenzieren.)

Die Plasmazelle erlangt irgendwie die Fähigkeit, den normalen Kontrollmechanismen zu entgehen. In den meisten Fällen bleiben jedoch Proteinsynthese und Sekretion unverändert. Da sämtliche Zellen der Tumormasse miteinander identisch sind und da alle Zellen das gleiche Produkt synthetisieren und sezernieren, findet sich im Serum von Myelom-Patienten eine große Menge intakter homogener Immunglobuline. In einigen Fällen gelang es, die Antigen-Spezifität der Myelomproteine zu identifizieren. Bemerkenswert häufig wurden Spezifitäten gegen Bakterienantigene beobachtet. Es erscheint möglich, daß bei Verwendung einer großen Zahl von Antigenen mehr derartige Antikörper gefunden werden, die sich mit dem entsprechenden Antigen verbinden. In den meisten Fällen produzieren die neoplastischen Plasmazellen einen Überschuß an leichten Ketten, die, ähnlich wie unter Normalbedingungen, in die Interstitialflüssigkeit abgegeben werden, von dort die Zirkulation erreichen und dann in die Niere gelangen. In der Niere werden einige der leichten Ketten abgebaut und andere in intakter Form ausgeschieden. Der Urin von Patienten mit einem multiplen Myelom stellt daher eine hervorragende Quelle homogener Immunglobulinproteine dar. In dem beschriebenen Fall wären dies homogene Ketten.

Die Anwesenheit homogener leichter Ketten führt dazu, daß der Urin von Patienten mit einem multiplen Myelom ungewöhnliche Lösungseigenschaften besitzt. Wenn man den Urin mit Puffer auf geeigneten pH und Ionenstärke einstellt und 15 Minuten auf 56 °C erhitzt, kommt es zur Präzipitation. Das Präzipitat, das aus den homogenen leichten Ketten besteht, löst sich bei Erhitzen (3 min, 100 °C) wieder auf. Dieses ungewöhnliche Phänomen wurde erstmals von Bence und Jones beobachtet, und man wählt daher die Bezeichnung *Bence-Jones-Proteine* für das homogene Urin-Kettenprotein.

In einigen Fällen scheinen die neoplastischen Plasmazellen von Myelom-Patienten die Fähigkeit verloren zu haben, schwere Ketten zu synthetisieren, während sie die Fähigkeit beibehalten, leichte Ketten zu bilden. Diese Variante wird „L-Kettenerkrankung" genannt und ist dadurch charakterisiert, daß Bence-Jones-Proteine in Serum und Urin nachzuweisen sind. Bei einer anderen neoplastischen Erkrankung, dem malignen Lymphom, gibt es eine Untergruppe von Patienten, bei denen charakteristischerweise neoplastische Lymphozyten oder Plasmazellen vorkommen, die nur H-Ketten bilden. Zur Zeit kennt man drei Varianten der Schwerkettenerkrankung: γ, α und μ. Bei der Schwerkettenerkrankung ist das H-Kettenprodukt der neoplastischen Zellen in der Regel abnorm. Die Synthese der schweren Kette beginnt zwar korrekt am Aminoende und endet mit einer entsprechenden C-terminalen Sequenz, es kommen jedoch Deletionen verschiedener Länge in der Nähe des N-terminalen Endes vor.

Primärstruktur der Immunoglobuline: Regionen mit variabler und konstanter Aminosäure-Zusammensetzung

Die Verfügbarkeit homogener leichter Ketten und intakter Immunglobulinmoleküle erlaubte die Aufklärung der Primärstruktur dieser Proteine. Es wurde eine begrenzte Zahl von Antikörpermolekülen untersucht und die Aminosäuresequenz von etwa 100 leichten Ketten bestimmt. Die leichten Ketten vom κ-Typ bestehen aus 214 Aminosäuren. Alle Ketten vom κ-Typ weisen im C-terminalen Bereich des Moleküls die gleiche Sequenz auf mit der Ausnahme, daß bei bestimmten Ketten in Position 191 Leucin und bei anderen Valin vorkommt. Im N-terminalen Bereich der Kette wurde in keinem Fall eine Übereinstimmung der Aminosäuresequenz festgestellt. Die zwei Abschnitte der leichten Kette vom κ-Typ werden V_κ und C_κ genannt. Sie bezeichnen die Abschnitte der *variablen* bzw. *konstanten Aminosäuresequenz*. Ein ähnliches Muster kommt bei den L-Ketten vom λ-Typ vor. Auch die schweren Ketten bestehen aus Segmenten mit variabler bzw. konstanter Aminosäuresequenz; das V_H-Segment des IgG besteht aus etwa 115 Aminosäuren und das C_H-Segment aus ca. 330 Aminosäuren. Das C_H-Segment wiederum besteht aus drei Regionen von ungefähr 110 Aminosäuren, die C_H1, C_H2 und C_H3 genannt werden und zwischen denen Homologie besteht (s. Abb. 3.4).

Nähere Untersuchungen der V_L- bzw. V_H-Segmente ergaben, daß die Variationsbreite eingeschränkt ist: In bestimmten Bereichen unterscheiden sich die

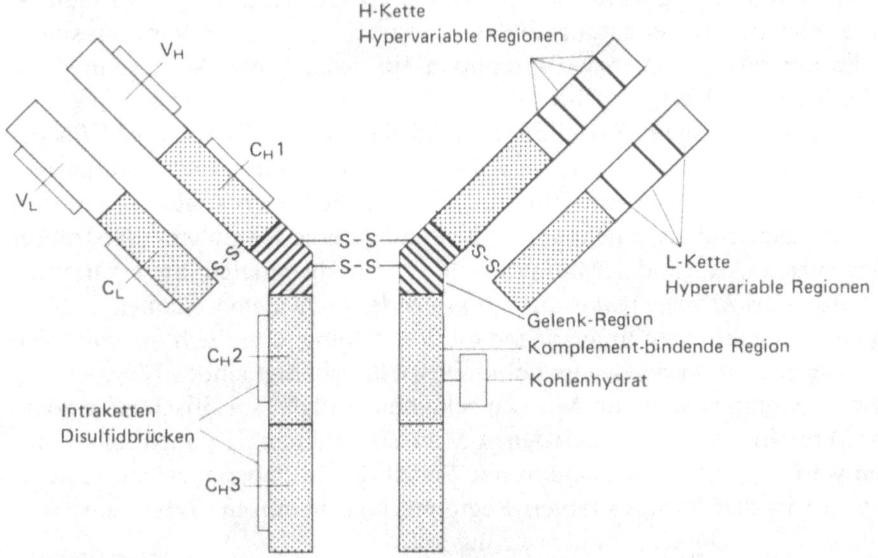

Abbildung 3.4 Schematische Darstellung eines IgG-Antikörper-Moleküls. In dieser Abbildung sind weitere Struktur-Details dargestellt.

einzelnen Proteine kaum voneinander. Hier kommt es lediglich an bestimmten Positionen zu kleinen Unterschieden. In einigen Bereichen der variablen Region treten jedoch sehr große Unterschiede in der Sequenz auf *(hypervariable Regionen)*. Die weniger variablen Bezirke zwischen den hypervariablen Regionen werden *Rahmenbezirke* genannt. L-Kettenproteine vom κ- oder λ-Typ enthalten Threonin in Position 5, Glutamin in Position 6 und Glyzin in Position 16. Alle leichten Ketten vom κ-Typ enthalten Isoleuzin in Position 2 und Leucin in Position 11. Sämtliche L-Ketten vom λ-Typ enthalten Prolin in Position 7 und Glutamin in Position 17. Aminosäureunterschiede an bestimmten anderen Stellen, nämlich an Position 9 und 13 der Kette vom κ-Typ, erlauben die Zuordnung der κ-variablen Region zu drei Untergruppen, nämlich $V_{\kappa I}$, $V_{\kappa II}$ und $V_{\kappa III}$, die immer mit dem C_κ-Segment assoziiert sind. Ganz ähnlich wurden fünf Untergruppen der V_λ-Segmente identifiziert, die regelmäßig mit dem C_λ-Segment assoziiert sind. Drei Regionen des V_L-Segments zeigen eine extreme Variabilität in der Sequenz; diese sind in den Positionen 24 bis 34, 50 bis 56 und 89 bis 97 zu finden. Das variable Segment der schweren Kette besitzt weiterhin bestimmte Reste, die wohl immer konstant sind, z. B. Valin in Position 2, Leucin in Position 4 und Glutamin in Position 6. Weiterhin erlauben bestimmte Reste die Aufteilung der V_H-Segmente in vier Untergruppen. Diese vier V_H-Untergruppen sind nicht auf eine Klasse bzw. Subklasse der schweren Ketten beschränkt, sondern können in Assoziation mit der C_H-Region der γ-, α-, μ-, δ- oder ε-Ketten vorkommen. Vier Gebiete in der V_H-Region zeigen eine deutliche Variabilität im Aufbau der Aminosäuresequenz und stellen den hypervariablen Teil der schweren Ketten dar. Diese Gebiete sind im Bereich 31 bis 37, 51 bis 68, 86 bis 91 und 101 bis 109 zu finden. Obwohl die Sequenzunterschiede in diesen Gebieten für die Variabilität der Struktur von großer Bedeutung sind, gibt es noch eine zweite Variationsmöglichkeit, die auf das Fehlen bzw. Vorhandensein zusätzlicher Aminosäuren im hypervariablen Bereich zurückgeht.

Nach den heute gültigen Vorstellungen sind die V_H- und V_L-Regionen für die Bildung der Antigenbindungsstelle im Fab-Fragment verantwortlich. Starke Faltungen der V_H- und V_L-Segmente führen dazu, daß die hypervariablen Regionen in nahem räumlichen Zusammenhang stehen und so eine Komplementärstruktur zu der jeweiligen Antigendeterminante bilden. Die beteiligten hypervariablen Gebiete werden als *komplementaritätsbestimmende Regionen* bezeichnet.

Folgende Beobachtungen unterstützen die Vorstellung, daß die hypervariablen Gebiete entscheidend an der Antigenbindungsstelle beteiligt sind:

1. Gewisse Myelomproteine von Mäusen scheinen Antigen spezifisch zu binden. Myelom-Proteine, die in verschiedenen Mäusen unabhängig voneinander entstanden waren, jedoch eine gemeinsame Spezifität für Phosphorylcholin besaßen, wiesen in den hypervariablen Regionen eine identische oder sehr nahe verwandte Aminosäurezusammensetzung auf.
2. Die Antigenbindungsstelle wurde durch Affinitätsmarkierungen untersucht. Hierzu wurden Haptene verwendet, die sich an die Antikörperbindungsstelle

erst nichtkovalent binden und in einem zweiten Schritt eine feste kovalente Bindung mit dem Antikörpermolekül eingehen. Eine anschließende Sequenzanalyse ergab, daß derartige Haptene in den hypervariablen Regionen der V_H- bzw. V_L-Segmente gebunden werden.

3. Kristallographische Analysen von Myelomproteinen mit haptenbindender Aktivität ergaben, daß die an der Bindung beteiligten Aminosäuren in den hypervariablen Gebieten liegen.

Von den übrigen Bezirken der V_H- und V_L-Segmente nimmt man an, daß sie die hypervariablen Gebiete in entsprechender Position zur Antigenbindungsstelle halten. Diese Bezirke stellen daher das Grundgerüst dar.

Die Größe der antigen-bindenden Nische konnte bei Antikörpern gegen Polysaccharide und Proteine geschätzt werden. Eine derartige Bindungsstelle kann ein Oligosaccharid, das aus sechs bis sieben Zuckern besteht, aufnehmen. Die Stärke der Bindung zwischen Bindungsnische und der entsprechenden Antigen-Determinante hängt von der geometrischen Komplementarität und verschiedenen anderen nichtkovalenten Beziehungen ab. Der Grad der Komplementarität zwischen Bindungsstelle und Determinante beeinflußt die Zahl der Brücken, die entstehen können. Diese Bindungen umfassen Wasserstoffbrücken, Brücken zwischen anionischen und kationischen Gruppen und Van-der-Waalsche-Kräfte.

Immunglobulindomänen

In Abb. 3.5 sind die Intraketten-Disulfid-Brücken angedeutet, die sich in den V_L- und C_L-Segmenten der leichten Kette und in den V_H-, C_H1-, C_H2- und C_H3-Segmenten der schweren Kette befinden. Innerhalb eines jeden Segments führen diese Brücken zur Bildung einer Schleife, die aus etwa 60 Aminosäuren besteht.

Jedes Segment scheint eine kompakte globuläre *Domäne* zu bilden; die Verbindungsstücke zwischen benachbarten Domänen scheinen weniger eng gefaltet und daher leichter enzymatisch angreifbar zu sein. Es war daher möglich, die Bindung zwischen V_L und C_L bzw. V_H und C_H1 zu spalten und so ein Fv-Fragment herzustellen, das aus V_L und V_H besteht. Dieses Fragment hat eine Molekülmasse von ungefähr 25000 Dalton und besteht aus zwei Polypeptid-Ketten von ungefähr 110 Aminosäuren, die lediglich durch nichtkovalente Brücken zusammengehalten werden. Das Fv-Fragment besitzt die Spezifität des intakten Antikörper-Moleküls.

Der Bereich der schweren Kette, der besonders empfindlich gegen Papain und Pepsin ist, wird, wie gesagt, als *Gelenkregion* bezeichnet. Diese Region besteht aus etwa 15 Aminosäureresten einschließlich der Cysteinmoleküle, welche die Brücken innerhalb der schweren Ketten bilden. Es besteht keine Sequenzhomologie zwischen der Gelenkregion und anderen Segmenten der leichten bzw. schweren Ketten des Immunglobulins, und die Aminosäuresequenz der Gelenkregion ist für jede Klasse und Subklasse der schweren Ketten charakteristisch.

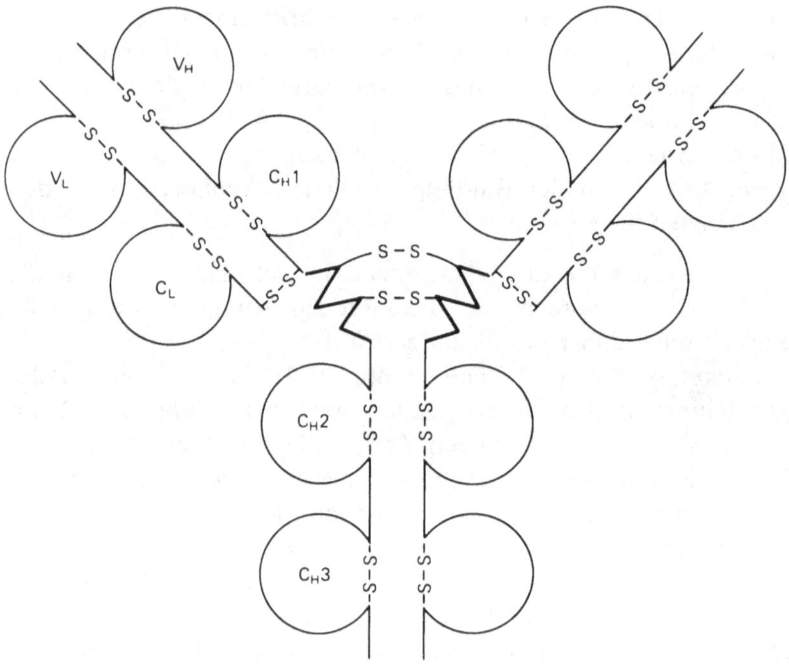

Abbildung 3.5 Schematische Darstellung eines IgG-Antikörper-Moleküls. In dieser Abbildung wurden die etwa 60 Aminosäure-Schleifen („loops") berücksichtigt, welche durch Intraketten-Disulfid-Brücken in den verschiedenen Molekülbereichen entstehen. Jeder Abschnitt stellt dadurch eine kompakte globuläre Domäne dar, welche durch Disulfid-Brücken stabilisiert wird. Zwischen den globulären Domänen findet man Segmente, in denen die Peptid-Ketten weniger starr gefaltet sind.

Antigenmarker auf Immunglobulinen

Immunglobuline sind Proteine und wirken daher immunogen, wenn man sie einem Tier einer nichtverwandten Spezies oder einem fremden Individuum der gleichen Spezies verabreicht. Auf einem Immunglobulin-Molekül lassen sich mehrere verschiedene antigene Determinanten identifizieren. Es existieren 1. antigene Determinanten, die für alle schweren γ-, α-, μ-, δ- oder ε-Ketten und alle leichten Ketten vom κ- oder λ-Typ charakteristisch sind. Diese Determinanten heißen *isotypische* Determinanten. Ein Kaninchen-Antiserum, welches gegen die isotypischen Determinanten der schweren γ-Kette gerichtet ist, wird z. B. mit sämglichen IgG-Molekülen aller normalen menschlichen Seren reagieren. 2. Es gibt Determinanten, die auf der H-Kette vom γ-Typ und der L-Kette vom κ-Typ einiger, aber nicht aller, Normalpersonen vorkommen. Die weiter oben beschriebene Substitution einer einzigen Aminosäure (Leucin bzw. Valin) in Position 191 des C_κ-Segments der leichten Ketten vom κ-Typ reicht z. B. aus, das Protein so zu verändern, daß es eine spezifische antigene Determinante besitzt, die mit Hilfe eines entsprechenden Antiserums erkannt werden kann. Diese antigenen Determinanten werden *allotypische* Determinanten genannt. Die Ketten vom κ-Typ mit Leucin in Position 191 tragen den Allotyp InV(1,2), die Ketten, die Valin in dieser Position besitzen, den Allotyp InV(3). Auf den H-Ketten sind etwa 20 allotypische Determinanten bekannt. Diese Determinanten werden *Gm-Marker* genannt und befinden sich hauptsächlich auf dem Fc-Stück und in einem geringeren Ausmaß auch auf dem Fd-Segment. Jede IgG-Subklasse besitzt ihre eigenen allotyptischen Marker, die unter der genetischen Kontrolle kodominanter Allele stehen. Die Vererbung der Allotypen folgt den Mendelschen Gesetzen. Ein homozygotes Individuum besitzt auf allen IgG-Molekülen einer Subklasse eine bestimmte allotypische Determinante, während ein heterozygotes Individuum diesen Marker auf etwa der Hälfte der IgG-Moleküle trägt. Die einzelnen Plasmazellen heterozygoter Personen scheinen alleler Exklusion zu unterliegen, da sie lediglich H-Ketten vom γ-Typ des einen oder des anderen Allotyps produzieren. Diese Beobachtung unterstreicht die strenge Restriktion, der die Expression des genetischen Potentials einer reifen Plasmazelle unterworfen ist. Eine einzelne Plasmazelle kann lediglich die konstante Region der L-Ketten und die konstante Region einer bestimmten Klasse von H-Ketten produzieren. Entsprechend verhält es sich mit der V_H und der V_L-Sequenz. Die Vererbung der Allotypen wird im Kapitel 10 genauer beschrieben.

Eine dritte Gruppe von Markern stellen die *idiotypischen* Antigendeterminanten dar. Diese Antigendeterminanten entstehen aufgrund der einzigartigen Anordnung der Aminosäuren an der Bindungsstelle des Antikörpermoleküls. Normalerweise werden die idiotypischen Determinanten von der Zusammensetzung der hypervariablen Region der leichten und schweren Ketten bestimmt. Da Idiotypen die exklusive Individualität der variablen Region widerspiegeln, wirken sie als Antigene und rufen in demselben Individuum die Bildung von Antikörpern, sogenannter anti-idiotypischer Antikörper, hervor. Diese reagieren mit der variablen Region der leichten und schweren Ketten eines Immunglobulins und können auf diese Weise mit der Antigenbindungsfähigkeit interferieren. Ebenso wird die Bindung von anti-idiotypischen Antikörpern an den Antikörper, der seine Bildung induziert hat, durch Antigen oder Hapten in der Antigenbindungsstelle gestört.

Biologische Funktionen der Antikörpermoleküle

Einige biologische Funktionen der Antikörper der fünf verschiedenen Klassen sind in Tab. 3.3 zusammengefaßt. Diese Tabelle verdeutlicht auch, daß die Fähigkeit, Antikörper zu produzieren, in Abhängigkeit von den Umständen entweder nützlich oder schädlich sein kann. Die schädlichen Konsequenzen der Antigen-Antikörper-Reaktion sind das Thema der Kapitel 13 und 14.

Antikörpermoleküle verschiedener Klassen besitzen die Fähigkeit, lösliche Exotoxine von Bakterien zu neutralisieren. Antikörpermoleküle können die To-

Tabelle 3.3 Einige biologische Eigenschaften der fünf Antikörperklassen des Menschen

Antikörperklasse	Nützliche Eigenschaften	Schädliche Eigenschaften
IgG	Neutralisierung von Toxinen Agglutination Opsonisierung Bakteriolyse (mit Hilfe des Komplement-Systems)	Gewebeschädigungen durch Ag-Ak-Komplexe: z. B. Arthus-Reaktion, Serumkrankheit
IgM	Toxin-Neutralisation Agglutination Bakteriolyse (mit Hilfe des Komplement-Systems) Antigen-Rezeptor auf B-Lymphozyten	siehe oben
IgA	Toxin-Neutralisation Agglutination Opsonisierung (?)	?
IgD	Antigen-Rezeptor auf B-Lymphozyten	?
IgE	Veränderungen in der vaskulären Permeabilität	Lokale und systemische Allergie vom Soforttyp bzw. anaphylaktische Reaktionen

xinwirkung aufheben, indem sie sich mit Determinanten innerhalb oder in der Nähe der aktiven Toxinstelle verbinden und so die Reaktion des Toxins mit seinem Substrat verhindern. Es ist auch möglich, daß Antikörpermoleküle mit Determinanten, die von der aktiven Stelle des Toxins weiter entfernt sind, reagieren; eine derartige Verbindung kann die Konfiguration und damit auch die Aktivität der toxophoren Gruppe des Toxins verändern.

Antikörpermoleküle verschiedener Klassen haben die Fähigkeit, Bakterien, Viren, Pilze, Hefen und andere potentielle Krankheitserreger zu agglutinieren. Die Verklumpung erleichtert die Aufnahme durch die Phagozyten, indem sie die Bewegungsmöglichkeit der Erreger einschränkt und es den Phagozyten ermöglicht, sich mit größeren Klumpen und nicht mit einzelnen Erregern auseinanderzusetzen.

Der Begriff *Opsonisierung* bezeichnet die Fähigkeit der Antikörper, Bakterien und andere Parasiten für die Phagozytose vorzubereiten (s. Kap. 5). Die Adhärenz von Bakterien an die Plasmamembran der phagozytierenden Zellen ist ein entscheidender Schritt vor der Aufnahme. Obwohl einige Bakterien an der Oberfläche von Phagozyten auch ohne Mitwirkung von Antikörpern haften, zeigen andere Keime, besonders virulente Organismen, nur wenig Haftung. Gibt man jedoch IgG-Antikörper dazu, so haften die Keime an den Phagozyten über eine Bindung zwischen spezifischen Oberflächenrezeptoren und den Fc-Stücken der Antikörper. Zusatz von Komplement führt zu einer weiteren Steigerung der Adhärenz und der Phagozytose. Diese Steierung wird durch Oberflächenrezeptoren für die Komplementkomponente C3b vermittelt (s. Kap. 12).

Tabelle 3.4 Biologische Eigenschaften der Subklassen der menschlichen IgG

	IgG1	IgG2	IgG3	IgG4
Komplementbindung (über C1)	+	+	+	–
Passive kutane Anaphylaxie*	+	–	+	+
Bindung an Neutrophile über den Fc-Rezeptor	+	+	+	+
Bindung an Monozyten über den Fc-Rezeptor	+	–	+	–
Plazentadurchgängigkeit	+	+	+	+
Prozentualer Anteil im Normalserum	65-70	23-28	4-8	3-4

* Beim Meerschweinchen

Antikörper, die das Komplementsystem aktivieren können, wie die meisten IgG- und einige IgM-Antikörper, sind in der Lage, gewisse Stämme gramnegativer Bakterien direkt zu zerstören. Diese Antikörper werden *bakteriolytisch* genannt, obwohl die Lyse eigentlich vom Komplementsystem und dem Enzym Lysozym geleistet wird.

Biologische Eigenschaften der IgG-Subklassen. Die Antikörpermoleküle der vier IgG-Subklassen unterscheiden sich in ihren biologischen Eigenschaften. Die Fähigkeit, das Komplementsystem über den klassischen Weg zu aktivieren, ist den IgG 1-, IgG 2- und IgG 3-Molekülen eigen. IgG 4-Moleküle können nicht mit C1q, einer Unterkomponente der ersten Komplementkomponente, reagieren. IgG 1-, IgG 3- und IgG 4-Moleküle besitzen eine Konfiguration, die es ihnen erlaubt, mit Mastzellen des Meerschweinchens zu reagieren; IgG 2-Moleküle können dies nicht. Alle vier Subklassenproteine können sich an den Fc-Rezeptor von neutrophilen Granulozyten binden; an die Rezeptoren von Monozyten können sich jedoch nur IgG 1- und IgG 3-Antikörper binden. Die Bindungsstellen für Monozytenrezeptoren liegen in der C_H3-Domäne. Ein Peptid, das aus 10 Aminosäuren der C_H3-Domäne besteht, kann sich an Monozyten binden und die Interaktion mit Erythrozyten, die mit intaktem IgG 1- und IgG 3-Antikörper beladen sind, behindern. Immunglobuline aller vier genannten IgG-Subklassen können die Placentaschranke passieren. Die Frage, ob irgendeine IgG-Subklasse im Fötus im Vergleich zum mütterlichen Kreislauf über- bzw. unterrepräsentiert ist, bedarf noch genauer Untersuchungen (s. Tab. 3.4).

Die besonderen biologischen Eigenschaften der sekretorischen IgA-Antikörper. Die sekretorischen IgA-Antikörper (SIgA) sind in der Lage, Toxine und Viren zu neutralisieren. Weiterhin sind SIgA-Antikörper in der Lage, Bakterien und andere Krankheitserreger zu agglutinieren. Es ist noch immer nicht geklärt, ob SIgA-Antikörper mit dem klassischen Komplementsystem reagieren können und ob auf Makrophagen Rezeptoren für SIgA existieren. Es wird aber allgemein angenommen, daß SIgA-Antikörper die Adhärenz von Bakterien an Schleimhäuten verhindern können. Anheftung an die *Mucosa* ist eine Grundvoraussetzung für die Ansiedlung von Bakterien. Bakterien, die nicht haften können, können sich auch nicht auf den Schleimhäuten einnisten. Weiterhin dürften SIgA-Antikörper des Gastrointestinaltrakts dafür verantwortlich sein, daß lösliche Proteine nicht in den allgemeinen Kreislauf gelangen. Versuche mit normalen Tieren deuten darauf hin, daß ein Teil der Proteine in intakter Form von den Darmepithel-Zellen aufgenommen wird und von den Schleimhäuten in den lymphatischen und venösen Kreislauf gelangt. Immunisierung mit einem Proteinantigen führt zu eingeschränkter Aufnahme des Proteins. Der Vorgang der „Immunexklusion" beruht wahrscheinlich auf der Bildung von Komplexen aus Antigen und sekretorischen Antikörpern in der *Mucosa* des *Intestinums* und anschließendem Abbau der Komplexe durch oberflächen-assoziierte Enzyme.

Schutzfunktion der IgE-Antikörper. Die biologische Aktivität der IgE-Antikörper ist auf ihre einzigartige Fähigkeit zurückzuführen, sich über Strukturen in den C_H3- und C_H4-Domänen an spezifische Rezeptoren von Mastzellen und Basophilen zu binden (s. Kap. 14). Diese Bindung läßt die Antigenbindungsstellen der IgE-Moleküle frei, so daß sie mit Antigen reagieren können. Eine Brückenbildung über Antigen auf benachbarten IgE-Antikörpern führt zur Freisetzung pharmakologischer Mediatoren, wie z. B. Histamin. Histamin verändert die Permeabilität der umliegenden kleinen Blutgefäße. Dadurch können Antikörper und Phagozyten die Kapillaren verlassen und sich am Ort des Geschehens ansammeln. Das IgE-System übernimmt damit eine wichtige lokale Schutzfunktion. Dies betrifft insbesondere Haut und *Mucosa,* also Gebiete, die mit der Außenwelt in Kontakt stehen.

4 Immunologische Methoden

Präzipitationsreaktionen in flüssigem Medium

Antigen und korrespondierende Antikörper reagieren miteinander über reversible, nichtkovalente Bindungen und bilden so einen Antigen-Antikörper-Komplex. Die Stärke der Bindung wird in der Hauptsache von der Ionenstärke und dem pH des Mediums, sowie von der Konzentration der beiden Reaktionspartner bestimmt. Die Reversibilität der Reaktion hängt von der Affinität des Antikörpers zum Antigen ab: je höher die Affinität, desto weniger reversibel ist die Reaktion (Ag + Ak ⇌ AgAk). Die Reaktion eines löslichen Antikörpers mit einem *löslichen* Antigen wird als Präzipitationsreaktion bezeichnet. M. Heidelberger und Mitarbeiter entwickelten eine quantitative Präzipitationsmethode, um die Anti-

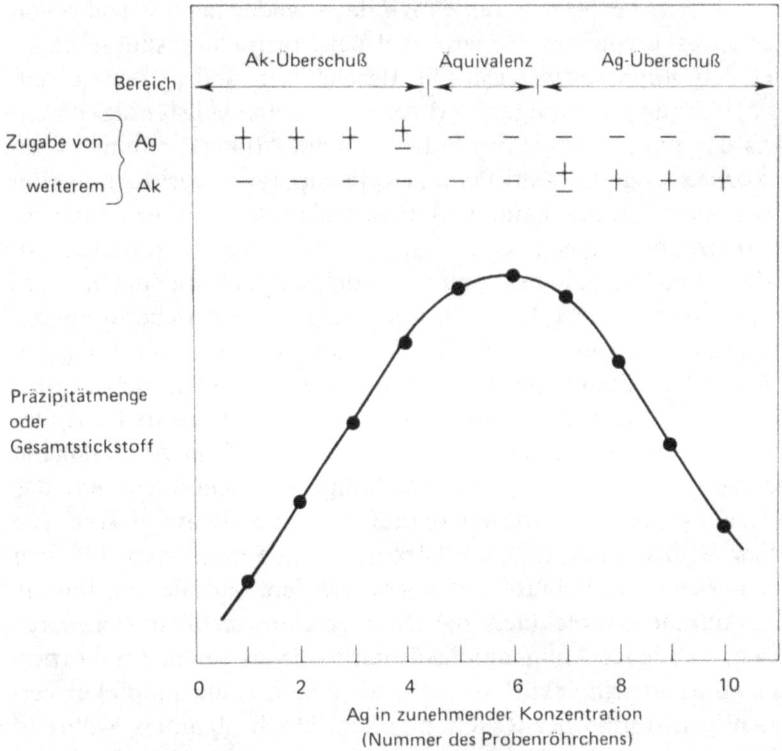

Abbildung 4.1 Darstellung einer Präzipitationskurve, die dadurch entsteht, daß zu einer konstanten Menge von Antiserum zunehmende Mengen Antigen gegeben werden. Die Bereiche des Antikörper-Überschusses und des Antigen-Überschusses sowie der Äquivalenzbereich sind in der Abbildung angegeben.

körpermenge im Serum zu bestimmen. Verschiedene Antigen-Konzentrationen (in diesem Fall war es das Kapselpolysaccharid von Pneumokokken) wurden mit einer konstanten Menge Antiserum gemischt und inkubiert. Nach der Inkubation wurden Überstand und Präzipitat getrennt, das Präzipitat von Begleitsubstanzen befreit und anschließend der Gesamtstickstoff mit der *Kjeldahl-Methode* bestimmt. Da das eingesetzte Antigen keinen Stickstoff enthielt, mußte der gesamte Stickstoff im Präzipitat vom Antikörper abstammen.

Die Stickstoffmenge im Präzipitat konnte daher als Funktion der vorhandenen Antigenmenge aufgetragen werden (s. Abb. 4.1). Die Überstände wurden in zwei gleiche Teile aufgeteilt und dann zum einen Teil Antigen und zum anderen Antikörper zugesetzt. Nach Antigenzugabe zeigten die Proben mit ursprünglich geringen Antigenmengen eine weitere Präzipitation. Diese Überstände hatten demnach Antikörper im Überschuß enthalten. Auf der Präzipitationskurve wird dieses Gebiet als Bereich des *Antikörperüberschusses* bezeichnet. Die Zugabe von Antikörpern (bzw. Antiserum) zu Proben mit ursprünglich sehr großen Antigenmengen führte ebenfalls zur Präzipitatbildung. Auf der Präzipitationskurve heißt dieses Gebiet der Bereich des *Antigenüberschusses*. Überstände von Proben, die dazwischen lagen, bildeten keine weiteren Präzipitate, weder nach Zugabe von Antigen noch nach Zugabe von Antikörpern. Auf der Präzipitationskurve nennt man dieses Gebiet den *Äquivalenzbereich*. Die Bezeichnung soll andeuten, daß die ursprüngliche Mischung von Antigen und Antiserum eine vollständige Präzipitation ergibt. Aus der Proteinmenge des Präzipitats am Äquivalenzpunkt kann man auf die Antikörpermenge im Anti-Pneumokokkenpolysaccharid-Antiserum schließen. Diese Analysenmethode kann man auch auf Protein-Antigene anwenden, da im Äuqivalenzbereich das gesamte Antigen im Präzipitat enthalten ist. Wenn man jetzt den Proteingehalt des Antigens vom Gesamtproteingehalt des Präzipitats abzieht, kann man leicht die Antikörpermenge im Serum bestimmen.

Die Präzipitatzusammensetzung wurde für den gesamten Untersuchungsbereich bestimmt. An jedem Punkt der Präzipitationskurve fanden sich andere Konzentrationsverhältnisse. Das Verhältnis Antikörper zu Antigen in Präzipitaten bei Antikörperüberschuß tendierte nach >1 (etwa 4 bis 5, in Abhängigkeit von der Valenz der verschiedenen Antigene); bei Antigenüberschuß tendierte das Verhältnis nach 1. Diese Befunde weisen darauf hin, daß derartige Antigene mehr als eine Valenz besitzen, und daß Antikörpermoleküle mindestens bivalent sein müssen. Daraus wiederum konnte geschlossen werden, daß die Verbindung von Antigen- und Antikörpermolekülen zur Bildung eines stabilen Netzwerks (Latex) führt, in dem sich jedes Antigenmolekül mit mehr als einem Antikörpermolekül und jedes Antikörpermolekül mit mehr als einem Antigenmolekül verbunden hat. Da Antigen-Antikörper-Reaktionen sehr rasch ablaufen, während die Präzipitatbildung eine gewisse Zeit benötigt, nimmt man an, daß das Netzwerk erst mit Antikörpermolekülen vollgestopft werden muß (über Ionenbrücken zwischen benachbarten schweren Ketten der Immunglobuline), bevor die Komplexe unlöslich werden und ausfallen.

Nephelometrie

Bei der Nephelometrie wird die Präzipitationsreaktion so modifiziert, daß man das Antigen oder den Antikörper rasch quantitativ bestimmen kann. Die Methode beruht darauf, daß Antigen-Antikörper-Komplexe größer als die Wellenlänge des einfallenden Lichts sind und den Lichtstrahl streuen. Heute dient ein Helium-Neon-Laserstrahl als Lichtquelle für die Nephelometrie. Das Laserlicht emittiert einen starken monochromatischen Strahl, der die Empfindlichkeit der Methode verstärkt. Im Gegensatz zur klassischen Präzipitationsreaktion, bei der die Konzentration des Antigens bzw. Antikörpers im Äquivalenzbereich bestimmt wird, ermittelt man bei der Nephelometrie die Konzentration eines der beiden Reaktionspartner im Bereich des Antikörperüberschusses (d.h., in einem Bereich, in dem Antigen-Antikörper-Komplexe noch in geringer Konzentration vorliegen). Bei der nephelometrischen Titration des Antigens wird das Antigen mit einer konstanten Antikörpermenge in einem speziellen Teströhrchen oder in einer Küvette inkubiert. Nach der Inkubation, die wenige Minuten bis zu einer Stunde dauern kann, wird ein Lichtstrahl durch die Küvette geschickt und das Ausmaß der Lichtstreuung mit Hilfe eines elektronischen Detektors bestimmt. Die Antigenkonzentration wird dann mit Hilfe einer Eichkurve ermittelt, die man durch Messung der Lichtstreuung im Antigen-Lösungen bekannter Konzentration aufstellt. Da man die Konzentration des Antigens bei der Nephelometrie sehr rasch bestimmen kann, dürften in naher Zukunft zahlreiche klinische Labortests, wie die Konzentrationsbestimmung von Immunglobulinen oder Komplement-Komponenten, mit dieser Methode durchgeführt werden.

Präzipitationsreaktionen in Gelen

Präzipitationsreaktionen können auch in halbfesten Medien durchgeführt werden. Es sollen hier zwei verschiedene Typen von Reaktionen in Gelen beschrieben werden, die *doppelte Immundiffusion* und die *radiale Immundiffusion*. Die doppelte Immundiffusion wurde von Ouchterlony entwickelt. Bei dieser Technik stanzt man eine Reihe von Löchern in eine Agarschicht auf einer Petrischale oder einem Objektträger. In zwei benachbarte Löcher gibt man eine Antigen- bzw. Antikörperlösung und läßt diese aufeinander zu diffundieren. Die beiden Reaktionspartner diffundieren radial in den Agar, so daß ein kontinuierlicher Konzentrationsgradient entsteht. An der Stelle, an der sich Antigen und Antiserum unter Äquivalenzbedingungen treffen, entsteht eine opake Präzipitationsbande. Die Lage der Präzipitationsbande hängt von der ursprünglichen Antigen- und Antikörperkonzentration in den Löchern ab. Ist die Antigenkonzentration im Verhältnis zu der des Antiserums gering, dann müssen die Antikörper weiter vom Ursprung wegdiffundieren, bis Äquivalenz mit dem Antigen erreicht ist. Ist die Menge des Antiserums im Verhältnis zur Antigenkonzentration gering, dann liegt

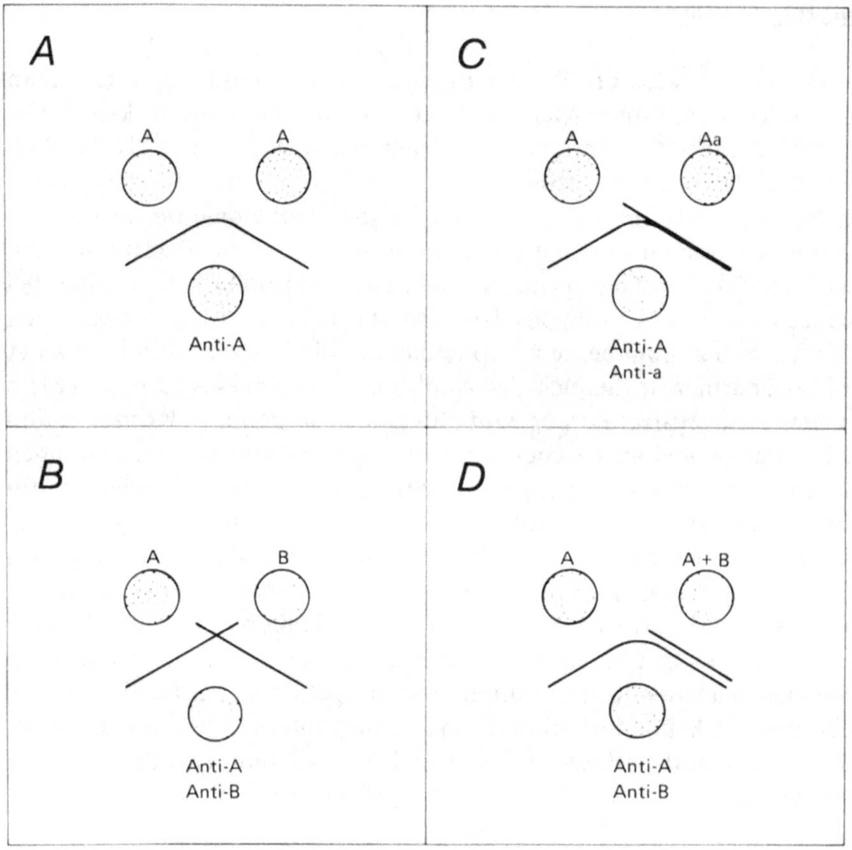

Abbildung 4.2 Doppeldiffusion in Agar. Die Abbildung zeigt verschiedene typische Präzipitationsmuster: A. Identität zwischen Antigen und Antiserum, B. Nichtidentität zwischen Antigen und Antiserum, C. Teilidentität zwischen Antigen und Antiserum, D. Komplexes Präzipitationsmuster aufgrund verschiedener Antigene und Antiseren.

die Präzipitationsbande näher beim Antiserum. Selbstverständlich kann ein ungünstiges Konzentrationsverhältnis zwischen Antigen und Antiserum dazu führen, daß sich keine Präzipitationslinie bildet. Auch beeinflußt die Molekülgröße des Antigens bzw. Antikörpers die Lage der Präzipitationsbande. Hochmolekulare Komponenten, wie IgM-Moleküle, werden z. B. langsamer diffundieren, so daß hier die Präzipitationsbanden näher beim Ursprung liegen.

Die Doppeldiffusionsmethode in Agar ist ein wichtiges Hilfsmittel bei Untersuchungen über die Beziehung verschiedener Antigene in Lösung. In Abb. 4.2 sind drei verschiedene Präzipitationstypen dargestellt.

Im Bild A wurde die gleiche Antigenlösung A in zwei Löcher gegeben, die einem dritten Loch gegenüber liegen, welches Antiserum enthält. Die Präzipitationsbanden zwischen Antigen und Antiserum gehen ineinander über, was *Identität* der Antigene beweist.

In Bild B wurden zwei Lösungen mit den nichtverwandten Antigenen A und B in die beiden äußeren Löcher gefüllt und Antiserum, das Antikörper gegen A und B enthält, in das mittlere Loch. Nach der Diffusion werden zwei sich überschneidende Präzipitationsbanden sichtbar. Dieses Präzipitationsmuster zeigt *Nichtidentität* der Antigene.

In Bild C wurden zwei Antigenlösungen in die beiden äußeren Löcher gefüllt. Das linke Loch enthält das Antigen A, das rechte Loch enthält eine Lösung mit einem Molekül, welches die Determinanten A und a trägt. Im mittleren Loch befinden sich Antikörper gegen A und a. Die Antikörper gegen A diffundieren in dem Gel, bis sie das Antigen, welches die Determinante A trägt, erreichen. Hier kommt es zur Präzipitation. Die Antikörper gegen die Determinante a diffundieren in dem Gel, bis sie die Antigenmoleküle mit dieser Determinante erreichen. Da die Determinante a auf dem Antigen A nicht vorkommt, diffundieren die Antikörper gegen a über die erste Präzipitationsbande hinweg, bis sie a erreichen, das auf Aa vorkommt, welches wiederum aus dem rechten Loch herausdiffundierte. Hier kommt es zur Präzipitation und Spornbildung. Es sei noch darauf hingewiesen, daß die ursprüngliche Präzipitationsbande zwischen Antiserum und Antigen Aa sowohl durch Antikörper gegen A als auch durch Antikörper gegen a gebildet wurde, welche mit den entsprechenden Determinanten auf demselben Antigenmolekül reagierten, und daß nur der Sporn auf eine Reaktion von Antikörpern gegen a und dem Antigen a auf dem Molekül Aa zurückzuführen ist. Daher erscheint der Sporn schwächer als die Präzipitationsbande. Dieses Präzipitationsmuster weist *partielle Identität* auf.

In Bild D wurde in das linke Loch Antigen A und in das rechte Loch eine Mischung aus den Antigenen A und B gefüllt (in diesem Beispiel befinden sich die Antigen-Determinanten A und B auf verschiedenen Molekülen). Das Antiserum enthält Antikörper gegen A und B und wurde in das mittlere Loch gefüllt. Die Antikörper gegen A bilden mit Antigen A zwei Präzipitationsbanden, welche verschmelzen und Identität aufweisen. Die Antikörper gegen B werden von der ursprünglichen Präzipitationsbande nicht berührt und diffundieren weiter, bis Gleichgewichtsbedingungen mit Antigen B erreicht sind. Hierdurch kommt es zur Bildung einer zweiten Präzipitationsbande.

Radiale Immundiffusion. Eine Abwandlung der doppelten Immundiffusion – die *einfache* oder *radiale Immundiffusion* (RID) – erlaubt die genaue Bestimmung der Antigen- bzw. Antikörperkonzentration mit Hilfe einer einfachen Methode. Bei dieser Methode wird ein monospezifisches Antiserum bestimmter Konzentration mit verflüssigtem Agar gemischt. Man gießt die Mischung in eine Form und läßt sie zum Gel erstarren. Anschließend werden mehrere Löcher in den Agar gestanzt und mit Antigenlösungen gefüllt. Das Antigen diffundiert in den Agar und bildet mit den Antikörpern ein Präzipitat. Da aber weiteres Antigen aus den Löchern diffundiert, lösen sich die ursprünglichen Antigen-Antikörper-Präzipitate wieder auf. Die opaken Kreise weiten sich solange aus, bis zwi-

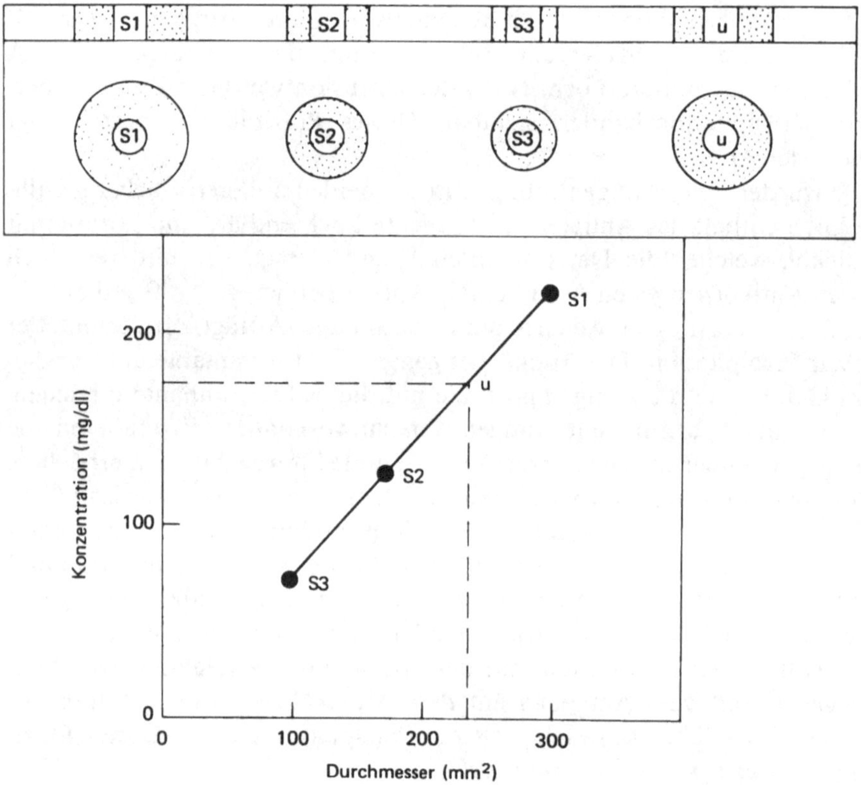

Abbildung 4.3 Das abgebildete Diagramm verdeutlicht die Beziehung zwischen der Antigen-Konzentration und dem Durchmesser des Präzipitationsrings. S1, S2, S3 = Eichwerte; u = unbekannte Probe.

schen Antigen und Antikörper Äquivalenz besteht. Jetzt entsteht ein stabiler Ring. Zwischen dem Quadrat des Ringdurchmessers und der Antigenkonzentration im Loch besteht eine lineare Beziehung.

Der Anwendungsbereich der RID im klinischen Labor umfaßt die Bestimmung der Serumkonzentrationen von Immunglobulinen und der Komplement-Komponenten. In Abb. 4.3 wurden z. B. ein Antigen in drei verschiedenen bekannten Konzentrationen und eine Probe mit einer unbekannten Antigenkonzentration aufgetragen und nach entsprechender Inkubationszeit die Ringdurchmesser bestimmt. Das Quadrat der Ringdurchmesser der bekannten Antigenkonzentrationen wurde auf der x-Achse aufgetragen, die Antigenkonzentrationen der bekannten Lösungen auf der y-Achse. Man erhält so eine Eichkurve. Wenn man jetzt das Quadrat des Ringdurchmessers der Testprobe auf der Kurve aufträgt, kann man die Antigenkonzentration der unbekannten Probe von der Eichkurve ablesen.

Die RID-Methode wird gerne angewandt, da sie vielseitig, billig und leicht durchführbar ist. Man benötigt keine spezielle Ausrüstung und kann jede beliebige Kombination aus löslichem Antigen und präzipitierendem Antikörper untersuchen.

Agglutinationsreaktionen

Der Unterschied zwischen Agglutination und Präzipitation beruht auf der Tatsache, daß bei der Agglutination das Antigen unlöslich ist. Das unlösliche Antigen kann z. B. eine Antigendeterminante auf einer Erythrozytenmembran oder einer Bakterienzellwand sein. Gibt man zu solchen Partikeln Antiserum, so wird unter entsprechenden Bedingungen eine Bindung zwischen den Antigendeterminanten verschiedener Partikel entstehen. Dies führt dazu, daß die Partikel verklumpen. Bei Erythrozyten wird der Begriff *Hämagglutination* verwendet. Ein normalerweise lösliches Antigen kann an Erythrozyten, Bentonitpartikel oder Polystyren- bzw. Latex-Kugeln gekoppelt und auf diese Weise unlöslich gemacht werden. Die Agglutination über Antigen-Determinanten, welche keine Strukturbestandteile von Partikeln darstellen, wird als *passive Agglutination* bezeichnet, während die Agglutination über Determinanten, die Strukturbestandteile von Partikeln sind, *aktive Agglutination* heißt.

Die Agglutinationsreaktion wird häufig zum Nachweis von Antikörpern oder zur Bestimmung des relativen Antikörpergehaltes eines Antiserums benutzt. Obwohl man mit dieser Methode nicht die eigentliche Antikörpermenge bestimmen kann, ist es möglich, die relative Potenz verschiedener Antiseren zu vergleichen. Weiterhin ist die Agglutinationsreaktion sehr vielseitig. Die für die passive Agglutination benötigten Partikel können mit Hilfe verschiedener Methoden hergestellt werden, z. B. durch einfache Adsorption oder auch kovalente Bindung des Antigens an die Partikel. Man kann z. B. Lipopolysaccharid (LPS), eine lösliche Komponente der Zellwand gramnegativer Bakterien, unlöslich machen, indem man gereinigtes LPS mit normalen Erythrozyten mischt. Ein lösliches Protein, wie IgG, kann man durch kovalente Bindung an Erythrozyten unlöslich machen. Zu diesem Zweck wird Glutaraldehyd als Fixierungsmittel verwendet. Man kann die Erythrozyten aber auch mit Gerbsäure behandeln und so ihre Oberflächeneigenschaften verändern. Nach Behandlung mit Gerbsäure lassen sich verschiedene Proteine oder Hapten-Protein-Konjugate fest an die Oberfläche der veränderten Erythrozyten binden. Bei der Agglutinationsreaktion gibt man eine konstante Menge der Partikelsuspension zu verschiedenen Verdünnungen des Antiserums. Die Reaktionspartner werden gut gemischt und inkubiert. Während der Inkubationsperiode senken sich die Partikel auf den Boden des Reagenzglases oder der Mikrotiterplatte. In Anwesenheit von Antikörpern kommt es zu einer Verklumpung der Partikel, die man auf verschiedene Weise nachweisen kann. Bei Fehlen der entsprechenden Antikörper setzen sich die Partikel in einer gleichmäßigen Schicht auf dem Boden ab (keine Agglutination).

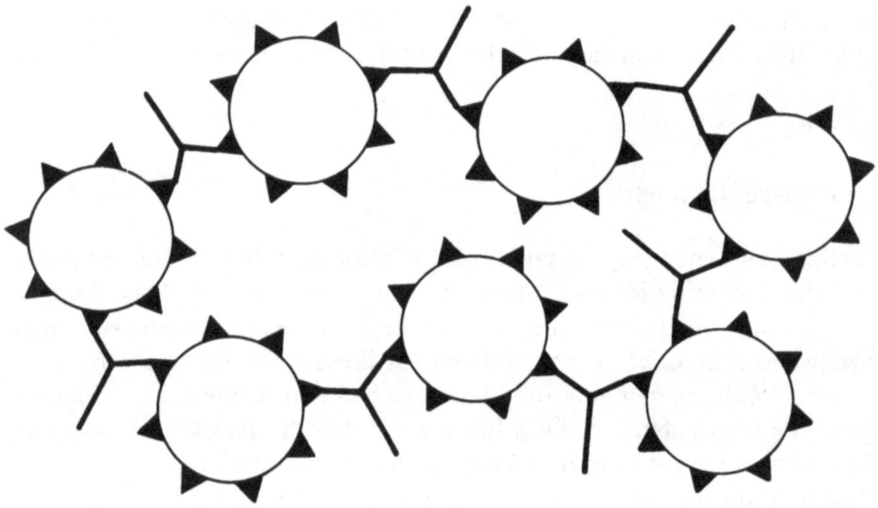

Abbildung 4.4 Schematische Darstellung einer Erythrozyten-Agglutination durch bivalente Antikörper. Die Erythrozyten-Determinanten sind durch Dreiecke dargestellt. Obwohl nur wenige Antikörper-Moleküle in der Abbildung gezeigt werden, werden für die Agglutination zahlreiche IgG-, aber wenige IgM-Antikörper benötigt.

Bei der Agglutinationsreaktion wird der Antikörpergehalt eines Antiserums als Titer angegeben. Dieser Titer stellt den reziproken Wert derjenigen Antiserumverdünnung dar, welche gerade noch eine sichtbare Agglutination hervorruft.

Die Agglutinationsreaktion verläuft in zwei Stufen. Bei der ersten kommt es zur raschen Reaktion zwischen Antigen und Antikörpern auf der Oberfläche der Partikel. Während dieser Phase kann ein bivalentes Antikörpermolekül zwei Antigendeterminanten auf derselben oder auf benachbarten Partikeln binden. Während der zweiten Phase kommt es zur Verbindung benachbarter Partikel oder kleiner Agglutinate, so daß schließlich große, leicht sichtbare Aggregate entstehen (s. Abb. 4.4). Verschiedene Faktoren können die Agglutination der Partikel durch das homologe Antiserum verhindern. Hierzu gehören elektrostatische Kräfte, Antikörperüberschuß oder eine zu geringe Zahl antigener Determinanten auf den Partikeln. Es kann auch vorkommen, daß die Antigendeterminanten auf der Partikeloberfläche von den Antikörpern nicht gebunden werden können. Eine Agglutination kann auch durch elektrostatische Kräfte verhindert werden, welche von geladenen Gruppen auf der Partikeloberfläche ausgehen. Neuraminsäuren auf der Erythrozytenoberfläche bewirken z. B. eine negative Ladung. Da die negative Ladung auf allen Erythrozyten der Suspension vorkommt, stoßen sie sich gegenseitig ab. Dieser Effekt muß überwunden werden, wenn sich Antikörpermoleküle benachbarter Partikel fest miteinander verbinden sollen. Die abstoßenden Kräfte können z. B. durch Veränderung der Ionenstärke des Inkubationsmediums überwunden werden; das Vorhandensein bestimmter Ionen in ausreichender Konzentration führt dazu, daß die Oberflächenladungen neutralisiert werden und die Partikel so nahe nebeneinander zu liegen kommen, daß die Antikörpermoleküle die Agglutination bewirken.

Bei der Präzipitationsreaktion ist der Bereich des Antikörperüberschusses durch das Vorkommen kleiner, nicht löslicher Komplexe charakterisiert. Bei der Agglutinationsreaktion führt ein Antikörperüberschuß nicht zur Bildung einer partiellen Agglutination, sondern ist für das völlige Ausbleiben der Agglutination verantwortlich. Der Bereich, in dem keine Agglutination festzustellen ist, wird *Prozone* genannt. Aber auch unter diesen Umständen sind die Partikel mit Antikörpern beladen. Das Prozonenphänomen tritt am häufigsten bei hochtitrigen Antiseren in niedriger Verdünnung auf. Die Agglutinationsreaktion bleibt solange negativ, bis das Antiserum genügend verdünnt ist. Das Prozonenphänomen ist wahrscheinlich auf eine übermäßige Beladung der Determinanten mit Antikörpermolekülen zurückzuführen, so daß die Agglutinatbildung verhindert wird. Kommen die antigenen Determinanten nur sehr spärlich vor oder sind sie für den Antikörper nicht erreichtbar, so kann dies ebenfalls die Agglutination stören. Ist die Zahl der Determinanten sehr gering und sind sie auf der Oberfläche der Partikel weit verstreut, dann werden die Bindungskräfte der Antikörpermoleküle nicht ausreichen, die abstoßenden Kräfte zwischen den Partikeln zu überwinden. Es kann auch sein, daß die antigenen Determinanten in tieferen Regionen der Erythrozytenmembran liegen, so daß ein IgG-Antikörper sich zwar an die Determinanten binden kann, aber entsprechende Determinanten auf einer anderen Zelle nicht erreicht, da das Molekül zu klein ist.

Anti-Erythrozyten-Antikörper, die nicht agglutinieren, können durch Zugabe eines zweiten Antiserums – des *Anti-Globulins* oder *Coombs-Reagenz* – nachgewiesen werden. Dieses ist gegen das Immunglobulin im primären, nicht agglutinierenden System gerichtet. Die Zugabe des Anti-Immunglobulins führt dazu, daß die Erythrozyten aufgrund einer Bindung zwischen Anti-Immunglobulin und Immunglobulin agglutiniert werden. Ein geeignetes Coombs-Reagenz kann zum Nachweis nicht agglutinierender Antikörper auf einer Zelle oder auf anderen Partikeln eingesetzt werden. Man kann damit auch die Immunglobulin-Klasse des Antikörpers bestimmen und eventuell vorhandene Komplement-Komponenten nachweisen.

Die Agglutinationsreaktion wird auch von der Klasse der beteiligten Antikörper beeinflußt. IgM-Antikörper können Partikel viel besser agglutinieren als IgG-Antikörper.

Komplement-vermittelte Hämolyse

Das Komplementsystem, das in Kap. 12 ausführlich beschrieben wird, stellt eine Gruppe von Plasmaproteinen dar, welche im Anschluß an die Antigen-Antikörper-Reaktion miteinander reagieren. Das Resultat der Aktivierung des Komplementsystems bzw. Fixierung des Komplements in vitro ist die Bildung einer

Läsion in der Membran der Zelle, an die die Antikörper gebunden sind. Gibt man zu antikörperbeladenen Erythrozyten komplementhaltiges frisches Serum, so kommt es zur Hämolyse. Der Hämolysegrad läßt sich mit Hilfe eines Photometers bestimmen.

Die komplement-abhängige Hämolyse wird sowohl in der Klinik als auch im Experiment häufig eingesetzt, zum Beispiel:

1. *Titration des hämolytischen Serumkomplements:* Man verdünnt das Serum mehrfach und gibt es einer konstanten Menge Erythrozyten zu, welche eine bestimmte Antikörpermenge gebunden haben; in Abhängigkeit von der Komplementmenge können verschiedene Hämolysegrade gemessen werden.
2. *Titration einzelner Komplementkomponenten:* Man geht hierbei wie oben vor, gibt aber alle Komplementkomponenten bis auf die Komponente im Überschuß zu, die man bestimmen möchte.
3. *Bestimmung der Antikörperkonzentration:* Hierbei geht man ähnlich vor wie beim oben beschriebenen Hämagglutinationstest; nach Inkubation der Zellen mit Antiserum wird Komplement zugegeben und die Hämolyse bestimmt. Der reziproke Wert der höchsten Verdünnung des Antiserums, welche noch in der Lage ist, eine Lyse hervorzurufen, wird als hämolytischer Titer bezeichnet. Genau wie bei der Hämagglutination sind IgM-Antikörper etwa 1000mal aktiver als IgG-Antikörper.

Elektrophorese

Die Beobachtung, daß geladene Partikel in einem elektrischen Feld wandern, führte zur Entwicklung verschiedener Methoden zur Charakterisierung komplex zusammengesetzter Proteingemische. Tiselius führte 1937 die Elektrophorese von Serum in flüssigem Medium ein; das Serum wurde unter der Einwirkung eines elektrischen Feldes in vier Komponenten aufgetrennt: Albumine, Alpha-, Beta- und Gammaglobuline. Nun war es möglich geworden, die Antikörper-Aktivität den Proteinen zuzuordnen, die in der Gammaglobulinfraktion wandern. In späteren Abwandlungen der Methode wurde das flüssige Medium durch verschiedene Träger ersetzt (Papier, Celluloseacetat-Streifen oder Agar- bzw. Agaroseschichten). Die Träger stellen stark wasserhaltige poröse Materialien von einer mechanischen Starre dar, die konvektions- und vibrationsbedingte Störungen nicht zulassen und mit den wandernden Proteinen nicht in Wechselwirkung treten. Die Elektrophorese wird in einem Puffer durchgeführt, der so gewählt ist, daß alle Proteine der Mischung auf derselben (sei es positiven oder negativen) Seite ihres isoelektrischen Punktes liegen. Die Trennung der Serumproteine wird zum Beispiel in Puffern vom pH 8,6 durchgeführt. Bei diesem pH besitzen die meisten Serumproteine eine negative Ladung. Albumin hat die höchste negative Ladung pro Molekül und wandert daher am weitesten zur Anode hin. Die Gam-

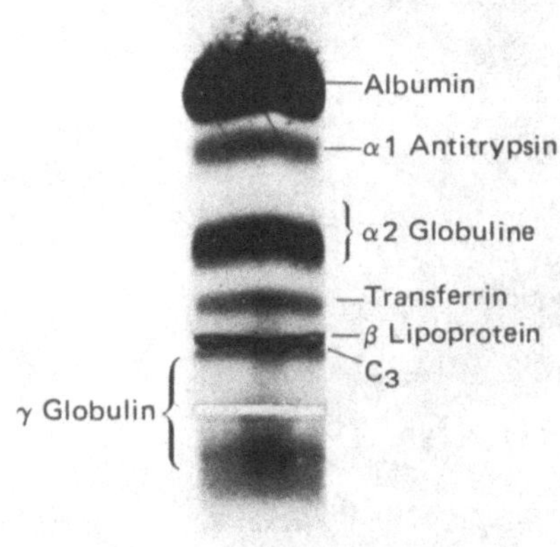

Abbildung 4.5 Elektrophoretische Trennung von normalem menschlichen Serum in Agarose-Gel. Albumin wandert in Richtung der Anode.

maglobuline haben bei diesem pH eine gering negative Ladung und tendieren daher dazu, in der Nähe des Auftragungsortes zu verbleiben. Die elektrophoretische Trennung wird so lange durchgeführt, bis die wichtigsten Proteinbestandteile der Mischung in diskrete Banden aufgetrennt sind (daher der Name *Banden-Elektrophorese*). Die Lage der Banden hängt noch von einer weiteren Kraft ab, welche Elektroosmose genannt wird. Der Einfachheit halber soll diese Kraft als eine Pufferbewegung dargestellt werden, welche sich durch das Trägermaterial gegen das elektrische Feld bewegt. Sämtliche Proteine, die auf das Trägermaterial aufgetragen worden sind, würden daher in Richtung auf die Kathode wandern, wenn sie nicht in der Lage wären, diesem Fluß in Abhängigkeit von ihrer Ladungsdichte zu widerstehen. Die Elektroosmose ist dafür verantwortlich, daß sich die Gammaglobuline bei den meisten Trägermaterialien auf der Kathodenseite finden. Ein Beispiel einer Elektrophorese in Agarose-Gel ist in Abb. 4.5 dargestellt. Das Serum wurde in einen Schlitz im Agarose-Gel eingefüllt und anschließend die Elektrophorese eine Stunde lang durchgeführt. Danach wurde die Agaroseplatte zur Fixierung der Proteine in eine Mischung aus Eisessig, Äthanol und Wasser getaucht und die Platte anschließend gewaschen, getrocknet und gefärbt. Die Abbildung zeigt, daß die Serumproteine mit dieser Methode in sieben diskrete Banden aufgetrennt wurden.

Immunelektrophorese. Die Immunelektrophorese (IEP) kombiniert die Zonenelektrophorese mit der doppelten Immundiffusion. Diese Methode wurde von Grabar und Williams entwickelt und erlaubt die Identifizierung einzelner Komponenten in komplexen Gemischen. Man kann damit die Reindarstellung von

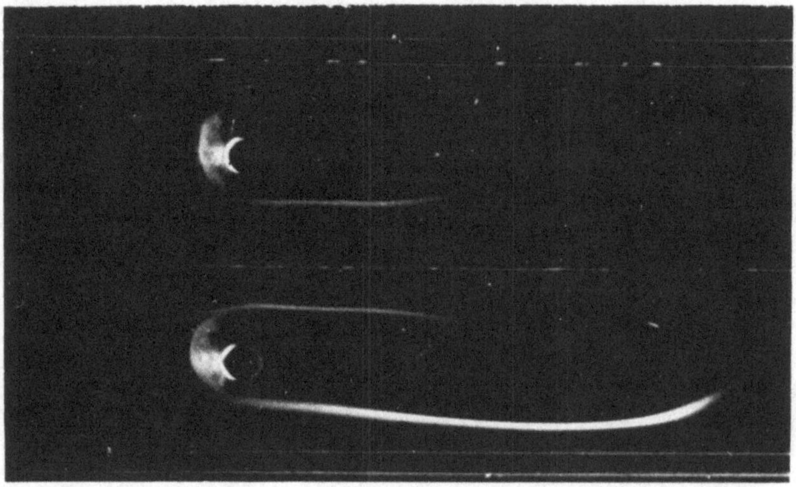

Abbildung 4.6 Immunelektrophorese von normalem menschlichen Serum. Die Lage der entsprechenden Proteine im Agar konnte durch Präzipitation mit Anti-μ-, Anti-α- oder Anti-γ-Antiseren ermittelt werden (Anode liegt links).

Substanzen verfolgen und den Reinheitsgrad eines isolierten Produkts überprüfen. Im klinischen Labor wird die IEP häufig zur Bestimmung der IgG-, IgA- und IgM-Antikörper sowie zur Bestimmung der M-Komponenten (homogene Immunglobuline oder deren Fragmente) eingesetzt. Die Immunelektrophorese wird in einer dünnen Agarschicht oder einem anderen Trägermaterial auf einem Objektträger aus Glas durchgeführt. Im Beispiel in Abb. 4.6 wurde humanes Normalserum in die Vertiefung gegeben und ein elektrisches Feld angeschlossen. Nach der elektrophoretischen Trennung der Proteinkomponenten wurden parallel zur elektrischen Feldrichtung kleine Rinnen in den Agar gegraben und anschließend monospezifische Antiseren gegen die γ-, α- und μ-Ketten der Immunglobuline in die Rinnen gefüllt. Die Antikörper diffundierten aus den Rinnen heraus, bis sie auf das entsprechende Antigen trafen, welches ursprünglich unter dem Einfluß des elektrischen Feldes in den Agar eingewandert war. Dadurch entstanden im Bereich der IgG-, IgA- und IgM-Proteine Präzipitationsbanden.

Isoelektrische Fokusierung. Eine weitere wichtige elektrophoretische Trennungsmethode ist die isoelektrische Fokusierungsmethode, die von H. Svensson entwickelt wurde. Bei dieser Methode wird ein Proteingemisch auf einen Gelträger gegeben, welcher sich in einem elektrischen Feld befindet und in dem ein pH-Gradient aufgebaut wurde. Unter dem Einfluß des elektrischen Felds wandert jedes Protein in den Bereich des pH-Gradienten, in dem der pH-Wert dem isoelektrischen Punkt des jeweiligen Proteins entspricht. Mit Hilfe dieser Technik gelingt es, Serum in mehr als 40 diskrete Banden aufzutrennen. Wie die anderen beschriebenen Methoden kann die isoelektrische Fokusierung nicht nur analytisch, sondern auch präparativ eingesetzt werden.

Immunfluoreszenz

Gewisse Moleküle haben die Eigenschaft, von Licht einer ganz bestimmten Wellenlänge angeregt zu werden und dadurch in einen höheren Energiezustand überzugehen. Wenn die aktivierten Elektronen in ihren normalen Energiezustand zurückfallen, wird die überschüssige Energie in Form von Licht freigesetzt. Die Wellenlänge des emittierten Lichts ist gewöhnlich länger als die Wellenlänge, die zur Anregung der Moleküle nötig ist. Dieser Emissionsprozeß wird als Fluoreszenz bezeichnet, wenn er sehr schnell abläuft (in der Größenordnung von 10^{-9} bis 10^{-8} Sekunden). 1941 entwickelte A. H. Coons eine Methode, die es erlaubt, fluoreszierende Farbstoffe an Antikörper-Moleküle zu binden. Dadurch wurde es möglich, Antikörper-Moleküle sichtbar zu machen. Diese Methode wird als *Immunfluoreszenz* bezeichnet. Sie erlaubt die Lokalisierung von Antigenen oder Antikörpern auf der Oberfläche lebender Zellen bzw. im Zytoplasma oder auf dem Zellkern bei Gewebeschnitten. Die Methode wird u. a. häufig dazu angewandt, B-Lymphozyten zu identifizieren. Hierzu wird die Reaktion zwischen den Oberflächen-Immunglobulin-Antiseren eingesetzt (s. Kap. 5). Unter dem Mikroskop werden die B-Lymphozyten durch einen peripheren linearen oder perlschnurartigen fluoreszierenden Saum deutlich erkennbar.

Die in der Immunologie am häufigsten eingesetzten fluoreszierenden Farbstoffe sind das Fluorescein-Isothiocyanat (kurz Fluorescein oder FITC) und das Tetramethylrhodamin-Isothiocyanat (kurz Rhodamin oder TRITC). Diese Moleküle haben charakteristische Erregungs- und Emissionswellenlängen. FITC hat ein Erregungsmaximum im Bereich von 490–495 nm und ein Emissionsmaximum bei 517 nm; FITC emittiert in einer apfelgrünen Farbe. TRITC wird bei 550 nm maximal erregt und emittiert bei 580 nm in rotoranger Farbe.

Zum Nachweis von FITC- oder TRITC-markierten Molekülen wird ein spezielles Fluoreszenzmikroskop benötigt, das eine Abwandlung des Lichtmikroskops darstellt. Ein Quecksilberbogen oder eine Quarzlampe sendet einen Lichtstrahl aus, der durch mehrere Glas- oder Gelatine-Filter geschickt wird, die zwischen Lampe und Mikroskophalter liegen. Diese Filter lassen lediglich Licht der gewünschten Wellenlänge durch (490 nm beim FITC bzw. 550 nm beim TRITC). Der Lichtstrahl trifft auf das Material und bringt den Farbstoff zum Fluoreszieren. Ein weiteres Filter befindet sich zwischen Objektträger und Okular. Dieses Filter läßt lediglich das emittierte Licht durch (517 nm beim FITC und 580 nm beim TRITC).

Zwei Färbemethoden werden gewöhnlich bei der Immunfluoreszenz eingesetzt: die *direkte* und die *indirekte Methode*. Bei der direkten oder Einschritt-Fär-

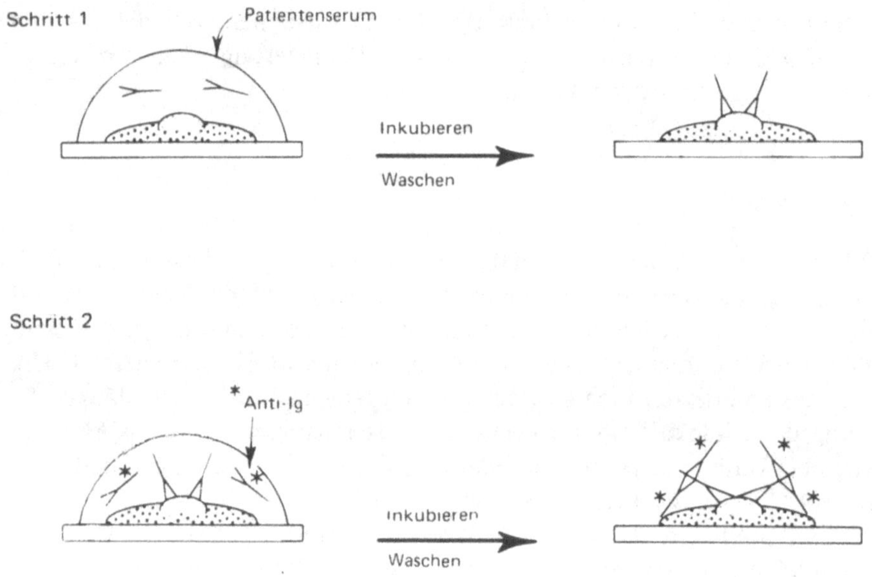

Abbildung 4.7 Indirekte Immunfluoreszenz zum Nachweis antinukleärer Antikörper. In einem ersten Schritt lagern sich Antikörper aus dem Patientenserum an die Kerne des Gewebeschnitts. Im zweiten Schritt binden sich Antikörper gegen menschliches Immunglobulin, welche mit Fluorescein (*) konjugiert wurden, an das Immunglobulin, das an den Kernen gebunden ist.

bung wird das Fluorescein bzw. Rhodamin an die isolierte IgG-Fraktion eines Antiserums gegen eine spezifische Zell- oder Gewebekomponente gekoppelt. Alternativ kann der Farbstoff auch an ein Antigen gekoppelt werden, wenn man spezifische Antikörper, z. B. auf Zellen, nachweisen möchte. Das zu untersuchende Material wird mit dem markierten Antikörper bzw. Antigen 30–60 Minuten inkubiert. Danach wird die Probe gewaschen und unter dem Fluoreszenzmikroskop betrachtet. Der oben erwähnte Nachweis von B-Lymphozyten ist ein Beispiel für die direkte Immunfluoreszenz. Bei der indirekten Methode werden zwei Schritte durchgeführt (s. Abb. 4.7). Ein Beispiel hierfür ist der häufig angewandte Nachweis antinukleärer Antikörper im Serum bestimmter Patienten. Dabei gibt man Serum auf aceton-fixierte Gefrierschnitte von Ratten- oder Mäuseleber auf einem Objektträger. Die antinukleären Antikörper im Testserum binden sich an die entsprechenden Kern-Antigene des Gewebeschnitts. Nach der Inkubation wird der Objektträger gewaschen und mit einem Tropfen fluoresceinkonjugierten Anti-Human-Immunglobulin-Antiserums überschichtet. Während der zweiten Inkubation binden die Antikörper gegen Human-Immunglobulin an die antinukleären Antikörper, die sich ursprünglich auf dem Substrat abgelagert hatten. Nach einem zweiten Waschvorgang wird der Objektträger unter dem Fluoreszenzmikroskop betrachtet. Fluoreszieren die Zellkerne, so deutet dies auf das Vorhandensein antinukleärer Antikörper hin.

Die indirekte Färbemethode hat natürlich gegenüber der direkten Methode einen bedeutenden Vorteil. Würde man die γ-Globulin-Fraktionen der Patientenseren jedesmal an den fluoreszierenden Farbstoff koppeln, so wäre diese Methode sehr aufwendig und teuer. Außerdem kommt es bei der indirekten Fluoreszenzmethode zu einer größeren Intensität des fluoreszierenden Lichts, da sich mehrere fluorescein-markierte Anti-Human-Immunglobulin-Antikörper an ein einziges antinukleäres Antikörpermolekül binden können.

Die indirekte Immunfluoreszenzmethode läßt sich auch zum Nachweis von Antikörpern im Zytoplasma der Plasmazellen (also der antikörpersezernierenden Zellen) einsetzen (s. Kap. 5). Die Plasmazellen werden mit Aceton auf einem Objektträger fixiert und anschließend mit nichtmarkiertem Antigen überschichtet. Nach der Inkubation wird der Objektträger gewaschen, mit fluorescein-markiertem Antiserum überschichtet und ein zweites Mal inkubiert. Danach werden die Objektträger wieder gewaschen und die Zellen unter dem Fluoreszenzmikroskop durchgemustert. Fluoresziert das Zytoplasma bestimmter Plasmazellen, so kann man daraus schließen, daß diese Zellen Antikörper enthalten, welche das spezifische Antigen, das im ersten Schritt zugesetzt worden ist, binden können.

Der Plaque-Assay zum Nachweis antikörpersezernierender Zellen

Einzelne Zellen, welche Antikörpermoleküle sezernieren, können mit Hilfe einer hämolytischen Technik nachgewiesen werden, die nach dem Entdecker, Niels Jerne, als *Jernescher Plaque-Assay* bezeichnet wird. Bei dieser Methode werden Lymphozyten eines Tiers, das z. B. mit Schaferythrozyten sensibilisiert wurde, mit einer Suspension der entsprechenden Erythrozyten gemischt. Diese Mischung aus Lymphozyten und Erythrozyten wird in flüssigen Agar gegossen und sofort danach in eine Petrischale o. ä. gegeben. Darauf läßt man das Gel erstarren und inkubiert das Ganze bei 37 °C. Jetzt produzieren die Lymphozyten Anti-Erythrozyten-Antikörper, die in den Agar sezerniert werden, in die Umgebung diffundieren und sich mit den umliegenden Erythrozyten verbinden. Nach dieser ersten Inkubationsperiode überschichtet man den Agar mit Komplement (gewöhnlich frisches Meerschweinchen-Serum). Nach einer weiteren Inkubationsperiode sieht man im Agar kleine, klare Aufhellungen (Plaques), in denen die antikörper-beladenen Erythrozyten durch das Komplement lysiert worden sind.

Der beschriebene sogenannte *direkte Plaque-Assay* weist das Vorhandensein von Lymphozyten nach, die Antikörper mit hoher Hämolysekapazität sezernieren. Diese Antikörper gehören gewöhnlich zur IgM-Klasse. Lymphozyten, die Antikörper der IgG-Klasse sezernieren, werden mit dem direkten Plaque-Assay normalerweise nicht erfaßt. Um IgG-bildende Zellen nachzuweisen, muß man eine indirekte Methode einsetzen. Beim *indirekten Plaque-Assay* werden Lymphozyten und Erythrozyten zunächst eine Stunde lang in Agar inkubiert. Nach der zweiten Inkubationsperiode werden die Anti-IgG-Antikörper abgekippt und

Komplement zugegeben. Es kommt jetzt sowohl zur Lyse der IgM-beladenen als auch derjenigen Erythrozyten, die IgG plus Anti-IgG-Antikörper tragen (indirekte Plaques). Man zählt jetzt zunächst alle Plaques und ermittelt die Zahl der indirekten Plaques, indem man die Zahl der direkten Plaques, die man in einem Parallelansatz bestimmt hat, von der Gesamtzahl der Plaques abzieht. Diese Methode ermöglicht damit auch den Nachweis der Klasse der produzierten Antikörper.

Man kann den Plaque-Assay weiter modifizieren und Zellen nachweisen, die Antikörper gegen Nichterythrozyten-Antigene bilden, wie z. B. Haptene oder lösliche Proteine. Zu diesem Zweck muß man die Erythrozyten passiv mit Antigen beladen oder Antigen mit Hilfe der oben genannten Methode auf die Erythrozyten-Oberfläche koppeln.

Immunzytoadhärenz

Der Begriff Immunzytoadhärenz bezieht sich auf die Anlagerung von Zellen oder Partikeln an spezifische Rezeptoren der Lymphozytenmembran. Die Technik der Immunzytoadhärenz ist ebenfalls weit verbreitet. Man kann damit z. B. antikörperbildende Zellen nachweisen. Das Antigen muß partikulär sein (z. B. Bakterien oder Erythrozyten). Ein lösliches Protein muß zuvor an Indikator-Partikel, z. B. Erythrozyten, gekoppelt werden. Die antikörperbildenden Zellen werden mit dem Antigen gemischt (normalerweise bei 37 °C) und dann unter dem Mikroskop untersucht. Das partikuläre Antigen bindet sich an die Oberfläche der antikörpersezernierenden Zellen.

Mit Hilfe der Immunzytoadhärenz kann man auch Rezeptoren auf der Lymphozytenmembran nachweisen, wie Fc-Rezeptoren (s. Kap. 5), C3-Rezeptoren (s. Kap. 5 und 12) oder Rezeptoren für Schaferythrozyten auf humanen T-Zellen (s. Kap. 5).

Lymphozytentransformation

Bei diesem häufig angewandten In-vitro-Test für zelluläre Immunreaktionen bestimmt man die Lymphozytentransformation nach Stimulation mit einem Antigen oder Mitogen. Nichtstimulierte Lymphozyten besitzen einen großen exzentrisch gelegenen Kern, der von einem dünnen Zytoplasmasaum umgeben ist; diese Zellen zeigen eine relativ geringe Protein-, RNA- und DNA-Synthese. Nach Antigenstimulation machen bestimmte Lymphozyten aus einem immunen Tier drastische Veränderungen durch (s. Kap. 5 und 8): Die Zellen nehmen an Größe zu und entwickeln ein deutliches Zytoplasma mit rauhem endoplasmatischem Retikulum (charakteristisch für Zellen, die aktiv Proteine synthetisieren). Die RNA- und DNA-Synthese nimmt ebenfalls zu. Man kann annehmen, daß sich die stimulierten Lymphozyten in Lymphoblasten verwandeln (daher der Name *Blastentransformation*). Die Blastenbildung kann man verfolgen, indem man die Zahl der transformierten Zellen innerhalb der Lymphozytenpopulation ermittelt oder indem man den Einbau radioaktiver Vorstufen in neusynthetisierte Proteine bzw. DNA bestimmt.

Die Blastentransformation kann mit spezifischen Antigenen oder mit Mitogenen in vitro induziert werden. Zu den normalerweise eingesetzten Mitogenen gehören die Pflanzenlektine Phytohämagglutinin (PHA), Concanavalin A (Con A), Pokeweed-Mitogen (PWM) und eine Zellwandkomponente gramnegativer Bakterien, das Lipopolysaccharid (LPS). Man inkubiert gewöhnlich Lymphozyten aus dem peripheren Blut mit Antigen oder Mitogen. Die Kulturen werden mehrere Tage in einer Atmosphäre von 5% CO_2 bei 38 °C kultiviert. Die Mitogen-Stimulation erreicht ihr Optimum gewöhnlich nach drei Tagen, die Antigen-Stimulation nach sieben Tagen. Während der letzten Stunden der Inkubationsperiode gibt man tritiummarkiertes Thymidin (^{3}H-TdR) zum Kulturmedium hinzu. Das zugegebene ^{3}H-TdR wird in die neusynthetisierte DNA eingebaut. Zum Abschluß werden die Zellen auf einem Glasfaserfilter gesammelt, gewaschen und mit Trichloressigsäure aufgeschlossen. Die Trichloressigsäure führt auch zur Präzipitation der DNA auf dem Filter. Durch einen weiteren Waschvorgang wird das nicht eingebaute ^{3}H-TdR entfernt. Anschließend trocknet man die Filter und bestimmt den Radioaktivitätsgehalt mit Hilfe der Flüssigkeitsszintillations-Messung. Als Maß der Blastentransformation dient der Stimulationsindex, welcher das Verhältnis aus dem Radioaktivitätsgehalt der stimulierten Kultur zum Radioaktivitätsgehalt der nichtstimulierten Kontrollkultur angibt. Obwohl diese Methode zahlreiche Vorteile hat – man kann z. B. zahlreiche Proben sehr schnell testen –, erlaubt nur die morphologische Begutachtung der Zellen eine Abschätzung des Anteils der Lymphozyten, die auf den Stimulus reagiert haben.

Unter den Lymphozyten eines aktiv immunisierten Tiers ist nur ein ganz kleiner Teil in der Lage, in vitro auf einen Antigenreiz zu antworten. Mitogene sind dagegen in der Lage, einen sehr großen Teil aller Lymphozyten unspezifisch zu stimulieren. Die In-vitro-Antwort der Lymphozyten auf das Antigen bzw. Mitogen erlaubt wichtige Rückschlüsse auf den Funktionszustand dieser Zellen in vivo (s. Kap. 5).

Radioimmunoassay

Beim *Radioimmunoassay* bedient man sich der exquisiten Spezifität der Antikörpermoleküle und der hohen Nachweisempfindlichkeit der Radioaktivität. Der Radioimmunosassay wurde von Berson und Yalow zum Nachweis von Insulin im menschlichen Plasma entwickelt. Die normalerweise vorkommenden Insulin-Konzentrationen liegen weit unter der Nachweisgrenze konventioneller chemi-

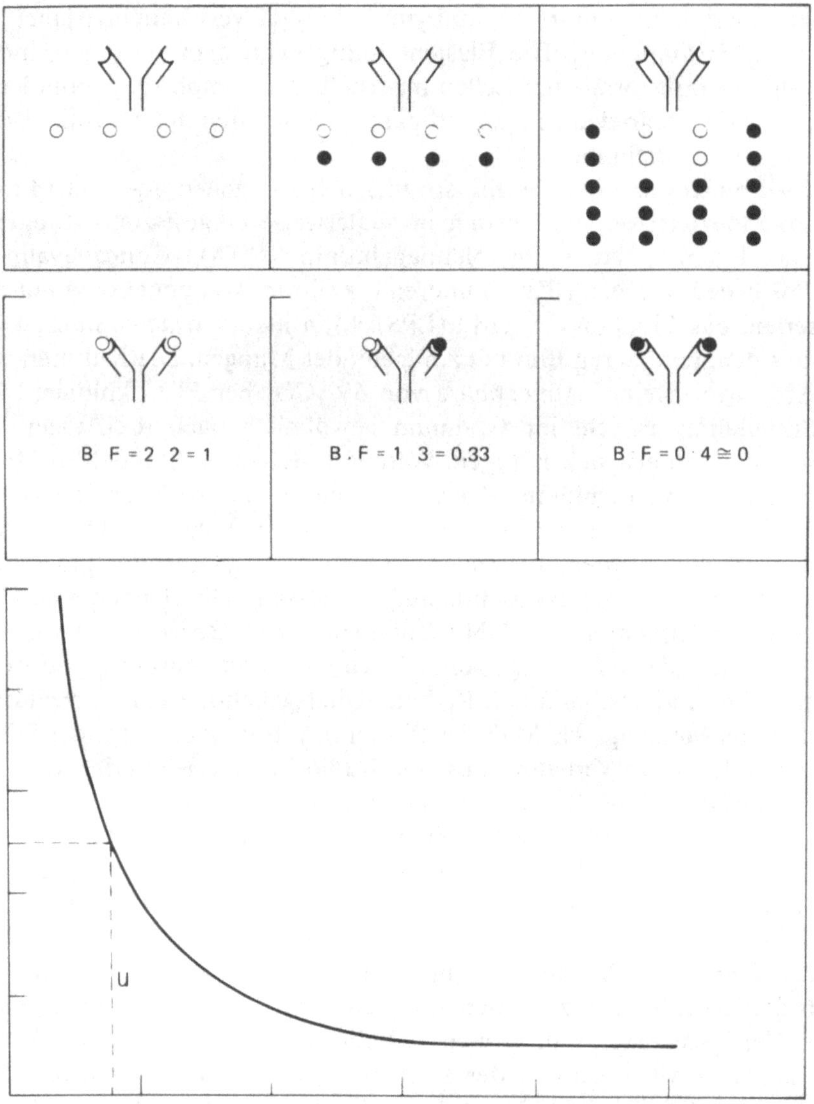

Abbildung 4.8 Prinzip eines kompetitiven Radioimmunobindungsassays. Für weitere Erläuterungen siehe Text. Offene Kreise = radioaktivmarkiertes Antigen; schwarze Kreise = nichtmarkiertes Antigen.

scher Methoden. Das Prinzip eines Typs von Radioimmunoassay, des kompetitiven Bindungsassays, ist in Abb. 4.8 dargestellt. Hierbei gibt man in eine Serie von Teströhrchen eine konstante Menge von Antikörpern mit hoher Affinität zum Antigen. In jedes Röhrchen wird anschließend eine kleine Menge radioaktiv markierten Antigens und eine ansteigende Menge nichtmarkierten Antigens gegeben (s. Reihe 1 in Abb. 4.8). Nach einer bestimmten Inkubationszeit muß das antikörpergebundene markierte und nichtmarkierte Antigen vom ungebundenen (oder freien) Antigen abgetrennt werden. Hierzu stehen verschiedene Methoden zur Verfügung; bei einigen Methoden entfernt man den Antikörper (zusammen mit dem gebundenen Antigen) aus der Mischung, während bei einer anderen Methode das freie Antigen entfernt wird. Bei der erstgenannten Methode kann man z. B. 50% gesättigtes Ammoniumsulfat einsetzen, in dem die meisten Antikörper-Moleküle unlöslich sind und ausfallen, während viele Antigene in Lösung verbleiben. Bei einer anderen Methode setzt man einen Antikörper gegen den primär eingesetzten Antikörper ein. So können z. B. Anti-Insulin-Antikörper des Kaninchens zusammen mit gebundenem Insulin von freiem Antigen durch Präzipitation mit einem Anti-Kaninchen-Immunglobulin-Antiserum aus Ziegen abgetrennt werden. Freies Antigen in der Mischung läßt sich vom antikörpergebundenen Antigen durch Adsorption an aktivierte Holzkohle trennen. Bei diesen Beispielen wird sowohl die antikörpergebundene als auch die freie Radioaktivität bestimmt.

Reihe 2 in Abb. 4.8 verdeutlicht, daß die Bindungsstellen der Antikörper-Moleküle nur radioaktives Antigen enthalten, wenn ein Gleichgewicht erreicht ist. Das Verhältnis von gebundenem zu freiem Antigen ist dabei 1 (linkes Bild). Im mittleren Bild enthält je eine Bindungsstelle ein markiertes bzw. ein nichtmarkiertes Antigen. Das Verhältnis von gebundenem zu freiem markiertem Antigen ist in diesem Fall 0,33. Im dritten Bild konkurriert eine große Zahl von nichtmarkierten Antigen-Molekülen mit einer kleinen Zahl markierter Antigen-Moleküle um eine begrenzte Anzahl von Antikörper-Bindungsstellen. Bei Gleichgewicht sind alle Bindungsstellen mit nichtmarkiertem Antigen besetzt. Das Verhältnis von gebundenem zu freiem Antigen tendiert daher gegen 0. Die Beziehung zwischen zugegebenem nichtmarkierten Antigen und dem Verhältnis zwischen gebundenem (B) und freien (F) Antigen (B : F) ist im unteren Teil der Abbildung dargestellt. Dies ist eine Eichkurve, die aufgrund bekannter Mengen nichtmarkierten Antigens erstellt werden konnte; die Antigenkonzentration einer unbekannten Probe kann aus der Standardkurve abgelesen und das B : F-Verhältnis nach Zugabe der unbekannten Probe zu einer bekannten Mischung aus Antikörpern und markiertem Antigen ermittelt werden.

Voraussetzungen für die sachgemäße Durchführung eines Radioimmunoassays sind:

1. hochspezifische Antikörper;
2. Einsatz möglichst reiner Antigene bei der Antikörpergewinnung und bei der Standardisierung;
3. möglichst geringe Veränderungen am Antigen im Verlauf der radioaktiven Markierung;
4. Entfernung von Verbindungen, welche unspezifisch oder aufgrund von Kreuzreaktionen stören könnten;
5. eine ausreichende Empfindlichkeit des Testsystems, um physiologische Antigen-Konzentrationen nachzuweisen.

Wichtige Fortschritte in der modernen Endokrinologie wurden erst durch die Entwicklung von Radioimmunoassays möglich, da es mit deren Hilfe gelang, Nanogramm- und sogar Picogramm-Mengen bestimmter Hormone in biologischen Flüssigkeiten nachzuweisen.

Radioallergosorbenstest

Der *Radioallergosorbenstest* (RAST) stellt eine spezielle Anwendung des Radioimmunoassays dar. Mit Hilfe des RAST kann man IgE-Antikörper gegen inhalierte oder mit der Nahrung aufgenommene Allergene nachweisen (s. Abb. 4.9)

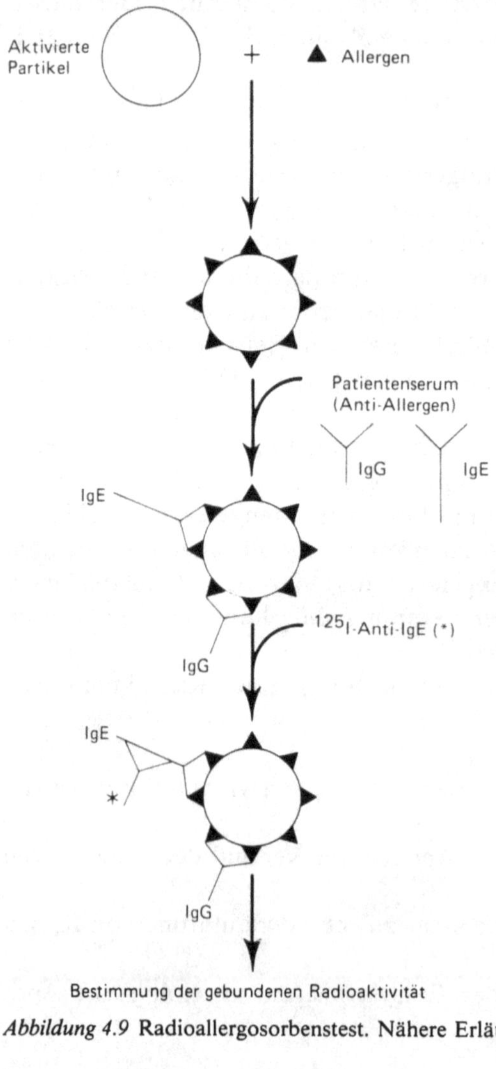

Abbildung 4.9 Radioallergosorbenstest. Nähere Erläuterungen s. Text.

(Kap. 14). Bei dieser Methode wird das Allergen kovalent an aktivierte Partikel aus Cellulose oder Papier gebunden. Das Testserum, welches die fraglichen IgE-Anti-Allergen-Antikörper oder andere Anti-Allergen-Antikörper enthält, wird zugemischt und die Reaktionspartner anschließend miteinander inkubiert. Während der Inkubationsperiode verbinden sich die Anti-Allergen-Antikörper mit dem Immunadsorbens. Nach Waschen werden radioaktiv markierte monospezifische Anti-IgE-Antikörper zugegeben. Nach einer zweiten Inkubation werden die Partikel erneut gewaschen und die mit ihnen assoziierte Radioaktivität bestimmt. Die Menge der gebundenen radioaktiv markierten Anti-IgE-Antikörper steht in direkter Beziehung zu der Menge der spezifischen IgE-Anti-Allergen-Antikörper in der Probe. Die IgE-Antikörpermenge in der Testprobe wird in willkürlichen Einheiten von 0 bis +++ angegeben. Der RAST wurde so modifiziert, daß man in der Lage ist, eine numerische Schätzung der vorhandenen IgE-Anti-Allergen-Antikörper-Menge vorzunehmen.

Hierzu bestimmt man entweder die IgE-Proteinmenge in der Probe vor bzw. nach dem Test, oder man bestimmt die IgE-Menge, welche man von dem allergen-beladenen Adsorbens eluiert hat. Beide Methoden sind relativ aufwendig und setzen voraus, daß man über einen verläßlichen Radioimmunoassay für IgE-Moleküle verfügt. Beide RAST-Modifikationen ergaben übereinstimmend, daß im Serum allergischer Patienten eine große Menge zirkulierender IgE-Moleküle vorkommt, die gegen ein einziges Allergen gerichtet sind.

Mit einer ähnlichen Methode kann man auch spezifische Serumantikörper und ihre Isotypen quantitativ bestimmen. Ein Antigen wird an Partikel gebunden und anschließend mit Testserum inkubiert. Die Menge gebundener Antikörper kann man mit Hilfe markierter Antikörper gegen diese Antikörper titrieren. N. Klinman hat z. B. eine sehr sensible Methode entwickelt, mit deren Hilfe man Anti-DNP-Antikörper quantitativ bestimmen kann, die von Zellen in vitro sezerniert werden. Man mischt dabei Antiserum mit DNP, welches an ein Immunadsorbens gebunden ist, und verwendet dann ^{125}I-markierte Antikörper gegen Mäuse-IgG oder IgM.

Zellvermittelte Lyse

Die Bestimmung der zellvermittelten Lyse stellt ein wichtiges Meßsystem für drei verschiedene Zelltypen dar: Zytolytische T-Zellen (s. Kap. 7), Killer (K-) oder Natural-Killer-(NK-) Zellen (s. Kap. 5) und aktivierte Makrophagen (s. Kap. 7). Bei diesem Assay wird die Freisetzung von radioaktivem Chrom, welches an Proteine des Zytosols gebunden ist, gemessen. Das radioaktive Chrom wird in Form von Natriumchromat angeboten, das in die Zellen gelangt und anschließend im Zytosol zu Chromionen reduziert wird, die sich an verschiedene intrazelluläre Proteine binden. (Eine kleine Menge des Chroms wird auch spontan freigesetzt und stellt das Hintergrundrauschen des Meßsystems dar). Bei einer Zellschädigung gelangen die markierten Proteine aus dem Zytosol in das umgebende Medium. Die Menge des freigesetzten radioaktiven Chroms dient als Maß für den Zelltod. Bei der Bestimmung der Aktivität zytolytischer T-Zellen werden diese in verschiedenen Verdünnungsstufen mit einer konstanten Zahl von Zielzellen inkubiert. Angegeben wird der Prozentsatz an spezifischer Zytolyse unter den verschiedenen T-Zell : Zielzell-Verhältnissen. Als Zielzellen zytolytischer T-Lymphozyten werden Tumorzellen oder virus-infizierte Zellen eingesetzt. Bei der Messung der NK-Aktivität geht man ganz ähnlich vor; hier ist jedoch die Auswahl der Zielzellen von entscheidender Bedeutung, da nur einige Zielzellen, wie z. B. die YAC-1-Zelle, gegenüber NK-Zellen empfindlich sind. Ähnlich verfährt man auch in einem System, bei dem man vorher Antikörper an die Zielzellen gekoppelt hat. Markierte Makrophagen, neutrophile Granulozyten oder NK-Zellen, welche Fc-Rezeptoren für das IgG tragen, können derartige Zielzellen abtöten; man nennt diesen Prozeß antikörper-vermittelte zelluläre Zytotoxizität (antibody dependent cellular cytotoxicity, kurz ADCC).

Lymphokine und Wachstumsfaktoren

Lymphokine sind Proteine, die von T-Zellen nach Antigen- oder Lektinstimulation produziert werden (s. Kap. 7). Die Menge der produzierten Lymphokine kann als Maß für den Aktivierungsgrad der T-Zellen angesehen werden. Ein wichtiges Lymphokin ist das Interleukin 2 (IL-2 oder T-Zell-Wachstumsfaktor). IL-2 stimuliert das Wachstum von T-Helfer-Zellen und zytolytischen T-Zellen, welche vorher durch Antigen stimuliert wurden. Zur Messung des IL-2 gibt man Kulturüberstände von T-Zellen zu einer T-Zell-Linie, welche für ihr Wachstum exklusiv IL-2 benötigt. Derartige T-Zell-Linien kann man heute in Kultur etablieren, indem man T-Zellen mehrfach mit Antigen und Makrophagen oder mit Alloantigen auf fremden Leukozyten stimuliert. Nach der initialen Stimulation können diese T-Zellen in IL-2 allein gehalten werden. Bei einem Meßsystem, welches von S. Gillis und K. Smith eingeführt wurde, wird eine zytolytische T-Zell-Linie eingesetzt, die lediglich in Gegenwart von IL-2 wächst. Die zu untersuchenden T-Zell-Überstände werden in gradueller Verdünnung zur T-Zell-Linie gegeben und nach ein bis zwei Tagen wird das Wachstum über den Einbau von 3H-Thymidin in die DNA bestimmt. Der reziproke Wert der Verdünnung des Überstands, welcher 50% der maximalen Antwort induziert, gilt als eine IL-2-Einheit.

Bei der Bestimmung der biologischen Aktivität zahlreicher Lymphokine dienen Makrophagen als Zielzellen. Hierzu gehören der in Kap. 7 näher beschriebenen Makrophagen-Migrations-Inhibitions-Faktor (MIF) und der Makrophagen-Aktivierungs-Faktor (MAF). Bei der Bestimmung des MIF gibt man eine Suspension von Makrophagen in Kapillarröhrchen und inkubiert diese in Gegenwart des T-Zell-Überstands. Die Makrophagen wandern aus dem Röhrchen, und die entstandene Wanderungsfläche dient als Maß für die Aktivität des Faktors. MIF hemmt also die Auswanderung der Makrophagen aus dem Kapillarröhrchen. Zahlreiche Bioassays können zur Bestimmung der MAF herangezogen werden. Bei dem am meisten eingesetzten Testsystem werden Makrophagen mit Tumorzellen, welche vorher mit radioaktivem Chrom markiert wurden, gemischt. Die Makrophagen werden mit dem T-Zell-Überstand sowie einer kleinen Menge von Lipopolysaccharid inkubiert, und 18 Stunden später wird die Chromfreisetzung aus den Zielzellen bestimmt. Selbstverständlich müssen Tumorzellen eingesetzt werden, welche gegenüber Makrophagen empfindlich sind.

Verschiedene Lymphokine können auch die Expression von Ia-Antigenen auf der Oberfläche von Makrophagen induzieren. Bei diesem System werden Makrophagen für mehrere Tage mit dem Testüberstand inkubiert. Makrophagen, die unbehandelt bleiben, verlieren während dieser Zeit ihre Oberflächen-Ia-Antigene, während Makrophagen, die mit entsprechenden Lymphokinen (z.B. Interferon-γ) inkubiert wurden, in dosis-abhängiger Weise auf ihre Oberfläche Ia-Antigene exprimieren. Diese können jetzt mit Hilfe monoklonaler Antikörper in einem Radioimmunoassay oder mit Hilfe der Immunfluoreszenz quantifiziert werden.

Interferone sind Proteine, welche in verschiedenen Zielzellen antivirale Effekte induzieren (s. Kap. 7). Gewöhnlich werden hierbei L-Zellen verwendet, die für etwa einen Tag mit den fraglichen Zellüberständen inkubiert werden. Danach wird ein zytolytisches Virus zum System gegeben; es handelt sich hierbei meist um das Vesikular-Stomatitis-Virus. Während der nächsten Tage lysiert das Virus die Zellen, falls diese nicht mit Interferon behandelt wurden. Interferon-behandelte Zellen hemmen dagegen die Virusreplikation und bleiben unbeschädigt.

Interleukin 1 (IL-1) ist ein anderer wichtiger Mediator der Immunantwort, welcher im Gegensatz zu den beschriebenen Lymphokinen nicht von Lymphozyten, sondern von Makrophagen produziert wird (s. Kap. 5). IL-1 ist in der Lage, das Wachstum von Thymozyten zu stimulieren. Frisch gewonnene Thymozyten befinden sich in der Vermehrungsphase und inkorporieren daher spontan Thymidin. Nach 24stündiger Kultur hört ihre Vermehrung jedoch normalerweise auf. In Gegenwart von IL-1 wird das Thymozyten-Wachstum dagegen aufrecht erhalten. Beim IL-1-Bioassay werden Thymozyten mit verschiedenen Mengen des Überstands für 3 Tage inkubiert und anschließend durch die Zugabe von radioaktivem Thymidin die Proliferation der Thymozyten bestimmt.

Produktion monoklonaler Antikörper durch Zellhybridome

Köhler, Milstein und Mitarbeiter haben eine Methode entwickelt, mit deren Hilfe man monospezifische Antikörper produzieren kann. Hierzu werden antikörperbildende Zellen mit Zellen von Myelom-Zell-Linien fusioniert und hybride Zellen hergestellt. Bei dieser Methode werden Myelom-Zellen eingesetzt, die kaum Immunglobuline produzieren und in bestimmten Kulturmedien allein nicht überleben können. Nach Fusionierung mit Hilfe von Polyethylenglycol werden die Zellhybride, welche überleben und Antikörper sezernieren, selektioniert und permanente Kulturen angelegt. Die Zellhybride besitzen neben der Fähigkeit der Tumorlinie, in vitro zu wachsen, auch die Gene für die Immunglobulin-Synthese, die sie von der antikörperbildenden Zelle erhielten. Die Hybride sezernieren Antikörper einer einzigen Spezifität (monoklonale Antikörper).

Diese reinen Antikörper sind natürlich höchst wertvolle Reagenzien für immunchemische Untersuchungen, und man kann mit ihrer Hilfe Zell-Oberflächen-Antigene, wie gewebespezifische Antigene, Tumorantigene und Differenzierungsantigene, spezifisch nachweisen. Weiterhin hat die Zellfusion die klonale Selektions-Hypothese bestätigt, da jedes Hybridom Antikörper einer einzigen Spezifität sezerniert.

Der fluoreszenz-aktivierte Zell-Sorter („fluorescence activated cell sorter", FACS)

Die quantitative Zytofluorimetrie mit Hilfe des fluoreszenz-aktivierten Zell-Sorters ist eine neue Methode, mit deren Hilfe man zelloberflächen-gebundene Liganden messen und Lymphozyten-Populationen auftrennen kann.

Die zu untersuchenden Zellen werden zunächst mit einem fluorescein-markierten Antikörper markiert. Anschließend werden die nichtgebundenen Liganden weggewaschen und die Zellen durch den Zell-Sorter geschickt. Der Zell-Sorter besitzt eine winzige Öffnung, durch die die Zellen in einem Flüssigkeitsstrom einzeln hindurchgeschoben werden.

Anschließend passieren sie einen gebündelten Laserstrahl. Dadurch wird das Licht abgelenkt, und es entsteht ein Signal, das von der Größe der Zelle abhängt. Gleichzeitig regt der Laserstrahl den fluoreszierenden Farbstoff auf den Zellen an, die den fluoreszenzmarkierten Antikörper tragen. Dadurch entsteht ein zweites Signal, das von der Menge des gebundenen Antikörpers bestimmt wird. Das Gerät verarbeitet beide Signale und kann jetzt markierte und nichtmarkierte Zellen verschiedener Größe unterscheiden. Damit ermöglicht es der Zell-Sorter, verschiedene Zell-Subpopulationen zu unterscheiden und Zellen aufgrund ihrer Oberflächen-Marker zu identifizieren.

Zusätzlich zu der beschriebenen Analyse kann der Zell-Sorter auch markierte von nichtmarkierten Zellen trennen, welche anschließend auf ihre biologischen Eigenschaften hin untersucht werden können. Die Entwicklung dieses Gerätes, welche besonders von Herzenberg und Mitarbeitern in Stanford und in den Laboratorien von Los Alamos vorangetrieben wurde, hat der medizinischen und biologischen Forschung zahlreiche neue Möglichkeiten eröffnet.

Einsatz monoklonaler Antikörper bei neueren Enzym- und Radioimmunoassays (Solid Phase Immuno Assays)

In den letzten Jahren wurden monoklonale Antikörper gegen zahlreiche medizinisch relevante Moleküle (z. B. Hormone, zellständige Antigene, Pharmaka) entwickelt. Dies führte zu Nachweissystemen, die einfacher als der kompetitive Radioimmunoassay (s. S. 67 ff) zu handhaben sind. Bei heute häufig eingesetzten Systemen wird das Antigen an eine feste Phase gebunden (typischerweise an den Boden spezieller Mikrotiterplatten). Anschließend werden monoklonale Antikörper (z. B. der Maus) mit Spezifität für das betreffende Antigen zugegeben und die nichtgebundenen Antikörper abgewaschen. Die gebundenen Antikörper werden mit einem zweiten Antikörper, der gegen Mäuse-Immunglobuline gerichtet ist, nachgewiesen. Dieser zweite Antikörper wurde entweder vorher radioaktiv markiert oder an ein geeignetes Enzym gekoppelt. Im ersteren Fall ist die gebundene Radioaktivität ein Maß für die Antigenmenge, im letzteren Fall gibt man zum System das für das verwendete Enzym spezifische Substrat hinzu und mißt die Substratumsetzung photometrisch. Die Menge des Produkts stellt in diesem Fall das Maß für die Antigenmenge dar. Da der Enzymimmunoassay leichter zu handhaben ist und der Umgang mit radioaktivem Material vermieden werden kann, bemüht man sich heute darum, Radioimmunoassays durch Enzymimmunoassays zu ersetzen.

5 Die zellulären Grundlagen der Immunität

An der Immunantwort sind verschiedene Zelltypen beteiligt, von denen die Lymphozyten die Hauptgruppe stellen. Lymphozyten tragen auf ihrer Zellmembran Rezeptormoleküle, die es ihnen ermöglichen, Antigene zu erkennen und mit ihnen zu reagieren. Hierdurch werden Lymphozyten aktiviert und können dann verschiedene immunologische Effektorfunktionen ausüben. Lymphozyten werden in zwei Hauptgruppen unterteilt, *B- und T-Lymphozyten.* Das B steht für *Bursa Fabricii* der Vögel bzw. für Knochenmark *(bone marrow)* der Säuger; das T steht für *Thymus.* Die Vorläufer der antikörperbildenden Zellen, die B-Lymphozyten, entwickeln sich in einem antigen-unabhängigen Reifeprozeß aus Knochenmarkstammzellen. Dieser Prozeß findet bei den Vögeln in der *Bursa Fabricii* statt. Die *Bursa* ist ein lymphoepitheliales Organ, das in der hinteren Wand der Kloake liegt. Bei Säugern hat sich ein primäres Lymphorgan für die B-Zelldifferenzierung nicht nachweisen lassen, obwohl dieser Vorgang teilweise im Knochenmark stattfindet. T-Lymphozyten, die wichtige regulatorische Aufgaben wahrnehmen und für die zelluläre Immunität verantwortlich sind, reifen im *Thymus.* Er ist ein primäres Lymphorgan, das bei den meisten Säugetier-Arten im vorderen *Mediastinum* liegt. B- und T-Lymphozyten wiederum stellen keine homogene Population dar, sondern setzen sich aus verschiedenen Subpopulationen zusammen. Es existiert möglicherweise noch eine dritte Lymphozyten-Hauptgruppe, die nicht die klassischen Eigenschaften der T- und B-Zellen besitzt. Diese Gruppe wurde mit dem recht ungenauen Begriff Nullzellen belegt. Zu den Nullzellen könnten Stammzellen und bestimmte zytolytische Zellen, wie die Natural-Killer-Zellen, gehören (s. Kap. 11). Die Diskussion darüber, ob sie als eine echte dritte Lymphozyten-Population anzusehen sind, ist noch nicht abgeschlossen.

Andere Zellen übernehmen in erster Linie wichtige Effektorfunktionen. *Mononukleäre* Phagozyten fungieren als akzessorische Zellen, indem sie Antigen aufnehmen und den Lymphozyten entsprechend präsentieren. Weiterhin können sie als Effektorzellen Bakterien, Tumorzellen und Fremdpartikel fressen und abtöten. Schließlich geben mononukleäre Phagozyten zahlreiche Entzündungsmediatoren ab. *Polymorphkernige neutrophile, eosinophile* und *basophile Granulozyten* sowie *Mastzellen* nehmen an den durch Antikörper eingeleiteten Entzündungsreaktionen teil.

Dieses Kapitel beschäftigt sich mit den Eigenschaften der lymphatischen Organe und der wichtigsten Zellen der Immunantwort. Weiterhin wollen wir hier einige Vorgänge besprechen, die bei der antigen-induzierten Immunantwort ablaufen. Schließlich sollen auch verschiedene Techniken, die bei der Untersuchung der Immunantwort eingesetzt werden, kurz erläutert werden. Die genauen

Vorgänge bei einer Immunantwort sollen dann in den folgenden Kapiteln näher untersucht werden. Zunächst wollen wir die Histologie der primären und sekundären lymphatischen Organe, die Rezirkulation der Lymphozyten und die Veränderungen im Lymphknoten nach Antigenstimulation besprechen. Anschließend sollen B-Zellen, T-Zellen, Natural-Killer-Zellen und Makrophagen näher untersucht werden und ihr Phänotyp, ihre Funktion und ihre Differenzierung, sowie die entsprechenden Untersuchungsmethoden besprochen werden.

Die zelluläre Organisation des Immunsystems

Lymphozyten befinden sich in einem dynamischen Zustand. Etwa die Hälfte dieser Zellen zirkuliert in Blut und Lymphe. Lymphozyten stellen weiterhin den Hauptanteil der Lymphgewebe - *Thymus, Lymphknoten* und *Milz* - und kommen auch in anderen Geweben vor, wo sie, wie zum Beispiel im Respirations- und Verdauungstrakt, eine diffus verteilte lymphoide Organkomponente darstellen.

Die lymphatischen Organe werden in zwei Hauptgruppen unterteilt, primäre und sekundäre. In den *primären Lymphorganen* findet die antigenunabhängige Differenzierung statt, d.h. aus Stammzellen entwickeln sich die reifen T- und B-Zellen. Primäre Lymphorgane sind der *Thymus* und die *Bursa Fabricii.* Letztere ist ein lymphatisches Anhangsorgan der Kloake bei Vögeln; bei Säugetieren wird die Existenz eines *Bursa*-Äquivalents angenommen. Seine Lokalisierung ist jedoch noch nicht gelungen. Man hat hierfür das lymphatische Gewebe des Darms bzw. das Knochenmark in Anspruch genommen. Je nach Reifungsorgan spricht man von T- bzw. B-Zellen. Nach erfolgter Reifung sind die Lymphozyten programmiert, nach Antigenkontakt entweder T- oder B-Zellfunktionen wahrzunehmen. Eine Umwandlung von T- zu B-Zellen erfolgt nicht.

Sekundäre Lymphorgane sind die Lymphknoten und die Milz, die aus reifen T- und B-Zellen und aus antigen-bindenden Zellen, wie den Phagozyten, bestehen. In den sekundären Lymphorganen, in denen das Antigen angereichert wird, findet die spezifische Immunantwort statt.

Der Thymus. Der *Thymus* ist ein zweilappiges Organ, das sich aus dem Endoderm der dritten und vierten Kiementasche entwickelt. Er stellt ein lymphoepitheliales Organ dar, das aus Lymphozyten (auch als Thymozyten bezeichnet) und Epithelzellen besteht. Der *Thymus* ist das erste während der Ontogenese entstehende Lymphorgan. Während des fötalen und neonatalen Lebens nimmt er laufend an Größe zu, erreicht sein volles Ausmaß während der frühen Pubertät und bildet sich dann wieder zurück. Im späteren Leben ist der *Thymus* atrophisch.

Der *Thymus* gliedert sich in *Cortex* und *Medulla.*

Der *Cortex,* der den größten Anteil stellt, enthält zahlreiche Thymozyten, viele Epithelzellen und wenige Makrophagen, die alle eng beieinander liegen, so daß wenig extrazellulärer Raum verbleibt. Die Cortexthymozyten sind klein bis mittelgroß. In der Peripherie des *Cortex* findet man wenige große Zellen. Hier beobachtet man zahlreiche Mitosefiguren. Die Epithelzellen haben Sternform, sind eng mit den Thymozyten verbunden und stehen untereinander über Desmosomen in Kontakt. Bei den meisten Arten konzentrieren sich die Makrophagen im Kortikomedullargebiet. Im *Cortex* findet die Zelldifferenzierung statt. Die Cortexthymozyten sind unreif und differenzieren sich allmählich zu T-Zellen, die dann in die *Medulla* wandern, von wo aus sie in die Blutbahn gelangen.

Die *Medulla* des *Thymus* enthält locker gepackte kleine Thymozyten. Vermutlich sind viele Thymozyten der *Medulla* ausgereift und gerade im Begriff, das Organ zu verlassen. Weiterhin enthält die *Medulla* Epithelzellen verschiedener Größe und Form, von denen sich viele zu Hassalschen Körperchen organisiert haben. Die Hassalschen Körperchen bestehen aus konzentrischen Lagen flacher, squamöser Epithelzellen mit reichlichem Zytoplasma. Interessanterweise unterscheiden sich *Cortex* und *Medulla* in ihrer Permeabilität für Plasmaproteine. Die Gefäße des *Cortex* sind für Proteine fast völlig undurchlässig und verhindern so deren Kontakt mit den reifenden Thymozyten; in der *Medulla* sind die Gefäße dagegen sehr durchlässig. Die funktionelle Bedeutung dieses anatomischen Unterschieds ist nicht bekannt.

Die Reifung der T-Zellen innerhalb des *Thymus* wurde an Mäusen ausführlich untersucht, weil bei dieser Spezies zahlreiche Antikörper gegen Zellmembranmakromoleküle, die als Marker für den Reifegrad der Zelle dienen, zur Verfügung stehen. Die Oberflächenantigene sind polymorph, d.h. sie unterscheiden sich von Stamm zu Stamm so sehr, daß eine Alloimmunisierung zur Bildung spezifischer Antikörper führt (s. Kap. 6). Zu ihnen gehören die H-2-Antigene, die Thymusleukämie- (TL-)Antigene, das GIX-Antigen, das Θ- oder (oder Thy 1-)Antigen, die Ly 1- und Ly 2,3-Antigene sowie das L3T4-Antigen.

H-2-Antigene findet man nicht nur auf Thymozyten, sondern auch auf den meisten anderen Zellen. Sie werden im Kapitel 6 beschrieben. TL ist kein Einzelantigen, sondern ein Komplex aus zahlreichen Antigenen. Bei einigen Mäusestämmen kann man TL-Antigene nicht nachweisen; entwickelt sich bei diesen Stämmen jedoch eine Thymuszell-Leukämie, so exprimieren die Leukämiezellen auf ihren Membranen TL-Antigene. Das Vorkommen der TL-Antigene scheint daher sowohl von Struktur- als auch von Regulator-Genen kontrolliert zu werden, wobei letztere die Expression der TL-Antigene auf den Thymozyten bei einigen Stämmen unterdrücken. Die TL-Antigene sind Glycoproteine mit einer Molekülmasse von 40000 bis 50000 Dalton.

Das GIX-Antigen steht mit Glycoproteinen von einer Molekülmasse von 70000 Dalton in Zusammenhang, die auch einen Teil der Hülle gewisser Mäuseleukämie-Viren bilden. Man nimmt an, daß das GIX-Molekül von einem Virusgenom kodiert wird, das in ein Chromosom der Zelle integriert ist. Die GIX-Antigene werden nach den klassischen Mendelschen Gesetzen vererbt. GIX-Antigene findet man nur auf Thymozyten und nicht auf reifen T-Zellen.

Das Thy 1- oder Θ-Antigen kommt sowohl auf reifen Thymozyten als auch auf reifen T-Zellen vor, ebenso auf Gehirnzellen, Epithelzellen und Fibroblasten. Das Ly 1,2,3-System beruht auf drei Genloci, die exklusiv auf Lymphozyten der T-Zellklasse zu findende Proteine kodieren. Ly 2 und Ly 3 sind eng verbunden und werden daher in der weiteren Diskussion als eine Einheit behandelt.

Durch Untersuchungen von E. Boyse und L. Old am Sloan-Kettering-Institut in New York ist man über den Ablauf der Thymozyten-Differenzierung orientiert, den diese Wissenschaftler, im wesentlichen an Hand von Untersuchungen über das Vorkommen der oben beschriebenen Alloantigene, verfolgt haben. Die Thymozytenreifung verläuft nach heutiger Kenntnis über folgende Schritte:

1. *Stammzelle→Prothymozyt:* Die Stammzelle wird für die T-Zell-„Laufbahn" programmiert und entwickelt sich zum Prothymozyten. Prothymozyten findet man im Knochenmark der erwachsenen Maus. Sie tragen H-2-Antigene, es fehlen ihnen aber die TL-, GIX- und Thy 1-Antigene.
2. *Prothymozyt→Unreifer Thymozyt:* Dieser Schritt findet im *Thymus* statt. Der unreife Thymozyt trägt jetzt die TL-, GIX-, Ly 1,2,3- und Thy 1-Alloantigene. Er ist jedoch funktionell unreif und kann nach Kontakt mit dem Lektin Phytohämagglutinin (PHA) bzw. in einer gemischten Leukozyten-Kultur nicht proliferieren (s. Kap. 6).
3. *Unreifer Thymozyt→Reife T-Zelle:* Die Zelle besitzt jetzt einen höheren Anteil an H-2-Antigenen, verliert das TL- und GIX-Antigen und vermindert ihren Thy 1-Antigenanteil. Irgendwo trennen sich die T-Zellen jetzt in Subpopulationen auf, die verschiedene Mengen an Ly 1- oder Ly 2,3-Antigenen exprimieren. Die Bedeutung dieser Subpopulationen wird später diskutiert. Tab. 5.1 faßt die genannten Punkte zusammen.

Ein weiteres wichtiges Kennzeichen für den Stand der Thymozyten-Differenzierung stellt das Enzym terminale Desoxynucleotid-Transferase (tDT) dar. tDT ist ein einzigartiges Enzym, das in Abwesenheit einer DNA-Schablone Mononukleotide an ein DNA-Segment anhängen kann. tDT findet man in einigen Knochenmarkzellen, in Prothymozyten und in unreifen Thymozyten; es fehlt in reifen T-Zellen. tDT findet man auch in Zellen vieler akuter lymphoblastoider Leukämieformen von Kindern.

Tabelle 5.1 Charakteristische Eigenschaften der T-Zelle

Zelltyp	Alloantigene			tDT	Funktionen		Vorkommen im Thymus
	H-2	TL	Θ		Proliferation mit PHA	MLC	
Prothymozyt	++	–	–	+	–	–	(Knochenmark)
Unreifer Thymozyt	++	+	+++	+	–	–	Cortex
Reife T-Zelle	++++	–	+	–	+	+	Medulla

Die Kontrolle der Differenzierung im *Thymus* wurde ausführlich untersucht. Man nimmt allgemein an, daß dieser Vorgang durch „Hormone" oder Faktoren, die von den epithelialen Zellen gebildet werden, gesteuert wird. Es wurden verschiedene aktive Peptide aus dem *Thymus* isoliert, von denen einige biochemisch recht gut charakterisiert sind. Thymusextrakte bzw. einige gereinigte Peptide sind zumindest teilweise in der Lage, die Thymozyten-Differenzierung in vitro zu stimulieren. Die Differenzierung von Prothymozyten kann z.B. in Gewebekultur mit Hilfe von Thymusfaktoren erreicht werden; ein Teil der Stammzellen aus dem Knochenmark entwickelt das Thy 1-Oberflächen-Alloantigen schon nach zweistündiger Inkubation mit bestimmten Thymusfaktoren. Die genaue Rolle und der zelluläre Ursprung der Thymusfaktoren sind jedoch noch nicht aufgeklärt.

Neuere Untersuchungen lassen vermuten, daß das Thymusstroma einen Einfluß auf die Thymozyten-Differenzierung hat. Die Stromazellen (Epithelzellen und Makrophagen) sind reich an Membranproteinen, welche von der I-Region des Haupt-Histokompatibilitäts-Komplexes kodiert werden. Diese Moleküle heißen Ia-Antigene und sind von entscheidender Bedeutung für die Interaktion von T-Zellen mit akzessorischen Zellen (s. Kap. 6, 8 und 10). Die Interaktion zwischen Thymozyten und Ia-antigen-tragenden Stromazellen dürfte einen Einfluß darauf haben, wie später die reifen T-Zellen mit Antigen interagieren.

Sekundäre lymphatische Organe: die Lymphknoten. Die Lymphknoten sind kleine runde oder ovale Organe und enthalten Lymphozyten und ein retikuläres Stroma. Gewöhnlich sind die Lymphknoten in Gruppen angeordnet, die sich in

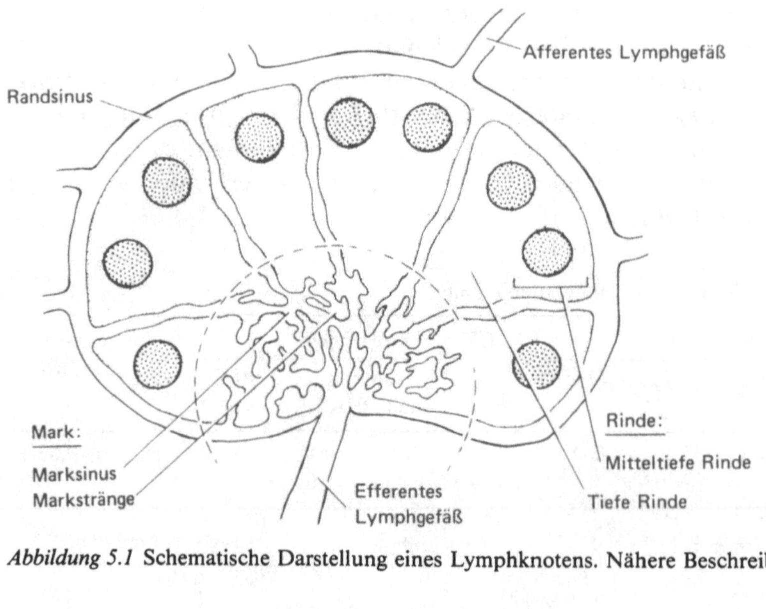

Abbildung 5.1 Schematische Darstellung eines Lymphknotens. Nähere Beschreibung s. Text.

bestimmten Körperregionen, z. B. entlang der großen Blutgefäße des *Abdomens*, in der *Mesenterial-*, *Axillar-* oder *Inguinalregion* anhäufen.

Das lymphatische System stellt ein Netzwerk von Gefäßen dar, das neben dem Blutgefäßsystem existiert. Im Lymphsystem sammelt sich die Gewebsflüssigkeit, die, sobald sie sich im Gefäßsystem befindet, als Lymphe bezeichnet wird. Entlang der lymphatischen Kanäle sind Lymphknoten angeordnet. Die Lymphe ergießt sich über afferente Gefäße in die Lymphknoten und tritt über efferente Gefäße wieder aus. Schließlich gelangt die Lymphe in die Hauptlymphgefäße, wie den *Ductus thoracicus*, welcher seinerseits in das Blutgefäßsystem mündet. Die Lymphe, wie auch die im Lymphsystem befindlichen Zellen, können somit an jede Stelle des Körpers gelangen.

In den Lymphknoten sind die Lymphozyten hauptsächlich auf zwei Gebiete verteilt: die oberflächennahe und die tiefere Rinde. Zwischen den Zellen verläuft ein System lymphatischer Kanäle, die von der Rinde ins Mark ziehen. In der Rinde öffnen sich die afferenten Lymphgefäße in den *Subkapsularsinus*, in der *Medulla* sammeln sie sich wieder zu den efferenten Lymphgefäßen. Die oberflächennahe Rinde besteht zum einen aus einer enggepackten Ansammlung von Lymphozyten, welche *Noduli* und *Follikel* bilden, und zum anderen aus Lymphozytenscheiden, welche relativ wenig organisiert zwischen den *Follikeln* liegen. In den *Follikeln* befinden sich hauptsächlich B-Lymphozyten. Kommt es zu einer Immunantwort, dann schwellen die *Follikel* an. Es entsteht ein *Sekundärfollikel*,

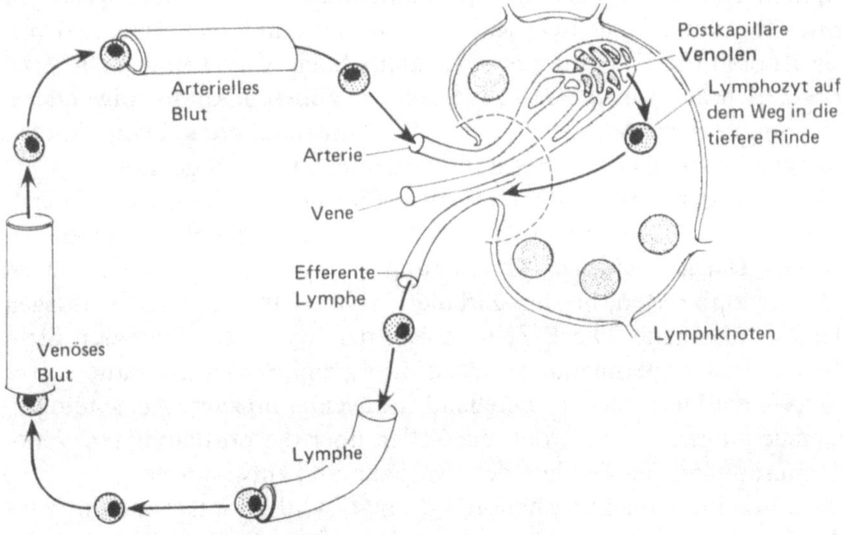

Abbildung 5.2 Lymphozyten-Zirkulation. Die Lymphozyten gelangen durch die Arterien in den Lymphknoten, wandern in den tieferen Kortex ein und verlassen diesen über die efferente Lymphe. Die Zellen erreichen den venösen Kreislauf über das Hauptlymphgefäß, welches in die Venen mündet.

in dessen Mitte ein Keimzentrum liegt, in dem man große proliferierende Zellen findet. Die tiefere Rinde und die Interfollikulargebiete der oberflächennahen Rinde bestehen aus Lymphozyten, die sich auf dem Wege vom Blut zur Lymphe befinden. In diesem Gebiet findet man etwa dreimal so viele T-Lymphozyten wie B-Zellen. Die äußere Rinde wird auch als thymusunabhängige und die tiefere Rinde als thymusabhängige Region bezeichnet. Bei einer Person, die keinen *Thymus* und damit auch keine T-Lymphozyten besitzt, ist die parakortikale Zone klein und atrophisch, während die B-Zell-Bereiche in der äußeren Rinde normal sind (s. Abb. 5.1).

Ein Großteil der Lymphozyten, besonders der T-Zellen, befindet sich in kontinuierlicher Zirkulation vom Blut zur Lymphe und zurück zum Blut. Der Übergang vom Blut in die Lymphe findet hauptsächlich im Lymphgewebe statt. Die Lymphozyten gelangen über die arterielle Zirkulation in die Lymphknoten und adhärieren dann an den postkapillären Venolen, die in der Rinde und im diffusen Lymphgewebe um die Follikel herum reichlich vorhanden sind (s. Abb. 5.2). Die postkapillären Venolen besitzen ein hochspezialisiertes *Endothel*, an dem die Lymphozyten über bestimmte Oberflächenstrukturen haften. Diese Interaktion wird von einem Glycoprotein auf der Lymphozyten-Membran vermittelt, welches mit einem Oberflächenprotein auf den spezialisierten Endothelzellen reagieren kann. Blutlymphozyten haften nicht an Endothelzellen anderer Kapillaren. Bei einer Entzündungsreaktion können sie mit den Endothelzellen reagieren, da diese im Bereich einer Entzündung größer werden und jetzt denen der postkapillaren Venolen ähneln.

Die Lymphozyten durchqueren die postkapillären Venolen und gelangen innerhalb eines Tages durch die tiefe Rindenregion hindurch. Anschließend verlassen sie die Knoten über die efferenten Lymphbahnen. Eine kleine Zahl rezirkulierender B-Zellen kann in die *Primärfollikel* der äußeren Rinde einwandern. Die meisten Lymphozyten (etwa 95%), die einen unstimulierten Lymphknoten verlassen, stammen also aus dem Blut und wurden nicht in situ gebildet.

Die Rezirkulation der Lymphozyten aus dem Blut in die Lymphe wurde erstmals von J. Gowans und Mitarbeitern an der Ratte nachgewiesen. Drainage der Lymphe durch *Ductus-thoracicus*-Kanülierung führte zu einer deutlichen Abnahme der Lymphozyten in der Zirkulation und den thymusabhängigen Gebieten der Lymphorgane. Die B-Zell-Gebiete der Lymphknoten waren nicht betroffen. In weiteren Experimenten wurden die Lymphozyten mit radioaktiver RNA oder DNA markiert und anschließend intravenös injiziert. Autoradiographische Untersuchungen ergaben, daß die Zellen über die postkapillären Venolen in die thymusabhängigen Gebiete der Lymphknoten einwanderten.

Ein Antigen, das in einen Lymphknoten gelangt, wird hauptsächlich in zwei Gebieten abgefangen. Es sind dies zum einen die tiefer gelegenen Rindenregionen und die Wände der lymphatischen Sinus und zum anderen die *Follikel* der äußeren Rinde. Für das Abfangen des Antigens sind Phagozyten (Makrophagen) und spezialisierte retikuläre bzw. dendritische Zellen verantwortlich. Man nimmt an, daß das Abfangen des Antigens in der riefen Rinde einen frühen, entscheidenden Schritt bei der Induktion der Immunantwort darstellt. Sobald das Antigen von den Phagozyten aufgenommen ist, finden bestimmte Prozesse statt, die dazu führen, daß die Lymphozyten das Antigen erkennen und mit ihm reagieren können. Der Abfangprozeß ist gesteigert, wenn das Antigen mit Antikörpern beladen ist; dies ist jedoch nicht immer unbedingt nötig. Der größte Teil des von den Makrophagen aufgenommenen Antigens wird schnell von diesen Zellen abgebaut. Einige wenige Antigenmoleküle scheinen jedoch diesem Abbau zu entgehen, und diese Moleküle sind dann für die Stimulation der Lymphozyten verantwortlich.

Die *Lymphfollikel* der äußeren Rinde stellen das zweite Abfanggebiet für Antigen dar. Das Antigen sickert durch den *Follikel* hindurch und wird nur dann abgefangen, wenn eine Immunantwort bereits in Gang gekommen ist und Antikörper vorhanden sind, die Antigen-Antikörper-Komplexe bilden. Diese Antigen-Antikörper-Komplexe, die auch Komplement-Komponenten enthalten können, werden innerhalb der *Follikel* an der Oberfläche spezialisierter Zellen gebunden, die dendritische Zellen heißen. Die dendritischen Zellen haben zahlreiche dünne Zytoplasmafortsätze, die sich zwischen die Lymphozyten erstrekken. Sie besitzen nur wenige Lysosomen und Pinozytosevesikel. Antigen-Antikörper-Komplexe können sehr lange auf dendritischen Zellen verbleiben. Ein Abfangen von Antigen in der äußeren Rinde findet daher nur dann statt, wenn eine Immunantwort bereits angelaufen ist. Sind keine Antikörper vorhanden, wird Antigen nicht abgefangen. Die funktionelle Bedeutung des Abfangens der Antigen-Antikörper-Komplexe durch die dendritischen Zellen der *Follikel* ist noch unklar. Es scheint jedenfalls für die Antikörperproduktion nicht unbedingt nötig zu sein. Von einigen Autoren wird jedoch angenommen, daß das Abfangen mit der Aufrechterhaltung des immunologischen Gedächtnisses in Zusammenhang steht.

Das Auftreten eines Antigens im Lymphknoten führt zu deutlichen Veränderungen in der Struktur und dem Zirkulationsverhalten der Lymphozyten:

1. Wie schon erwähnt, gelangt das Antigen über die afferente Lymphe in den Lymphknoten und wird dort von Makrophagen aufgenommen. Kurz nach dem Eintritt den Antigens (während der ersten 24 Stunden) ist die Zahl der Lymphozyten, die den Lymphknoten über die efferenten Lymphwege verlassen, deutlich *verringert* und die Zahl der Zellen in der tieferen Rinde deutlich erhöht. Vermutlich wandern die Lymphozyten weiterhin vom Blut in den Lymphknoten ein, während ihre Auswanderung durch bis jetzt unbekannte Mechanismen verhindert wird. Möglicherweise sind daran Prostaglandine beteiligt. Neutrophile und Eosinophile sind zu diesem Zeitpunkt in großer Menge nachzuweisen.
2. Nach zwei bis fünf Tagen steigt die Zahl der Lymphozyten, die den Lymphknoten über die efferenten Lymphwege verlassen, an. Während dieser

Zeit gelangen mehr Lymphozyten vom Blut in den Lymphknoten. Der Schließmechanismus, der während der ersten 24 Stunden nachzuweisen war, ist jedoch nicht mehr wirksam. Die Lymphozyten, die mit dem fraglichen Antigen reagieren können (sie stellen nur einen kleinen Teil der gesamten Lymphozytenpopulation dar), verweilen während dieser Periode im Lymphknoten (vermutlich weil sie mit dem makrophagengebundenen Antigen reagieren) und sind in den efferenten Lymphwegen nicht nachzuweisen. Während dieser Zeit steigt die Zahl der Zellen im Lymphknoten weiter an, und eine Unterscheidung zwischen tieferer und äußerer Rinde wird schwierig. In der tieferen Rinde kommt es zu starker Proliferation, und die ersten antikörpertragenden Zellen werden in der tieferen und in der äußeren Rinde nachweisbar.

3. Nach fünf Tagen ist die Gesamtzahl der Zellen, die den Lymphknoten über die efferenten Lymphwege verlassen, verringert, jedoch nicht die Zahl der Lymphozyten, die mit dem Antigen reagiert haben (und daher aktiviert sind). Diese antigenaktivierten Zellen verlassen jetzt den Lymphknoten und sensibilisieren so den Organismus. Bis zum Ende der ersten Woche entwickelt sich die äußere Rinde weiter, und es werden Keimzentren deutlich erkennbar. In den Keimzentren und den Interfollikulärgebieten findet man jetzt häufig Plasmazellen. Die Medullarstränge, die aus Zellen, die zwischen den Sinus der *Medulla* liegen, bestehen, enthalten nun zahlreiche antikörperbildende Zellen.

Sekundäre Lymphorgane: Die Milz. Die Milz ist ein abdominales Organ, das sowohl die Aufgabe hat, das Blut von partikulären Substanzen zu reinigen, als auch im Blut vorkommendes Antigen anzureichern. Die Immunantwort gegen Antigene im Blut findet hauptsächlich in der Milz statt. Histologisch wird die Milz in zwei Teile unterteilt: in die *weiße Pulpa,* die aus Lymphgewebe besteht, und in die *rote Pulpa,* die ihren Namen aufgrund ihres hohen Gehalts an roten Blutkörperchen hat und reich an Sinus ist. Das Lymphgewebe der *weißen Pulpa* ist um kleine Arterien und Arteriolen herum organisiert; es wird wiederum in ein thymusabhängiges und thymusunabhängiges Gebiet unterteilt. Die thymusabhängigen Gebiete stellen ein diffuses Lymphgewebe dar, das reich an T-Zellen ist und sich direkt an die Arteriolen anschließt. Diese Gebiete werden auch als periarterioläre Lymphozytenscheiden bezeichnet. Das thymusunabhängige Gebiet umfaßt die follikulären und nodulären B-Zell-Gebiete, die die T-Zell-Gebiete umschließen.

Der B-Lymphozyt

Der B-Lymphozyt entwickelt sich aus einer Stammzelle in einem von der Antigenstimulierung unabhängigen Reifungsprozeß. Vor der Geburt findet man in Leber und Milz Vorläufer von B-Zellen. Nach der Geburt wird das Knochenmark zur Hauptquelle für B-Zell-Vorläufer. Die B-Zelle differenziert sich aus einer Stammzelle in eine frühe unreife Zelle; auf einen Antigenreiz hin kann sie sich jedoch schnell zu einer antikörpersezernierenden Zelle differenzieren. Das Endstadium der antigengetriebenen Differenzierung ist die Plasmazelle. Sie besitzt reichlich Zytoplasma und ein deutlich ausgebildetes endoplasmatisches Retikulum. Diese Zelle teilt sich nicht mehr und hat eine Lebensdauer von etwa zwei bis drei Tagen. Zwischen der Plasmazelle als Endstadium und der B-Zelle gibt es Zwischenstadien, in denen die Zellen groß sind, viel Zytoplasma besitzen und aktiv Antikörper sezernieren.

Das Thema des Kapitels 8 kurz zusammenfassend, können wir schon jetzt feststellen, daß B-Zellen auf die meisten Antigene mit einer Proliferation und einer Differenzierung zu Plasmazellen antworten. Eine derartige B-Zell-Antwort setzt normalerweise eine Kooperation mit T-Lymphozyten voraus. Findet keine Kooperation statt, so hängt das Ergebnis von der Antigenart ab. *Thymusabhängige Antigene* sind ohne Mithilfe von T-Zellen nicht in der Lage, B-Zellen zu stimulieren und können unter Umständen sogar zur Ausbildung einer immunologischen Toleranz führen. Dagegen kann eine bestimmte Gruppe von *thymusunabhängigen Antigenen* eine begrenzte Antikörperantwort auch in Abwesenheit von T-Zellen hervorrufen. Das Endergebnis der Antigenstimulation von B-Lymphozyten ist daher die Antikörperbildung und die Fähigkeit, eine Sekundärantwort (d.h. ein immunologisches Gedächtnis) aufzubauen.

Hinweise dafür, daß B-Lymphozyten für die humorale Immunantwort verantwortlich sind und sich zu Plasmazellen differenzieren. Gereinigte Lymphozyten können eine Immunantwort in Gang setzen, wie sich durch Übertragung gereinigter Lymphozyten in ein syngenes Versuchstier nachweisen läßt. Dies soll durch folgendes Experiment illustriert werden:

1. Man bestrahlt Mäuse hochdosiert. Die radioaktive Bestrahlung zerstört die Lymphozyten, jedoch nicht die Makrophagen. Die bestrahlte Maus ist immunologisch inkompetent. Kommt sie mit einem Antigen in Kontakt, kann sie keine Immunantwort aufbauen.
2. Gereinigte Lymphozyten einer normalen Maus (T- und B-Zellen) werden auf die immunologisch inkompetente, bestrahlte Empfängermaus übertragen.
3. Letztere wird anschließend immunisiert.

Die Empfängertiere können nun eine Immunantwort aufbauen, die mit derjenigen einer normalen Maus vergleichbar ist. Das injizierte Antigen wird von den strahlenresistenten Makrophagen der Empfängermaus aufgenommen. Die übertragenen, gereinigten T- und B-Zellen reagieren mit dem Antigen, proliferieren und differenzieren sich. Bei Wahl entsprechender Tier-Kombinationen lassen sich die Lymphozyten der normalen Maus an Hand ihrer Alloantigene identifizieren und ihre Differenzierung in Plasmazellen verfolgen.

Oberflächenmoleküle der B-Zellen. Zur Zeit untersucht man intensiv die verschiedenen Oberflächenstrukturen von B-Zellen mit dem Ziel, Moleküle, die an den zellulären Interaktionen beteiligt sind und/oder als Rezeptoren für Mediatoren dienen, zu identifizieren. Oberflächenstrukturen könnten auch zu einer Klassifizierung von B-Zellen-Subpopulationen beitragen.

Folgende Oberflächenstrukturen wurden bislang auf B-Zellen identifiziert:

1. *Ig* (siehe weiter unten).
2. *Fc-Rezeptoren.* Die meisten B-Lymphozyten tragen Fc-Rezeptoren, d.h. Oberflächenstrukturen, die spezifisch das Fc-Fragment des IgG binden können. Die Fc-Rezeptoren werden im Abschnitt „Mononukleäre Phagozyten" näher besprochen. Der Fc-Rezeptor von B-Zellen kann mit Hilfe entsprechend markierter Antigen-Antikörper-Komplexe nachgewiesen werden. Gewöhnlich verwendet man hierzu antikörperbeladene Erythrozyten, fluoresceinmarkiertes, polymerisiertes IgG oder lösliche Immunkomplexe, bei denen das Antigen ein fluoresceinmarkiertes Protein ist. Im Vergleich zu Makrophagen braucht man für den Nachweis von Fc-Rezeptoren auf B-Zellen höhere Konzentrationen der Komplexe; das deutet vielleicht darauf hin, daß sich auf B-Zellen eine geringere Anzahl von Fc-Rezeptoren befindet als auf Makrophagen. In der Zwischenzeit wurden gegen Fc-Rezeptoren monoklonale Antikörper hergestellt. Über Fc-Rezeptoren können B-Lymphozyten Antigen-Antikörper-Komplexe leichter binden.
3. *C3-Rezeptoren.* Etwa die Hälfte bis drei Viertel aller B-Zellen tragen einen Rezeptor für C3b, der sie dazu befähigt, mit Antigen-Antikörper-Komplexen, die Komplement gebunden haben, zu reagieren. C3-Rezeptoren kann man mit Hilfe von Erythrozyten, welche mit IgM-Anti-Eryhtrozyten-Antikörpern und Komplement beladen sind, nachweisen. (Der Fc-Rezeptor der B-Zellen bindet keine μ-Ketten). Die Funktion der C3-rezeptortragenden und C3-rezeptornegativen B-Zellen wurde in den letzten Jahren untersucht. Im Mäusesystem hat man gefunden, daß B-Zellen junger Mäuse (bis zu zwei, drei Wochen alt) keine C3-Rezeptoren tragen. Diese jungen B-Zellen ergeben eine schlechtere Immunantwort als ihre älteren Gegenstücke, aber der Zusammenhang von Immunantwort und dem Vorhandensein von C3-Rezeptoren ist nicht geklärt. Drei verschiedene C3-Rezeptoren, die CR1, CR2 und CR3 heißen, sind bekannt. Sie werden später (Abschnitt „Mononukleäre Phagozyten" und Kap. 12) näher beschrieben.
4. *Histokompatibilitätsantigene.* B-Zellen exprimieren Oberflächenantigene, die vom Haupt-Histokompatibilitäts-Komplex (MHC) kodiert werden. Hierzu gehören auch die Moleküle, die bei der Maus von der H-2-I-Region kodiert werden. Die meisten B-Zellen tragen I-region-assoziierte Moleküle, einige wenige aber auch nicht. Diejenigen B-Zellen, die keine I-region-assoziierten Antigene tragen, reagieren nur schwach auf thymusabhängige Antigene und differenzieren sich nur in geringem Umfang in Richtung IgG-Synthese.

5. *Lyb-Antigene.* In der Maus wurden verschiedene Alloantigene auf B-Zellen identifiziert. Von besonderem Interesse sind das Lyb3-, Lyb5- und Lyb7-System. Es existiert eine Maus-Mutante, die CBA/N-Maus, deren B-Zellen diese drei Alloantigene nicht exprimieren.

Antigen-Erkennung durch B-Zellen. B-Lymphozyten reagieren mit dem Antigen über spezifische Rezeptormoleküle, die in der Plasmamembran liegen. Diese Antigenrezeptoren sind Ig-Moleküle, die dieselbe Identität besitzen wie das Ig, das die B-Zell-Nachkommen nach der Differenzierung zu Plasmazellen produzieren und sezernieren. Da T-Zellen keine nachweisbaren Ig-Moleküle auf ihrer Oberfläche tragen, kann man das Vorhandensein von Ig auf der Lymphozytenmembran als Unterscheidungsmerkmal (Marker) für B-Zellen verwenden.

Identifizierung von Oberflächen-Ig. Beim klassischen Versuch zur Identifizierung und Zählung von B-Zellen beim Menschen und Versuchstier inkubiert man frisch gewonnene Lymphozyten in der Kälte mit fluorescein-markierten Anti-Ig-Antikörpern. Die markierten Antikörper binden sich an die Oberflächen-Ig der B-Zellen. Nach der Inkubation werden die nicht gebundenen Antikörper von

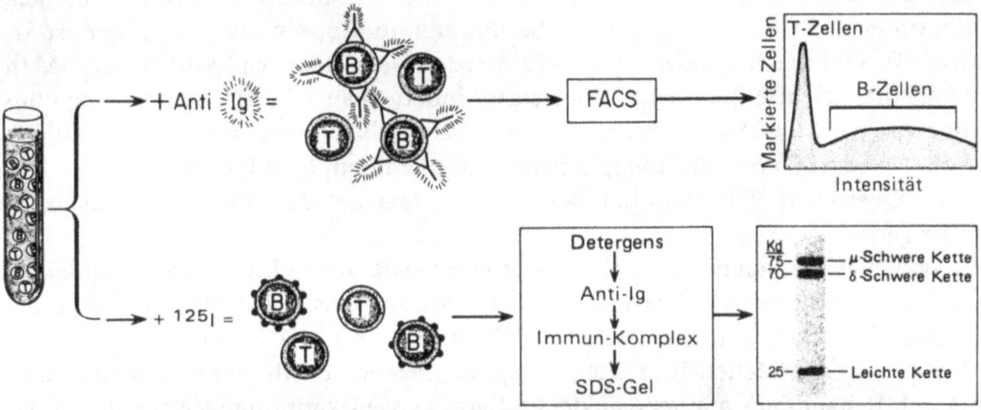

Abbildung 5.3 Diese Abbildung illustriert, wie B-Zellen identifiziert und untersucht werden. Im oberen Teil der Abbildung wurden B-Lymphozyten mit einem fluoresceinmarkierten anti-Ig-Antikörper inkubiert. Die B-Lymphozyten, welche jetzt die Anti-Ig-Antikörper tragen, werden mit dem fluoreszenz-aktivierten Zellsorter (FACS, s. Kap. 4) analysiert. Wie in der Abbildung dargestellt, fluoreszieren T-Zellen kaum, während B-Zellen eine verschieden hohe Intensität aufweisen. (Zellen, die mit einem irrelevanten Antikörper inkubiert wurden, würden nur schwach fluoreszieren, und man würde in der dargestellten Abbildung einen einzigen „Peak" im Bereich der T-Zellen sehen.) Mit Hilfe des FACS kann man den Anteil der oberflächen-Ig-positiven Zellen sehr genau bestimmen. Im unteren Abschnitt der Zeichnung wurden die Membranproteine mit Hilfe von radioaktivem Iod markiert. Dargestellt sind lediglich die markierten Ig-Oberflächen-Moleküle als kleine dunkle Punkte. Die Zellen wurden anschließend wie beschrieben behandelt und mit Hilfe der Immunpräzipitation mit Anti-Ig-Antikörpern und anschließender Elektrophorese identifiziert.

den Zellen abgewaschen und die Zellen anschließend unter dem Fluoreszenzmikroskop betrachtet oder mit Hilfe der Durchflußzytometrie untersucht. B-Zellen lassen sich leicht durch das Vorhandensein kleiner, diskret fluoreszierender Punkte auf der Oberfläche identifizieren (s. Abb. 5.3). Der Anteil der B-Zellen im peripheren Blut des Menschen beträgt zwischen fünf und zwanzig Prozent.

Oberflächen-Ig-Moleküle können auch biochemisch identifiziert werden. Bei der am häufigsten angewandten Methode markiert man B-Zellen mit ^{125}J, und extrahiert die radioaktiv markierten Proteine der Plasmamembran mit Hilfe von Detergentien. Die extrahierten Proteine werden mit Anti-Ig-Antikörpern inkubiert. Die markierten Ig-Moleküle reagieren mit dem Anti-Ig, so daß es zu einer Präzipitation kommt und sie dadurch von den übrigen markierten Proteinen leicht abgetrennt werden können. Anschließend wird das radioaktiv markierte Ig vom Antikörper wieder abgetrennt und biochemisch untersucht. Gewöhnlich führt man eine Polyacrylamid-Gelelektrophorese durch (s. Abb. 5.3).

Zahl und Klasse der Ig. B-Zellen tragen etwa 0,5 bis $1{,}5 \times 10^5$ Ig-Moleküle pro Zelle. Die Ig-Klassen auf der Zelloberfläche wurden mit Hilfe klassenspezifischer Antikörper untersucht. Die meisten Ig-tragenden Lymphozyten des Menschen haben sowohl IgM als auch IgD auf ihrer Oberfläche. Die IgM-Moleküle der Zelloberfläche sind monomer (und nicht pentamer wie beim sezernierten IgM). Der Nachweis von IgD-Molekülen, die als Antigen-Rezeptoren dienen, überraschte anfangs, da IgD im Serum nur in Spuren nachzuweisen ist (s. Kap. 3). Oberflächen-IgM und -IgD werden von B-Zellen synthetisiert. Man kann dies leicht experimentell beweisen, indem man Oberflächenimmunglobuline von der Membran durch Proteolyse entfernt. Nach einer bestimmten Kulturdauer reexprimieren die Lymphozyten diese Immunglobuline dann wieder auf ihrer Oberfläche. Die Zahl der B-Zellen, die IgG auf der Oberfläche tragen, ist sehr gering.

Ig-Moleküle haben die einzigartige Eigenschaft, sowohl als lösliche Moleküle in Serum und extrazellulären Flüssigkeiten als auch als strukturelle Membranbestandteile vorzuliegen. Im letzteren Fall dienen sie als Antigen-Rezeptoren der B-Zellen. Oberflächen-Ig stellen zweifelsohne echte Membran-Proteine dar: Durch Behandlung mit verschiedenen Salzlösungen kann man sie nicht von der Membran ablösen. Versucht man, Ig mit Hilfe von nicht-ionischen Detergentien in Lösung zu bringen, werden sie unlöslich, sobald man die Detergentien wieder entfernt. Die Oberflächen-Ig-Moleküle sind über ihr C-terminales Ende, welches hydrophobe Aminosäuren enthält, in der Membran verankert. Das Oberflächen-IgM ist daher etwas länger als das sezernierte IgM.

Nach dem Flüssig-Mosaikmodell (*Fluid mosaic model of membrane structure* nach Singer und Nicolson, Science, 175:720) ist zu erwarten, daß Oberflächen-Ig in der Membran der B-Zellen frei schwimmen können. Die Reaktion des Antigens mit Oberflächen-Ig führt zu Veränderungen auf der Zelloberfläche und im Zytoplasma (s. Abb. 5.4).

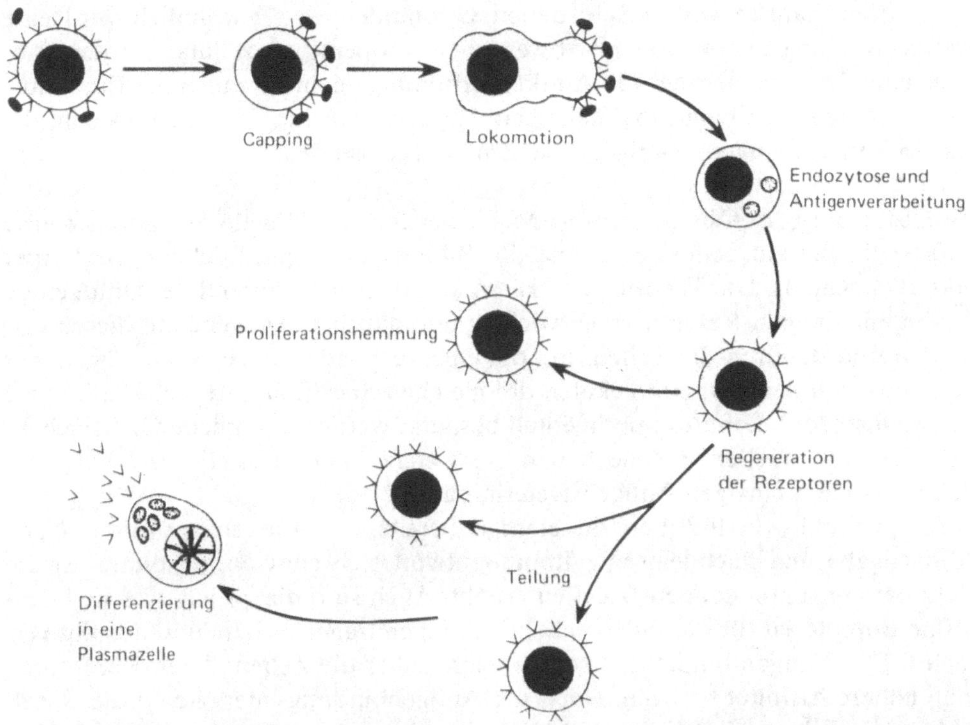

Abbildung 5.4 Reaktion einer B-Zelle mit Antigen. Diese Reaktion führt zuerst zu einem „Capping" und darauf zur Stimulierung der Lokomotion. Nach mehreren Zyklen von „Capping" und Regeneration der Rezeptoren kommt es zur Proliferation. Sehr junge unreife B-Zellen können jedoch nicht proliferieren und werden sogar gehemmt. Bei thymusabhängigen Antigenen setzt die B-Zell-Differenzierung eine Interaktion mit T-Zellen voraus.

In einem ersten Schritt wird Antigen an die Oberflächen-Ig gebunden und bildet so Komplexe verschiedener Größe. Diese Komplexe sind in der Plasmamembran beweglich und vereinigen sich schnell an einem Pol oder Segment der Zelle. Die Zelle scheint ein Hütchen oder eine Kappe zu bekommen. Dieser Vorgang wird im Englischen als *Capping* bezeichnet. Die Bindung an Antigen wird von der Assoziation der Oberflächen-Ig mit Strukturen des Zytoskeletts begleitet. Die Oberflächen-Ig bleiben jetzt auch nach Behandlung mit Detergenzien unlöslich.

Das Capping setzt folgendes voraus: 1. Die Liganden müssen multivalent sein; 2. die Membran muß nach dem Flüssig-Mosaikmodell aufgebaut sein; 3. die Bereitstellung von Energie muß gewährleistet sein; 4. die zytoplasmatischen kontraktilen Elemente müssen funktionsfähig sein. Auf das Capping folgt eine kurze Phase translatorischer Bewegungen. Danach werden die meisten Oberflächenkomplexe von der Zelle durch Endozytose und intrazelluläre Verdauung eliminiert. Die Zelle trägt anschließend keine Ig-Rezeptoren mehr, wird aber nach einigen Stunden neue Rezeptoren exprimieren. Die weiteren Folgen dieser Antigenbindung hängen von verschiedenen Umständen ab. Gewöhnlich wird eine Antigenbindung allein, also in Abwesenheit kooperativer zellulärer Interaktionen, eine Differenzierung zur Antikörperbildung nicht stimulieren. Eine Ausnahme stellen die thymusunabhängigen Antigene dar. In Abbildung 5.4 sind die frühen Veränderungen der B-Zelle schematisch dargestellt.

Antigenbindung an Oberflächen-Ig. M. Burnet hat die klonale Selektionstheorie aufgestellt, die auf zellulärer Ebene die Bildung und Spezifität der Antikörper erklärt (s. Kap. 1). Die Theorie geht davon aus, daß sich während der Ontogenese Zellen mit Antigen-Rezeptoren entwickeln und daß sich Antigene mit diesen verbinden und dadurch die Zellen, die die entsprechenden Rezeptoren tragen, zur Sekretion von Antikörpermolekülen der gleichen Spezifität anregen. Die klonale Selektionstheorie konnte experimentell bestätigt werden. Sämtliche Oberflächen-Ig einer individuellen B-Zelle haben die gleiche Bindungsstelle und reagieren daher mit einer einzigen Antigen-Determinante.

Antigenbindende B-Zellen findet man bereits vor Antigenexposition. Nach Antigengabe und nachdem eine Immunantwort sich entwickeln konnte, ist die Zahl der antigenbindenden B-Zellen erhöht. Auch sind die Zellen, welche hochaffine Rezeptoren für das entsprechende Antigen tragen, relativ und absolut vermehrt. Das Antigen bindet und selektioniert daher die Zellen, deren Rezeptoren eine höhere Affinität besitzen. Nach der Antigenbindung interagieren die B-Zellen gewöhnlich mit T-Zellen und Makrophagen, proliferieren und differenzieren sich in Plasmazellen, die Ig-Moleküle der gleichen Spezifität wie die B-Zellen ausscheiden.

Die Bindung des Antigens an B-Zellen wurde in *autoradiographischen* Untersuchungen bestätigt. Bei diesen Versuchen inkubiert man Lymphozyten mit einem radioaktiv markierten Antigen. Nur die Zellen, welche spezifische Rezeptoren tragen, binden dann das radioaktive Antigen. Nichtgebundenes Antigen wird von den Zellen abgewaschen, die Zellen auf einem Objektträger ausgestrichen und mit einer speziellen fotografischen Emulsion überschichtet. Nach wenigen Tagen werden die Objektträger aufgearbeitet und entwickelt. Diejenigen Zellen, die das radioaktive Antigen gebunden haben, tragen jetzt kleine Silberkörner auf ihrer Oberfläche. Dabei findet man nur wenige Lymphozyten, die ein bestimmtes Antigen binden (ein bis zehn pro 100000). Das entspricht ganz der klonalen Selektionstheorie.

Werden die B-Zellen mit einem proteolytischen Enzym behandelt, so verlieren sie ihre Ig-Rezeptoren und sind nicht mehr in der Lage, Antigen zu binden.

Die Antigenbindung an die B-Zelle ist für die Entwicklung einer Immunantwort unerläßlich. Dies läßt sich überprüfen, indem man entweder die spezifischen antigenbindenden Zellen eliminiert (negative Selektion) oder sie anreichert (positive Selektion). Im ersteren Fall führt die Eliminierung eines Klons antigenbindender Zellen dazu, daß gegen dieses Antigen keine Immunantwort mehr entstehen kann, während gegen andere, nicht verwandte Antigene weiterhin eine

Antwort zustandekommt. Nach positiver Selektion kann nur noch eine Immunantwort gegen das betreffende Antigen stattfinden.

Beispiel für ein negatives Selektionsexperiment. Klone antigenbindender Zellen können nach dem folgenden Experimentalansatz eliminiert werden:

1. Gewinnung von Lymphozyten aus einer Mäusemilz.
2. Herstellung von zwei Säulen mit Dextrankügelchen, von denen an die eine Gruppe BSA (bovines Serum-Albumin) und an die andere BGG (bovines Gamma-Globulin) als Antigen kovalent gebunden ist.
3. Auf jede Säule gibt man die gleiche Zahl Lymphozyten.
4. Die Lymphozyten, die durch die Säule hindurchgehen, werden auf ihre Fähigkeit hin untersucht, auf die beiden Antigene zu antworten (dies gelingt leicht, wenn man die Zellen in bestrahlte Mäuse injiziert, den Mäusen das Antigen verabreicht und anschließend die Antikörperproduktion bestimmt).
5. Ergebnis:

Lymphozyten-Trennung über:	*Antikörper-Antwort gegen:*	
	BSA	BGG
BSA-Säule	−	+
BGG-Säule	+	−

6. Interpretation: Die B-Lymphozyten mit Ig-Rezeptoren für BSA blieben an den BSA-tragenden Kügelchen hängen und wurden in der Säule abgefangen. Die Lymphozyten mit Rezeptoren für BGG wurden in der BSA-Säule nicht abgefangen, sondern liefen durch sie hindurch und konnten daher in Empfängertieren eine Antikörperantwort gegen BGG aufbauen. Entsprechendes gilt für die BGG-Säule, in der die BGG-spezifischen Zellen, aber nicht die BSA-spezifischen Zellen, abgefangen wurden.

Beispiel für ein positives Selektionsexperiment. Diese Experimente sind in der Durchführung komplizierter, da die Anreicherung von Zellen, die ein bestimmtes Antigen binden können, schwieriger ist. Verschiedene, in den letzten Jahren entwickelte Versuchsansätze waren jedoch recht erfolgreich. Ein solcher Versuchsansatz soll hier beschrieben werden:

1. Man konjugiert das Hapten DNP an Gelatine. Der DNP-Gelatine-Komplex wird in Kulturschalen ausgegossen. Die Gelatine erstarrt bei kalten Temperaturen.
2. Auf die DNP-Gelatine gibt man in der Kälte Lymphozyten. Nach einstündiger Inkubation werden die Platten gut gewaschen.
3. Die an die Gelatine gebundenen Zellen werden dann abgelöst (hierzu werden die Schalen auf 37 °C erwärmt, so daß die Gelatine schmilzt; anschließend wird die Gelatine durch Kollagenase-Behandlung entfernt).
4. Man bestimmt die Lymphozyten-Antwort in einem entsprechenden Testsystem.

5. Als Ergebnis findet man, daß nur DNP-spezifische Zellen an die Gelatine gebunden waren und daß deshalb nur Anti-DNP-Antikörper gebildet werden.

Restriktionen in der Expression der Oberflächen-Ig. Die Ig-Expression auf der B-Zelle ist restringiert. Aus der riesigen Auswahl der variablen Gene sucht sich die Zelle für die H- und L-Ketten nur einen V-Gentyp aus. Eine B-Zelle wird daher nur ein bestimmtes Antigen und kein anderes binden. Entsprechend ist die Expression der konstanten H-Ketten-Gene festgelegt. Der Großteil der B-Zellen trägt IgM und IgD, aber keine andere Ig-Klasse auf seiner Oberfläche. Nur sehr wenige B-Zellen tragen IgG. Während der Antigen-Stimulation verändert die B-Zelle die Klasse der konstanten H-Ketten, ohne daß eine Veränderung des variablen Ig-Teils stattfindet (siehe weiter unten). Schließlich weiß man, daß die Zelle die genetische Information der Ig-Gene nur eines einzigen Chromosoms abliest und damit allele Exklusion aufweist (s. Kap. 10).

Ig-Veränderungen während der Ontogenese. Der Entwicklung einer reifen B-Zelle, die IgM und IgD auf ihrer Membran trägt, geht ein kurz anhaltender primitiverer Reifezustand voraus, während dessen die Zelle hauptsächlich IgM besitzt. Hinweise hierfür stammen aus Studien über die B-Zell-Entwicklung während der Ontogenese der Maus. Während des fötalen Lebens und während der ersten Woche nach der Geburt besitzen die B-Zellen zwar IgM, aber keine C3-Rezeptoren und sind äußerst empfindlich gegen Toleranzinduktion. Die Toleranzinduktion kann man am besten in vitro testen, indem man B-Zellen mit einem Proteinantigen kurzzeitig inkubiert. Nach mehreren Tagen wird die Zahl der antikörperbildenden Zellen im Plaque-Test bestimmt. Unter diesen Bedingungen sind B-Zellen aus Neugeborenen nicht in der Lage, eine Immunantwort aufzubauen. Dies ist offensichtlich das Resultat der negativen Wirkung des Antigens während der kurzen Inkubationsperiode.

In der zweiten bis vierten Lebenswoche erscheinen bei der Maus B-Zellen, die beide Isotypen tragen. Außerdem findet man einige Zellen mit C3-Rezeptoren. Funktionell sind diese reifen B-Zellen jetzt gegen Toleranzinduktion resistent. Unreife B-Zellen kommen auch in erwachsenen Mäusen vor, und zwar im Knochenmark. Im Erwachsenenalter stellt das Knochenmark die Quelle neuer B-Zellen dar, die sich über ein unreifes Stadium entwickeln, welches mit dem der neugeborenen Maus vergleichbar ist. Anschließend wandern die B-Zellen in die Lymphorgane, in denen die meisten Lymphozyten die charakteristischen Eigenschaften einer reifen Zelle erwerben.

Die Ausbildung des Erkennungsrepertoires der B-Zelle während des fötalen und Neugeborenen-Daseins wurde bei der Maus am besten untersucht. Die Maus wird mit wenigen B-Zellen geboren und hat dementsprechend eine begrenzte Zahl unterschiedlicher Klone. Es sei noch einmal betont, daß jeder Klon nur für eine einzige antigene Determinante spezifisch ist. Während der ersten zehn Tage des Neugeborenen-Daseins proliferieren die Lymphozyten, insbesondere die B-Zellen. Dabei teilen sich die Zellen etwa alle 24 Stunden. Mit der Zeit werden demnach nicht nur neue B-Zell-Klone entstehen, es wird auch die Zahl der Zellen eines bestimmten Klons größer werden. Interessant ist, daß die verschiedenen Klone nicht zufällig entstehen, sondern nach einem bestimmten Programm. N. Klinman hat festgestellt, daß zum Zeitpunkt der Geburt zahlreiche B-Zellen für die Haptene DNP und TNP (Trinitrophenol) spezifisch sind und nur wenige für das Hapten Fluorescein. Fluorescein-spezifische Zellen sind erst nach einer Woche nachweisbar. Dieses Entwicklungsmuster ist konstant und vom Antigenreiz unabhängig.

Man kann die wichtige Frage aufwerfen, ob das B-Zell-Kompartiment aus distinkten und stabilen Subpopulationen besteht, oder ob sich die verschiedenen B-Zellen in unterschiedlichen Entwicklungs- und Aktivierungsstadien befinden. Für diese Frage sind Untersuchungen mit dem Mäusestamm CBA/N von Relevanz. Dieser Mäusestamm hat einen immunologischen Defekt, und seine B-Zellen sind nicht in der Lage, gegen bestimmte Polysaccharide zu antworten. Den B-Zellen dieser Mäuse fehlen die Oberflächenmarker Lyb3, Lyb5 und Lyb7. Entweder fehlt den CBA/N-Mäusen die Lyb5-B-Zell-Subpopulation, oder aber sie haben einen Defekt in der B-Zell-Reifung. Letztere Annahme würde voraussetzen, daß sich Lyb5-negative B-Zellen in Lyb5-positive B-Zellen entwickeln können.

B-Zell-Veränderungen während der Antigenstimulation. Der kleine ruhende B-Lymphozyt ist dadurch charakterisiert, daß er den größten Teil der synthetisierten Ig auf die Oberfläche transportiert, wo sie die Aufgaben von Rezeptormolekülen wahrnehmen. Nach vierstündiger Markierung mit radioaktivem Leuzin findet man 90% der synthetisierten Ig auf der Oberfläche wieder: Die Halbwertzeit der zellassoziierten Oberflächen-Ig wird mit etwa 20 bis 30 Stunden angegeben. Die B-Zelle gibt auch kleine IgM-Mengen in das Medium ab; das abgegebene Material hat jedoch eine Sedimentationskonstante von 7 bis 8S anstatt 19S wie Serum IgM. Dieses sezernierte IgM stammt wahrscheinlich von membrangebundenem IgM her. Tatsächlich setzen Zellen, deren Oberflächenproteine mit ^{125}J radioaktiv markiert wurden, radioaktive IgM-Monomere frei. Die an der spontanen Freisetzung des IgM beteiligten Mechanismen führen dazu, daß Ig, welche als Membran-Proteine im wäßrigen Milieu unlöslich sind, im Serum löslich werden. Vielleicht ist hierfür eine begrenzte Proteolyse auf der Zelloberfläche verantwortlich.

Zusammen mit bestimmten T-Zell-Signalen führt der Antigenreiz zu drastischen Veränderungen der Physiologie der B-Zelle, nämlich zur Proliferation und zur Differenzierung. Die Differenzierung läßt sich an folgenden Veränderungen ablesen:

1. Entwicklung des endoplasmatischen Retikulums;
2. gesteigerte Ig-Biosynthese;
3. hohe Ig-Sekretionsrate;

4. Veränderung der Ig-Klasse, welche die Zelle sezerniert;
5. hohe Umsetzungsrate der Oberflächen-IgM.

Diese Veränderungen finden nicht nur in Plasmazellen, sondern auch in großen Lymphozyten statt, die sich aus kleinen B-Zellen entwickelt haben. Die Umsetzungsrate der Oberflächen-Ig ändert sich dramatisch. Mit etwa zwei bis vier Stunden beträgt die Halbwertszeit etwa ein Zehntel derjeniger ruhender Zellen. Das von einer stimulierten B-Zelle bzw. ihren Nachkommen sezernierte Ig gehört jetzt zur 19S-IgM- oder einer anderen Ig-Klasse. Das sezernierte IgM kann man nicht mehr mit Hilfe von radioaktivem Iod auf der Zellmembran nachweisen. Das deutet darauf hin, daß die Ig-Sekretion vom intrazellulären Transport zur Membran unabhängig ist.

Wie weiter oben ausgeführt, gehört der Hauptteil der Oberflächen-Ig-Rezeptoren zur IgM- und IgD-Klasse. Nach der Differenzierung wird jedoch IgG oder Ig einer anderen Klasse sezerniert. Daraus kann man schließen, daß die antigenspezifischen Erkennungsstrukturen, für die die Zelle vorprogrammiert ist, während der Differenzierung erhalten bleiben, obwohl gleichzeitig grundlegende Strukturveränderungen stattfinden. Eine Zelle, die monomere 7S-IgM auf ihrer Oberfläche trug, sezerniert später lösliche 19S-IgM oder IgG oder IgA. Diese Veränderungen in der H-Ketten-Expression setzen voraus, daß in den Genen, die die verschiedenen H-Ketten kodieren, eine Umschaltung stattfindet, während sich der ursprüngliche Ablesevorgang der H-Gene, die den variablen Teil derselben Polypeptid-Kette kodieren, nicht ändert (s. Kap. 10).

Zahlreiche Beobachtungen deuten auf eine Gen-Umschaltung. 1964 untersuchten Pierce und Mitarbeiter in vitro die Immunantwort von Mäusemilzzellen gegen fremde Erythrozyten in Gegenwart eines Überschusses verschiedener Anti-Ig-Antikörper. Die Antikröper reagierten mit den B-Zellen und bedeckten und/oder entfernten die Oberflächen-Ig und verhinderten so eine Wechselwirkung zwischen Zellen und Antigen. Diese Versuche ergaben, daß die zugegebenen Anti-IgM-Antikörper nicht nur die Bildung von Antikörpern der IgM-, sondern auch der IgG- und IgA-Klasse verhindern. Man kann daraus schließen, daß die IgG- und IgA-sezernierenden Plasmazellen von IgM-tragenden Vorläuferzellen abstammen. In anderen Experimenten fand man, daß Anti-IgM-Antikörper die IgG-Produktion *immuner* Tiere (d.h. in einer Milzzellsuspension eines Tieres, das kurz zuvor immunisiert worden war) nicht so gut verhindern kann. Daraus kann man folgern, daß einige der Vorläufer-B-Zellen (nämlich die, welche ein immunologisches Gedächtnis besitzen) IgG-Rezeptoren tragen müssen. Diese Beobachtung wurde jetzt in einem anderen System bestätigt, in dem B-Zellen aus Mäusemilzen durch Lipopolysaccharide so zur Differenzierung stimuliert wurden, daß sie IgM- oder IgG-Antikörper sezernierten. Es war bekannt, daß der Kontakt mit Anti-Ig-Antikörpern die B-Zellen dazu bringen kann, diesen Differenzierungsprozeß zu unterbrechen. Dies geschieht über Wege, die wir noch nicht kennen. Man weiß aber, daß Anti-μ-Ketten-Antikörper den Differenzierungsschritt zur IgM- wie auch zur IgG-Sekretion verhindern.

Zytologische Untersuchungen erbrachten weitere Indizien für eine Umschaltung der Ig-Klasse. Man fand nämlich, daß Plasmazellen im Zytoplasma IgG enthalten, obwohl sie auf ihrer Membran IgM exprimieren.

Die Bedeutung der Oberflächen-Ig für die Interaktion der Zelle mit dem Antigen und die Bedeutung der beiden wichtigsten Oberflächen-Isotypen wurden genau untersucht. Nach der einen Lehrmeinung kommt dem Membran-Ig nur eine passive Rolle zu, nämlich die der Antigen-Fokussierung. Andere Autoren vertreten dagegen die Meinung, daß den Ig die viel wichtigere Rolle eines Signalgebers für Veränderungen im Zellstoffwechsel zukommt. Mit Hilfe von T-Zellen soll das Antigen-Signal die Proliferation und Differenzierung der B-Zellen einleiten. Hierfür sprechen auch Untersuchungen, in denen gezeigt werden konnte, daß Antigene oder Antikörper, die mit Oberflächen-Ig reagieren (allein, ohne die Kooperation anderer Zellen), zu einschneidenden Veränderungen führen, wie z. B. Ca^{2+}-Efflux, Stimulation der Beweglichkeit der B-Zelle oder Regulation der DNA-Synthese (s. Abb. 5.4).

Plasmazellen. Plasmazellen stammen von B-Zellen ab. Sie teilen sich nicht, sezernieren aber aktiv Ig-Moleküle, die im endoplasmatischen Retikulum synthetisiert werden. Im Unterschied zu B-Lymphozyten tragen Plasmazellen nur wenige Ig-Moleküle auf ihrer Membran. Es sei nochmals daran erinnert, daß sich 80 bis 90% der Ig einer B-Zelle auf der Membran befinden, wo sie als Antigen-Rezeptoren wirken; die Plasmazelle sezerniert dagegen mehr als 90% der gebildeten Ig-Moleküle. Plasmazellen sezernieren Antikörpermoleküle von identischer chemischer Struktur, die die gleiche Antigen-Spezifität und in der Regel auch das gleiche Fc-Stück besitzen. Die Zahl der Plasmazellen im Lymphgewebe steigt während der Sekundärantwort deutlich an, während normalerweise im Blut keine Plasmazellen nachzuweisen sind. Es kann vorkommen, daß Patienten mit Ig-Mangel keine Plasmazellen bilden (s. Kap. 15). In Kap. 3 wurde schon besprochen, daß das multiple Myelom einen Plasmazelltumor darstellt, der mit Hilfe einer Serum-Ig-Untersuchung diagnostiziert werden kann. Das normale Serum-Ig stellt sich im elektrophoretischen Feld heterogen dar und wird als eine breite Protein-Bande identifiziert. Beim multiplen Myelom stammen alle Plasmazellen des Myeloms von einer einzelnen malignen Zelle ab. Sie produzieren daher einen homogenen Antikörper, der im elektrophoretischen Feld als scharfer Gipfel imponiert.

T-Lymphozyten

Die T-Zellen stellen die zweite Hauptklasse der Lymphozyten. T-Lymphozyten werden für eine optimale Immunantwort benötigt, da sie an zahlreichen immunologischen Vorgängen beteiligt sind. Dementsprechend haben T-Zellen funktionsspezifische Namen erhalten:

1. *T-Zellen fungieren als regulatorische Zellen und modulieren die Aktivität von B-Zellen oder anderen T-Zellen.* Die regulatorische Funktion der T-Zelle kann sich auf zwei Arten äußern: positiv oder negativ. Helfer-T-Zellen sind Zellen, die nach Interaktion mit dem Antigen anderen Lymphozyten zur optimalen Antwort verhelfen. Suppressor-T-Zellen können dagegen, wie ihr Name sagt, eine gegebene Immunfunktion supprimieren (s. Kap. 8 und 9).
2. *T-Zellen sind an Reaktionen der zellulären Immunität beteiligt.* Hierzu gehören die verzögerte Allergie, die Kontakt-Allergie und die Resistenz gegen Infektionen mit fakultativ intrazellulären Bakterien und mit Viren. Bei diesen Reaktionen bilden T-Zellen verschiedene Moleküle, die eine Entzündung direkt hervorrufen und andere inflammatorische Zellen, besonders Makrophagen, aktivieren können. Derartige Moleküle werden Lymphozyten-Mediatoren oder Lymphokine genannt (s. Kap. 7).
3. *T-Zellen sind die wichtigsten an der Transplantationsimmunität beteiligten Zellen.* Sie sind an der Abstoßung von Allotransplantaten und an der „graft-versus-host"-Reaktion beteiligt. Hierbei reagieren immunkompetente T-Zellen gegen Zellen oder Gewebebestandteile, die fremde Histokompatibilitäts-Antigene tragen (s. Kap. 6).
4. *T-Zellen können zytotoxisch wirken,* d. h. sie haben die Fähigkeit, andere Zellen abzutöten. Dieses Phänomen tritt bei der Immunantwort gegen Tumoren am deutlichsten zutage. Der Name zytotoxische T-Zellen ist synonym mit zytolytischen T-Zellen (s. Kap. 7 und 11).

Es ist eine wichtige Frage, ob die verschiedenen T-Zell-Funktionen von einer einzelnen T-Zell-Population mit verschiedenen Fähigkeiten ausgeübt werden oder ob jeweils eine einzelne Gruppe oder Subpopulation von T-Zellen verantwortlich ist. Wir wissen heute, daß es drei *stabile* T-Zell-Subpopulationen gibt: *T-Helferzellen,* die von einigen Autoren auch als Induktor-T-Zellen bezeichnet werden, regulieren die Funktion von B-Zellen und anderen T-Zellen; *zytolytische T-Zellen* sind in der Lage, Zielzellen abzutöten; *Suppressor-T-Zellen* können eine Immunantwort unterdrücken.

Mit Hilfe von Antiseren gegen Alloantigene auf T-Zellen war es möglich, T-Zell-Subpopulationen zu identifizieren, die verschiedene Funktionen erfüllen. Die entsprechenden Untersuchungen wurden wieder bei der Maus durchgeführt. Die wesentlichen Informationen stammen aus Untersuchungen über die Ly-Antigene. Dieses bereits erwähnte Antigen-System der Maus ist exklusiv auf T-Lymphozyten nachzuweisen. Es sei kurz daran erinnert, daß das Ly-System drei Loci umfaßt, nämlich Ly 1, Ly 2 und Ly 3. Die Ly 2- und Ly 3-Loci sind sehr eng miteinander verbunden und werden wohl gemeinsam exprimiert. Jeder Ly-Locus kommt in zwei allelen Formen vor. Verwendet man entsprechende Mäusestämme und Antikörper gegen Ly 1 oder Ly 2,3 und Komplement, dann kann man die T-Zellen des entsprechenden Ly-Typs abtöten.

Drei T-Zellsubpopulationen sind bekannt: T-Zellen, welche Ly 1- und Ly 2,3-Antigene tragen (sog. Ly 1^+, Ly 2^+-T-Zellen), T-Zellen, welche Ly 1-, aber keine Ly 2,3-Antigene tragen (sog. Ly 1^+, Ly 2^--T-Zellen) und T-Zellen, welche Ly 2,3- und (in sehr geringer Dichte) auch etwas Ly 1-Antigene tragen. Da die letztgenannte Population durch Behandlung mit anti-Ly 1-Antikörpern und Komplement gewöhnlich nicht abgetötet wird, kann sie operationell als Ly 1^-, Ly 2^+ bezeichnet werden.

Die unreifen Thymozyten des Thymuskortex, welche das TL-Antigen tragen, besitzen die Ly 1- und Ly 2,3-Antigene. Dies trifft für die reifen T-Zellen der Lymphgewebe oder des rezirkulierenden Pools nicht zu. Hier gilt folgende Verteilung:

Ly 1^+, Ly $2{,}3^+$ = 50%
Ly 1^+, Ly $2{,}3^-$ = 33%
Ly 1^-, Ly $2{,}3^+$ = 17%

Alle zur Zeit verfügbaren Daten deuten daraufhin, daß der Ly 1^+-, Ly $2{,}3^-$- oder der Ly 1^-, Ly $2{,}3^+$-Phänotyp der reifen T-Zelle stabil ist; d.h. eine Zelle des einen Typs kann nicht von einer Zelle des anderen Typs abstammen. Das bedeutet, daß jede Zelle einer speziellen Differenzierungslinie angehört und nicht das Zwischenstadium einer anderen Differenzierungslinie darstellt.

Das heute vertretene Differenzierungsmodell stellt sich folgendermaßen dar:

Thymozyt		*Reife T-Zelle*
Ly 1^+, Ly $2{,}3^+$	→	Ly 1^+, Ly $2{,}3^+$
		↓
		Ly 1^+, Ly $2{,}3^-$
		Ly 1^-, Ly $2{,}3^+$

Tötet man T-Zellen einer Subpopulation mit den entsprechenden Anti-Ly-Antiseren und Komplement ab, so kann man bestimmen, ob eine gegebene T-Zell-Funktion von einer bestimmten T-Zell-Subpopulation ausgeübt wird. Tatsächlich hat man festgestellt, daß gewisse T-Zell-Funktionen mit T-Zellen eines bestimmten Ly-Phänotyps korreliert werden können, nämlich:

Helfer-T-Zellen: Ly 1^+, Ly $2{,}3^-$
Suppressor-T-Zellen: Ly 1^-, Ly $2{,}3^+$
Zytotoxische T-Zellen: Ly 1^-, Ly $2{,}3^+$

Auch im Humansystem wurden Differenzierungsantigene stabiler T-Zell-Subpopulationen ausgemacht. Mit Hilfe monoklonaler Antikörper konnten zwei Hauptpopulationen, die im Blut und den sekundären lymphatischen Organen vorkommen, identifiziert werden. T4-positive T-Zellen sind Helfer-T-Zellen, während T8-positive T-Lymphozyten Suppressor-T-Zellen und/oder zytolytische T-Zellen sind. Das Verhältnis von T4/T8-Zellen im Blut beträgt etwa 2. Die $T4^+$- und $T8^+$-Subpopulationen sind stabil. In der Maus wurde in der Zwischenzeit ein weiteres Differenzierungsantigen identifiziert, welches für Helfer-T-Zellen exklusiv ist. Dieses Antigen wird L3T4 genannt. Wahrscheinlich sind das

Tabelle 5.2 Differenzierungsantigene reifer T-Zellen

	Maus			Mensch	
	Ly 1	L3T4	Ly 2	T4	T8
Helfer-T-Zellen	+	+	−	+	−
Suppressor-T-Zellen	−	−	+	−	+
Zytolytische T-Zellen	−	−	+	−	+

L3T4(Maus)- und T4(Mensch)-Molekül an der Antigenerkennung durch Helfer-T-Zellen und das Ly2 (Maus)- und T8(Mensch)-Molekül an der Antigenerkennung durch zytotoxische T-Lymphozyten beteiligt. In Tabelle 5.2 ist das Gesagte noch einmal zusammengefaßt.

Antigen-Rezeptoren auf T-Lymphozyten. Auf T-Lymphozyten kann man Oberflächen-Immunglobuline nicht nachweisen. Das Vorkommen von Oberflächen-Ig kann daher als Unterscheidungsmerkmal von B- und T-Zellen herangezogen werden. In letzter Zeit konnten auf T-Zellen Strukturen mit Rezeptorfunktion identifiziert werden. Es gelang, gegen antigen-spezifische Helfer-T-Zellen bzw. zytolytische T-Zellen monoklonale Antikörper (s. Kap. 4) zu entwickeln, die die spezifische Interaktion zwischen T-Zellen und antigen-präsentierenden Zellen blockieren (s. Kap. 8). Man geht davon aus, daß diese monoklonalen Antikörper mit dem T-Zell-Rezeptor reagieren, da die Hemmung antigenspezifisch ist. Wenn man z. B. Antikörper gegen T-Zell-Klone produziert, die spezifisch für Ovalbumin sind, dann wirken diese Antikörper lediglich auf die zur Immunisierung benutzten ovalbumin-spezifischen T-Zell-Klone und lassen die Aktivität anderer T-Zell-Klone unberührt. (In Kap. 7 werden wir uns näher mit der Herstellung von T-Zell-Klonen auseinandersetzen). Diese Antikörper werden im allgemeinen als klonotypische Antikörper bezeichnet. Die Oberflächenproteine, mit denen diese Antikörper reagieren, bestehen aus zwei verschiedenen Ketten mit einer Molekülmasse von 45 000 und 42 000 Dalton, welche über Disulfid-Brücken miteinander verbunden sind. Man geht davon aus, daß diese Dimere den T-Zellrezeptor darstellen. Eine Beteiligung anderer Proteine am Rezeptor ist im Augenblick nicht auszuschließen.

In der Literatur findet man auch Hinweise dafür, daß die Antigenbindungsstelle des T-Zell-Rezeptors eine idiotypische Determinante trägt, welche identisch oder ähnlich mit der der variablen schweren Kette des Ig ist. (Im Kap. 3 haben wir bereits festgestellt, daß Idiotypen Antigendeterminanten in der Antigenbindungsstelle der Antikörpermoleküle darstellen). In vorläufigen Experimenten wurde gefunden, daß T- und B-Zellen, die gegen dasselbe Antigen gerichtet sind, ähnliche Idiotypen besitzen. Zuerst nahm man an, daß der T-Zell-Rezeptor die Immunglobuline-Gene benutze. In der Zwischenzeit wissen wir jedoch, daß dies nicht der Fall ist, da die V-Gene für den T-Zell-Rezeptor und die für Antikörper nicht identisch sind (s. Kap. 10).

Wie bereits erwähnt, muß der T-Zell-Rezeptor sein Antigen in Assoziation mit körpereigenen Strukturen erkennen, welche vom Haupt-Histokompatibilitäts-Komplex kodiert werden. Sowohl das Antigen als auch diese Selbststrukturen werden auf der Oberfläche von antigen-präsentierenden Zellen dargeboten (s. Kap. 6, 7 und 8). Während Helfer-T-Zellen Antigene in Assoziation mit Klasse-II-Molekülen (= Ia-Molekülen) erkennen, reagieren zytolytische T-Zellen mit Antigen in Assoziation mit Klasse-I-Glycoproteinen. Einige Suppressor-T-Zellen können auch direkt mit Antigen reagieren.

Eine zweite Serie von Befunden betrifft die Beobachtung, daß Moleküle, die von T-Zellen abstammen, Antigene binden können. Diese antigenspezifischen Faktoren mit einer Molekülmasse von 40000 bis 50000 Dalton haben drei Eigenschaften:

1. *T-Zell-Faktoren binden spezifisch Antigen,* d.h., von den T-Zellen eines Tieres, das mit einem bestimmten Antigen immunisiert wurde, kann man ein T-Zell-Produkt gewinnen, welches spezifisch mit diesem Antigen reagiert. Den Grad der Antigen-Spezifität hat man noch nicht genau bestimmt. Kürzlich publizierte Befunde deuten aber darauf hin, daß diese Moleküle den gleichen Idiotyp tragen wie die Antikörper gegen das gleiche Antigen.
2. *T-Zell-Faktoren tragen Determinanten, die von Genen des Haupt-Histokompatibilitäts-Komplexes (MHC) kodiert werden.* Das heißt, Antikörper gegen Gen-Produkte der I-Region des MHC binden die Faktoren. Dies bedeutet, daß diese Faktoren und Gen-Produkte der I-Region gemeinsame Determinanten tragen müssen (s. Kap. 6).
3. *T-Zell-Faktoren vermitteln regulatorische Funktionen.* Einige verstärken die Helferfunktion von T-Zellen, während andere die Suppressorfunktion verstärken. Suppressor- und Helferfaktoren kann man aufgrund der vom MHC kodierten Antigenbestandteile differenzieren. Helferfaktoren reagieren mit Anti-I-A-Antiseren und Suppressorfaktoren mit Anti-I-J-Antiseren. Die homologen Antigene werden vom Haupt-Histokompatibilitäts-Komplex der Maus kodiert (s. Kap. 7).

Die *antigenspezifischen Faktoren* wurden von einigen Autoren als T-Zell-Rezeptoren für das Antigen interpretiert. Ihre genaue biologische Rolle in vivo konnte jedoch noch nicht festgelegt werden. Immerhin deuten In-vitro-Effekte darauf hin, daß sie an physiologischen Prozessen beteiligt sind. Suppressorfaktoren, über die am meisten bekannt ist, bestehen aus zwei Peptiden, die durch Disulfid-Brücken miteinander verbunden sind. Die eine Kette hat eine Molekülmasse von ca. 40000 Dalton und scheint die Antigenreaktivität zu vermitteln. Die zweite Kette hat eine Molekülmasse von ca. 20000 Dalton und trägt die I-J-reaktive Determinante.

T-Lymphozyten-Marker. Humanes System. Die monoklonalen Antikörper gegen T4 und T8 unterscheiden zwei menschliche T-Zell-Subpopulationen. Helfer-T-Zellen sind $T4^{+}$, zytolytische und Suppressor-T-Zellen $T8^{+}$. Das Verhältnis von $T4^{+}$ zu $T8^{+}$ T-Zellen im Blut normaler Individuen beträgt etwa 2. Mit Hilfe anderer monoklonaler Antikörper kann man alle im peripheren Blut zirkulierenden T-Zellen identifizieren; die entsprechenden Antigene werden T3 und T12 genannt.

Menschliche T-Lymphozyten kann man mit dem *E-Rosetten-Test* identifizieren (E = Schaferythrozyt). Menschliche T-Zellen binden auf nichtimmunologische Weise Schaferythrozyten (aber nicht Erythrozyten anderer Spezies). Nach Inkubation menschlicher T-Zellen mit Schaferythrozyten kommt es zur Bindung der Erythrozyten an der Lymphozyten-Oberfläche. Der Anteil der Erythrozyten bindenden T-Zellen beträgt gewöhnlich etwa 60% bis 70% der peripheren Blutlymphozyten.

Mäuse-System. Mäuse-T-Zellen können über verschiedene Alloantigene identifiziert werden. Das Thy 1- (oder Θ-) Antigen ist eines der am besten untersuchten Antigene. Behandlung von Mäuse-T-Zellen mit geeigneten Anti-Θ-Antikörpern in Gegenwart von Komplement führt zur Lyse der meisten T-Zellen und damit zu Funktionsverlust. Behandlung mit Anti-Θ-Serum und Komplement wird durchgeführt, wenn man klären möchte, welche immunologischen Funktionen von T-Zellen ausgeübt werden. (NB: Das Thy 1-Antigen ist allen T-Zellen gemeinsam, das Ly-System beschreibt Subpopulationen von T-Zellen!) Die antigen-induzierte Aktivierung von T-Lymphozyten wird in den Kapiteln 6, 7 und 8 genauer beschrieben.

Antigen-spezifische T-Zell-Klone. In den letzten Jahren wurden Technologien entwickelt, die es erlauben, T-Zellen aus immunisierten Tieren über einen langen Zeitraum hinweg in vitro zu kultivieren. In vitro gehaltene T-Zell-Linien behalten ihre biologische Funktion und Antigen-Spezifität bei. Weiterhin gelang es, in vitro kultivierte T-Zellen zu klonieren. Da die Zellen von einer einzigen Mutterzelle abstammen, sind sie völlig identisch und stellen einen Klon dar. Ermöglicht wurde die Langzeitkultur von T-Zell-Linien und T-Zell-Klonen durch die Beobachtung, daß T-Zellen zum Wachstum bestimmte biologische Faktoren benötigen, welche von anderen T-Zellen gebildet werden. Der wichtigste Faktor ist das bereits besprochene IL-2.

Man kann diese T-Zellfaktoren leicht in großen Mengen gewinnen, indem man Milzzellen mit Mitogenen (z. B. Con A) inkubiert. Con-A-aktivierte T-Zellen produzieren innerhalb von ein bis zwei Tagen große Mengen Faktoren. Nach entsprechender Reinigung können die angereicherten T-Zellfaktoren zu den Kulturen gegeben werden. In Gegenwart von homologem Antigen und antigen-präsentierenden Zellen sowie den genannten biologischen Faktoren vermehren sich T-Zellen auch in vitro sehr gut. Man kann daher, von einer einzigen T-Zelle ausgehend, wieder große Mengen von Tochterzellen (Klone) heranziehen.

Die Etablierung antigen-spezifischer T-Zell-Klone gibt die Möglichkeit, die biologischen Funktionen einer homogenen T-Zell-Population zu analysieren. Damit wird es erstmals möglich, das biologische Funktionsspektrum der einzelnen T-Zell-Typen zu ermitteln.

In der Literatur wurden bereits T-Zell-Klone mit folgenden biologischen Funktionen beschrieben:

zytotoxische T-Zell-Klone;
Helfer-T-Zell-Klone;
Suppressor-T-Zell-Klone;
auf antigenen Reiz hin proliferativ antwortende T-Zell-Klone;
Lymphokine produzierende T-Zell-Klone.

Mitogenantwort von T- und B-Zellen

Zahlreiche Substanzen – Pflanzenproteine oder bakterielle Produkte – besitzen die Fähigkeit, mit Zellen des Immunsystems zu reagieren und sie auf verschiedene Weise zu einer Mitose zu stimulieren. Diese Mitogene, die für Untersuchungen über die Biochemie der Zellstimulation sehr nützlich sind, besitzen die folgenden allgemeinen Charakteristika:

1. Mitogene binden sich gewöhnlich an mehrere Lymphozyten-Klassen, obwohl nur einige Klassen antworten.
2. Mitogene sind polyklonal, d.h. sie stimulieren eine beträchtliche Zahl, wenn nicht sogar die meisten Zellen einer Lymphozyten-Klasse.

Tabelle 5.3 DNA-Synthese bei B- und T-Zellen von Mäusen nach Con-A- und LPS-Stimulierung

Zellen	Mitogen	Einbau des tritiummarkierten Thymidins (Meßwerte pro Minute)
Milzzellen	nichts	1200
Milzzellen	Con A	120500
Milzzellen	LPS	35000
Isolierte T-Zellen	Con A	115000
Isolierte T-Zellen	LPS	1700
Isolierte B-Zellen	Con A	2300
Isolierte B-Zellen	LPS	43000

Die Zellen wurden in Anwesenheit der Mitogene über drei Tage inkubiert; zwölf Stunden vor Inkubationsende wurde 1 µC ^{3}H-markiertes Thymidin zugegeben. Nach drei Tagen wurde der Radioaktivitäts-Einbau in die DNA der Zellen bestimmt. Con A stimuliert lediglich die T-Zellen, während LPS nur die B-Zellen stimuliert.

Die am häufigsten verwendeten Mitogene sind Pflanzenlektine. Dies sind Proteine, die aus verschiedenen Samen extrahiert werden und für bestimmte Kohlenhydratstrukturen spezifisch sind. Meistens verwendet man Phytohämagglutinin (PHA) und Concanavalin A (Con A). In Kurzzeitkulturen (d.h. in Kulturen von drei bis vier Tagen) regen PHA und Con A T-Zellen zur Proliferation an. Einige B-Zellen (zumindest beim Menschen) proliferieren in Langzeitkulturen (Kulturen von mehr als fünf Tagen Dauer). Für die Maus sind PHA und Con A selektive T-Zell-Mitogene (s. Kap. 4 zur Technik der Lymphozytentransformation). Bakterielle Produkte, wie die Lipopolysaccharide (LPS) gramnegativer Bakterien, regen nur B-Zellen zur Proliferation und Differenzierung an (s. Tab. 5.3).

Gibt es mehr als zwei Lymphozyten-Klassen?

Die meisten Lymphozyten tragen die Oberflächen-Marker der T- bzw. B-Zellen. Es gibt jedoch eine kleine Zahl von Lymphozyten, die weder T- noch B-Zell-Marker tragen. Diese Zellen bekamen verschiedene Namen; von einigen Autoren wird der Begriff Nullzellen verwendet. Zu den Nullzellen gehören wahrscheinlich verschiedene Zelltypen, die sich möglicherweise in einem bestimmten Differenzierungsstadium befinden. In Tabelle 5.4 sind die drei Hauptlymphozyten-Klassen im menschlichen Blut gegenübergestellt.

Zu den *Null-Zellen* gehören die sogenannten *K-* und/oder *NK-Zellen.* K steht hierbei für *Killer* und NK für *Natural-Killer.* Der Einfachheit halber wollen wir die Gesamtheit dieser Zellen als NK-Zellen bezeichnen. Diese Zellen sind normalerweise etwas größer als T- oder B-Lymphozyten und besitzen ein oder meh-

Tabelle 5.4 Die wichtigsten Lymphozyten-Klassen des Menschen im Blut

	B-Zellen	Null-Zellen	T-Zellen
Anteil	5-10%	5-10%	ca. 80-90%
Vorkommen von IgM und IgD auf der Zellmembran	+	–	–
Vorkommen von IgG auf der Zellmembran	(sehr wenig)	+	–
Rosetten-Bildung mit Erythrozyten	–	–	+
Bindung von monomerem IgG	–	+	–
Bindung von polymerem Ig	+	+ + +	±
Stabilität der Oberflächen-Ig	stabil	labil	–
Reexpression von Oberflächen-Ig	Reexpression von IgM und IgD	keine Reexpression von IgG	–

rere auffällige zytoplasmatische Granula sowie einen nierenförmigen Kern. NK-Zellen haben Fc-Rezeptoren für IgG und binden Partikel oder Zellen, die IgG Antikörper auf ihrer Oberfläche tragen. NK-Zellen können antikörper-tragende kernhaltige Zellen abtöten, und an diesem Prozeß sind wahrscheinlich u.a. reaktive Sauerstoffmetaboliten beteiligt. Dieses Phänomen wird auch als antikörpervermittelte zelluläre Zytotoxizität bezeichnet. NK-Zellen können aber auch einige Tumorzellen oder virus-infizierte Zellen in Abwesenheit von Antikörpern abtöten. Der hierzu benötigte Rezeptor wurde noch nicht identifiziert. Da NK-Zellen Fc-Rezeptoren tragen, können sie natürlich auch zirkulierende IgG binden und daher leicht mit B-Zellen verwechselt werden. Im Gegensatz zu B-Lymphozyten können NK-Zellen jedoch nicht IgM und IgD synthetisieren und verlieren während der In-vitro-Kultur gebundenes IgG.

NK-Zellen konnten bis jetzt noch nicht sicher eingeordnet werden. Bei Mensch und Maus tragen NK-Zellen in geringer Konzentration sowohl T-zell- als auch makrophagen-typische Antigene auf der Oberfläche. Ihre Verwandtschaft zu T-Lymphozyten und Makrophagen ist jedoch nicht geklärt. NK-Zellen findet man auch in thymuslosen Mäusen. Ihre Bildung wird durch Interferon stimuliert und durch Prostaglandine der E-Klasse gehemmt. In letzter Zeit hat sich für diese Zellen der Name *Large Granular Lymphocytes* (große granuläre Lymphozyten) eingebürgert.

Das mononukleär-phagozytäre System

Zellen des mononukleär-phagozytären Systems findet man im ganzen Körper, u.a. im Blut, Knochenmark, Leber, Lymphgewebe, Bindegewebe, Nervengewebe und serösen Höhlen. Sie üben wichtige Aufgaben bei der Abwehr aus, da sie in der Lage sind, Mikroorganismen aus Blut und Gewebe zu entfernen. Phagozyten besitzen die Fähigkeit zur Phagozytose und Pinozytose vieler Antigene und sind daher an frühen, einleitenden Immunprozessen beteiligt. Mononukleäre Phagozyten reagieren auch auf externe Stimuli, die von aktivierten Lymphozyten und/oder Mikroorganismen ausgehen und nehmen an Reaktionen der zellulären Immunität teil.

Elias Metchnikoff prägte 1892 den Namen „Makrophage", da diese Zellen in der Lage sind, große Partikel aufzunehmen. 1924 führte Aschoff den Namen *retikuloendotheliales System* ein. Unter diesem Begriff faßt man Zellen verschiedener Arten zusammen, die in der Lage sind, Vitalfarbstoffe aufzunehmen. Heute wird der Begriff mononukleär-phagozytäres System (MPS) bevorzugt. Die mononukleären Phagozyten gehören zu einer Zell-Linie, deren Mitglieder von einer in Teilung begriffenen Vorläuferzelle im Knochenmark abstammen, heranreifen, ein bis zwei Tage in der Zirkulation verbringen und schließlich in verschiedene Gewebe einwandern. In Abhängigkeit von ihrer Gewebeverteilung und/oder ihrem Reifungsgrad erhielten mononukleäre Phagozyten verschiedene Namen.

Tabelle 5.5 Klassifizierung des mononukleär-phagozytären Systems

Zelltyp	Vorkommen
Stammzelle	Knochenmark
Monoblast	Knochenmark
Promonozyt	Knochenmark
Monozyt	Knochenmark, peripheres Blut
Makrophage	Verschiedene Gewebe: Bindegewebe (Histiozyten), Leber (Kupffer-Zellen), Lunge (Alveolar-Makrophagen), Lymphknoten (freie und sessile Makrophagen), Knochenmark (Makrophagen), Seröse Höhlen (Pleura- und Peritoneal-Makrophagen), Knochen (Osteoklasten?), Nervensystem (Mikroglia-Zellen)

Herkunft und Reifung. Die frühesten erkennbaren Vorläufer sind die Promonozyten, die in großer Zahl im Knochenmark vorkommen. Promonozyten sind Zellen, die sich rasch teilen und daher empfindlich gegen Bestrahlung sind. Promonozyten gelangen in das Blut und reifen dort zu Monozyten heran, die etwa 24 bis 48 Stunden zirkulieren. Anschließend wandern sie in verschiedene Gewebe ein, wo sie zu Makrophagen heranreifen. Makrophagen sind Zellen, die zahlreiche Lysosomen und endozytotische Vesikel besitzen und gut phagozytieren können. Monozyten und Makrophagen teilen sich unregelmäßig und sind resistent gegen radioaktive Bestrahlung. Welche Einflüsse die Makrophagenwanderung in Gewebe hinein bzw. wieder heraus steuern, ist weitgehend unbekannt.

Der reife Makrophage läßt sich vom Lymphozyten morphologisch unterscheiden. Makrophagen sind größer als Lymphozyten (etwa 15 bis 20 μm Durchmesser), besitzen reichlich Zytoplasma und einen relativ kleinen eingekerbten Kern. Das Zytoplasma enthält Pinozytose-Vesikel und Lysosomen. In den Lysosomen befinden sich zahlreiche hydrolytische Enzyme.

Interaktionen mit Antigen. Mononukleäre Phagozyten besitzen die Fähigkeit, zahlreiche partikuläre Materialien zu binden und aufzunehmen (Phagozytose). Auch viele lösliche Moleküle werden recht gut aufgenommen (Pinozytose). Gewöhnlich verbessert ein hoher Polymerisations- oder Aggregationszustand eines löslichen Moleküls die Aufnahme. Makrophagen binden z. B. monomere Albumin-Moleküle sehr schlecht, unabhängig davon, ob sie autolog oder fremd sind. Sie binden aber die gleichen Moleküle sehr gut, wenn sie polymerisiert sind. Die biochemischen Grundlagen der Interaktion von Makrophagen mit partikulären oder löslichen Molekülen sind nur teilweise bekannt.

Phagozyten können bestimmte Kohlenhydratreste von Glycoproteinen binden, z. B. Mannose, N-Acetylglucosamin und Fucose. Mannose wird über einen spezifischen Rezeptor gebunden. Unabhängig vom Ausmaß, mit dem ein partikuläres oder lösliches Material sich an den Makrophagen bindet, nimmt die Bindung um ein Vielfaches zu, wenn das fragliche Material mit Antikörpern und Komplement beladen ist. Dies kommt daher, daß die Phagozyten mindestens zwei verschiedene Oberflächen-Rezeptoren tragen, nämlich den Fc-Rezeptor und den C3-Rezeptor.

Der *Fc-Rezeptor* bindet spezifisch die H-Ketten der IgG-, aber nicht die anderer Ig-Klassen. Unter den menschlichen IgG-Subklassen bindet der Makrophage IgG1 und IgG3 sehr gut, schwach auch noch IgG2, aber IgG4 überhaupt nicht. Der physikalische Zustand des Ig ist für die Bildung eines stabilen Komplexes mit dem Fc-Rezeptor wichtig. In seinem normalen monomeren Zustand wird Serum-Ig zwar an den Fc-Rezeptor gebunden, aber auch sehr rasch wieder abgelöst. Liegt der Antikörper dagegen zusammen mit dem Antigen als Immunkomplex vor, dann ist die Bindung des Antikörpers an den Fc-Rezeptor des Makrophagen viel stabiler. Dies ist wahrscheinlich auf eine Kooperation zwischen den einzelnen Bindungsstellen zurückzuführen. In neueren Untersuchungen konnte gezeigt werden, daß Makrophagen auf ihrer Oberfläche zwei verschiedene Fc-Rezeptoren exprimieren. Diese zwei Rezeptoren unterscheiden sich in ihrer Bindungsspezifität, in ihrer Sensitivität gegenüber Trypsin und in ihrer Reaktivität gegen monoklonale Antikörper, die gegen die Rezeptoren gerichtet sind. Im Mäusesystem wurden die meisten Studien unternommen. Ein Fc-Rezeptor (als FcRI bezeichnet) bindet IgG2a und ist trypsin-resistent. Der andere Rezeptor (FcRII) bindet IgG1 und IgG2b, ist trypsin-sensitiv und reagiert mit dem monoklonalen Antikörper 2.4.G2. Beide Rezeptoren sind integrale Membranproteine mit einer Molekülmasse von 67000 (FcRI) und 50000–60000 Dalton (FcRII).

Der *C3-Rezeptor* erkennt C3 erst nach Spaltung durch die C3-Konvertase, d.h. er erkennt das C3b-Protein (s. Kap. 12). Wir können heute drei C3-Rezeptoren unterscheiden, die als *CR1-*, *CR2-* und *CR3-Rezeptoren* bezeichnet werden. CR1 hat eine Molekülmasse von 205000 Dalton und bindet in erster Linie C3b. Man findet CR1 auf Monozyten, Makrophagen, B-Zellen, Neutrophilen und glomerulären Epithelzellen. CR2 hat eine Molekülmasse von 148000 Dalton und reagiert mit C3d. CR2 findet man auf B-Zellen. CR3 ist ein dimeres Molekül, welches aus einer Kette mit einer Molekülmasse von 175000 Dalton und einer mit einer Molekülmasse von 95000 Dalton besteht und in erster Linie C3b bindet. CR3 findet man auf Monozyten, Makrophagen und Neutrophilen.

Das Vorhandensein von Fc- und C3-Rezeptoren testet man, indem man Indikatorpartikel, wie rote Blutkörperchen oder Bakterien, die mit Antikörpern und Komplement beladen sind, auf einen Makrophagenrasen gibt und die Bindung mikroskopisch verfolgt.

Endozytose. Nach Bindung an die Membran umschließt der Makrophage das Antigen in einem energieabhängigen Prozeß in Vesikeln. In Tabelle 5.6 sind verschiedene Experimentalansätze dargestellt, die Hinweise auf die Spezifität der Bindungsstellen geben sollen. In Gruppe 2 binden Makrophagen Erythrozyten, welche vorher mit IgG-Antikörpern opsonisiert wurden. Diese Bindung kann man durch polymerisiertes Albumin im Überschuß nicht hemmen (Gruppe 3).

Tabelle 5.6 Bindung roter Blutkörperchen an Makrophagen-Rasen bei Raumtemperatur

Behandlung der roten Blutkörperchen	Kulturmedium und Zusätze	Grad der Bindung
1. Keine Behandlung	Normalmedium	(±)
2. Behandlung mit spezifischen IgG-Antikörpern	Normalmedium	+ +
3. Behandlung mit spezifischen IgG-Antikörpern	Aggregiertes Pferdeserum-Albumin im Überschuß	+ +
4. Behandlung mit spezifischen IgG-Antikörpern	Aggregiertes IgG im Überschuß	±
5. Behandlung mit spezifischen IgM-Antikörpern	Normalmedium	±
6. Behandlung mit spezifischen IgM-Antikörpern und Komplement	Normalmedium	+ + + +
7. Behandlung mit spezifischen IgM-Antikörpern und Komplement	Frisches Serum	+ + +
8. Behandlung mit spezifischen IgM-Antikörpern und Komplement	C3b im Überschuß	±

Die verschiedenen Experimentalansätze sollen einen Hinweis auf die Spezifität der Bindungsstellen geben

Aggregiertes IgG ist dagegen in der Lage, die Bindung zu hemmen; dies deutet die spezifische Interaktion zwischen Fc-Rezeptoren und IgG an (Gruppe 4). Erythrozyten, die vorher mit IgM opsonisiert wurden, werden schlecht gebunden (Gruppe 5). Zugabe von frischem Serum, welches C3 enthält, ermöglicht jedoch jetzt die Bindung an Makrophagen (Gruppe 6). Die Bindung kann durch C3b, aber nicht durch natives C3 kompetitiv gehemmt werden (Gruppe 7 und 8).

Endozytotische (phagozytäre) Vesikel sind Invaginationen der Membran, die sich von dieser abtrennen und dann in das Zytoplasma wandern. Es existieren Hinweise dafür, daß der Endozytose-Prozeß von der Integrität der zytoplasmatischen Mikrofilamente abhängt. Mikrotubuli bestimmen vielleicht auch mit die Flußrichtung der Endozytose-Vesikel zum perinukleären Gebiet hin. In diesem Gebiet findet man reichlich Lysosomen. Die Endozytose-Vesikel fusionieren mit den Primär-Lysosomen und bilden auf diese Weise ein sogenanntes Phagolysosom. Der lysosomale Inhalt kann sich in die phagozytäre Vakuole ergießen und auf die aufgenommenen Teilchen (Bakterien etc.) einwirken, ohne daß lysosomale Inhaltsstoffe in das Zytoplasma überlaufen und eine Autophagie der Zelle in Gang setzen.

In den Lysosomen findet man verschiedene Enzyme mit Spezifität für Proteine, Kohlenhydrate, Lipide und Nucleinsäure, wie z. B. saure Phosphatase, β-Glucuronidase, Glucosaminidase, β-Galactosidase, saure Ribonuclease, saure Desoxyribonuclease, Cholesterolesterase u. a. Durch die große Vielfalt der Enzyme ist die intrazelluläre Verdauung sehr effizient. Radioaktiv markiertes

Protein, das von einem Makrophagen aufgenommen wurde, wird z.B. mit exponentieller Rate rasch abgebaut, so daß bereits nach wenigen Stunden der Großteil des Proteins zu Aminosäuren abgebaut ist. Unverdauliche Restbestandteile können dagegen lange Zeit in den Phagolysosomen verbleiben.

Die Vorgänge bei der Keimabtötung durch Makrophagen sind noch nicht restlos aufgeklärt. Viele Bakterien werden nach der Aufnahme rasch abgetötet, während andere am Leben bleiben und sich in den phagozytären Vakuolen vermehren. Dies sind die sogenannten fakultativ intrazellulären Bakterien (s. Kap. 6). Die fakultativ intrazellulären Bakterien werden erst abgetötet oder am Wachstum gehemmt, nachdem der Makrophage durch zelluläre Immunreaktionen aktiviert worden ist. Die Bakterienabtötung scheint in keinem Zusammenhang mit den Enzymen der Lysosomen zu stehen. Die lysosomalen Enzyme übernehmen vielmehr die Aufgabe, die toten Organismen zu eliminieren.

Zur Zeit besteht an der mikrobiziden Wirkung der Produkte des oxidativen Metabolismus ein großes Interesse. Bei neutrophilen Granulozyten fand Klebanoff, daß H_2O_2, welches die Zelle nach der Phagozytose bildet, in Gegenwart von Myeloperoxidase und Halogen Bakterien halogeniert. Die Verbindung von Iod oder Chlor mit der Zellwand zerstört die Mikroorganismen über noch ungeklärte Mechanismen. Was die Makrophagen betrifft, so weiß man, daß die Phagozytose zu einer Zunahme des Sauerstoffverbrauchs und der Glucoseoxidation über den „Hexose-monophosphat-Weg" führt (hierbei wird Glucose zu CO_2 und einem C5-Zucker metabolisiert). In aktivierten Makrophagen sind diese Vorgänge deutlich gesteigert. Makrophagen besitzen keine Myeloperoxidase (Monozyten besitzen sie), enthalten aber Katalase, die sehr gut die Myeloperoxidase ersetzen kann. Entscheidend für die H_2O_2-Bildung ist das Superoxid-Anion (O_2^-), welches ein hochreaktives freies Radikal mit mikrobizider Wirkung darstellt. O_2^- wird von einem Enzym gebildet, das die Reduktion des O_2 zu O_2^- mit einem Pyridinnucleotid als Elektronen-Donor katalysiert (einige Autoren nehmen an, als Elektronendonor fungiere NADPH, andere, es handele sich um NADH).

Die Reaktionsschritte sind:

$$(1)\ O_2 + O_2 + NADPH \rightarrow 2O_2^- + NADP^+ + H^+$$
$$(2)\ O_2^- + O_2^- + 2H^+ \rightarrow O_2 + H_2O_2$$

Reaktionsschritt (2) wird durch Superoxiddismutase katalysiert, wodurch die Zelle vor dem entstandenen O_2^- geschützt wird. Nach der Phagozytose und besonders nach Aktivierung zeigen Makrophagen eine erhöhte O_2^--Produktion. Ob O_2^-, H_2O_2 bzw. andere freie Radikale für die mikrobizide Wirkung der Makrophagen allein verantwortlich sind, ist noch nicht bekannt.

Sekretorische Funktion der Phagozyten. Neben Pinozytose, Phagozytose und intrazellulärer Verdauung zeigen Phagozyten auch aktive Sekretion. Unter bestimmten Umständen können Phagozyten eine große Zahl von Substanzen synthetisieren und sezernieren. Diese lassen sich in drei Gruppen aufteilen:

1. *Enzyme, die auf extrazelluläre Proteine wirken.* Hierzu gehören:
   a) *Plasminogen-Aktivatoren:* Es wurden Moleküle mit einer Molekülmasse von 28000 Dalton und solche mit einer Molekülmasse von 48000 Dalton identifiziert. Plasminogen-Aktivatoren sind Serin-Proteasen, die Plasminogen zu Plasmin umwandeln. Plasmin ist an der Fibrinolyse beteiligt. Die sezernierten Plasminogen-Aktivatoren stellen daher zusammen mit dem Plasminogen aus dem Blut ein fibrinolytisches System dar.
   b) *Kollagenase und Elastase:* Diese zwei Enzyme sind in der Lage, Kollagen bzw. Bindegewebe abzubauen.
   c) *Lysosomale Proteasen:* Verschiedene Hydrolasen, wie die saure Phosphatase und die β-Glucuronidase, können ebenfalls nach außen abgegeben werden.
2. *Produkte, die an Abwehrmechanismen beteiligt sind.* Hierzu gehören:
   a) *Lysozym:* Lysozym ist ein Produkt mit einer Molekülmasse von 14000 Dalton, das auf das Peptidoglycan der Bakterien-Zellwände einwirkt (es hydrolysiert spezifisch die $1 \rightarrow 4$-glycosidische Bindung zwischen N-Acetylmuraminsäure und N-Acetylglucosamin).
   b) *Komplement:* Die Komplementfaktoren C1, C2, C3, C4 und C5 werden von mononukleären Phagozyten synthetisiert und sezerniert.
   c) *Interferon:* Interferone sind Proteine mit antiviralen Eigenschaften (s. Kap. 7). Das von Makrophagen freigesetzte Interferon hat eine Molekülmasse von etwa 45000 Dalton.
   d) *Endogenes Pyrogen (Interleukin 1).*
3. *Faktoren, die in der Lage sind, die Funktion anderer Zellen zu modulieren;* die meisten dieser Faktoren sind biochemisch nicht charakterisiert. Hierzu gehören:
   a) *Interleukin 1 (IL-1):* IL-1 ist ein Protein mit einer Molekülmasse von etwa 15000 Dalton, welches von Makrophagen nach Interaktion mit Immunkomplexen, bestimmten bakteriellen Produkten oder T-Zellen sezerniert wird. IL-1 kann zahlreiche biologische Effekte induzieren: Es ist in der Lage, die Thymozytenproliferation zu stimulieren, und es kann in reifen T-Zellen in Gegenwart anderer Stimulatoren die Produktion von Wachstumsfaktoren induzieren. Weiterhin kann es auch B-Zellen aktivieren (s. Kap. 8). Während einer Infektion stimuliert IL-1 Leberzellen, verschiedene Proteine zu sezernieren. Hierzu gehören Haptoglobin, C-reaktives Protein und die Komplementkomponente C3. Schließlich ist IL-1 auch der endogene Fiebermediator (endogenes Pyrogen). Interessanterweise sind T-Zellen bei 39 °C aktiver als bei 37 °C. Man kann daher Fieber als eine Sofortantwort gegen Antigen ansehen, welche die T-Zellreaktion unterstützt.
   b) *Differenzierungsfördernde Faktoren:* Makrophagenkulturüberstände enthalten ein Protein, das für die In-vitro-Differenzierung von Knochenmarkstammzellen zu Granulozyten benötigt wird (kolonie-stimulierender Faktor). Ein zweiter Faktor führt zur Differenzierung unreifer Thymozyten. Ob

eine Beziehung zwischen beiden Faktoren besteht, ist nicht bekannt. Makrophagen produzieren weiterhin Wachstumsfaktoren für Fibroblasten, Endothelzellen und glatte Muskelzellen.

c) *Zytotoxine:* Einige Wissenschaftler behaupten, daß Makrophagen unter bestimmten Umständen Substanzen sezernieren, die Tumorzellen abtöten können. Diese Substanzen sind schlecht charakterisiert.

d) *Produkte mit niedriger Molekülmasse:* Eine große Zahl kleiner Metabolite wird von Makrophagen freigesetzt. Hierzu gehören *cyclo*-AMP, Prostaglandine und Purin- und Pyrimidin-Nucleoside. Phagozyten sind die Hauptproduzenten der Arachidonsäure-Metabolite, zu denen die verschiedenen Prostaglandine und die Leukotriene gehören (s. Kap. 14).

Bedingungen, die zu gesteigerter Sekretion führen. Die meisten der oben genannten Substanzen werden kurz nach ihrer Synthese von der Zelle freigesetzt. Hierzu gehören die Plasminogen-Aktivatoren, Kollagenase, Elastase und Lysozym und endogenes Pyrogen. Dagegen sind die lysosomalen Proteasen für die intrazelluläre Verdauung zuständig, obwohl ein Teil von ihnen während der Phagozytose freigesetzt wird (etwa 10% bis 30%), wenn Primärlysosomen mit endozytotischen Vesikeln fusionieren, die noch nicht völlig geschlossen und nach außen hin noch offen sind.

Die Sekretionsbedingungen variieren in Abhängigkeit vom physiologischen Zustand der mononukleären Phagozyten:

1. *Einige Substanzen werden unabhängig vom funktionellen Zustand der Zelle kontinuierlich freigesetzt:* Beispiel: Lysozym.
2. *Andere Substanzen werden erst nach Phagozytose freigesetzt.* Der Phagozytose-Vorgang dient als Reiz für die Zelle, bestimmte Substanzen zu synthetisieren und freizusetzen. Beispiele: Plasminogen-Aktivatoren, Kollagenase, Elastase, endogenes Pyrogen.
3. *Die Freisetzung anderer Faktoren hängt vom Aktivierungszustand der Phagozyten ab.* Makrophagen können sehr stark aktiviert sein (z. B. bei verschiedenen Infektionen). Die aktivierten Makrophagen können dann sehr rasch dazu gebracht werden, große Mengen verschiedener Substanzen zu sezernieren.

Bedeutung der sekretorischen Leistung. Die sekretorische Leistung erlaubt den Makrophagen, bei Entzündungen und Gewebereaktionen regulatorisch einzugreifen. Ähnliches gilt für Infektionen, vielleicht auch für die Kontrolle der Hämopoese und für entscheidende Schritte der Immunantwort. Die Freisetzung von Enzymen, von denen einige einen starken Einfluß auf Bindegewebeproteine ausüben, könnte eine wichtige Rolle bei der Entzündungsreaktion spielen, besonders, was die Säuberung eines Entzündungsherdes betrifft.

Die Annahme liegt nahe, daß ein mononukleärer Phagozyt, der sich an der Gewebereinigung beteiligt, auch bei der Eliminierung unerwünschter Proteine durch Sekretion verschiedener proteolytischer Enzyme mitwirkt. Dies ließe sich gut mit der Beobachtung vereinbaren, daß Phagozyten bei verschiedenen Vorgängen der Kollagen-Resorption eine entscheidende Rolle spielen. Phagozyten finden sich in reichlicher Zahl post partum im Uterus, also zu einer Zeit starker Kollagen-Resorption, und in Granulomen. In vielen Fällen konnten Hinweise auf eine Phagozytose der Kollagenfasern gewonnen werden.

Die Bedeutung der sekretorischen Vorgänge für die Abwehrleistung liegt auf der Hand. Phagozyten sezernieren Komplement, Interferon, Pyrogen und Faktoren, die auf einige Bakterien lytisch wirken. Gleichzeitig werden Substanzen sezerniert, die Lymphozyten stimulieren. Wie von einer Zelle zu erwarten, die entwicklungsgeschichtlich der spezifischen Immunität vorangeht, übernimmt der mononukleäre Phagozyt bei der Abwehr eine vielschichtige Rolle.

Funktion der mononukleären Phagozyten bei der Immunantwort. Bei der Immunantwort spielen mononukleäre Phagozyten an zwei Stellen eine wichtige Rolle:

1. *Immuninduktion:* Mononukleäre Phagozyten konzentrieren und fangen Antigen ab. Der größte Teil des Antigens wird abgebaut, ein geringer Teil wird jedoch den Lymphozyten präsentiert. Mononukleäre Phagoyzten dienen daher als antigenverarbeitende und -präsentierende Zellen bei B-Zell-T-Zell-Interaktionen (s. Kap. 8).
2. *Zellvermittelte Immunität:* Mononukleäre Phagozyten reagieren auf Lymphozyten-Produkte und reichern sich am Ort einer Entzündungsreaktion an. Sie stellen die Hauptkomponente der Entzündung bei einer zellulären Immunreaktion dar. (Mononukleäre Phagozyten sind auch eine wichtige Komponente chronischer Entzündungsreaktionen, bei denen immunologische Prozesse keine Rolle spielen) (s. Kap. 6).

Induktive Vorgänge, an denen Antigen und Makrophagen beteiligt sind. Die zellulären Interaktionen zwischen Makrophagen, B-Zellen und T-Zellen werden im Kapitel 8 genauer besprochen. Einige Aktionen, an denen Makrophagen beteiligt sind, sollen bereits an dieser Stelle erläutert werden. Eine Immunantwort entwickelt sich dann am besten, wenn das Antigen in Lymphorganen durch mononukleäre Phagozyten konzentriert wird. Es ist bekannt, daß Antigene, die von Phagozyten sehr schlecht aufgenommen werden, d. h. die aufgrund ihrer physikochemischen Eigenschaften nicht konzentriert werden können, nur eine schwache Immunantwort induzieren. B- und T-Lymphozyten antworten dann am besten, wenn sie mit Antigen und mononukleären Phagozyten in enger Wechselbeziehung stehen. Dieses Phänomen läßt sich am Beispiel der Immunantwort gegen verschiedene physikalische Zustandsformen eines Protein-Antigens verdeutlichen. Einige Proteine können sowohl in aggregierter (oder polymerisierter) als auch in nichtaggregierter (oder monomerer) Form verabreicht werden. Polymere zirkulieren wenig und werden rasch von Makrophagen aufgenommen. Monomere bleiben lange in der Zirkulation und werden schwach an Phagozyten gebunden. Hierzu zwei Experimente:

Experiment Nr. 1. Man immunisiert ein Kaninchen intravenös mit bovinem Serum-Albumin (BSA). BSA-Präparate bestehen aus nichtaggregiertem monomeren Albumin und aus einem variablen Anteil polymerisierten Albumins von verschiedener Größe. Die Polymere und Monomere können leicht isoliert und ihre Immunogenität untersucht werden.

	Antigen		
	Anreicherung in lymphat. Organen	Verweildauer im Blut	Immunogenität
Polymeres BSA	+ + + +	kurz	hoch
Monomeres BSA	±	lang	niedrig

Das Experiment zeigt, das das polymerisierte BSA im Gegensatz zum monomeren BSA hochimmunogen ist. Injiziert man eine Mischung von polymerem und monomerem BSA, so stellt man fest, daß das monomere im Blut mit einer Halbwertszeit von ungefähr vier Tagen zirkuliert und daß das polymere rasch von Makrophagen aufgenommen wird. Die Kaninchen reagieren nach sieben bis zehn Tagen mit Anti-BSA-Antikörpern. Entnimmt man dem Kaninchen ein oder zwei Tage nach der BSA-Injektion Blut (also bevor Antikörper im Blut erscheinen), dann kann man die zirkulierenden monomeren BSA-Moleküle reinigen und zur Immunisierung eines zweiten Kaninchens verwenden. Im zweiten Kaninchen wird keine Anti-BSA-Antwort entstehen. Wenn man dagegen Makrophagen, die polymeres BSA aufgenommen hatten, isoliert und auf ein normales Tier überträgt, dann entwickelt dieses eine starke Immunantwort gegen das makrophagen-assoziierte BSA. Dieser Teil des Experiments, nämlich der Makrophagentransfer, wurde nicht im Kaninchen, sondern in Inzuchtmäusen durchgeführt, bei denen eine Zelltransplantation nicht zu einer Abstoßungsreaktion führt. Die Experimente zeigen, daß der Weg des Antigens über Makrophagen (Aufnahme und Präsentation) die Immunantwort am effektivsten stimuliert.

Experiment Nr. 2. Das beschriebene Experiment läßt sich auch in vitro durchführen. Hierzu mischt man Makrophagen, die das Antigen bereits aufgenommen haben, mit T- und B-Lymphozyten und hält die Mischung vier bis fünf Tage lang in Kultur. Anschließend wird die Zahl der antikörperbildenden Zellen in der Kultur titriert. Zum Beispiel (s. S. 112):

Die Kultur, die Lymphozyten und Antigen, aber keine Makrophagen enthält, weist eine geringe Menge antikörperbildender Zellen auf. Die Lymphozyten ant-

Kultur		Antikörperbildende Zellen am fünften Tag
Nr. 1:	10^7 Lymphozyten, kein Antigen	40
Nr. 2:	10^7 Lymphozyten, 0,1 μg lösliches Antigen	260
Nr. 3:	10^7 Lymphozyten, 0,01 μg lösliches Antigen	75
Nr. 4:	10^7 Lymphozyten, 0,1 μg Antigen an 10^5 Makrophagen gebunden	3950
Nr. 5:	10^7 Lymphozyten, 0,01 μg Antigen an 10^4 Makrophagen gebunden	1875
Nr. 6:	0,1 μg Antigen an 10^5 Makrophagen gebunden	0

worten zwar auf lösliches Antigen, die Antwort auf *makrophagen*-assoziiertes Antigen ist jedoch sehr viel stärker.

Zusammengefaßt besteht eines der frühesten Ereignisse der Immunantwort darin, daß Antigen in lymphatischen Organen von Makrophagen aufgenommen wird. Die Makrophagen nehmen besonders dann eine große Antigen-Menge auf, wenn das Antigen aus großen Polymeren besteht oder wenn das Antigen mit Antikörper und Komplement beladen ist. Die Bedeutung der Makrophagen besteht nicht nur darin, einen Großteil der Antigenmoleküle zu zerstören, sondern besonders auch darin, einen geringen Anteil der Antigenmoleküle den T-Lymphozyten in immunogener Form zu präsentieren. T-Lymphozyten reagieren am besten auf makrophagen-assoziiertes Antigen (s. Kap. 8). Ist ein Überschuß an löslichem Antigen vorhanden, so ist die Lymphozytenantwort gegen das Antigen schwach (Experiment Nr. 1). Außerdem sezernieren Makrophagen Produkte, die die Lymphozyten zu einer besseren Antwort stimulieren. Die Funktion der Makrophagen setzt sich daher aus den folgenden drei Unterfunktionen zusammen:

1. Entfernung von überschüssigem Antigen;
2. Antigenpräsentation;
3. Sekretion stimulierender Moleküle.

Andere akzessorische Zellen

Bis jetzt wurden zwei Zellen beschrieben, die an der Verarbeitung von Antigen beteiligt sind, nämlich die mononukleären Phagozyten und die follikulären dendritischen Zellen. Es gibt noch eine dritte Gruppe von Zellen, die an der Induktion einer Immunantwort beteiligt sind: Die *Langerhans-Zellen* und die *dendritischen Zellen*. Langerhans-Zellen findet man in den Epidermalschichten der Haut.

Sie stammen von Stammzellen im Knochenmark ab und wandern in die Epidermis, wo man sie vereinzelt zwischen Keratinozyten findet. Langerhans-Zellen besitzen Fc- und C3-Rezeptoren. Sie können Antigene binden und exprimieren auf ihrer Oberfläche in hoher Dichte Ia-Antigene. Langerhans-Zellen sind in der Lage, Antigen, das in die Haut gelangte, zu binden und es dann über das afferente Lymphsystem in den tiefen Cortex der Lymphknoten zu transportieren. In Milz und Lympknoten findet man die dendritischen Zellen, die gewisse Ähnlichkeit mit Langerhans-Zellen besitzen. Beide Zelltypen sind auch in vitro in der Lage, bestimmte Antigene T-Zellen adäquat zu präsentieren und in der gemischten Lymphozytenreaktion als Stimulatoren zu fungieren (s. Kap. 6).

Effektorzellen

Leukozyten und Bindegewebezellen können sich als Effektorzellen an einer immunologischen Reaktion beteiligen. Hierzu gehören auch die Granulozyten und die Mastzellen. Alle drei Granulozytenarten können beteiligt sein: *Neutrophile* an Reaktionen, die durch Antigen-Antikörper-Komplement-Komplexe vermittelt werden, und *Eosinophile* und *Basophile* an Reaktionen, an denen IgE-Antikörper beteiligt sind. Eine Bindegewebezelle, die an IgE-vermittelten Reaktionen entscheidend beteiligt ist, ist die *Mastzelle*. Eine Behandlung dieser Zelltypen geht über den Rahmen dieses Buches hinaus, es sollen jedoch einige Bemerkungen über diese Zellen im Zusammenhang mit ihrer Rolle in der Immunität folgen:

Neutrophile Granulozyten stellen etwa 60% bis 70% aller weißen Blutkörperchen im menschlichen Blut. Sie sind eine wichtige Zellkomponente a) der akuten nichtinfektiösen Entzündung, b) der durch pyogene Bakterien verursachten Entzündung und c) bei Reaktionen, an denen Antigen-Antikörper-Komplexe beteiligt sind. Neutrophile sind in der Lage, sich an Endothelzellen anzuheften und aus der Blutbahn in Läsionen einzuwandern. Neutrophile werden durch chemotaktische Faktoren an den Ort der Entzündung gelockt. Neutrophile können ein Konzentrationsgefälle erkennen und sich entsprechend dem Gradienten orientieren. Dieser Vorgang wurde in vitro mit Hilfe von *Boyden-Kammern* untersucht. Diese bestehen aus zwei Abteilungen, welche durch ein Filter getrennt sind. Die Zellen werden in den oberen Teil, der chemotaktische Faktor in den unteren Teil der Kammer eingefüllt. Die Neutrophilen wandern dann in das Filter hinein. Die in das Filter eingewanderten Zellen kommen an der Unterseite hervor und lassen sich nach Färbung zählen.

Zu den chemotaktischen Faktoren gehören sowohl Faktoren des Wirts als auch bakterielle Produkte. Die wirksamsten Wirtsfaktoren sind *chemotaktische Peptide*, die nach Spaltung der Komplementkomponenten C3 und C5 entstehen. Eine proteolytische Spaltung dieser zwei Proteine findet nicht nur nach Aktivierung des Komplementsystems statt, sondern auch unter dem Einfluß von Gewebeproteasen und Proteasen, die vom Gerinnungssystem abstammen (Thrombin). Die Neutrophilen selbst setzen einen Faktor frei, der wiederum auf andere Neutrophile chemotaktisch wirkt. Ein anderer chemotaktischer Faktor ist das *Leukotrien B_4* (s. Kap. 14). Die *bakteriellen chemotaktischen Faktoren* können von verschiedenen Mikroorganismen herstammen. Der molekulare Wirkungsmechanismus der chemotaktischen Faktoren wird zur Zeit untersucht. Alles deutet darauf hin, daß der Angriffspunkt der bakteriellen Faktoren von dem der Komplementpeptide verschieden ist. Als gemeinsame Struktur bakterieller chemotaktischer Faktoren wurde eine Aminosäurensequenz identifiziert, die folgendermaßen lautet: Formyl-, Methionin-, Leucin-, Phenylalanin. Neutrophile haben Oberflächenrezeptoren für diese Sequenz und antworten chemotaktisch auf synthetische Polypeptide mit dieser Sequenz.

Die Interaktion zwischen Neutrophilen und Mikroorganismen ist in gewisser Hinsicht dem vergleichbar, was über die Makrophagen gesagt wurde. Neutrophile tragen Rezeptoren für das Fc-Fragment des IgG und für C3b. Dadurch können sie opsonisierte Bakterien aufnehmen. Neutrophile töten Bakterien wahrscheinlich über oxidative Mechanismen ab, wie sie im Kapitel über Makrophagen beschrieben wurden. Neutrophile besitzen primär azurophile Granula, die reich an Myeloperoxidase sind. Zusammen mit H_2O_2, welches bei der Phagozytose gebildet wird, und mit Halogenen bildet dieses System das halogenierende System, das von Klebanoff beschrieben wurde. Andere Moleküle sind ebenfalls an der Bakterienabtötung beteiligt, so z. B. sogenannte kationische Proteine und Lactoferrin. Neutrophile spielen bei der akuten bakteriellen Entzündung eine entscheidende Rolle. Die Zellen werden wahrscheinlich von Komplementfaktoren und bakteriellen Produkten dazu gebracht, in Entzündungsgebiete einzuwandern und die opsonisierten Mikroorganismen aufzunehmen. Neutrophile partizipieren jedoch auch an pathologischen Gewebeveränderungen, an denen Antigen-Antikörper-Komplement-Komplexe beteiligt sind. Im Kap. 14 werden diese Fragen erörtert.

Eosinophile Granulozyten findet man im Blut nur in kleiner Zahl, etwa 1% bis 5%. Ihre Zahl steigt bei allergischen Reaktionen an. Die Zellen kommen häufig in allergischen Entzündungsherden vor, in die sie vielleicht von einem Tetrapeptid mit chemotaktischer Wirkung angelockt werden. Ein solches Tetrapeptid wurde aus Gewebe, in dem anaphylaktische Reaktionen stattfinden, isoliert. Zahlreiche Eosinophile findet man auch bei Infektionen durch Parasiten. Man nimmt an, daß sie dabei wichtige Funktionen übernehmen, die man aber noch nicht genau kennt. Es gibt einige Hinweise dafür, daß chemotaktische Faktoren, die als Resultat einer immunologischen Reaktion entstehen, zur Anreicherung Eosinophiler am Ort einer parasitären Infektion führen.

Eosinophile sind in der Lage, bestimmte Parasiten zu binden und sie anschließend abzutöten. Dieser Effekt wurde besonders am Modell der *Schistosoma*-Infektion studiert. Bei einer *Schistosoma*-Infektion kommt es zur Ablagerung der Würmer in der Pfortader und den Mesenterialvenen. Die Würmer produzieren

Eier, welche anschließend in der Leber und anderen Organen abgelagert werden und dort heftige Entzündungsreaktionen auslösen. Eosinophile Granulozyten binden sich an die Larven in Gegenwart von Antikörpern und degranulieren. Hierbei setzen sie hochbasische Proteine frei, die für die Parasiten letal sind.

Basophile Granulozyten und Mastzellen enthalten Granula mit vasoaktiven Aminen und spielen eine große Rolle bei der Wirkung von Antikörpern der IgE-Klasse (s. Kap. 14). Von ihrer Abstammung und Morphologie her sind diese Zellen verschieden. Basophile sind zirkulierende Blutzellen; sie stellen polymorphonukleäre Granulozyten dar, die im Knochenmark gebildet werden und in der Lage sind, in Entzündungsherde einzuwandern. Mastzellen sind mononukleäre Bindegewebezellen, die man im Blut nicht findet.

6 Histokompatibilität

Sämtliche Säugetierarten besitzen einen Genabschnitt, der Glycoproteine auf der Zelloberfläche kodiert, welche an der Antigenerkennung durch T-Lymphozyten beteiligt sind. Dieser Genabschnitt wird als *Haupt-Histokompatibilitäts-Komplex* bezeichnet; der englische Ausdruck lautet *Major Histocompatibility Complex* (MHC). Die vom MHC kodierten Moleküle werden als *Histokompatibilitäts-Moleküle* bezeichnet. Der MHC enthält mehrere genetische Loci, die für zwei verschiedene Arten Histokompatibilitäts-Moleküle verantwortlich sind und als Klasse-I- und Klasse-II-Moleküle bezeichnet werden. Die Klasse-I- und -II-Moleküle unterscheiden sich funktionell, strukturell und in ihrer antigenen Wirkung beträchtlich. Die meisten T-Lymphozyten erkennen Antigen nicht direkt; vielmehr erkennen sie Antigen auf der Oberfläche einer entsprechenden Zielzelle. Diese sogenannte *antigen-präsentierende Zelle* muß in der Lage sein, der T-Zelle mindestens zwei Strukturen zu präsentieren; nämlich zum einen das Nominalantigen (oder ein Fragment desselben) und eines der beiden Histokompatibilitäts-Moleküle. Hierbei ist von besonderer Bedeutung, daß die Klasse des Histokompatibilitäts-Moleküls den Typ der T-Zell-Population, welche stimuliert wird, bestimmt. *Klasse-I-Moleküle* sind für die Interaktion zwischen zytolytischen T-Lymphozyten und ihren Zielzellen zuständig und *Klasse-II-Moleküle* für die Interaktion zwischen Helfer-T-Zellen und antigen-präsentierenden Zellen. Da Helfer-T-Zellen an sämtlichen Immunreaktionen entscheidend beteiligt sind, müssen Klasse-II-Moleküle als essentielle Elemente der Immunantwort gegen sämtliche Proteinantigene angesehen werden.

Ein wesentliches Charakteristikum der MHC-Moleküle ist ihr außergewöhnlicher Grad an *Polymorphismus*. Für jeden Locus des MHC existieren zahlreiche allele Varianten (normalerweise 20 bis 40 verschiedene Formen). Das Besondere an der Interaktion zwischen T-Lymphozyten und den Histokompatibilitäts-Molekülen tragenden Zellen ist, daß sämtliche T-Zellen eines Individuums mit den identischen Klasse-I- oder Klasse-II-Molekülen auf den eigenen Zellen interagieren. Dies bedeutet, daß T-Zellen ein fremdes Antigen auf der Oberfläche einer antigen-präsentierenden Zelle von einem anderen Individuum derselben Spezies, welches ein anderes Histokompatibilitäts-Allel trägt, nicht erkennen. Dieser Vorgang wird als *MHC-Restriktion* bezeichnet; die MHC-Glycoproteine legen also der Antigenerkennung durch T-Lymphozyten eine Restriktion auf.

Die T-Zellen eines Individuums, welche Fremdantigen erkennen sollen, müssen demnach gleichzeitig die körpereigenen Moleküle der Klasse I oder der Klasse II als *selbst* erkennen. Die Experimente, welche zu dieser Aussage geführt haben, werden ausführlich in Kapitel 7 und 8 besprochen. Hier wollen wir aber bereits feststellen, daß für die Untersuchungen zur MHC-Restriktion T-Zellen und antigen-präsentierende Zellen von Inzuchtmäusen verwendet werden, die sich lediglich im Bereich des MHC unterscheiden. Die Helfer-T-Zellen einer bestimmten Inzuchtmaus werden daher z.B. das Protein Diphtherie-Toxin nur dann als fremdes Antigen erkennen, wenn dieses von Makrophagen desselben Mäusestamms präsentiert wird, aber nicht, wenn es von Makrophagen eines anderen Mäusestamms präsentiert wird. Die T-Zellen erkennen also nur dann das Diphtherie-Toxin, wenn es zusammen mit den eigenen Klasse-II-Molekülen präsentiert wird.

Die Funktionen der MHC-Gen-Produkte werden in vier verschiedenen Kapiteln ausführlich besprochen. Dieses Kapitel handelt von der Genetik und der Biochemie der MHC-Moleküle sowie von deren Funktion in der Transplantationsimmunologie. Die Histokompatibilitäts-Moleküle wurden nämlich erstmals von Transplantationsimmunologen auf allogenen Geweben und Zellen entdeckt. Die einzige bekannte Ausnahme von der Regel, daß T-Zellen Fremdantigen im Zusammenhang mit eigenen MHC-Molekülen erkennen müssen, besteht darin, daß T-Zellen die fremden Histokompatibilitäts-Moleküle allein erkennen. In diesem Fall bedarf es also nicht der Assoziation mit den eigenen MHC-Strukturen. Die Klasse-I-Antigene werden auch als *klassische Transplantationsantigene* bezeichnet und die Klasse-II-Antigene als *Ia-Antigene;* der Buchstabe I steht hierbei für Immunantwort-Region, so daß Ia die Abkürzung für I-Region-assoziierte Antigene bedeutet. Ein Synonym für Ia-Antigen ist auch I-Region-Genprodukt. Kapitel 7 und 8 beschreiben die physiologischen Interaktionen zwischen T-Zelle, Klasse-I- oder Klasse-II-Molekül und Fremdantigen. Im Kap. 10 wird dann die Funktion der Klasse-II-Moleküle bei der Kontrolle der Immunantwort gegen verschiedene Proteinantigene näher diskutiert. Die physiologische Rolle der Klasse-I- und -II-Moleküle bei der Immunantwort gegen Proteinantigene wurde in frühen Untersuchungen zur genetischen Kontrolle der Immunantwort von Inzuchtmäusen gegen verschiedene Proteine entdeckt. Im folgenden soll eine kurze Übersicht über die wichtigsten Ergebnisse, die zur Entdeckung der Histokompatibilität führten, gegeben werden.

Historisches

Die Entdeckung der Histokompatibilitäts-Moleküle und ihrer Bedeutung nahm ihren Ausgang in zwei verschiedenen Forschungsbereichen, nämlich der Transplantation und der Immungenetik. Die ersten Transplantationsphänomene wurden an Mäusen erkannt, als man versuchte, etwas mehr über die Biologie von Tumoren zu verstehen. Man fand, daß ein sich spontan entwickelnder Tumor einer bestimmten Maus nicht auf eine andere Maus übertragen werden konnte. Die Übertragung gelang jedoch, wenn man Mäuse derselben Zucht verwendete. Peter Gorer benutzte dann Inzuchtmäusestämme und legte so die Basis für ein Verständnis der Transplantatabstoßung. Er wies auf die Bedeutung von Zelloberflächenproteinen hin, welche die verantwortlichen Antigene für die Abstoßungsreaktion sein sollten. (Inzuchtmäuse erhält man durch wiederholte Bruder-Schwester-Paarung; nach etwa 20 Generationen sind mehr als 98% des genetischen Materials der Nachkommen identisch). Gorer identifizierte Antigene auf den Bluterythrozyten verschiedener Mäusestämme mit Hilfe serologischer Methoden. Er fand, daß die Übertragung von Tumorzellen eines Mäusestamms (des A-Stamms) auf Mäuse eines anderen Inzuchtstamms (C57Bl/6) zur Abstoßung der Tumorzellen und zur Bildung von Antikörpern führte. Diese Antikörper (C57Bl/6 gegen A-Tumorzellen) waren nicht für die Tumorzelle spezifisch, sondern reagierten mit den verschiedenen Geweben des A-Mäusestamms, von dem der Tumor abstammte. Hierzu gehörten auch die Antigene (die als Antigen II bezeichnet wurden), die früher auf den Erythrozyten identifiziert worden waren. Gorer fand weiterhin, daß die F_1-Generation (die erste Filialgeneration) zwischen den zwei Inzuchtstämmen (A × C57Bl/6) den A-Tumor nicht abstieß und daß weiterhin die F_1-Zellen das Antigen II trugen. Die grundlegenden Befunde der Transplantationsimmunologie waren damit gemacht. Die Tumorzellen fungierten als Transplantat, und dieses Transplantat trug Histokompatibilitäts-Antigene, die als fremd (als Allotransplantat) erkannt wurden und daher von den Inzuchtstämmen abgestoßen wurden, welche dieses Antigen nicht trugen. Ein Mäusestamm dagegen, welcher dieses Antigen besaß, erkannte die Tumorzellen als selbst an und stieß sie nicht ab. (Tumorzellen besitzen zusätzlich auch tumor-assoziierte Antigene, gegen die ein Individuum unter den entsprechenden Bedingungen, die in Kap. 11 näher beschrieben werden, durchaus reagieren kann).

Die beschriebenen Beobachtungen wurden von Peter Medawar und seinen Mitarbeitern weitergeführt. Diese Forscher zeigten, daß Haut-Allotransplantate zwar die Antikörperproduktion induzierten, daß ihre Abstoßung aber auf zellulären Mechanismen beruhte.

G. Snell und seine Mitarbeiter hatten in der Zwischenzeit sogenannte *kongene Mäusestämme* entwickelt. Ein kongener Mäusestamm ist genetisch weitgehend mit dem Partnerinzuchtstamm identisch und unterscheidet sich von diesem lediglich in einem definierten Chromosomenabschnitt, welcher durch geeignete Züchtung eingeführt wurde. Snell und seine Mitarbeiter entwickelten Stämme, die sich lediglich im Bereich des MHC unterschieden und daher den Befund ermöglichten, daß dieses Gensegment für die Transplantatabstoßung entscheidend ist. Der B10- und der A-Mäusestamm sind z. B. unabhängig voneinander und besitzen verschiedene MHC-Allele. Der B10.A-Stamm dagegen trägt den MHC des A-Mäusestamms, während der Rest des Genoms von der B10-Maus abstammt. Eine B10.A-Maus toleriert ein Hauttransplantat von A-Donor-Mäusen und stößt das Transplantat von B10-Mäusen ab, während B10-Mäuse Hauttransplantate der A-Maus abstoßen.

In seinen Untersuchungen mit Inzucht- und kongenen Mäusestämmen konnte Snell einen Hauptgenlocus identifizieren, der für starke Transplantatabstoßungsreaktionen verantwortlich war (dieser Locus wurde H-2 genannt, da von diesem Locus das Antigen II kodiert wurde), sowie Loci von geringerer Antigenität. Bei den Untersuchungen mit verschiedenen Mäusestämmen wurde auch der außergewöhnliche Polymorphismus des MHC entdeckt. Dadurch wurden natürlich die Untersuchungen äußerst komplex und kompliziert. Schließlich konnten jedoch D. Schreffler und J. Klein das H-2-System weiter aufklären und zeigen, daß es mehrere Loci enthielt, die für verschiedene Reaktionen verantwortlich sind. Heute wissen wir, daß bei der Maus die K- und D-Loci und beim Menschen die A-, B- und C-Loci distinkte Klasse-I-Moleküle kodieren (Abb. 6.1 und 6.2).

Zu dieser Zeit wurde auch die klinische Transplantationsimmunologie auf Grund neuerer chirurgischer Methoden weiterentwickelt. J. Dausset, R. Payne

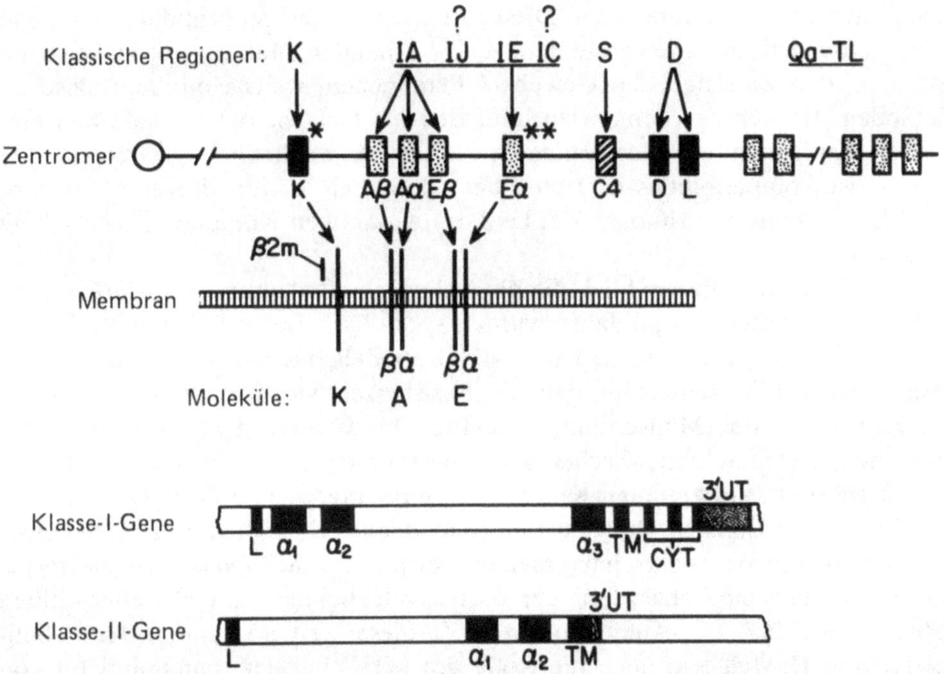

Abbildung 6.1 In dieser Abbildung sind die Haupt-Histokompatibilitätsgen-Loci der Maus sowie deren Genprodukte dargestellt. Die klassischen Regionen des MHC der Maus sind: K, I, S und D; K und D kodieren die Klasse-I-Moleküle, I besteht aus zahlreichen Subregionen, von denen zwei die Klasse-II-Moleküle kodieren; die S-Region kodiert die Komplement-Komponente C4 (s. Text). In der Abbildung sind die verschiedenen Gensegmente als Kästchen dargestellt. Die Aufgliederung eines Gensegments in Exons (dunkle Kästchen) und Introns (offene Kästchen) ist im unteren Teil der Abbildung illustriert. L deutet das Exon an, welches die Leader-Sequenz kodiert. α_1, α_2 und α_3 weist auf die Exons, welche die externen Domänen kodieren; TM zeigt das Exon für die Transmembran-Sequenz an, CYT die Exons der zytoplasmatischen Domäne und 3-UT steht für die 3'-Region, welche nicht übersetzt wird. Modifiziert nach Diagrammen von L. Hood et al. in Ann. Rev. Immunol. 1: 529 (1983).

Abbildung 6.2 Die Gene des Haupt-Histokompatibilitäts-Komplexes des Menschen. Die Gensegmente SB, DC und DR kodieren die Klasse-II-Moleküle; die Gensegmente C und A kodieren die Klasse-I-Moleküle. Die Anordnung der für die Komplementproteine zuständigen Segmente ist nicht gesichert.

und J. van Rood beschrieben Antikörper mit Reaktivität für weiße Blutzellen des Menschen in Seren von (1) leukopenischen Patienten, (2) Patienten, welche multiple Transfusionen erhalten hatten, (3) Frauen, die mehrfach geboren hatten und (4) Freiwilligen, die mit Leukozyten immunisiert worden waren. Bald darauf wurden mit diesen Seren verschiedene Antigenspezifitäten identifiziert. Die genetische Beziehung zwischen diesen Leukozytenantigenen wurde in verschiedenen genetischen Analysen untersucht. Diese Untersuchungen zeigten, daß auch beim Menschen genetisch nahe verbundene Loci vorhanden sind. Es wurde weiterhin gefunden, daß zwischen den Gewebs-Alloantigenen, welche mit serologischen Methoden definiert worden waren, und den bei Gewebetransplantationen entdeckten Antigenen ein Zusammenhang bestand. Schließlich gelang es, den Haupt-Histokompatibilitäts-Komplex des Menschen zu identifizieren; er wird als *HLA-Komplex* (humaner Leukozyten-Antigen-Komplex) bezeichnet (Abb. 6.2).

In den folgenden Jahren blieb die physiologische Bedeutung des MHC unentdeckt. Erst Mitte der 60iger Jahre wurden sporadisch Befunde bekannt, die auf die Möglichkeit hinwiesen, daß der MHC an Zell-Interaktionen regulatorisch beteiligt ist. F. Lilly berichtete, daß die Resistenzentwicklung gegen Leukämie-Viren vom H-2 des Mäusestamms abhängt. In weiteren Untersuchungen am Menschen fand man, daß zwischen einem bestimmten HLA-Typ und der Suszeptibilität gegenüber bestimmten Krankheiten eine interessante Beziehung besteht. Verschiedene ansonsten äußerst unterschiedliche Krankheiten zeigten diese Assoziation. Ein besonders interessantes Beispiel ist die *Spondylitis ankylopoetica,* eine chronische Entzündung der Wirbelsäule, bei der etwa 90% aller weißen Patienten des HLA-B27-Antigen besitzen. Zu dieser Zeit etwa entdeckten B. Benacerraf und H. McDevitt auch die Rolle des MHC bei der Immunantwort von Inzuchttieren gegen Proteinantigene (s. Kap. 10). Benacerraf und Mitarbeiter identifizierten zwei ungezüchtete Meerschweinchenstämme, von denen nur einer in der Lage war, gegen DNP-Poly-L-Lysin (PLL) eine humorale oder zelluläre Immunantwort aufzubauen. Im folgenden zeigten sie, daß die Erkennung von PLL durch die T-Zellen vom MHC reguliert wurde.

McDevitt untersuchte die Anwort verschiedener Inzuchtmäusestämme gegen das Antigen (T-G) A-L (s. Kap. 2). Während einige Stämme gegen dieses Antigen eine starke Immunantwort zeigten, reagierten andere nur schwach. Die Fähigkeit zur Immunantwort war an das H-2-Gen-Segment gekoppelt. Er konnte weiterhin zeigen, daß Mäuse mit einer Rekombination im H-2-Locus einen neuen Genlocus besaßen, der die Antwort kontrollierte. Diese Genregion wurde als I-Region bezeichnet. Danach explodierte das Feld der Immungenetik und der zellulären Immunologie, und schließlich wurde die Rolle der Histokompatibilitäts-Moleküle für die Regulation der Immunantwort klar. In Kapitel 7 und 8 werden die entsprechenden Experimente näher beschrieben. Die hierfür entscheidenden methodologischen Fortschritte waren: Fortschritte in der Zell-Kultur- und Zell-Isolationstechnik, sowie die Verfügbarkeit von Inzuchtmäusen als Zellspender und von Antikörpern mit Spezifität für die Klasse-I- und Klasse-II-Antigene. Wir wissen jetzt genau, daß die Histokompatibilitäts-Moleküle weniger die Aufgabe haben, Transplantate abzustoßen, sondern vielmehr eine physiologische Funktion besitzen, nämlich die Antigenerkennung zu regulieren. Wir wollen hier noch einmal zusammenfassend feststellen, daß die Entdeckung und Aufklärung der MHC-Genprodukte auf Untersuchungen in den verschiedensten Disziplinen der Biologie und Medizin zurückzuführen sind: Genetiker, Serologen, Transplantations- und Krebsforscher sowie Zellimmunologen waren an diesen Entdeckungen beteiligt.

Biochemie

Klasse-I-Polypeptide sind integrale Membranglycoproteine, die aus zwei Ketten bestehen, welche nichtkovalent verbunden sind. Die *schwere Kette* besteht aus etwa 345 Aminosäuren und ein bis zwei Kohlenhydratseitenketten und hat eine Molekülmasse von etwa 45 000 Dalton. Die schwere Kette trägt drei funktionelle Abschnitte: ein *extrazelluläres*, ein *hydrophobes* (oder *transmembranes*) und ein *zytoplasmatisches* Segment. Das extrazelluläre Segment besteht aus drei Domänen von etwa 90 Aminosäuren, von denen zwei, nämlich die zweite und die dritte Domäne, je eine Disulfid-Brücke besitzen. Die erste oder α_1-Domäne stellt das N-terminale Ende des Moleküls dar. Die Disulfid-Brücken in der zweiten und dritten (α_2- und α_3-) Domäne bewirken, daß das Molekül zwei Schleifen aus je etwa 60 Aminosäuren bildet. An der ersten und zweiten Domäne sind weiterhin ein bis zwei Kohlenhydrat-Ketten mit einer Molekülmasse von etwa 3000 Dalton über N-Glycosyl-Einheiten verbunden. Das Transmembran-Segment, das etwa 40 Aminosäuren lang ist, durchquert die Membran und besitzt zahlreiche nichtpolare Aminosäuren. Das zytoplasmatische Segment besteht aus etwa 30 Aminosäuren. Die zweite Kette ist das *β_2-Mikroglobulin,* welches eine Molekülmasse von etwa 12 000 Dalton besitzt. Dieses Molekül ist nicht direkt mit der Zellmembran assoziiert, sondern mit der dritten Domäne der schweren Kette. Zwischen der Domänenstruktur und den dafür verantwortlichen Gensegmenten besteht eine genaue Beziehung. Drei Exons sind für die drei externen Domänen, ein Exon für das Intramembran-Segment und drei kleine Kodierungseinheiten für das zytoplasmatische Ende zuständig. Abb. 6.3 verdeutlicht die Struktur der Klasse-I-Moleküle.

Für den genetischen Polymorphismus ist lediglich die schwere Kette des Moleküls verantwortlich; das β_2-Mikroglobulin ist konstant. Die schwere Kette der Klasse-I-Moleküle ist nicht in variable und konstante Regionen unterteilbar, wie dies bei den Immunglobulinen der Fall ist. Vielmehr findet man Aminosäuren-Unterschiede zwischen den verschiedenen allelen Formen in allen drei extrazellulären Domänen. Allerdings kommen die Unterschiede in bestimmten Molekülabschnitten häufiger vor (z. B. zeigen die Aminosäuren 61 bis 83 und 95 bis 99 der Klasse-I-Moleküle der Maus eine starke Variabilität, während die dritte Domäne eher konstant ist). Zwischen den verschiedenen Klasse-I-Loci (HLA-A und HLA-B beim Menschen bzw. H-2-K und H-2-D bei der Maus) und zwischen den verschiedenen Allelen eines bestimmten Locus findet man einen hohen Grad an Homologie (etwa 80%). Die Tatsache, daß Klasse-I-Polypeptide, die von verschiedenen Genloci kodiert werden, so ähnlich sind, weist daraufhin, daß sie durch Duplikation eines gemeinsamen „Urgens" entstanden sind. Die Struktur der Klasse-II-Moleküle unterscheidet sich deutlich von der der Klasse-I-Moleküle. Klasse-II-Moleküle bestehen aus zwei Ketten, die etwa gleichviel Aminosäuren besitzen, nichtkovalent verbunden sind und jeweils über ein Transmembransegment in der Membran verankert sind. Die *α-Kette* besteht aus etwa 230 Aminosäuren und hat eine Molekülmasse von 30000 bis 33000 Dalton; die *β-Kette* ist etwas kleiner, sie besteht aus etwa 220 Aminosäuren und hat eine Molekülmasse von 27000 bis 29000 Dalton. Jede Kette besitzt einen externen Abschnitt, der aus zwei Domänen aus jeweils etwa 90 Aminosäuren besteht, ein

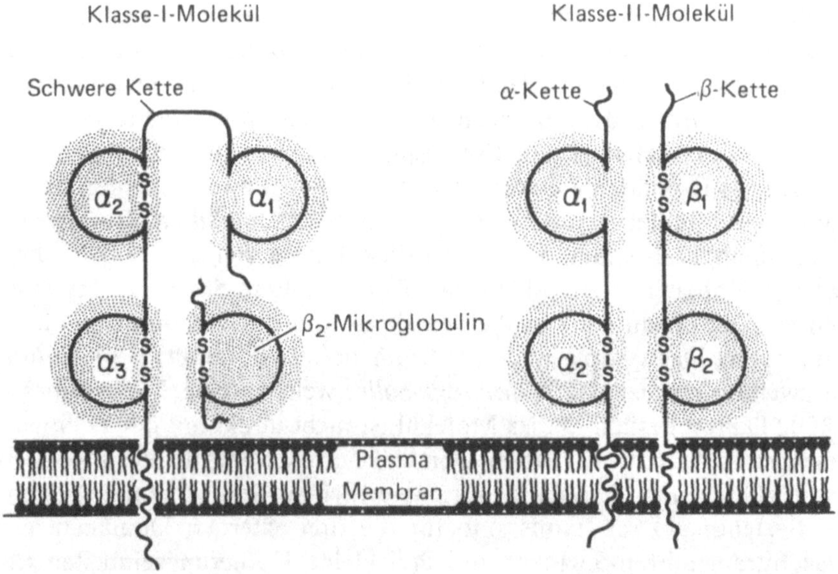

Abbildung 6.3 Schematische Darstellung der Klasse-I- und Klasse-II-Polypeptide. Für weitere Erläuterungen siehe Text.

hydrophobes Segment (etwa 30 Aminosäuren) und einen kurzen zytoplasmatischen Abschnitt (10 bis 15 Aminosäuren). Die zweite Domäne der α-Kette und die beiden Domänen der β-Kette enthalten Disulfid-Brücken. Beide Ketten tragen weiterhin kurze Polysaccharidseitenketten mit einer Molekülmasse von etwa 3000 Dalton; die α-Kette besitzt zwei und die β-Kette eine Seitenkette (Abb. 6.3).

Zur Zeit wird das Ausmaß der Aminosäuren-Variabilität der α- und β-Kette der verschiedenen Allele untersucht. Während die α-Kette nur eine limitierte Variabilität aufweist, findet man bei der β-Kette einen hohen Grad an Aminosäuren-Unterschieden. Die Beziehung zwischen der Protein-Struktur und dem dafür verantwortlichen Gensegment ist in Abb. 6.1 dargestellt. Durch Sequenzanalysen der MHC-Moleküle konnte gezeigt werden, daß die Domänen der Klasse-I- und der Klasse-II-Moleküle einen hohen Grad an Homologie aufweisen. Weiterhin zeigen diese Moleküle Strukturhomologie mit der „Grunddomäne" der Immunglobuline. Dies weist daraufhin, daß diese verschiedenen immunologisch bedeutenden Moleküle aus einem gemeinsamen „Urgen" durch Duplikation und Diversifikation entstanden.

Genetik

Der am besten untersuchte MHC ist der H-2-Komplex der Maus. Der H-2-Komplex liegt auf dem Chromosom 17 zwischen dem Zentromer und dem Telomer. Das β_2-Mikroglobulin wird dagegen vom Chromosom 2 kodiert. Der H-2-Genkomplex kann in *vier Hauptregionen* unterteilt werden, die als *K, I, S* und *D* bezeichnet werden und 0,3 Zentimorgan lang sind. Die K- und D-Region befinden sich an den Enden des H-2-Komplexes. Diese beiden Loci kodieren die Klasse-I-Proteine, die I-Region kodiert die Klasse-II-Moleküle und die S-Region die C4-Komplementkomponente. Ob die Tatsache, daß eine Komplementkomponente von einem Gen im MHC kodiert wird, eine biologische Bedeutung besitzt, ist unklar. Die K-Region kodiert das H-2K-Protein, während die D-Region zwei engverbundene Loci enthält, welche die D- und L-Proteine kodieren. Diese drei Klasse-I-Proteine werden auf der Oberfläche aller Zellen koexprimiert.

Die I-Region der Maus wurde im Rahmen von Untersuchungen zur genetischen Kontrolle der Immunantwort gegen synthetische Polypeptide entdeckt (s. Kap. 10). Sie wird historisch in fünf Subregionen unterteilt: I-A, I-B, I-J, I-E und I-C. Lediglich die I-A- und die I-E-Genregion konnten eindeutig lokalisiert werden. Die entsprechenden Proteine sind die *I-A-* und *I-E-Moleküle*. Inwieweit es I-B- und I-C-Gene gibt, welche definierte Proteine kodieren, ist bis jetzt unklar. Weiterhin ist unklar, ob im MHC ein Gen existiert, welches ein I-J-Protein kodiert. Der I-J-Bereich wurde mit Hilfe von Antikörpern, die gegen Zellen eines rekombinanten Inzuchtstamms hergestellt wurden, identifiziert. Diese Antikörper reagieren spezifisch mit Suppressor-T-Zellen und ihren Faktoren. Obwohl die I-J-Region genetisch nicht kartiert werden konnte, erwiesen sich die Anti-I-J-Antikörper als äußerst nützliche Reagentien für Untersuchungen über Suppressor-T-Zellen und ihre polymorphen Produkte. Die I-A-Subregion enthält drei Loci, welche die A-α- (α-Kette des I-A), A-β- und E-β-Kette kodieren, während die I-E-Subregion den für die E-α-Kette zuständigen Locus enthält. Ein vollständiges I-A- bzw. I-E-Molekül wird aus der entsprechenden α- und β-Kette gebildet; I-A-α und I-A-β bilden das I-A-Molekül und I-E-α und I-E-β das I-E-Molekül. Zellen eines Inzuchtmäusestamms können potentiell zwei verschiedene Klasse-II-Proteine koexprimieren, nämlich ein I-A-α/I-A-β- und ein I-E-α/I-E-β-Molekül. Bei Zellen von F_1-Hybriden zweier Inzuchtstämme kann sich jede allele Form der α- und β-Kette des I-A-Moleküls miteinander assoziieren und ein funktionsfähiges Molekül bilden; das gleiche gilt auch für die I-E-Moleküle. Bei einigen Mäusen werden die I-E-Proteine nicht exprimiert.

Hier soll noch der Begriff des Haplotyps eingeführt werden, der die gesamte Allel-Kombination der verschiedenen MHC-Loci eines Individuums oder eines Mäusestamms bezeichnet. Die I-A- und I-E-Moleküle werden auf B-Zellen, Makrophagen, auf anderen antigen-präsentierenden Zellen und auf aktivierten T-Zellen exprimiert.

Distal von der K-Region findet man weitere Loci, die andere Klasse-I-Proteine kodieren und als *Qa-* und *TLa-Loci* bezeichnet werden. Diese Klasse-I-Proteine ähneln strukturell den K- und D-Molekülen, d.h. sie bestehen aus einer schweren Kette, mit der das β_2-Mikroglobulin assoziiert ist. Der TLa-Locus kodiert die TLa-Antigene, welche exklusiv auf Thymozyten, aber nicht auf reifen T-Zellen zu finden sind. TLa steht für Thymus-Leukämie-Antigen, und dementsprechend findet man diese Moleküle auch auf einigen Leukämie-Zellen. Die fünf Qa-Loci werden auf der Oberfläche von Lymphozyten in geringer Dichte exprimiert. Sie weisen nur einen geringen Grad an Polymorphismus auf, und ihre Funktion ist unbekannt. Es konnten zytolytische T-Zellen identifiziert werden, welche gegen allogene Qa-Antigen gerichtet sind. Lediglich zwei Loci, nämlich der Qa-1- und der Qa-2-Locus wurden als separate Loci, welche distinkte Proteine kodieren, charakterisiert. In der Zwischenzeit gelang es, 31 verschiedene Gene im Bereich der Qa-TL-Region zu kartieren. Diese Zahl überrascht, wenn man bedenkt, daß die Funktion dieser Moleküle weitgehend unklar ist. Ob sämtliche Gene auf der Zelloberfläche exprimiert werden, ist unklar; man glaubt, daß zahlreiche Gene funktionslos sind.

Der HLA-Komplex liegt auf dem Chromosom 6, das Gen für das β_2-Mikroglobulin befindet sich auf dem Chromosom 15. Vom Zentromer ausgehend heißen die vier Hauptregionen: D, B, C und A. Die Regionen A, B und C enthalten Loci, die verschiedene Klasse-I-Proteine kodieren. Die D-Region kodiert die Klasse-II-Moleküle. In der D-Region konnten drei Loci identifiziert werden, die als SB, DC und DR bezeichnet werden. Der SB- und DC-Locus wurde ursprünglich serologisch identifiziert und wird jetzt molekularbiologisch untersucht. Man nimmt an, daß jeder Locus eine distinkte α- und β-Kette kodiert. Tatsächlich zeigen die neueren molekularbiologischen Untersuchungen, daß in der D-Region drei distinkte β-Gene und in der DC-Region zwei β-Gene vorkommen. Die von der DC-Region kodierten Klasse-II-Moleküle scheinen den Ia-Molekülen der Maus zu entsprechen, während die von der DR-Region kodierten Moleküle mit den I-E-Proteinen der Maus Sequenzhomologie aufweisen. Auch beim Menschen findet man Gene innerhalb des MHC, welche Komplementkomponenten kodieren. Die Gene für die C2- und C4-Komponente sowie für den Faktor B dürften zwischen dem D und B Locus liegen (Abb. 6.2).

Die verschiedenen Gene des MHC werden kodominant nach den Mendelschen Gesetzen vererbt. Das Bedeutende an diesen Genen ist ihr hoher Grad an Polymorphismus. Untersuchungen mit Inzuchtmäuse-Stämmen weisen darauf hin, daß für jeden Locus 20 bis 40 allele Formen existieren, und Untersuchungen mit Wildmäusen lassen vermuten, daß die Gesamtzahl der Allele noch höher sein dürfte. Beim Menschen schätzt man, daß für jeden Locus 8 bis 40 allele Formen existieren. Zwischen verschiedenen Populationen wurden unterschiedliche Verteilungsmuster und Frequenzen der HLA-Antigene gefunden. Weiterhin wurde festgestellt, daß bestimmte Haplotypen häufiger vorkommen, als aufgrund der Zufallsverteilung anzunehmen wäre. Dies deutet daraufhin, daß bei der Vererbung einiger Haplotypen ein *Bindungsungleichgewicht* existiert. Man nimmt an, daß die freie Rekombination unterdrückt wird und daß die gemeinsame Vererbung der Gene einen Selektionsvorteil bringt. In der Nähe des H-2-Komplexes der Maus (ca. 5 Zentimorgan entfernt) findet man den T/t-Komplex, der aus zahlreichen Loci besteht, die bei der Embryonalentwicklung eine Rolle spielen. Man kann annehmen, daß der t-Komplex einen Suppressor für das Crossingover enthält und daß sich diese Suppression auf den H-2-Komplex erstreckt (d.h. einige H-2-Haplotypen treten gehäuft mit bestimmten t-Gen-Kombinationen auf).

Über die Ursachen für den hohen Grad an Polymorphismus wird viel spekuliert. Für die Annahme, daß der Polymorphismus aufgrund einer Diversifikation oder erhöhten Mutationsrate eines bestimmten Locus entstanden ist, gibt es keine Hinweise. Man geht eher davon aus, daß der Polymorphismus sehr früh bei der Entwicklung der Arten entstand und im Verlauf der Evolution erhalten blieb. Die hierfür verantwortlichen Mechanismen sind unbekannt. Mäuse mit H-2-Mutationen weisen zahlreiche Aminosäurensubstitutionen auf, und dieses Muster ist mit der Annahme einer Punktmutation nicht vereinbar. Mutationen im Bereich der Klasse-I-Loci werden auf eine *Genkonversion* zurückgeführt, bei der ein genetischer Austausch zwischen zwei verwandten Genen auf unterschiedlichen Chromosomenabschnitten stattfindet. Unabhängig davon kann man annehmen, daß der hohe Grad an Polymorphismus des MHC es Säugern ermöglicht, gegen die enorme Anzahl verschiedener Antigendeterminanten eine Immunantwort aufzubauen.

Expression auf der Zelloberfläche

Die Proteine der Klasse I werden auf der Oberfläche aller Zellen exprimiert, wobei sie auf lymphatischen Zellen am stärksten vorkommen. Auf Erythrozyten findet man die Klasse-I-Moleküle in äußerst geringer Dichte, und bei einigen Spezies fehlen sie auf Erythrozyten völlig. Klasse-II-Moleküle findet man dagegen fast nur auf Zellen des lymphatischen Systems. Beim Menschen exprimieren sehr primitive undifferenzierte hämatopoetische Zellen Klasse-II-Moleküle. Monozyten und Makrophagen exprimieren die Klasse-II-Proteine in verschiedener Dichte; Langerhans-Zellen tragen sehr viele, während die meisten B Zellen weniger Klasse-II-Moleküle tragen. Auch aktivierte T-Zellen können diese Antigene exprimieren. Durch Lymphokine kann die Expression der Klasse-II-Moleküle auf Monozyten und Makrophagen gesteigert und auf diese Weise die Fähigkeit zur Antigenpräsentation erhöht werden. Interessanterweise können bestimmte Zellen, die im Normalzustand Klasse-II-Moleküle nicht exprimieren, nach Interaktion mit T-Zellen bzw. deren Lymphokinen diese Moleküle tragen. Hierzu gehören Endothelzellen, Keratinozyten und Fibroblasten. Diese relativ neuen Befunde deuten daraufhin, daß die Fähigkeit, Klasse-II-Moleküle zu exprimieren, zwar vielen Zellen eigen ist, daß ihre Expression aber fein reguliert wird.

Funktion der Histokompatibilitätsmoleküle: Transplantation

Die physiologische Rolle der Klasse-I- und Klasse-II-Proteine wird in den Kapiteln 7, 8 und 10 diskutiert.

Transplantation. Bei der Transplantation werden lebende Zellen oder Gewebe eines Individuums auf ein anderes übertragen (Abb. 6.4). Es können Zellen, Gewebe oder Organe transplantiert werden, wie z. B.:

Autotransplantate, die von einer anatomischen Stelle auf eine andere desselben Individuums übertragen werden.

Syngene oder *Isotransplantate,* die von einem Individuum auf ein anderes desselben Inzuchtstamms übertragen werden.

Allotransplantate, die von einem Individuum auf ein genetisch anderes Individuum der gleichen Spezies übertragen werden.

Xenotransplantate, die von einer Spezies auf eine andere Spezies übertragen werden.

Einige klassische Gesetze der Transplantationsimmunologie zwischen Inzuchtstämmen wurden bereits im Abschnitt „Historisches" besprochen. Hierzu gehört die kodominante Vererbung der Histokompatibilitäts-Antigene entsprechend den Mendelschen Gesetzen und die Tatsache, daß das Individuum gegen die eigenen

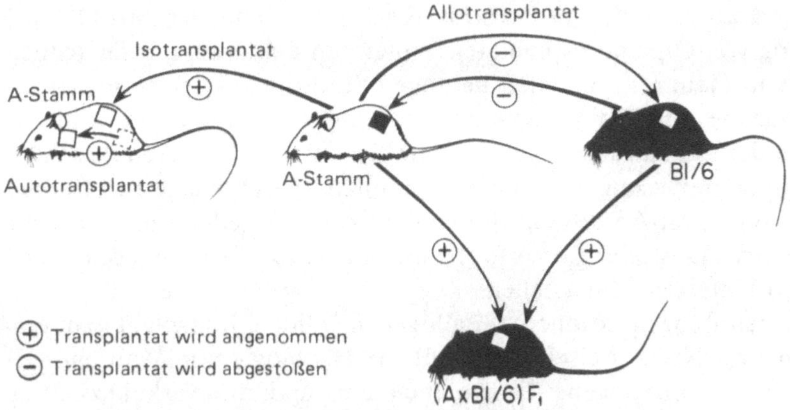

Abbildung 6.4 Illustration der Transplantations-Grundregeln.

Transplantationsantigene tolerant ist (siehe Kap. 9). Die wichtigsten Gesetze können folgendermaßen zusammengefaßt werden:

1. *Isotransplantate* werden nicht abgestoßen.
2. *Allotransplantate* werden abgestoßen.
   Der Grad der Abstoßung hängt von den Unterschieden in den Histokompatibilitäts-Antigenen ab. Unterschiede im Haupt-Histokompatibilitäts-Komplex bewirken eine starke Abstoßungsreaktion, während Unterschiede in den Neben-Histokompatibilitäts-Loci schwächere Reaktionen hervorrufen. (Die Neben-Histokompatibilitäts-Loci kodieren polymorphe Zelloberflächenmoleküle, die eine gewisse Bedeutung für die Transplantatabstoßung haben. Diese Moleküle stellen schwache Antigene dar, und es bedarf eines starken Immunisierungsmodus, um sie nachzuweisen).
3. Bei Inzuchtstämmen geben die Transplantate eines Elternteils auf F_1-Nachkommen an und werden nicht abgestoßen. Die F_1-Generation koexprimiert die Allele beider Eltern und generiert daher keine Immunantwort gegen ihre eigenen Komponenten.
4. Transplantate eines Elternteils auf die F_2-Generation (Nachkommen der F_1-Generation) gehen bei einigen Individuen an und werden bei anderen abgestoßen. Das Verhältnis entspricht der Segregation der verschiedenen Allele der F_1-Generation.
5. Transplantate der F_2-Generation gehen bei der F_1-Generation an.

Transplantatabstoßung

Die drei Kategorien: Transplantate der Haut, Tumor-Transplantate und Organtransplantate sind am ausgiebigsten untersucht. Nur letztere Kategorie macht chirurgische Anastomosen des Gefäßbetts erforderlich. Die Abstoßung von

Haut- und Tumortransplantaten verläuft im allgemeinen schneller (10–12 Tage) als die Abstoßung von Organtransplantaten. Unter den Faktoren, die zur schnellen Abstoßung von Hauttransplantaten beitragen, sind die ausgiebige unspezifische Entzündung, die durch die Hautschädigung hervorgerufen wird, und das größere Ausmaß der ischämischen Nekrose, die sich im unmittelbaren Anschluß an die Übertragung entwickelt, zu nennen. Lymphatische Drainage ist offenbar notwendig, um eine Haut-Abstoßung in Gang zu bringen, jedoch nicht für die Einleitung einer Organabstoßung. Das große Gefäßbett von Organen könnte den Grund für diesen Unterschied darstellen.

Die meisten Abstoßungsreaktionen bei allogenen soliden Transplantaten, einschließlich Haut und Niere, weisen eine ähnliche Histologie auf. Während der ersten Tage heilt das übertragene Transplantat ein, und die Vaskularisierung beginnt. Eine kleine Zahl hämatogener Leukozyten kann als Infiltrat im perivenösen Gewebe während der ersten Tage nachweisbar sein, insbesondere bei Übertragungen, bei denen das Gefäßbett chirurgisch angeschlossen wird (Niere, Lunge, Leber). Eine massive zelluläre Infiltration des übertragenen Gewebes beginnt üblicherweise zwischen dem fünften und dem siebten Tag. Vorwiegend handelt es sich bei den infiltrierenden Zellen um mononukleäre Zellen (Lymphozyten und mononukleäre Phagozyten), weit in der Minderzahl sind es polymorphkernige Granulozyten. Zunehmende Gewebeschädigung und Nekrosen lassen sich während der nächsten Tage nachweisen, wenn der Abstoßungsprozeß abgeschlossen ist.

Nachdem ein Individuum ein allogenes Transplantat abgestoßen hat, wird ein zweites Transplantat vom selben Genotyp unter ähnlichen Umständen, aber beschleunigt, abgestoßen. Die Abstoßung ist üblicherweise einige Tage früher als bei der primären Übertragung abgeschlossen. Diese *Second-set-Abstoßungsreaktion* läßt sich zum Nachweis einer spezifischen Transplantations-Immunität einsetzen.

Individuen, die mehrmals oder über einen längeren Zeitraum mit allogenen Antigenen in Kontakt waren, können einen hyperimmunen Zustand entwickeln, der durch große Mengen zirkulierender Antikörper gekennzeichnet ist. Wenn solche Individuen ein Allo-Transplantat erhalten, entwickelt sich eine *hyperakute Abstoßungsreaktion*. Unter diesen Bedingungen kommt es nicht zur Vaskularisierung, da der Heilungsprozeß durch die Immunkomplex-Bildung und die Entzündung gestört ist. Nach zwei bis drei Tagen erscheint die Haut im Gegensatz zur Vaskularisierung primärer Transplantate weiß anstatt violett, daher der Ausdruck *weißes Transplantat*. Wenn eine Niere in einen Empfänger mit einer bereits bestehenden Immunität gegen HLA-Antigene des Transplantats übertragen wird, kann die übertragene Niere sofort vaskuläre Schädigungen erleiden und ischämisch werden. Um solche hyperakuten Reaktionen zu vermeiden, wird Serum aus Empfänger-Patienten vor Übertragungen immer auf zytotoxische Antikörper gegen Spenderzellen untersucht.

Rolle der Thymus-Lymphozyten bei der Transplantat-Abstoßung. In den fünfziger Jahren zeigten Medawar und Mitarbeiter, daß die Immunität gegen Transplantate von einem immunen Spender auf ein nichtimmunes Empfängertier durch intravenöse Injektion vitaler lymphoider Zellen übertragen werden kann. Bei der aktiven Immunisierungsphase finden sich die Zellen zuerst in den Lymphknoten, die die Transplantatregion drainieren, und später im *Ductus thoracicus*, peripheren Blut, Milz und Peritoneal-Exsudat.

Wenn durch mit radioaktivem Thymidin (^{3}H-TdR) markierte spezifisch reagible Lymphozyten eine Transplantat-Immunität übertragen wird, finden sich nur sehr wenige markierte Zellen unter den mononukleären Zellen, die das abgestoßene Gewebe infiltrieren. Lymphozyten aus einem sensibilisierten Kollektiv akkumulieren in etwas größeren Mengen in Transplantaten, die abgestoßen werden, als in Transplantaten, gegen die keine Immunität übertragen wurde; dies geht jedoch auf eine unspezifische Entzündungsreaktion zurück. Somit muß eine sehr kleine Zahl spezifisch reagibler T-Lymphozyten den Abstoßungsprozeß in Gang setzen können.

T-Lymphozyten sind für die Immunantwort gegen Allotransplantate verantwortlich. Diese Lymphozyten sind für die allogenen MHC-Gen-Produkte der transplantierten Zellen spezifisch. Mindestens zwei funktionell unterschiedliche T-Zell-Subklassen spielen bei der Abstoßung und Zerstörung der transplantierten Gewebe eine wichtige Rolle: Die *zytolytischen T-Lymphozyten* und die *Helfer-T-Lymphozyten* (siehe Kap. 7). Mononukleäre Zellen, die durch *Lymphokine* von Helfer-T-Zellen angelockt und aktiviert wurden, können mit zytolytischen T-Lymphozyten kollaborieren.

Die Reaktion des Transplantats gegen den Empfänger

Transplantate, die eine größere Zahl immunkompetenter Lymphozyten enthalten, können im Wirt eine Gewebezerstörung hervorrufen. Diese Reaktion wird als *„Graft versus Host"-(GvH-) Reaktion* bezeichnet. Untersuchungen im GvH-System haben zum einen gezeigt, daß Transplantate lymphohämatopoetischen Gewebes extreme Probleme für eine Transplantation aufwerfen; zum anderen stellen aber GvH-Reaktionen auch einfache Nachweissysteme für die Anwesenheit immunkompetenter Zellen in Blut, Peritonealexsudat und Lymphe dar. GvH-Reaktionen finden immer dann statt, wenn der Empfänger nicht in der Lage ist, die transplantierten Lymphozyten abzustoßen; dies ist bei immundefizienten Patienten, bei bestrahlten Tieren und bei F_1-Empfängertieren, welche immunkompetente Zellen der Eltern erhielten, der Fall. Diese Reaktionen sind äußerst wichtig, da sie vorkommen, wenn Knochenmark auf ein immundefizientes Kind übertragen wird. (In Kapitel 15 bringen wir z. B. einen schweren Fall kombinierter Immundefizienz).

Die GvH-Erkrankung beruht im Prinzip darauf, daß die Lymphozyten innerhalb des Transplantats mit den Alloantigenen der Klasse II des Wirts reagieren. Helfer-T-Zellen interagieren mit den Klasse-II-Alloantigenen, vermehren sich und scheiden verschiedene Lymphokine ab, welche dann eine schwere Entzündungsreaktion hervorrufen. Eine charakteristische Erscheinung der GvH-Erkrankung ist die vergrößerte Milz (Splenomegalie). Diese Vergrößerung beruht im Prinzip darauf, daß sich die Wirtszellen vermehren; hierbei handelt es sich wahrscheinlich in erster Linie um mononukleäre Phagozyten. Der bei der GvH-Erkrankung auftretende Schaden wird in erster Linie von den Wirtszellen ausgelöst, die durch die Reaktion der transferierten immunkompetenten Zellen mit den Histokompatibilitäts-Antigenen aktiviert wurden. Andere Symptome der GvH sind vergrößerte Leber und Lymphknoten, hämolytische Anämie, erniedrigte Immunglobulin- und Komplement-Titer, herabgesetzte Immunkompetenz, Hautrötung, Entzündungen des Intestinaltrakts und Gewichtsverlust. Bei ernsthaften GvH-Erkrankungen kommt es schließlich zum Tod. Eine chronische GvH wird typischerweise von der Aktivierung von C-Typ-Viren und einer erhöhten Inzidenz maligner Tumoren begleitet.

Die gemischte Leukozyten-Reaktion (mixed leukocyte reaction, MLR)

Eine MLR wird hervorgerufen, wenn Lymphozyten zweier genetisch disparater Individuen zusammen kultiviert werden. Die Lymphozyten des einen Individuums *(Responder)* erkennen primär Klasse-II-Alloantigene auf den Zellen des anderen Individuums *(Stimulator)* und proliferieren. Als Stimulatorzellen fungieren solche Zellen, welche Klasse-II-Antigene auf der Zelloberfläche exprimieren. Hierzu gehören Monozyten, Langerhans-Zellen und dendritische Zellen. Nach einigen Tagen mißt man die Proliferationsrate über den Einbau von radioaktivem Thymidin in die DNA der Responderzellen. Eine MLR läuft in *zwei* Richtungen ab, wenn die Lymphozyten beider Individuen gegen die Stimulatorzellen des jeweiligen Partners reagieren. Die MLR läuft in *eine* Richtung ab, wenn die eine Population an der Zellteilung gehindert wird (z. B. durch Bestrahlung oder durch bestimmte Chemikalien). Obwohl die so behandelten Zellen nicht mehr immunologisch antworten können, können sie noch als Stimulatorzellen fungieren (d. h. die Zellen tragen weiterhin die Klasse-II-Moleküle). Auf diese Weise gelingt es, die MLR in einer Richtung ablaufen zu lassen, da nur die Lymphozyten des unbehandelten Spenders auf die behandelten Stimulatorzellen reagieren können. Man setzt die MLR z. B. als Test zur Bestimmung alloantigener Unterschiede zwischen dem Transplantatempfänger und dem Transplantat ein, um zusätzlich zu den klassischen Transplantationsantigenen, die mit Hilfe von Alloantikörpern bestimmt werden, weitere Unterschiede zu ermitteln. Während der MLR werden die zytolytischen T-Lymphozyten mit Spezifität gegen die Klasse-I-Antigene auf den Stimulatorzellen generiert.

Die Rolle des MHC in der Transplantation des Menschen

Die Transplantation von Organen muß bei der Behandlung verschiedener Krankheitszustände, insbesondere solcher, die mit dem unwiederbringlichen Verlust einer Organfunktion einhergehen, in Betracht gezogen werden. Am häufigsten ist die Nierentransplantation. Knochenmark-, Cornea-, Herz-, Leber- und Pankreas-Transplantationen werden ebenfalls bei einer begrenzten Zahl von Patienten in besonderen Institutionen durchgeführt. Prognostische Faktoren bei der Organtransplantation sind der Grad der Übereinstimmung im HLA, das Vorkommen von HLA- und Nicht-HLA (AB0)-Antikörpern und mögliche Bluttransfusionen vor der Übertragung.

Hinweise darauf, daß HLA-Antigene bei der Allotransplantat-Übertragung von Bedeutung sind, ergaben sich aus der Gewebetypisierung und der nachfolgenden Überlebenszeit des Transplantats. Bei fehlender Präimmunisierung werden Allotransplantate in HLA-kompatiblen Empfängern langsamer abgestoßen. Innerhalb einer Familie überleben Hauttransplantate zwischen Zwillingen, welche beide HLA-Haplotypen gemeinsam besitzen, länger als Transplantate zwischen Individuen, die in einem Haplotyp differieren; diese wiederum zeigen ein besseres Verhalten als Transplantate, die zwischen verwandten Individuen mit Haplotypdifferenzen ausgetauscht werden. Die Bewertung der Präimmunisierung im Empfänger, die durch Kreuzreaktionen bestimmt wird, ist von kritischer Bedeutung, da alle Transplantate beschleunigt abgestoßen oder erst gar nicht vaskularisiert werden, wenn sie auf Empfänger übertragen werden, die Alloantikörper gegen Spenderantigene besitzen.

Die HLA-Überprüfung besteht in der Identifizierung von Allelen auf dem HLA-Locus (A, B und C) durch serologische Typisierung von HLA-Antigenen in nichtverwandten Individuen (Phänotypen). Familienuntersuchungen charakterisieren die Vererbung dieser Antigene in einer Weise, daß sich die Genotypen identifizieren lassen. Der Genotyp eines Individuums setzt sich aus zwei Haplotypen zusammen. Das Transplantat zwischen Eltern und Kindern oder zwischen Geschwistern, die einen Haplotyp gemeinsam haben, heißt HLA-haploidentisch. Ein Transplantat zwischen Geschwistern, die *genotypisch* in bezug auf beide Haplotypen identisch bzw. verschieden sind, heißt HLA-identisch bzw. HLA-verschieden. Bei nichtverwandten Individuen wird der Übereinstimmungsgrad durch die Zahl der HLA-Übereinstimmungen und Nichtübereinstimmungen ausgedrückt. Die Übereinstimmung zwischen Spender und Empfänger bei der Nierentransplantation wird im allgemeinen durch den Identitätsgrad ausgedrückt, der sich aufgrund der HLA-Phänotypen oder Genotypen ergibt. Obwohl die Bedeutung der HLA-Übereinstimmung bei der Nierentransplantation zwischen Verwandten außer Diskussion steht, sind die Konsequenzen der Übereinstimmung von HLA-Phänotypen für die Überlebensrate von Transplantaten aus Leichen nicht klar. Die Korrelationen in neueren Übersichten reichen von „gut“ in Frankreich und England über „mäßig“ in Skandinavien bis zu „knapp ausrei-

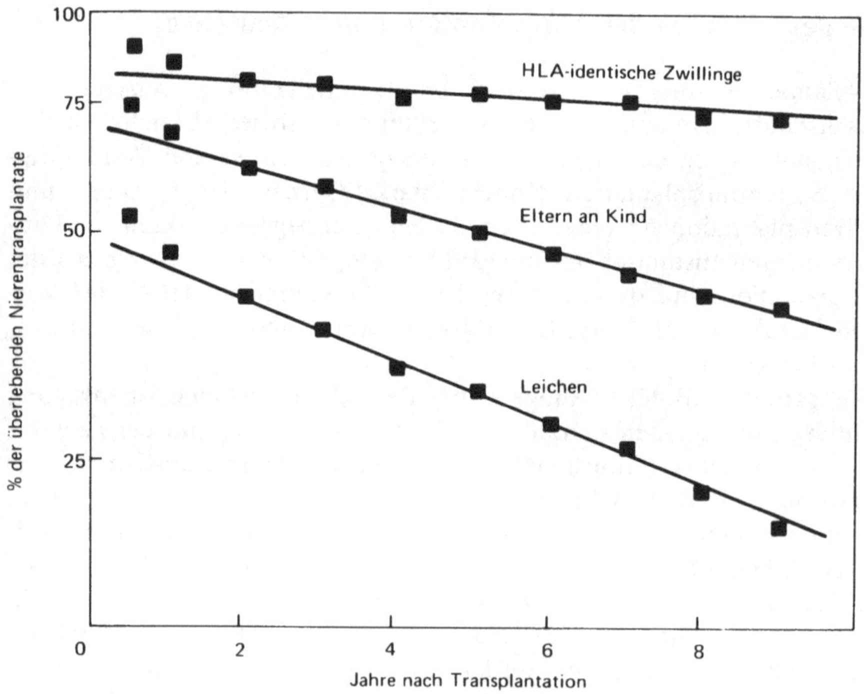

Abbildung 6.5 Rolle des HLA bei der Abstoßung von Nierentransplantaten. Die Abbildung zeigt einen Vergleich der Überlebenszeiten der Transplantate bei zwei identischen Zwillingen, einer an einem Haplotyp identischen Eltern-Kind-Kombination und bei Transplantaten aus Leichen ohne Histokompatibilität.

chend" in den Vereinigten Staaten. Die Daten in Abbildung 6.5 illustrieren die langfristigen Überlebensraten für Nierentransplantate aus Leichen bei Eltern-auf-Kind-Übertragung (ein Haplotyp identisch) und Geschwistern mit zwei identischen Haplotypen. Die Diskrepanzen gehen z.T. darauf zurück, daß die Definition der HLA-Region unvollständig ist und die mögliche Rolle zusätzlicher unbekannter Histokompatibilitäts-Loci nicht berücksichtigt wurde.

Zu den Problemen bei der Knochenmarktransplantation gehören 1. die Kontrolle der Immunreaktion des Wirts gegen die Spender-Alloantigene und 2. die Reaktivität der immunkompetenten Zellen des Spenders im Knochenmarktransplantat gegen den Empfänger. Die sich daraus ergebende GvH-Reaktion und das hohe Infektionsrisiko erschweren erfolgreiche Knochenmarktransplantationen.

Bei Knochenmarktransplantationen sind die Spender in den meisten Fällen Geschwister, die zwei mit dem Empfänger identische HLA-Haplotypen tragen. Selten wird ein HLA-identischer, in der gemischten Lymphozytenkultur negativ reagierender, aber nichtverwandter Spender verwendet. Offensichtlich ist HLA-D-Identität am wichtigsten für die Verhütung von GvH-Reaktionen; es tritt aber eine Reihe anderer, Nicht-HLA-Faktoren von untergeordneter Bedeutung hinzu.

Die üblichen Indikationen für Knochenmarkübertragung sind Immundefizienz-Krankheiten, aplastische Anämien (Anämien, bei denen es zum Versagen des Knochenmarks in der Produktion der roten Blutkörperchen gekommen ist) und in einigen Fällen Leukämien. Bei den Immundefizienz-Krankheiten werden am häufigsten die schweren kombinierten Immundefizienz-Zustände durch Knochenmarktransplantation behandelt (siehe Kap. 15). Bei der schweren kombinierten Immundefizienz-Krankheit kommt es bei Knochenmarktransplantaten zu hohen Angehraten (88%).

In letzter Zeit wurden beträchtliche Erfolge bei der Knochenmarktransplantation erzielt. Frühe Studien in der Maus hatten gezeigt, daß die GvH-Erkrankung durch die wenigen *reifen* T-Zellen im Knochenmarktransplantat hervorgerufen wird. Durch Elimination dieser Zellen mit spezifischen Antikörpern und Komplement gelang es, die GvH zu unterdrücken: Die Stammzellen wanderten in den Thymus des bestrahlten Rezipienten, gelangten dort zur Reife und wurden gegen die Histokompatibilitäts-Antigene des Wirts tolerant. Seit kurzem wird dieses Protokoll im Prinzip auch auf menschliche Knochenmarktransplantationen angewandt: Die Knochenmarkzellen werden mit sehr effizienten monoklonalen Antikörpern (Anti-T12-Antikörper) behandelt, welche die reifen T-Zellen auslöschen; anschließend werden die so behandelten Zellen auf einen bestrahlten Rezipienten transplantiert. In diesen Fällen gelang es, die Hämatopoese und Lymphozytenfunktion vollständig zu rekonstituieren, ohne daß eine GvH-Erkrankung entstand.

Obwohl natürlich der Einsatz möglichst kompatibler Gewebe für den Erfolg einer Allotransplantation von enormer Bedeutung ist, bedarf es für eine erfolgreiche Transplantation zusätzlich effektiver Methoden, die die Immunantwort des Wirts supprimieren. Im allgemeinen kann man sagen, daß bei HLA-identischen und haploidentischen Transplantaten eine geringere Notwendigkeit zur Immunsuppression besteht als bei nichtverwandten Transplantaten. Heute werden in erster Linie Kombinationspräparate aus *Corticosteroiden*, *Azathioprin* und *Cyclosporin A* gegeben. Cyclosporin A ist ein Antibiotikum, das die Funktion von Helfer-T-Zellen zu inhibieren scheint. In neueren Studien wird der Einsatz monoklonaler Antikörper gegen T-Zell-Subpopulationen zur selektiven Immunsuppression untersucht.

7 Zelluläre Immunität und Allergie vom verzögerten Typ

In diesem Kapitel sollen einige Funktionen von Helfer-T-Zellen und zytolytischen T-Zellen mit Relevanz für die zellvermittelte Immunantwort gegen Krankheitserreger besprochen werden. Im nächsten Kapitel wollen wir die Rolle der Helfer-T-Zellen und Suppressor-T-Zellen bei der Regulation der Immunantwort untersuchen.

Die Aktivierung einer T-Zellsubpopulation durch Antigen führt zu einer Form von spezifischer Immunität, die zellvermittelte oder zelluläre Immunität heißt. Zelluläre Immunreaktionen treten unter folgenden Umständen auf:

1. bei Infektionen mit bestimmten Mikroorganismen (vorwiegend fakultativ intrazellulären Bakterien und Parasiten);
2. im Verlauf einer Immunantwort gegen lösliche Proteinantigene;
3. bei Immunreaktionen gegen Tumoren und Transplantate;
4. bei der Kontaktallergie;
5. im Verlauf einiger Auto-Immunerkrankungen.

Dieses Kapitel gibt eine Übersicht über die zelluläre Immunität gegen Mikroorganismen und die verzögerte allergische Reaktion gegen lösliche Antigene. Beide Prozesse sind durch das Auftreten einer bestimmten Entzündungsform, an der mononukleäre Phagozyten beteiligt sind, charakterisiert, – der sogenannten Allergie vom verzögerten Typ.

Zelluläre Immunität bei Infektionskrankheiten

Über die Rolle von Antikörpern und Leukozyten bei der Abwehr bakterieller Infektionen bestand um die Jahrhundertwende eine Kontroverse. Elias Metschnikoff behauptete als erster, daß Phagozyten in der Lage seien, lebende Mikroorganismen aufzunehmen und abzutöten. Die Untersuchungen von P. Ehrlich, R. Bordet, R. Pfeiffer und anderen deuteten dagegen auf die wichtige Rolle der humoralen Immunität hin. Bald wurde klar, daß beide Parteien recht hatten: Neutrophile Granulozyten und/oder Makrophagen werden für die Bakterienabtötung benötigt, Antikörper und Komplement sind an deren Aufnahme beteiligt. Später erkannte man, daß die Immunität gegen einige Infektionen äußerst komplex ist und daß neben Antikörpern, die für die Opsonisierung benötigt werden, und Leukozyten, die für die Aufnahme und Abtötung der Organismen verantwortlich sind, weitere Abwehrfaktoren existieren müssen. Dies ist bei chronischen Infektionen, wie der Tuberkulose, besonders offensichtlich. Tuberkelbakterien werden zwar von Phagozyten aufgenommen, sie werden von diesen jedoch nicht abgetötet, so daß die Infektion lange persistiert.

Tuberkelbakterien sind in der Lage, sich innerhalb von Makrophagen zu vermehren; sie heißen deshalb fakultativ intrazelluläre Mikroorganismen. Im Prinzip beruht die Resistenz gegen Infektionen mit Tuberkelbakterien darauf, daß Makrophagen durch T-Zellen so aktiviert werden, daß sie gesteigerte antimikrobielle Aktivität erlangen.

Die Aufklärung der komplizierten Beziehungen zwischen T-Zell-Funktion und Makrophagen-Aktivierung bei der Abwehr gegen Infektionen durch intrazelluläre pathogene Keime brauchte viele Jahre; in der Tat versteht man die verschiedenen Interaktionsmechanismen erst seit kurzer Zeit.

Im wesentlichen beruht die Abwehr gegen Mikroorganismen entweder auf Antikörpern (humorale Immunität) oder auf T-Zellen (zelluläre Immunität): Zunächst seien noch einmal die wesentlichen Unterschiede beider Abwehrformen gegenübergestellt:

1. *Humorale Immunität:* Die Bildung von Antikörpern, die mit dem Antigen reagieren, führt zur Komplementbindung. Der Antigen-Antikörper-Komplex wird dann von Neutrophilen und Makrophagen phagozytiert. Die humorale Immunität spielt eine entscheidende Rolle bei Infektionen durch verschiedene pyogene grampositive Kokken sowie gramnegative Eitererreger, die nach ihrer Aufnahme von den Leukozyten rasch abgetötet werden. Der kritische Schritt für die Hemmung der Bakterienvermehrung ist daher die rasche Phagozytose, welche durch die Opsonisierung durch Antikörper und Komplement ermöglicht wird. Bakterien, die eine dicke Kohlenhydratkapsel besitzen, werden nur schlecht phagozytiert. Pneumokokken sind dafür das klassische Beispiel. In-vitro-Untersuchungen ergaben, daß die Phagozytose von Pneumokokken durch Neutrophile in der Gegenwart von Antikörper und Komplement 1000- bis 10000fach schneller abläuft. Bei Infektionen vom Typ der Pneumokokkeninfektion kommt es sehr rasch zur Elimination der Bakterien, wenn der Wirt erst einmal begonnen hat, Antikörper zu produzieren. Man kann durch Injektion von Serum, das spezifische Antikörper gegen die Oberflächenantigene der Bakterien enthält, Schutz passiv übertragen. Die humorale Immunität ist auch bei Erkrankungen durch Bakterien, die *Toxine*, wie das Diphtherietoxin oder das Tetanustoxin, produzieren, wirksam, da Antikörper in der Lage sind, diese Toxine rasch zu neutralisieren und ihre Wirkung auf die Zielorgane zu verhindern. Schließlich spielen Antikörper auch bei der Neutralisation einiger Viren während der frühen Infektionsphase, der Virämie, eine Rolle.
2. *Zelluläre Immunität:* Die humorale Immunität spielt nur eine geringe Rolle bei der Abwehr gegen solche Bakterien, Viren, Pilze und Protozoen, die die Fähigkeit besitzen, in Wirtszellen, insbesondere in Phagozyten, zu überleben und sich dort zu vermehren. Das Wachstum dieser Mikroorganismen kann durch die Phagozytose nicht verhindert werden, so daß weitere Mechanismen heran-

gezogen werden müssen. Hierzu gehören a) die Akkumulation von mononukleären Phagozyten am Infektionsherd und b) ihre Aktivierung. Sind die Phagozyten erst einmal aktiviert, sind sie in der Lage, das Wachstum der Erreger zu verhindern. Bei diesem Infektionstyp spielen Helfer-T-Lymphozyten die zentrale Rolle, da sie für die Aktivierung der Zellen des mononukleär-phagozytären Systems verantwortlich sind, die letztendlich die Abtötung der Erreger besorgen. Bei Virus-Infektionen entstehen zytolytische T-Lymphozyten, welche virus-infizierte Zellen spezifisch abtöten und auf diese Weise die Virusvermehrung verhindern. Zytolytische T-Zellen produzieren außerdem Gamma-Interferon, welches zusätzlich die Virusvermehrung beeinträchtigt. Im folgenden sind einige intrazelluläre Krankheitserreger des Menschen aufgeführt, bei denen die Immunität auf zellulären Mechanismen beruht.

Einige intrazelluläre Krankheitserreger des Menschen

Bakterien:	*Mycobacterium tuberculosis*
	Salmonella typhi
	Brucella abortus
	Listeria monocytogenes
Pilze:	*Candida albicans*
	Cryptococcus neoformans
	Histoplasma capsulatum
Viren:	*Die Mehrzahl*
Protozoen:	*Toxoplasma gondii*
	Malariaplasmodien
	Leishmania donovani
	Trypanosoma cruzi

Wir wollen zwei typische Beispiele der humoralen und der zellulären Immunität gegen Krankheitserreger kurz besprechen. Bei einer Infektion mit *Staphylococcus aureus* kommt es zur Produktion spezifischer Antikörper; die zelluläre Immunität wird zu einem bestimmten Grad ebenfalls aktiviert. Die wesentliche Reaktion bei dieser Infektion ist die Reaktion des Antikörpers mit dem Bakterium und die anschließende Aktivierung des Komplementsystems. Auf diese Weise werden die Bakterien opsonisiert und können von den neutrophilen Granulozyten aufgenommen werden. Einmal phagozytiert, unterliegen diese Organismen den toxischen Mechanismen der Neutrophilen. Intrazelluläre Bakterien (z. B. die Tuberkelbakterien) werden nach der Phagozytose nicht abgetötet, selbst wenn sie Antikörper und Komplement gebunden haben. In diesem Fall ist die Kooperation zwischen T-Zellen und Makrophagen entscheidend.

Zelluläre Immunreaktionen, die in erster Linie von Helfer-T-Zellen vermittelt werden

Der wichtigste Schritt der zellulären Immunreaktion ist die Aktivierung der mononukleären Phagozyten, die sich am Infektionsherd reichlich ansammeln und dort häufig *Granulome* bilden. Ein Granulom stellt eine Ansammlung von Lymphozyten und mononukleären Phagozyten dar, von denen viele das infektiöse Agens bereits phagozytiert haben. Makrophagen, die ein Granulom bilden, haften fest aneinander und nehmen dadurch einen epithelzellartigen Charakter an. Die veränderten Makrophagen werden auch als *Epitheloidzellen* bezeichnet. Einige Makrophagen können sogar miteinander verschmelzen und *Riesenzellen mit mehreren Kernen* bilden.

Die Rolle der zellulären Immunität läßt sich an der experimentellen Tuberkulose des Meerschweinchens verdeutlichen, wie sie Robert Koch bereits 1891 beschrieben hat. Inokulation virulenter Tuberkelbakterien in die Haut eines nichtimmunen Meerschweinchens führt zu einer schweren Infektion, die sich rasch auf die lokalen Lymphknoten und anschließend auf andere Organe ausbreitet. Diese systemische Infektion führt häufig zum Tod. Wird jedoch ein *immunes* Meerschweinchen, das schon eine Infektion durchgemacht hat, infiziert, so bleibt die Dissemination der Bakterien aus, und es kommt lediglich zur Ausbildung eines lokalen indurierten Knötchens in der Haut. Dieses Knötchen kann sich weiterentwickeln, so daß Nekrosen und Ulzerationen entstehen. Das immune Meerschweinchen ist also in der Lage, die Ausbreitung virulenter Bakterien zu verhindern. Das tuberkulöse Knötchen baut sich aus zahlreichen Phagozyten auf, die einen typischen Tuberkel oder ein Infektionsgranulom bilden. Die Makrophagen sind sehr groß, einige fusionieren und bilden Riesenzellen; zahlreiche Phagozyten enthalten Tuberkelbakterien, die an ihrem Wachstum und ihrer Vermehrung gehindert sind.

Die Vorgänge in einem tuberkulösen Granulom werden durch Untersuchungen von M. Lurie am Kaninchen 1942 aufgeklärt. Lurie kultivierte Tuberkelbakterien und Phagozyten in der vorderen Augenkammer des Kaninchens. Er stellte fest, daß sich die Bakterien in Phagozyten normaler, nichtinfizierter Kaninchen vermehren, jedoch nicht in Phagozyten von infizierten immunen Kaninchen. Serum infizierter Kaninchen verhinderte die Bakterienvermehrung in *normalen* Phagozyten nicht. War kein Serum vorhanden, so nahmen die Phagozyten die Tuberkelbakterien auf; wurde spezifisches Serum dazugegeben, so war die Aufnahme zwar verbessert, das Bakterienwachstum aber nicht gehemmt. Langsam wurde die Vorstellung entwickelt, daß die mikrobizide Wirkung von einem bestimmten Makrophagen-Aktivierungszustand abhängt. G. Mackaness und Mitarbeiter bewiesen erstmals die zentrale Rolle der T-Zelle in der Erkennungsphase und bei der Makrophagen-Aktivierung. Für ein Verständnis der Makrophagen-T-Zell-Wechselwirkung waren auch die Untersuchungen über die verzögerte Allergie entscheidend, da sie gleichfalls die zentrale Bedeutung der T-Lymphozyten aufzeigten.

Zelluläre Immunreaktionen laufen nicht nur gegen die oben genannten Mikroorganismen ab, sondern auch gegen lösliche Proteine. Für das Beispiel der Tuberkelbakterien heißt dies: Die Infektion führt zu einer zellulären Immunität. Erhält ein infiziertes Individuum ein zweites Mal die gleichen Bakterien, so kommt es zur Aktivierung der oben beschriebenen zellulären Immunprozesse. Die intrakutane Injektion eines löslichen Produktes von Tuberkelbakterien führt 24-72 Stunden nach Injektion zu einer Induration in der Haut, die durch Lymphozyten und Makrophagen charakterisiert ist. Man nennt dieses Phänomen eine *verzögerte allergische Reaktion*. Sie stellt das Äquivalent der oben beschriebenen Reaktion gegen lebende Bakterien dar. Die verzögerte allergische Reaktion ist ein Zeichen für den Besitz einer spezifischen zellulären Immunität gegen intrazelluläre Bakterien. In der Praxis ist die verzögerte allergische Reaktion von großer Bedeutung, da sie dem Arzt die Entscheidung erlaubt, daß der Patient gegen den fraglichen Mikroorganismus immun ist. Ein Proband, der eine Infektion mit Tuberkelbakterien durchgemacht hat, wird auf die intradermale Injektion von Tuberkulin (bzw. einem gereinigten Präparat) mit einer verzögerten allergischen Reaktion antworten, die als Schwellung und Induration imponiert (Tuberkulinreaktion). Alttuberkulin ist ein ungereinigtes, hitzekonzentriertes Filtrat einer Flüssigkultur von Tuberkelbakterien. Hieraus wird ein gereinigtes Tuberkulin (GT) hergestellt, das hauptsächlich Proteine enthält.

Derartige Hautteste werden auch zur Diagnose von Pilz-Infektionen herangezogen. Verzögerte allergische Reaktionen stellen somit Entzündungsreaktionen dar, die durch eine Infiltration von mononukleären Phagozyten charakterisiert sind und auf einer spezifischen T-Zell-Immunität beruhen.

In Experimental-Modellen werden die Proteine in einer Wasser-in-Öl-Emulsion *(inkomplettes Freundsches Adjuvans)* injiziert. Die Wasser-in-Öl-Emulsion kann auch tote Tuberkelbakterien enthalten *(komplettes Freundsches Adjuvans)*. Das Freundsche Adjuvans löst eine heftige Entzündungsreaktion aus, die die Ausbildung einer guten T-Zell-Immunität fördert. Verzögerte allergische Reaktionen gegen lösliche Proteine, die ohne Adjuvans verabreicht worden sind, weisen häufig neben den Makrophagen eine deutliche basophile Infiltration auf. Dieser Reaktionstyp entwickelt sich rascher nach der Immunisierung und hängt ebenfalls von spezifisch reagiblen T-Lymphozyten ab.

Warum verwendet man den Begriff „verzögert" zur Charakterisierung dieser zellvermittelten allergischen Reaktionen? Eine verzögerte allergische Reaktion beginnt nach mehreren Stunden (6 bis 8 Stunden) und nimmt bis 24 bis 48 Stunden deutlich an Größe und Intensität zu. Allergische Reaktionen vom Soforttyp entwickeln sich demgegenüber in wenigen Minuten. Die mononukleären Infiltrate bei verzögerten allergischen Reaktionen sind um kleine Gefäße herum besonders ausgeprägt und variieren in ihrer Stärke in Abhängigkeit vom Zustand der Immunisierung. Die Reaktion kann von einer Zerstörung der Blutgefäße und von Thrombosen und Gewebsnekrosen begleitet sein. Bei verzögerten allergischen Reaktionen ist die vaskuläre Permeabilität erhöht.

Wie unterscheiden sich die Granulome nach Infektion mit lebenden Tuberkelbakterien und die diffusen, bei einer verzögerten Allergie auftretenden Läsionen nach Gabe von Tuberkulin? Beide Reaktionen sind auf die gleichen pathogenetischen Mechanismen zurückzuführen. Der Hauptunterschied sind das Ausmaß und die Art der Antigen-Präsentation. Im Granulom konzentrieren sich die zellulären Reaktionen um diskrete Bezirke, in denen die Bakterien enthalten sind. Das Antigen liegt daher in diskreten Punkten in hoher Konzentration vor, und die Entzündung entwickelt sich darum herum. Bei einer Reaktion gegen lösliches Tuberkulin verteilt sich das Antigen in der Dermis; die Entzündung ist daher diffus. Wenn man anstatt löslichen Tuberkulins Tuberkulin, das an kleine unlösliche Polyacrylamid-Kügelchen gekoppelt wurde, injiziert, dann entsteht um die Kügelchen herum eine granulomatöse Reaktion.

Was passiert, wenn man das Antigen in die Haut eines sensibilisierten Individuums, das zirkulierende Antikörper trägt, injiziert? Wenn das immune Individuum einen hohen Antikörper-Titer besitzt, kann der verzögerten allergischen Reaktion eine Arthus-Reaktion vorausgehen. Arthus-Reaktionen entstehen entlang der Gefäßwände und werden durch Antigen-Antikörper-Komplement-Komplexe ausgelöst (s. Kap. 13).

Eine weitere wichtige Komponente einer Entzündungsreaktion ist die Zunahme der vaskulären Permeabilität, die durch Antikörper der IgE-Klasse ausgelöst wird (s. Kap. 14). Diese Antikörper binden sich an Mastzellen und können nach Interaktion mit dem Antigen die Freisetzung vasoaktiver Amine induzieren. Die durch IgE-Antikörper vermittelte Zunahme der vaskulären Permeabilität kann durch geringste Antigenmengen ausgelöst werden und setzt bereits nach wenigen Minuten ein. In Tabelle 7.1 werden die drei verschiedenen Typen einer immunologisch induzierten Entzündungsreaktion verglichen.

Was passiert, wenn man das Antigen einem immunen Tier intravenös verabreicht, das sich im Zustand einer verzögerten Allergie gegen dieses Antigen befindet? Es kommt zu einer systemischen verzögerten allergischen Reaktion. Diese ist durch Fieber, Abfall der zirkulierenden Monozyten und Hautausschlag charakterisiert. Das Fieber ist auf die Produktion endogener pyrogener Substanzen (Interleukin-1) durch die Makrophagen zurückzuführen. Die Monozytopenie ist

Tabelle 7.1 Immunologisch ausgelöste Hautreaktionen

Reaktion	Zeitverlauf	Histologie	Pathogenese
Arthus	2 bis 4 Std.	Neutrophilen-Infiltration	Antigen-Antikörper-Komplexe→ Neutrophile
Verzögerte Allergie	24 bis 72 Std.	Makrophagen-Infiltration (wenige Lymphozyten)	T-Zellen→ Lymphokine→ Makrophagen
Anaphylaktische Reaktion	Wenige Minuten	Ödem, wenige Zellen	IgE→Mastzellen

kurzlebig und durch ein Abwandern der Monozyten in das extravasale Gewebe bedingt. Der Hautausschlag ist auf multiple Reaktionen zwischen Antigen und Lymphozyten zurückzuführen.

Mechanismen

Zelluläre Immunreaktionen bestehen aus zwei Komponenten: Einer *spezifischen,* von T-Lymphozyten abhängigen und einer *unspezifischen* Komponente, die durch Makrophagen repräsentiert wird, welche unter Einwirkung von T-Zellen am Ort der zellulären Immunreaktion angereichert und aktiviert werden.

Die spezifische Komponente der zellulären Immunreaktion. K. Landsteiner und M. Chase führten die ersten Experimente durch, welche die Existenz einer spezifischen zellulären Immunität bewiesen. Sie zeigten, daß die verzögerte Allergie von Zellen nicht durch Antiserum übertragen wird. Zu jener Zeit war noch nicht bekannt, daß T-Zellen die spezifischen Träger der zellulären Immunität sind. Landsteiner und Chase übertrugen verzögerte Allergie gegen Tuberkulin von einem aktiv immunisierten Meerschweinchen auf ein normales Empfängertier mit Hilfe von Peritonealexsudat-Zellen. Untersuchungen späterer Autoren bestätigen die Beobachtungen von Landsteiner und Chase und zeigten darüber hinaus, daß T-Zellen für die Übertragung verantwortlich sind (siehe unten).

Untersuchungen in neuerer Zeit wurden mit Inzuchtmäusen durchgeführt. Sie ergaben, daß ein optimaler Transfer von verzögerter Allergie und antibakterieller Immunität Identität der Spender- und Empfängertiere im Haupthistokompatibilitätskomplex (MHC) voraussetzt. Wie in Kapitel 6 erwähnt, geht diese Restriktion auf die Tatsache zurück, daß Gene des MHC die Interaktion zwischen Makrophagen und T-Zellen bei der Antigenpräsentation kontrollieren. Tatsächlich werden T-Lymphozyten durch Makrophagen, die das Antigen aufgenommen haben, spezifisch aktiviert. In Kapitel 5 wurden verschiedene Beispiele aufgeführt, die gezeigt haben, daß die Immuninduktion besonders effektiv ist, wenn den T-Lymphozyten Antigen in Assoziation mit Makrophagen angeboten wird. Die Interaktion zwischen T-Lymphozyten und Makrophagen findet daher während zweier verschiedener Phasen der Immunantwort statt: zum einen während der Immuninduktion oder Erkennungsphase; hier werden die T-Zellen durch Antigen in Assoziation mit Klasse-II-Molekülen des Haupt-Histokompatibilitäts-Komplexes auf Makrophagen stimuliert. Zum anderen ziehen die antigen-aktivierten T-Lymphozyten während der Effektorphase neue Makrophagen in die Läsion und aktivieren sie.

Dieses Phänomen der Klasse-II-restringierten Interaktion zwischen T-Lymphozyten und Makrophagen ist von entscheidender Bedeutung für die Stimulation von Helfer-T-Zellen. In Kapitel 8 wollen wir die Einzelheiten der Makrophagen-Helfer-T-Zell-Interaktion näher besprechen.

Nach der Interaktion zwischen lokalen Makrophagen und T-Lymphozyten produzieren die T-Zellen zahlreiche biologisch aktive Proteine (Lymphokine), welche neue Phagozyten anlocken und am Ort des Geschehens aktivieren.

Wie oder in welchem Zustand liegt das Antigen vor, welches bei einer zellulären Immunreaktion von T-Zellen erkannt wird? Wir haben in Kapitel 2 bereits beschrieben, daß das von T-Zellen erkannte Antigen vorher vom Wirt teilweise denaturiert bzw. verändert wurde. Diese Schlußfolgerung beruht auf Untersuchungen über die Spezifität der verzögerten Allergie gegen globuläre und denaturierte Proteine. Immunisierung mit einem nativen Protein in Freundschem Adjuvans führt zu einer verzögerten Allergie, und die anschließende Injektion des nativen Antigens ruft eine verzögerte Reaktion hervor. Durch intradermale Injektion des denaturierten Antigens kann man jedoch die gleiche verzögerte Reaktion auslösen wie durch Injektion des nativen Antigens. Dieses Experiment läßt den Schluß zu, daß das Antigen vor der Erkennung durch die T-Zelle gewissen metabolischen Veränderungen unterworfen wurde.

Die folgenden Experimental-Beispiele sollen die Rolle der spezifischen Lymphozyten bei der zellulären Immunität gegen fakultativ intrazelluläre Bakterien erläutern:

Experiment 1: An der Immunität gegen fakultativ intrazelluläre Bakterien sind eine spezifische Komponente (T-Lymphozyten) und eine unspezifische Komponente (mononukleäre Phagozyten) beteiligt. Das folgende Experiment von George Mackaness und Mitarbeitern am Trudeau-Institut zeigt, daß T-Lymphozyten am spezifischen Schutz der Maus gegen eine Infektion mit *Listeria monocytogenes* beteiligt sind:

1. Man infiziert Mäuse mit einer bestimmten Menge virulenter Listerien.
2. Fünf bis sechs Tage später werden die Mäuse getötet und Serum bzw. Milzlymphozyten gewonnen. Zu dieser Zeit ist die Maus immun und enthält eine Population von Lymphozyten, die in der Lage sind, einen Schutz gegen die Infektion aufzubauen.
3. Man injiziert normalen Mäusen Milzzellen oder Serum der immunen bzw. normalen Spendertiere und infiziert anschließend die Empfängermäuse mit einer letalen Dosis virulenter Listerien, virulenter Mykobakterien oder beider Keime.

Serum immuner Mäuse ist nicht in der Lage, Schutz adoptiv zu übertragen, d.h., am Aufbau der Abwehr sind keine humoralen Mechanismen beteiligt. Dagegen enthalten immune Milzzellen Lymphozyten mit gesteigerter Anti-Listerien-Aktivität. Diese werden nur durch das spezifische Agens (Listerien), aber nicht durch nichtverwandte Bakterien (Mykobakterien), angeregt, eine Abwehrreaktion aufzubauen. Sind jedoch die Immunvorgänge erst einmal durch Bakterien spezifisch in Gang gesetzt worden, dann kommt es auch zur Heilung einer begleitenden Infektion mit nichtverwandten Organismen. Dies ist darauf zurückzuführen, daß

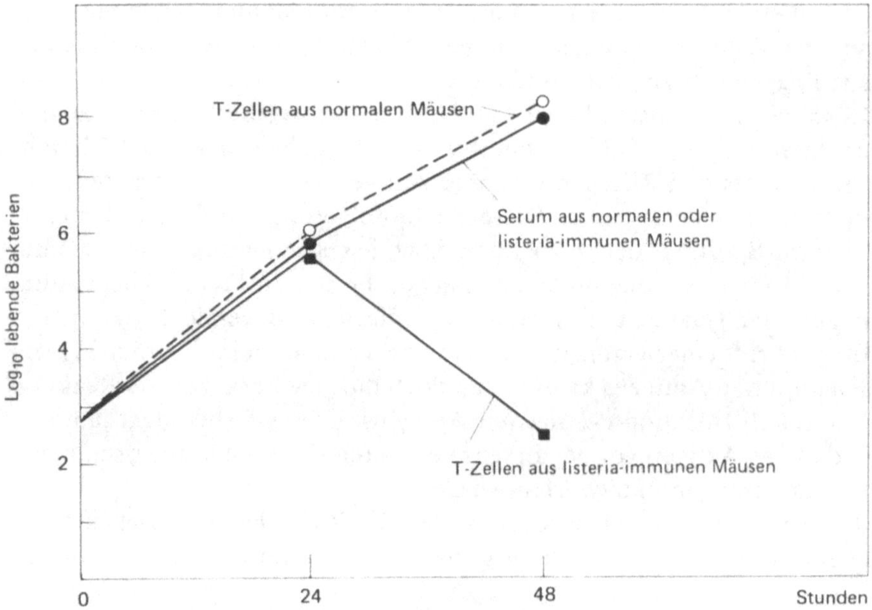

Abbildung 7.1 Vermehrungskurve von Listerien in der Milz von Mäusen. Die Mäuse erhielten Serum normaler bzw. listeria-immuner Mäuse oder aber T-Zellen aus listeria-immunen Mäusen. Lediglich T-Zellen aus listeria-immunen Mäusen waren in der Lage, das Bakterien-Wachstum zu hemmen.

die Lymphozyten mit Listerienspezifität die mononukleären Phagozyten unspezifisch aktivieren, welche dann auch immunologisch nichtverwandte Organismen abtöten können. Abbildung 7.1 zeigt eine Vermehrungskurve von Listerien in einem derartigen Experiment.

Ergebnis:

Übertragung	Infektion der Empfänger		
	Listerien	Mykobakterien	Listerien und Mykobakterien
Normale Milzzellen	Keine Immunität	Keine Immunität	Keine Immunität
Normales Serum	Keine Immunität	Keine Immunität	Keine Immunität
Listerienspezifische Milzzellen	Immunität	Keine Immunität	Immunität gegen beide Keime
Listerienspezifisches Antiserum	Keine Immunität	Keine Immunität	Keine Immunität

Experiment 2: Nachweis der Immunität in vitro:

1. Man gewinnt Makrophagen aus einem normalen Meerschweinchen und hält sie in Zellkultur.
2. Man gibt Lymphozyten hinzu, die gegen DNP-BGG (dinitrophenyliertes bovines Gamma-Globulin) bzw. BSA (bovines Serum-Albumin) spezifisch sind, und inkubiert das Zellgemisch in Gegenwart bzw. Abwesenheit des spezifischen Antigens. Anschließend werden die Makrophagenkulturen mit Listerien infiziert und das Wachstum der Listerien in den Makrophagen bestimmt.

Ergebnis:

Lymphozyten	Auslösendes Antigen	
	DNP-BGG	BSA
DNP-BGG-spezifisch	Verringertes Wachstum	Normales Wachstum
BSA-spezifisch	Normales Wachstum	Verringertes Wachstum
Normal	Normales Wachstum	Normales Wachstum

Interpretation: Die immunen Lymphozyten werden durch das spezifische Antigen angeregt, die Phagozyten zu aktivieren. Nach Aktivierung sind die Phagozyten in der Lage, das Listerien-Wachstum zu hemmen. In später durchgeführten Experimenten konnte gezeigt werden, daß die Interaktion zwischen den T-Lymphozyten und den Makrophagen der Klasse II restringiert ist und daß die T-Zellen anschließend Mediatoren sezernieren, welche die Makrophagen entsprechend aktivieren.

Die Lymphozyten, die an der zellulären Immunität beteiligt sind, gehören zur Klasse der T-Lymphozyten. Diese Immunität kann nur mit thymusabhängigen Zellen übertragen werden (s. Abb. 7.1). Tiere, die nach Geburt thymektomiert wurden, weisen eine herabgesetzte Widerstandskraft gegen derartige Infektionen auf.

Ähnliche Experimente kann man am Modell der verzögerten Allergie durchführen. Gereinigte T-Lymphozyten von einem Versuchstier, das mit einem Protein-Antigen sensibilisiert wurde und eine positive verzögerte allergische Hautreaktion aufweist, können die verzögerte Allergie auf ein normales Empfängertier übertragen. Kürzlich ließ sich zeigen, daß eine bestimmte T-Zell-Subpopulation für die verzögerte Allergie gegen Proteine verantwortlich ist. Im Mäusesystem gehören diese Zellen zu der $Ly1^+,23^-$ T-Zell-Subpopulation. Bei der zellulären Immunität gegen fakultativ intrazelluläre Bakterien sind die Verhältnisse komplizierter. Wahrscheinlich sind am Schutz gegen intrazelluläre Bakterien und an der verzögerten Allergie gegen Bakterienantigene zusätzlich zu $Ly\ 1^+,23^-$ T-Zellen auch $Ly\ 1^+,23^+$ T-Zellen beteiligt, während die verzögerte Allergie gegen Proteine von $Ly\ 1^+,23^-$ T-Zellen allein vermittelt wird.

Die Entzündungsreaktion. Histologisch steht bei den beschriebenen Reaktionen die Makrophagen-Infiltration im Vordergrund. Die Makrophagen sind aktiviert und weisen gesteigerte mikrobizide Fähigkeiten auf. Neben dem Großteil der infiltrierenden Zellen, der aus Makrophagen, die vom Knochenmark abstammen, besteht, befinden sich auch Lymphozyten in der Läsion. Das im folgenden beschriebene Experiment von R.T. McCluskey und B. Benacerraf trug entscheidend zur Klärung der zellulären Zusammensetzung von Läsionen bei der verzögerten Allergie bei. Meerschweinchen wurden mit Antigen in Freundschem Adjuvans immunisiert, so daß es zur Entwicklung einer starken zellulären Immunität kam.

A. Zwölf Tage nach Immunisierung erhielt eine Gruppe der immunen Meerschweinchen tritiummarkiertes Thymidin. Dieses Nucleotid markiert Lymphozyten, die gerade DNA synthetisieren, in diesem Falle antigenstimulierte immune T-Lymphozyten. Die Lymphozyten wurden gewonnen und in normale Meerschweinchen injiziert, in denen dann eine Hautreaktion mit homologem Antigen ausgelöst wurde.
B. Einer Gruppe normaler Meerschweinchen wurde drei Tage lang tritiummarkiertes Thymidin verabreicht. Anschließend erhielten die Tiere Lymphozyten immuner Meerschweinchen. Im Gegensatz zur Gruppe A waren diese Zellen nicht mit ^{3}H-Thymidin markiert.

Beiden Versuchsgruppen wurde Antigen in die Haut gespritzt, und beide entwickelten eine positive Reaktion. Meerschweinchen, denen keine Lymphozyten verabreicht worden waren, bzw. Tiere, die Lymphozyten normaler Meerschweinchen erhalten hatten, entwickelten keine Hautreaktion. Die Tiere wurden getötet, die Hautläsionen histologisch und autoradiographisch untersucht und der Anteil der markierten Zellen bestimmt.

Ergebnis:

Gruppe	Spenderzellen	Empfängerzellen	% markierter Zellen in der Läsion
A	Markiert	Nicht markiert	4%
B	Nicht markiert	Markiert	85%

Interpretation: Die meisten der infiltrierten Zellen stammen vom Empfängertier. Es sind Makrophagen, die von in schneller Teilung begriffenen Stammzellen aus dem Knochenmark abstammen. Obwohl eine geringe Zahl spezifischer T-Zellen zur Antigen-Erkennung und damit zur Reaktionsauslösung nötig ist, ist diese geringe Menge von Lymphozyten nicht nachzuweisen. Tatsächlich sind die 4% markierter Zellen unspezifisch. Denselben Wert erhält man, wenn man markierte Zellen mit Spezifität gegen Antigen 1 (wie in Gruppe A) auf ein Meerschweinchen überträgt, das gegen Antigen 2 immunisiert wurde, und im Empfängertier dann mit Antigen 2 eine Reaktion auslöst.

Zusammengefaßt bedeutet dies, daß der größte Teil der infiltrierenden Zellen einer zellulären Reaktion Makrophagen sind, die von Vorläuferzellen aus dem Knochenmark abstammen. Dies trifft sowohl auf die granulomatöse Reaktion bei infektiösen Prozessen als auch auf die diffuse Reaktion bei verzögerten Hautreaktionen zu.

Aktivierte Makrophagen haben einen vergrößerten Umfang, besitzen zahlreiche Lysosomen und weisen eine gesteigerte Phagozytosekapazität auf. Aktivierte Makrophagen spreizen sich in Kultur sehr rasch und haften sehr fest an Gewebekulturschalen. Die wichtigste Eigenschaft aktivierter Makrophagen ist die gesteigerte mikrobizide Aktivität.

Bei einer Infektion mit fakultativ intrazellulären Bakterien treten daher Makrophagen auf, die das Wachstum der Bakterien hemmen und sie sogar abtöten können. Makrophagen aus nichtimmunisierten Tieren sind dazu nicht in der Lage. Die der Wachstumshemmung und/oder der Bakterienabtötung zugrundeliegenden Vorgänge sind biochemisch noch nicht völlig aufgeklärt. In Tab. 7.2 werden die Eigenschaften residenter und aktivierter Makrophagen gegenübergestellt.

Man glaubt, daß die antimikrobielle Aktivität aktivierter Makrophagen zumindest zum Teil auf die Freisetzung reaktiver Sauerstoffmetabolite zurückzuführen ist. Hierzu gehören: H_2O_2, $\cdot OH$ und O_2^-. Man weiß, daß diese reaktiven Sauerstoffmetaboliten auf verschiedene Zellen und Mikroorganismen toxisch wirken. Freigesetzte Proteasen sind aber sicher auch an den beschriebenen Effekten beteiligt. Die Makrophagen-Aktivierung erfolgt wahrscheinlich über zwei Signale – einmal über die von T-Zellen produzierten Lymphokine (s. weiter unten) und zum anderen durch einen weiteren Stimulus, der z. B. von bakteriellen Produkten ausgehen kann. Durch die Abhängigkeit von zwei Signalen kann die Makrophagenaktivierung besser kontrolliert werden.

Tabelle 7.2 Vergleich zwischen residenten und aktivierten Makrophagen

Eigenschaft	Residente Makrophagen	Aktivierte Makrophagen
Anhaftung an Oberflächen	++	++++
Pinozytose-Rate	++	++++
Lysosomendichte	++	+++
Freisetzung reaktiver Sauerstoffmetaboliten	±	+++
Freisetzung neutraler Proteasen	+	+++
Fc-Rezeptoren-Dichte	++	+++
Ia-Antigen-Dichte	±	++++
5′-Nucleotidase-Dichte	++++	+
Antimikrobielle und Anti-Tumor-Aktivität	±	++++

Die Wirkung der aktivierten Makrophagen ist *unspezifisch*, d.h. unabhängig vom infizierenden Erreger können aktivierte Makrophagen Bakterien oder Viren inaktivieren. Eine Infektion mit Mykobakterien wird z.B. zur Aktivierung von Makrophagen führen, die in vitro nicht nur das Wachstum der Mykobakterien, sondern auch das vieler anderer Bakterien hemmen können. Dieser unspezifische Effekt besteht auch in vivo und konnte in verschiedenen Experimenten bewiesen werden. Nach Infektion eines Versuchstiers mit Mykobakterien ist das Tier z.B. auch in der Lage, einer normalerweise tödlichen Infektion mit Listerien oder Salmonellen zu widerstehen. Dieser Aktivierungszustand kann mehrere Wochen lang andauern (siehe Beispiel in Experiment 1 im vorherigen Abschnitt).

Interaktion zwischen T-Lymphozyten und Makrophagen. Anlockung und Aktivierung der Makrophagen bei zellulären Immunreaktionen scheinen durch lösliche Mediatoren aus T-Lymphozyten vermittelt zu werden. Kulturüberstände von T-Lymphozyten aus immunen Tieren, die mit homologem Antigen inkubiert wurden, enthalten zahlreiche aktive Moleküle, die *Lymphozyten-Mediatoren* oder *Lymphokine* heißen. Diese Mediatoren sind in der Lage, verschiedene Reaktionen auszulösen. Einige Moleküle konnten teilweise biochemisch charakterisiert werden. Ihre wichtigsten Vertreter sind:

1. *MIF:* Einer der ersten Lymphozyten-Mediatoren, der genauer untersucht wurde, war der Makrophagen-Inhibitions-Faktor (MIF). Er wurde erstmalig von J. David und B. Bloom beschrieben. MIF wird folgendermaßen getestet: Eine Makrophagen-Suspension wird in ein Kapillarröhrchen gefüllt, welches dann in eine Kulturschale mit geeignetem Kulturmedium gegeben wird. Die Makrophagen wandern aus dem Kapillarröhrchen in die Schale, und man kann ein Migrationsgebiet ausmessen, das mehrere Millimeter Durchmesser besitzt. Enthält das Medium MIF, wird die Makrophagenwanderung gehemmt, wobei das Ausmaß der Hemmung von der MIF-Menge abhängt. MIF ist ein Molekül, welches das intrazelluläre *cyclo*-AMP erhöht. Die Zunahme an *cyclo*-AMP bewirkt eine gesteigerte Polymerisation der Mikrotubuli und führt damit zu einer Hemmung der Migrationsfähigkeit der Zelle. Vielleicht besteht die Aufgabe von MIF im Ganztier darin, die Phagozyten daran zu hindern, den Ort einer zellulären Immunreaktion zu verlassen.
   Bei den ersten Untersuchungen über die Makrophagen-Inhibition wurden Peritonealexsudat-Zellen immuner Meerschweinchen (diese enthalten T-Zellen und Makrophagen) in Kapillarröhrchen gefüllt und diese anschließend in Medium, welches Antigen enthielt, inkubiert. Die T-Zellen produzierten MIF und verhinderten die Makrophagen-Migration. In dem in Abbildung 7.2 dargestellten Experiment wurden z.B. Peritonealexsudat-Zellen eines Meerschweinchens, welches gegen DNP-GPA (dinitrophenyliertes Meerschweinchen-Albumin) oder gegen DNP-BGG (dinitrophenyliertes bovines Gamma-Globulin) sensibilisiert war, mit DNP-GPA, DNP-BGG oder DNP-BSA

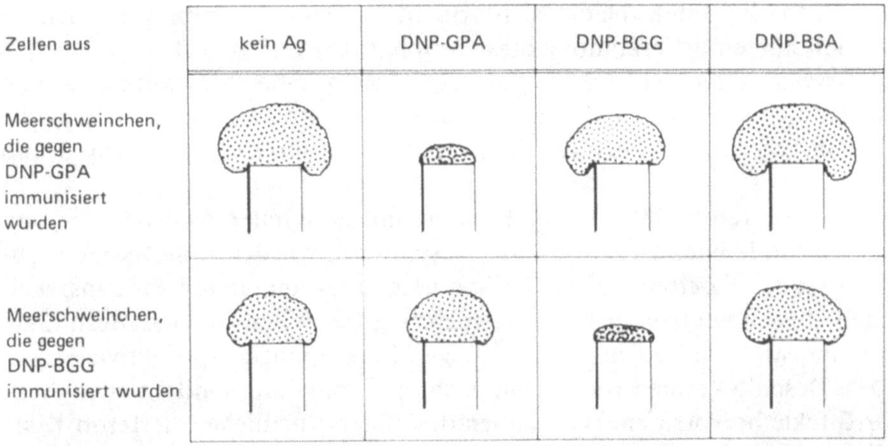

Abbildung 7.2 Meerschweinchen wurden mit DNP-GPA bzw. DNP-BGG immunisiert. Zwei Wochen später wurden die Peritoneal-Zellen gewonnen. Diese enthalten etwa 20% T-Zellen und 80% Makrophagen. Die Zellen wurden in Kapillar-Röhrchen gegeben und zusammen mit Antigen kultiviert. Nach Interaktion mit homologem Antigen bilden T-Zellen aus immunen Tieren MIF, welcher die Makrophagen-Wanderung aus den Röhrchen in die Kulturschale verhindert.

(dinitrophenyliertes bovines Serum-Albumin) gemischt. Die Abbildung zeigt, daß die Hemmung spezifisch ist.

MIF wurde in Kulturüberständen von Mäuse-, Mensch- und Meerschweinchen-T-Lymphozyten nachgewiesen und teilweise gereinigt. Es ist ein Glycoprotein mit einer Molekülmasse von etwa 20000 bis 40000 Dalton.

MIF kann in vitro auf mindestens zwei Arten gewonnen werden: 1. Man läßt immune T-Zellen mit dem homologen Antigen reagieren; 2. man läßt T-Zellen mit Lektinen reagieren; der Faktor wird z. B. von T-Zellen, die mit Phytohämagglutinin oder Concanavalin A inkubiert wurden, produziert. MIF wird auch von B-Zellen und einigen Gewebekulturlinien nichtlymphoider Zellen gebildet. Obwohl B-Zellen in vitro MIF bilden, sind T-Zellen in vivo die wesentlichen Zellen bei zellulären Immunreaktionen. Dies ergibt sich daraus, daß T-Zellen makrophagen-assoziiertes Antigen erkennen und den Hauptanteil des rezirkulierenden Lymphozyten-Pools stellen.

2. *Makrophagen-aktivierender Faktor:* Dieses Molekül hat ähnliche Eigenschaften wie MIF und könnte mit ihm identisch sein. Makrophagen, die mit diesem Mediator inkubiert werden, entwickeln einige Eigenschaften aktivierter Makrophagen.
3. *Chemotaktischer Faktor:* Ein auf Makrophagen chemotaktisch wirkender Faktor, der sich von MIF unterscheidet, ließ sich ebenfalls identifizieren. Vielleicht ist dieses Molekül für die Anlockung der mononukleären Phagozyten an Stellen der zellulären Immunreaktion verantwortlich.
4. *Lymphotoxin:* Lymphotoxin ist ein Protein, das Zellen einiger Tumoren in vitro

abtöten kann. Es unterscheidet sich von MIF. Seine Bedeutung in vivo ist unklar. Seit kurzem ist rekombinantes Lymphotoxin verfügbar.

5. *Ia-indizierende Faktoren:* Diese Faktoren haben eine Molekülmasse von 50000 Dalton und sind in der Lage, sowohl in vitro als auch in vivo die Expression von Ia-Antigenen auf Makrophagen zu induzieren (s. Kap. 5 und 8).
6. *Interferon:* Interferone (IFN) sind Proteine mit antiviraler Aktivität, die von Isaacs und Lindenmann 1957 erstmals beschrieben wurden. Interferone induzieren in virus-infizierten Zellen die Synthese eines antiviralen Proteins, welches den Zusammenbau und die Vermehrung der Viren hemmt. Bestimmte Interferone sind außerdem in der Lage, Makrophagen zu aktivieren (s. Kap. 11). Deshalb können Interferone nicht nur antivirale, sondern auch Anti-Tumor-Effekte hervorrufen. Wir kennen drei unterschiedliche Interferon-Klassen. IFN-α oder Leukozyten-Interferon ist bei einem pH von 2 noch stabil; *IFN-α* wird von aktivierten Makrophagen gebildet. *IFN-β* oder Fibroblasten-Interferon ist ebenfalls bei pH 2 stabil; es wird von den Fibroblasten und anderen in Kultur gehaltenen Zellen produziert, wenn diese mit Viren infiziert worden waren oder vorher durch Polyribonucleotide stimuliert wurden. *IFN-γ* oder Immuninterferon ist bei pH 2 labil; es wird von antigen- oder mitogen-stimulierten T-Lymphozyten produziert. Rekombinante Interferone aller Klassen sind verfügbar. Kürzlich wurde gezeigt, daß rekombinantes Interferon-γ auch makrophagen-aktivierende Aktivität und Ia-antigen-induzierende Aktivität besitzt. Die genannten biologischen Aktivitäten können damit von diesem Molekül vermittelt werden.
7. *Interleukin-2:* Dieses gut definierte und wichtige Lymphokin ist in der Lage, die Vermehrung von Helfer-T-Zellen und zytolytischen T-Zellen zu stimulieren. Rekombinantes Interleukin-2 ist verfügbar. Dieses Lymphokin wird im nächsten Abschnitt näher beschrieben.

Andere Faktoren, wie Helfer- und Suppressorfaktoren, wurden in Lymphozyten-Kulturüberständen nachgewiesen, und man nimmt an, daß sie die Induktion der Immunantwort regulieren können. Diese Probleme werden in Kapitel 5 und 8 besprochen.

Ein weiteres Lymphozytenprodukt, der *Transfer-Faktor,* stand lange im Mittelpunkt des Interesses. Trotzdem herrscht noch immer Unklarheit über diesen Mediator. Der Transfer-Faktor wurde ursprünglich von Lawrence beschrieben und konnte bisher nur beim Menschen nachgewiesen werden. Man findet den Faktor in Extrakten aus Blutleukozyten von Personen mit einer verzögerten allergischen Reaktion gegen Tuberkulin. Wird der Extrakt gegen Wasser dialysiert, so läßt sich die recht kleine aktive Komponente aus dem Dialysat wiedergewinnen. Verabreicht man sie tuberkulin-negativen Personen, so werden letztere tuberkulin-allergisch. Transfer-Faktoren mit Spezifität für weitere Produkte von Bakterien und Pilzen sind beschrieben worden. In den letzten Jahren wuchs das Interesse am Transfer-Faktor, da er bei einigen Patienten erfolgreich angewandt wurde. Patienten mit ernsten Pilzinfektionen sollen nach Behandlung mit Transfer-Faktor in Kombination mit Antimykotika eine deutliche klinische Besserung gezeigt haben. Obwohl der Transfer-Faktor biochemisch noch nicht charakterisiert und obwohl sein Wirkmechanismus unbekannt ist, besteht aufgrund der bisherigen Erfolge ein besonderes Interesse an dieser Substanz. In neueren Untersuchungen wurde gezeigt, daß in den Transfer-Faktor-Präparationen verschiedene Moleküle vorhanden sind, von denen einige lediglich unspezifische Verstärkereffekte entfalten dürften. Es ist durchaus möglich, daß kleine Antigenfragmente für die beschriebenen Befunde verantwortlich sind.

Die bisher bekannten Tatsachen lassen die Vermutung zu, daß Lymphozyten-Mediatoren tatsächlich die Moleküle darstellen, welche in vivo zelluläre Immunreaktionen vermitteln.

Injektion grob gereinigter Präparationen der Faktoren in die Haut führt zu einer Entzündungsreaktion, die alle charakteristischen Eigenschaften einer verzögerten allergischen Reaktion besitzt. Die Entzündungsreaktion verläuft etwas rascher als die antigeninduzierte verzögerte Reaktion. Das liegt vielleicht daran, daß im letzteren Fall die antigen-spezifischen Lymphozyten erst angereichert und aktiviert werden müssen. Weitere Hinweise für eine biologische Bedeutung der Lymphozyten-Mediatoren in vivo stammen aus Untersuchungen von Serum, Lymphe oder Gewebesekreten von Tieren, die gerade eine Infektion durchmachen. In einigen Experimenten wurde MIF-Aktivität im Serum von Mäusen, die mit Mykobakterien infiziert worden waren, nachgewiesen. Nach Antigen-Injektion fand man auch in der efferenten Lymphe aus Lymphknoten MIF-Aktivität. Letztere Experimente wurden bei Schafen durchgeführt, da bei diesen Tieren die Lymphgefäße für eine Kannulierung groß genug sind. Hautextrakte von Meerschweinchen mit einer verzögerten Reaktion enthalten einen chemotaktischen Faktor für Makrophagen.

Pathologie der zellulären Immunreaktionen: Kontaktallergie

Zelluläre Immunreaktionen sind für die Immunität gegen zahlreiche Mikroorganismen verantwortlich. Man nimmt an, daß die Immunität gegen einige Tumoren auf ähnliche Mechanismen zurückzuführen ist (s. Kap. 11). Es gibt auch Beispiele dafür, daß die zelluläre Immunität für das betroffene Individuum schädliche Folgen hat. Bei einigen Autoimmunerkrankungen reagieren T-Lymphozyten gegen körpereigene Komponenten und bewirken eine Entzündungsreaktion, die mit der verzögerten allergischen Reaktion identisch ist (s. Kap. 13).

Die häufigsten Beispiele verzögerter allergischer Reaktionen mit Beteiligung von Wirtskomponenten sind die Fälle von „Kontaktallergie". Verschiedene Chemikalien besitzen die Eigenschaft, sich mit Wirts-Proteinen zu verbinden und auf diese Weise Antigene zu bilden, die in der Lage sind, T-Lymphozyten zu stimulieren. Viele Ekzeme und Dermatitis-Fälle beim Menschen stellen verzögerte allergische Reaktionen gegen Chemikalien, die mit Hautproteinen reagiert haben, dar. Viele dieser Substanzen sind einfache chemische Verbindungen, Metall-Ionen oder Lipide, denen die Haut der Patienten ausgesetzt ist. Ein typisches Beispiel ist der Kontakt mit dem nordamerikanischen Giftsumach. Diese Pflanze enthält als Wirkstoff ein Catechol, das mit Hautproteinen reagiert und so ein *Neoantigen* bildet, welches heftige allergische Reaktionen hervorrufen kann. Andere bekannte Beispiele sind Chrom-, Nickel- und Beryllium-Ionen, die unlösliche Komplexe mit Hautproteinen bilden und auf diese Weise sensibilisierend wirken können. Das Problem tritt häufig bei Arbeitern auf, die mit diesen Substanzen umgehen; auch in Haarfärbemitteln findet man derartige sensibilisierende Substanzen. Diesen Substanzen ist gemeinsam, daß sie kleine Moleküle darstellen, die leicht in die Epidermis diffundieren können und sich dort an verschiedene Proteine binden können.

Die Spezifität der Kontaktallergie kann man am Versuchstier untersuchen. Das bestuntersuchte Versuchsmodell ist das Meerschweinchen, dessen Haut mit Picrylchlorid bestrichen wird. Picrylchlorid ist Trinitrochlorbenzol, welches sich an zahlreiche Hautproteine kovalent binden kann. Dadurch entstehen trinitrophenylierte autologe Proteinkonjugate. Man setzt ein Meerschweinchen dieser Substanz aus, indem man damit seine Haut bestreicht. Das Tier wird sensibilisiert und kann anschließend durch intradermale Injektion verschiedener heterologer Proteine, an welche Trinitrophenol (TNP) gekoppelt wurde, getestet werden. Das sensibilisierte Meerschweinchen reagiert nur schwach oder überhaupt nicht auf die Injektion von TNP, das an konventionelle Proteine gebunden ist. Die Reaktion verläuft dagegen heftig, wenn man das Picrylchlorid ein zweites Mal auf die Haut streicht. Unter diesen Bedingungen erkennt die T-Zelle primär den TNP-Komplex in Verbindung mit dem autologen Protein und nicht das eigentliche TNP-Molekül. Wie zu erwarten, kann die Kontaktallergie von einem sensibilisierten auf ein normales Tier mit Hilfe von T-Zellen übertragen werden. Interessanterweise bestand der erste Nachweis einer zellulären Immunreaktion durch Landsteiner und Chase in dem erfolgreichen Transfer einer Kontaktallergie gegen Chemikalien mit Hilfe von Peritonealexsudatzellen des Meerschweinchens, die Lymphozyten enthielten.

Eine Kontaktallergie kann man am besten dadurch auslösen, daß man die Chemikalie auf die Haut streicht. Die Substanz wird dann wahrscheinlich von Langerhans-Zellen in der Epidermis aufgenommen (s. Kap. 5). Diese Zellen wandern anschließend in die Dermis, gelangen in die Lymphgefäße und schließlich in den tiefen Kortex der Lymphknoten, wo sie das Antigen T-Lymphozyten adäquat präsentieren. Wenn man diese Chemikalien auf Hautareale streicht, welche keine Langerhans-Zellen besitzen, dann kommt es nicht zur Sensibilisierung, sondern in den meisten Fällen sogar zur Immuntoleranz. (Hierzu kann man entweder die Chemikalien auf die Schwanzhaut der Maus streichen, welche kaum Langerhans-Zellen besitzt, oder man kann die Langerhans-Zellen durch lokale UV-Bestrahlung ausschalten).

Eines der ältesten bekannten Beispiele für Toleranz ist die Toleranz im Bereich der Kontaktallergie gegen Picrylchlorid. Sie tritt auf, wenn man die Verbindung, anstatt sie auf die Haut zu streichen, oral oder intravenös verabreicht (*Sulzberger-Chase*-Phänomen). Füttert oder injiziert man Meerschweinchen Picrylchlorid, so sind diese nicht mehr in der Lage, eine Kontaktallergie zu entwickeln, wenn die Haut der Substanz ausgesetzt wird. Wahrscheinlich kommt es nach systemischer Verabreichung des Antigens zu einer spezifischen Toleranz, die auf die Bildung von Suppressor-T-Zellen zurückzuführen ist. Dieses Experiment wird in Kapitel 9 näher beschrieben.

Zelluläre Immunität gegen Viren: Zytotoxische T-Lymphozyten

Bei Virusinfektionen werden sowohl B- als auch T-Lymphozyten aktiviert; daher kommt es bei Virusinfektionen zur Bildung von antiviralen Antikörpern und einer antiviralen zellulären Immunität. Wie zu erwarten, kann man daher die Eliminierung von Viren nicht einer einzelnen Zelle zuordnen; vielmehr sind verschiedene Leukozytenpopulationen daran beteiligt: B-Zellen als Antikörperproduzenten, Makrophagen als Präsentatoren von Virusantigenen und im aktivierten Zustand auch als Effektoren der Viruselimination, Helfer-T-Zellen als Lymphokinproduzenten, welche mit B-Lymphozyten, zytotoxischen T-Lymphozyten oder Makrophagen interagieren und schließlich zytotoxische T-Zellen, welche virusinfizierte Zielzellen lysieren. Die relative Bedeutung der humoralen und der zellulären Immunität für die Virusinfektabwehr hängt von verschiedenen Bedingungen ab. Während der frühen Phase der Infektion sind Antikörper in der Lage, Viren im Blut und den extrazellulären Körperflüssigkeiten zu neutralisieren. Die endgültige Eliminierung der Krankheitserreger hängt dann aber von den zytotoxischen T-Lymphozyten ab. Zytotoxische T-Zellen werden etwa 4 bis 9 Tage nach Infektionsbeginn gebildet, und ihre Aktivität nimmt nach 14 Tagen wieder ab. Sie besitzen jedoch ein gewisses immunologisches Gedächtnis und können bei einer Neuinfektion rasch reaktiviert werden. Zytotoxische T-Lymphozyten besitzen zwei Fähigkeiten, die sie gegen Viren einsetzen: 1. sie erkennen und lysieren virusinfizierte Wirtszellen und hemmen auf diese Weise die Ausbreitung neuer Viruspartikel; 2. sie sind befähigt, bestimmte Lymphokine, besonders γ-Interferon, nach Interaktion mit virusinfizierten Zielzellen zu produzieren, welche anschließend Makrophagen aktivieren und in virusinfizierten Zellen eine antivirale Aktivität induzieren. In relativ neuen Versuchen, in denen Klone zytotoxischer T-Lymphozyten mit Spezifität gegen Influenza-Viren eingesetzt wurden, konnte gezeigt werden, daß diese Zellen allein erfolgreich eine Influenza-Infektion bekämpfen können. Im folgenden wollen wir uns die wichtigsten Eigenschaften zytotoxischer T-Lymphozyten noch einmal anschauen. Zytotoxische T-Lymphozyten werden in vivo gegen virus-infizierte Zellen, gegen Tumorzellen und gegen Transplantate gebildet. Außerdem können zytotoxische T-Lymphozyten gegen kleinmolekulare reaktive Chemikalien, die sich an Oberflächenproteine binden, generiert werden.

Der CTL-Test. CTL-Aktivität läßt sich messen, indem man eine Zielzell-Suspension, die mit Cr^{51} markiert wurde, einer Population für diese Zellen spezifischer Lymphozyten aussetzt; das Verhältnis schwankt in Abhängigkeit von der Aktivität der spezifisch reagierenden Zellen von 1 bis 100 Lymphozyten pro Zielzelle. Die Zellmischung wird sanft zentrifugiert, und man läßt die Zellen auf dem Boden eines Reagenzglases in Kulturmedium miteinander reagieren. Der Vorgang nimmt vier bis 24 Stunden in Anspruch. Nach Abschluß des Versuchs werden die Zellen zentrifugiert und das in den Überstand freigesetzte Cr^{51} gemessen und mit der Cr^{51}-Menge, die in Abwesenheit von spezifisch reagiblen Lymphozyten freigesetzt worden ist (spontane Freisetzung), verglichen. Einen typischen CTL-Test zeigt Abb. 7.3.

Mechanismus der CTL-vermittelten Lyse. Nach Antigenerkennung und Kontakt kommt es als erstes zur Adhäsion zwischen CTL und Zielzellen. Der Adhäsionsvorgang nimmt nur zwei Minuten in Anspruch. Er kommt nicht bei 0 °C zustande und erfordert die Gegenwart von Mg^{++}-, aber nicht von Ca^{++}-Ionen. Die Adhäsion wird von den meisten Pharmaka, die eine Zytolyse hemmen, wie

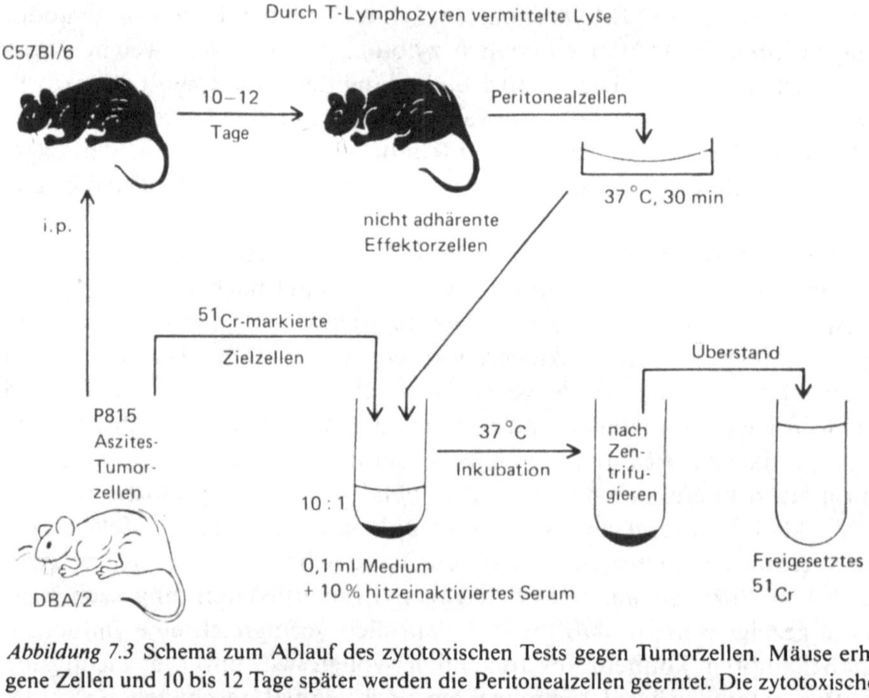

Abbildung 7.3 Schema zum Ablauf des zytotoxischen Tests gegen Tumorzellen. Mäuse erhalten allogene Zellen und 10 bis 12 Tage später werden die Peritonealzellen geerntet. Die zytotoxischen T-Lymphozyten sind in der nicht-adhärenten Fraktion zu finden. Sie werden mit den allogenen Tumorzellen, welche vorher mit radioaktivem Chrom markiert worden waren, gemischt. Anschließend wird die Chrom-Freisetzung als Parameter für den Zelltod ermittelt.

Cytochalasin B, Inhibitoren der ATP-Produktion und Lokalanästhetika, blokkiert. In neueren Untersuchungen wurden drei Oberflächenmoleküle auf zytotoxischen T-Lymphozyten identifiziert, die an der Zell-Zell-Interaktion beteiligt sind. Bei diesen Untersuchungen wurden spezifische monoklonale Antikörper, welche die Bindung der zytotoxischen T-Lymphozyten an ihre Zielzellen blockieren, eingesetzt. Das erste wichtige Molekül ist der *T-Zellrezeptor* auf den zytotoxischen T-Zellen. Wie bereits oben beschrieben, gelang es, gegen verschiedene T-Zellklone sog. klonotypische Antikörper zu produzieren (s. Kap. 5). Die anderen beiden Moleküle sind wahrscheinlich an der Adhäsion zytolytischer T-Lymphozyten an die Zielzellen beteiligt und daher für eine stabile Zellinteraktion verantwortlich. Das erste Molekül ist bei der Maus das *Ly2-Antigen* (s. Kap. 5), welches aus zwei Untereinheiten mit einer Molekülmasse von 30000 Dalton besteht. Obwohl das Ly2-Antigen die Zelladhäsion erleichtert, wird es nicht zwingend benötigt. Auch $Ly2^-$-T-Zellen können unter bestimmten Bedingungen Zielzellen lysieren. Das zweite Molekül heißt *Lymphozyten-Funktions-Antigen 1* (LFA-1); es besteht ebenfalls aus zwei Untereinheiten mit einer Molekülmasse von 95000 und von 180000 Dalton. Dieses Protein wird auf fast allen Lymphozyten gefunden.

Der zweite Schritt wird als der letale Treffer *(lethal hit)* bezeichnet. Während dieses Stadiums setzt der CTL der Zielzelle eine irreversible tödliche Läsion. Der Todesstoß erfordert ungefähr zehn Minuten und ist der temperaturempfindlichste Abschnitt (bei Raumtemperatur dauert er zehnmal länger als bei 37 °C). Ca^{++}-Ionen sind jetzt im Gegensatz zur Adhäsion erforderlich, eine Protein-Synthese jedoch nicht. Es sind keine Pharmaka bekannt, die den letalen Treffer direkt verhindern können. Der tödliche Treffer läßt sich nachweisen, indem man die CTL von den Zielzellen ablöst, z. B. durch den Ca^{++}-Chelatbildner EDTA. Die Ablösung verhindert nicht die nachfolgende Lyse der Zielzellen.

Obwohl die Pharmakologie der CTL-vermittelten Lyse einen sekretorischen Vorgang wahrscheinlich macht, gibt es hierfür noch keine direkten experimentellen Beweise. Es gilt als wahrscheinlich, daß die Membran der Zielzelle die primäre Angriffstelle darstellt. Hierfür spricht der Befund, daß die Elektrolyt-Permeabilität der Zielzellmembran während des tödlichen Trefferstadiums zunimmt. Die Zielzelle spielt wahrscheinlich eine passive Rolle, da auch glutaraldehydbehandelte Zielzellen lysiert werden. Der genaue Mechanismus, der dem tödlichen Treffer zugrundeliegt, ist unbekannt.

Die dritte und letzte Phase der CTL-vermittelten Lyse ist die CTL-unabhängige Lyse. Diese erfordert in der Regel eine Stunde oder mehr, ist schwach temperaturabhängig (sie verläuft bei 0 °C zehnmal langsamer als bei 37 °C) und wird durch Pharmaka nicht gehemmt. Man nimmt an, daß die Lyse passiv erfolgt und auf die kolloid-osmotische Schwellung (Influx von Wasser) zurückgeht, die sich durch die Membran-Läsionen nach dem letalen Stoß ergibt. Elektrolyte und kleine Metabolite verlassen die Zelle vor dem Cr^{51}, das erst gegen Ende des Lysevorgangs aus der Zelle austritt.

Generierung zytotoxischer T-Lymphozyten. Zytotoxische T-Lymphozyten stammen von inaktiven Vorläuferzellen ab. Nach Infektion mit einem Virus differenzieren sich diese Vorläuferzellen in aktive zytolytische Zellen. Hieran sind verschiedene Zellinteraktionen beteiligt. Die wichtigsten Interaktionen sind: 1. Helfer-T-Zellen erkennen Ia-Antigen-tragende Makrophagen, welche Virusantigene exprimieren. 2. Zytotoxische T-Lymphozyten erkennen Zielzellen, welche Virus-

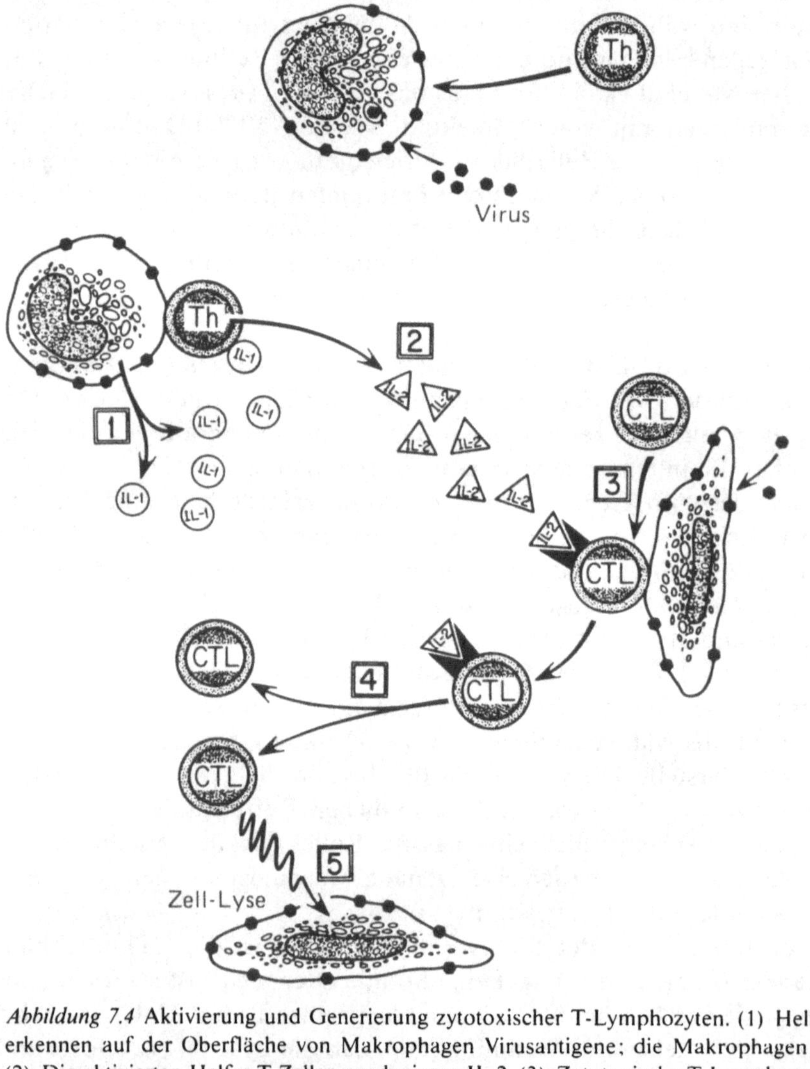

Abbildung 7.4 Aktivierung und Generierung zytotoxischer T-Lymphozyten. (1) Helfer-T-Zellen (Th) erkennen auf der Oberfläche von Makrophagen Virusantigene; die Makrophagen setzen IL-1 frei. (2) Die aktivierten Helfer-T-Zellen produzieren IL-2. (3) Zytotoxische T-Lymphozyten (CTL) erkennen Virusantigen auf Zielzellen, wie z. B. virus-infizierten Fibroblasten, und exprimieren IL-2-Rezeptoren. (4) Nach der Bindung von IL-2 proliferieren und differenzieren die zytotoxischen T-Lymphozyten. (5) Die ausdifferenzierten zytotoxischen T-Lymphozyten erkennen wiederum virus-infizierte Fibroblasten und töten diese jetzt ab.

antigene exprimieren. Für die Interaktion zwischen Helfer-T-Zellen und Makrophagen gilt im Prinzip das bereits Gesagte. Die genetische Restriktion dieser Interaktion wird im Kapitel 8 näher beschrieben. Kurz gesagt, erkennen Helfer-T-Zellen das Antigen in Assoziation mit Klasse-II-Strukturen des Haupt-Histokompatibilitäts-Komplexes. Diese Interaktion bewirkt die Freisetzung zahlreicher Mediatoren, von denen das *Interleukin 2 (IL-2)* für die Differenzierung und Vermehrung der zytotoxischen T-Lymphozyten von besonderer Bedeutung ist. In Abhängigkeit von der Spezies hat IL-2 eine Molekülmasse von 15000 bis 30000 Dalton. Folgende Schritte können bei der Aktivierung zytotoxischer T-Lymphozyten unterschieden werden: Virusantigen wird von Makrophagen in Assoziation mit Klasse-II-kodierten Produkten präsentiert. Dies stellt das erste Signal für die Helfer-T-Zellen dar. Zusätzlich bilden die Makrophagen IL-1 (Signal 2). Beide Signale stimulieren Helfer-T-Zellen zur Sekretion von IL-2. IL-2 wirkt auf die zytotoxischen T-Zellen (bzw. deren Vorläufer) als Signal 2. Als Signal 1 dient den zytotoxischen T-Zellen das Virusantigen auf der prospektiven Zielzelle, welches in Assoziation mit Klasse-I-kodierten Produkten präsentiert wird. Beide Signale zusammen führen zu Aktivierung zytotoxischer T-Zellen. Die zytotoxischen T-Zellen können jetzt ihre Effektorfunktion, nämlich die Zytolyse von Zielzellen, übernehmen. Die geschilderten Vorgänge sind in Abb. 7.4 summarisch zusammengefaßt.

Erkennung viraler Antigene durch zytotoxische T-Lymphozyten. Zytotoxische T-Lymphozyten erkennen fremde Antigene (z. B. virale Antigene) immer auf syngenen Zielzellen. Diese Antigenerkennung wird von Molekülen der Klasse I des Haupt-Histokompatibilitäts-Komplexes restringiert. Die einzige Ausnahme sind zytotoxische T-Lymphozyten, welche gegen fremde Alloantigene (s. Kap. 6) gerichtet sind; in diesem Fall erkennen die zytotoxischen T-Lymphozyten die allogenen Moleküle der Klasse I direkt. Im folgenden wollen wir kurz die Wirkung zytotoxischer T-Lymphozyten der Maus mit Spezifität gegen Lymphozyten-Chorionmenigitis-Viren (LCM) beschreiben.

Mäuse unterschiedlichen H-2-Haplotyps werden mit LCM-Virus infiziert. Mehrere Tage später werden die Mäuse getötet und die lymphoiden Organe entnommen. Die T-Zellen dieser LCM-immunen Mäuse können Gewebekultur-Fibroblasten oder frisch mit LCM-Virus infizierte Makrophagen abtöten. Nichtinfizierte Zielzellen oder Zellen, die mit nichtverwandten Viren infiziert sind, werden durch die LCM-immunen CTL nicht abgetötet. Die auffallende Beobachtung ist, daß T-Zellen lediglich LCM-infizierte syngene Zielzellen, aber nicht LCM-infizierte allogene Zielzellen abtöten (Tab. 7.3). Tabelle 7.4 zeigt eine Analyse dieses Phänomens im Zusammenhang mit der Produktion von CTL in vitro. Zuerst werden virus-infizierte Fibroblasten mit T-Zellen über einige Tage inkubiert. Die Inkubation führt zur Bildung von CTL mit Spezifität gegen LCM-Viren, die dann auf frische Fibroblasten, die mit LCM-Viren infiziert sind, angesetzt werden. Die Fibroblasten entstammen entweder demselben oder einem

Tabelle 7.3 Genetische Restriktion der Abtötung LCM-infizierter Zielzellen durch zytotoxische T-Lymphozyten

Zytotoxische T-Zelle		% spezifische Lyse der Zielzellen			
		$H\text{-}2^k$-Zielzellen		$H\text{-}2^d$-Zielzellen	
H-2 Stamm	LCM-Infektion	LCM	Keine LCM	LCM	Keine LCM
k	–	0	0	0	0
k	+	30%	0	0	0
d	–	0	0	0	0
d	+	0	0	35%	0
k × d	–	0	0	0	0
k × d	+	25%	0	30%	0

In dieser Tabelle sind die Ergebnisse eines Experiments von Zinkernagel und Doherty (J. Exp. Med. **141**: 1427, 1975) dargestellt, in dem erstmals die genetische Restriktion zytotoxischer T-Lymphozyten beschrieben wurde. Die Hintergrundwerte wurden hier bereits abgezogen. Nähere Erläuterungen im Text.

Tabelle 7.4 Haupt-histokompatibilitäts-locus-abhängige Restriktionen virus-spezifischer Zytolyse

Gruppe	Haplotyp der zytotoxischen T-Lymphozyten	Haplotyp der sensibilisierenden virus-infizierten Zellen*	Haplotyp der virus-infizierten Zielzellen**	Zytolyse
1	a	a	a	+
2	a	a	b	–
3	b	b	b	+
4	b	b	a	–
5	(a × b) F_1	a	a	+
6	(a × b) F_1	a	b	–
7	(a × b) F_1	b	b	+
8	(a × b) F_1	b	a	–

* Dies sind die antigen-tragenden Zellen, die eingesetzt werden, um eine primäre zytotoxische Immunantwort in Gang zu bringen. Wenn die sensibilisierenden Zellen nicht virus-infiziert sind, werden keine zytotoxischen Lymphozyten produziert, da die sensibilisierenden mit den antwortenden Zellen syngen sind.

** Wenn die Zielzellen nicht virusinfiziert sind, kommt es nicht zur Zytolyse.

anderen Stamm. Die ersten vier Gruppen in Tabelle 7.4 sprechen für sich selbst und zeigen, daß eine Restriktion der Zytolyse durch den Haupt-Histokompatibilitäts-Locus besteht. Die Gruppen 6 und 8 der Tabelle zeigen, daß die Bedingung sich nicht auf eine Gemeinsamkeit derselben MHC-Produkte der CTL und der Zielzelle bezieht. Vielmehr müssen die Zielzellen identische MHC-Antigene mit den virus-tragenden Zellen tragen, welche die ursprüngliche Immunantwort und

Produktion der CTL in Gang brachten (Gruppen 5 und 7). Obwohl die Abtötung in hochspezifischer Weise von den Virus-Antigenen abhängt, reichen diese nicht für die Erkennung durch die CTL aus. Virus-Spezifitäten müssen vielmehr auf einer Zellmembran angesiedelt sein, welche die entsprechende MHC-Spezifität trägt.

Bei der natürlichen Immunantwort gegen Virusinfektionen oder Tumorwachstum ist die Zielzelle eine körpereigene Zelle, die Fremdantigene trägt, und ist demnach mit den CTL syngen. Die syngenen MHC-Produkte sind Teil der Spezifität, welche durch die CTL erkannt wird. Im Gegensatz zu CTL erkennen Antikörper, die mit Fremdantigenen reagieren, letztere unabhängig von MHC-Produkten.

Wir können heute davon ausgehen, daß die T-Zell-Rezeptoren zytotoxischer T-Lymphozyten eine kombinierte Spezifität für Fremdantigen (in unserem Beispiel virale Antigene) und Klasse-I-Proteine des Haupt-Histokompatibilitäts-Komplexes besitzen. Auf welche Weise das Fremdantigen und das Klasse-I-Protein miteinander assoziiert sind, ist bis heute noch nicht geklärt. Davon unabhängig wissen wir aber, daß die Produkte des Haupt-Histokompatibilitäts-Komplexes als Erkennungsstrukturen für Antigen fungieren und daß Antigen auf diese Weise auf der T-Zell-Ebene als fremd erkannt wird. Da Proteine der Klasse I auf allen Zellen des Körpers exprimiert werden, können auch alle Zellen des Körpers prospektive Zielzellen für zytotoxische T-Lymphozyten darstellen.

Neuere Untersuchungen deuten darauf hin, daß die Reifung der frühen Thymozyten einen Einfluß auf die Art der genetischen Restriktion hat. Bei diesen Untersuchungen wurden sogenannte Bestrahlungs-Chimären eingesetzt:

Inzuchtmäuse eines bestimmten Haplotyps werden letal bestrahlt und erhalten anschließend Stammzellen einer anderen Maus. Einige dieser Stammzellen wandern in den Thymus und differenzieren sich dort in reife T-Lymphozyten. Im folgenden sollen A und B zwei verschiedene Haplotypen darstellen. Stammzellen einer $(A \times B)$ F_1-Maus (also einer F_1 der zwei Inzuchtmäuse A und B) werden in bestrahlte Mäuse des Haplotyps A injiziert. Die zytotoxischen T-Lymphozyten, die sich nach einer Virusinfektion ausbilden, sind jetzt hauptsächlich A-restringiert. Werden dagegen Stammzellen einer A-Maus auf eine bestrahlte $(A \times B)F_1$-Maus transplantiert, dann sind die zytotoxischen T-Lymphozyten entweder A- oder B-restringiert. Die Vorläuferzellen der zytotoxischen T-Lymphozyten müssen deshalb während ihrer Entwicklung im Thymus die Fähigkeit erlangt haben, die Antigene des Haupt-Histokompatibilitäts-Komplexes des Rezipienten zu erkennen und als Leitmoleküle zu akzeptieren. Wahrscheinlich geschieht dies beim Kontakt der Thymozyten mit den Stromazellen im Thymus.

8 Regulation der Immunantwort durch T-Lymphozyten

In den vorangehenden Kapiteln wurden die Grundeigenschaften der Lymphozyten und Makrophagen sowie die physiologischen Veränderungen geschildert, die im lymphatischen Gewebe nach Kontakt mit Antigen stattfinden. Ebenso wurden das Einfangen von Antigen durch Makrophagen und einige der zellulären Interaktionen, die während der Immunantwort stattfinden, beschrieben. Wir haben gesehen, daß sich die B-Zellen aus zahlreichen antigenspezifischen Klonen zusammensetzen. Antigen selektioniert die Klone mit einer hohen Bindungsaffinität, danach kommt es zur Expansion der B-Zellklone. Nach der Interaktion mit T-Zellen differenzieren sich B-Zellen zu Plasmazellen, den eigentlichen antikörper-bildenden Zellen. Es wurde auch geschildert, daß die T-Helferzellen unentbehrliche regulatorische Zellen darstellen, die die Eigenschaft besitzen, mit an eine antigen-präsentierende Zelle gebundenem Antigen zu reagieren, während sie gleichzeitig körpereigene Proteine, die Klasse-II-Glycoproteine des Haupthistokompatibilitätsgenortes, erkennen. Man sagt: Die T-Helferzelle ist durch Klasse-II-Moleküle restringiert.

Auch die zytolytische T-Zelle erkennt das Antigen auf einer antigen-präsentierenden Zelle, aber in diesem Fall ist die Interaktion in der Regel durch Klasse-I-Moleküle restringiert. Die allgemeinen Eigenschaften der Klasse-I- und Klasse-II-Moleküle sind in Kapitel 6 beschrieben. Die T-Helfer-Zellen sezernieren Lymphokine, welche Makrophagen aktivieren; zytotoxische T-Zellen können antigen-tragende Zellen abtöten. Beide Zellen sind wesentliche Komponenten beim Aufbau der Abwehrleistung gegenüber einer Vielzahl von infektiösen Mikroorganismen.

Das folgende Kapitel beschreibt im Detail drei wesentliche regulatorische Interaktionen zwischen Makrophagen, Helfer-T- und Suppressor-T-Zellen: 1. Die Aktivierung von T-Helferzellen durch Antigen, welches auf Phagozyten präsentiert wird; 2. die Differenzierung von B-Zellen zu Antikörperproduzenten und 3. die Aktivierung von Suppressor-Mechanismen, von denen viele auf der Bildung von Suppressor-T-Zellen basieren.

Makrophagen-Lymphozyten-Interaktionen

In Kapitel 5 wurde der Makrophage als antigen-präsentierende Zelle vorgestellt. Ein wesentlicher Schritt bei der Immunität gegen alle Polypeptid-Antigene ist die Aktivierung von T-Helfer-Zellen, ein Prozeß, der die Wechselwirkung der T-Helfer-Zelle mit den Phagozyten zur Voraussetzung hat. Unser Verständnis dieser

Wechselwirkung beruht im wesentlichen auf Experimenten mit Zellkultur-Techniken. Letztere erlauben, die einzelnen zellulären Komponenten bei dieser Form der Immunantwort zu isolieren und anschließend unter definierten Bedingungen wieder zusammenzugeben. Die im folgenden beschriebenen Experimente erläutern die wichtigsten grundlegenden Interaktionen.

Experiment I: Die Erkennung von Antigen durch T-Helferzellen erfordert Makrophagen und wird über die Klasse-II-Polypeptide des Haupthistokompatibilitätsgenorts restringiert. Das folgende Protokoll stammt von A.S. Rosenthal und E.M. Shevach (Abb. 8.1).

Meerschweinchen aus zwei Inzuchtlinien, Stamm 2 und Stamm 13, und ihre F_1-Nachkommen ($(2 \times 13)F_1$), werden mit Ovalbumin (OVA) immunisiert. Einige Tage später werden ihre Lymphozyten gewonnen und die T-Zellen nach Abtrennung der akzessorischen Zellen isoliert. Die T-Zellen werden in Kultur gebracht. Zu einigen Kulturen fügt man OVA allein oder zusammen mit Makrophagen des Stammes 2 oder des Stammes 13 hinzu. In diesem Zusammenhang ist wichtig, daß sich die Stämme 2 und 13 lediglich hinsichtlich der I-Region des Haupthistokompatibilitätsgenortes unterscheiden. Nach drei bis vier Tagen wird radioaktiv markiertes Thymidin zu den Kulturen hinzugefügt und nach einigen Stun-

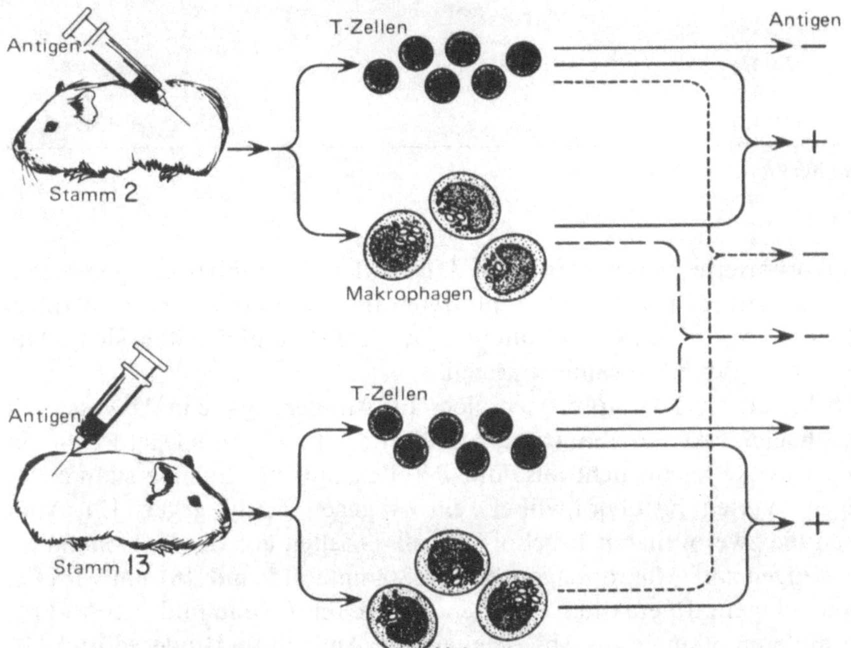

Abbildung 8.1 Experimenteller Beweis, daß die Erkennung von Antigen durch T-Zellen makrophagen-abhängig und durch Klasse-II-Polypeptide des Haupthistokompatibilitäts-Genortes restringiert ist.

Tabelle 8.1 Ergebnisse des Experiments in Abb. 8.1.

1. Die T-Zellen proliferieren nicht auf Antigenkontakt in Abwesenheit der Makrophagen (Gruppen 2 und 8).
2. T-Zellen und der Spenderstamm der Makrophagen müssen histokompatibel sein (vgl. Gruppe 4 mit 6 sowie Gruppe 10 mit 12).
3. T-Zellen aus der F_1-Generation reagieren auf Antigen auf Makrophagen von beiden Stämmen (Gruppen 15 und 16).
4. Eine allogenetische Interaktion findet zwischen Helferzellen und Makrophagen des anderen Stammes in Abwesenheit von Antigen statt (Gruppen 5 und 11).

Gruppe	OVA-spezifische T-Zellen aus Stamm:	Makrophagen aus Stamm:	OVA	Proliferation
1	2	–	–	–
2	2	–	+	–
3	2	2	–	–
4	2	2	+	+ + + +
5	2	13	–	+
6	2	13	+	+
7	13	–	–	–
8	13	–	+	–
9	13	13	–	–
10	13	13	+	+ + + +
11	13	2	–	+
12	13	2	+	+
13	(2 × 13)	2	–	–
14	(2 × 13)	13	–	–
15	(2 × 13)	2	+	+ + + +
16	(2 × 13)	13	+	+ + + +

(– = keine Proliferation; + = Proliferation)

den der inkorporierte Marker in der DNA der Lymphozyten gemessen. (Normalerweise befinden sich die Lymphozyten im Ruhestand; erst nach Interaktion mit homologem Antigen synthetisieren sie DNA und teilen sich). Die Ergebnisse sind in Tab. 8.1 zusammengestellt.

Es zeigt sich 1., daß die T-Lymphozyten nicht auf Antigenzugabe in Abwesenheit von Makrophagen proliferieren (Gruppen 2 und 8); 2. die Gegenwart von Makrophagen *per se* reicht nicht aus; die T-Zellen und der Spenderstamm der Makrophagen müssen histokompatibel sein (4 gegen 6; 10 gegen 12). Man beachte auch die zwei weiteren Ergebnisse, daß T-Zellen aus der F_1-Generation gegenüber Antigen auf Makrophagen beider Stämme (15 und 16) antworteten und daß eine allogene Interaktion zwischen der Helfer-T-Zelle und den Makrophagen des anderen Stammes in Abwesenheit von Antigen stattfindet (5 und 11).

Diese grundlegenden Ergebnisse treffen auf alle Species zu und beziehen sich auf alle Proteine einschließlich natürlicher Proteine, synthetischer Polypeptide und Proteine von Mikroorganismen.

Experiment II: Die Klasse-II-Polypeptide sind im wesentlichen die modulatorisch wirkenden Moleküle, indem sie die Interaktion zwischen T-Helfer-Zellen und Makrophagen restringieren. Die Ergebnisse des Experiments I mit zwei in der I-Region differierenden Stammkombinationen zeigen klar, daß dieser Genabschnitt bei der Interaktion zwischen T-Zellen und Makrophagen eine Rolle spielt. Eine direkte Rolle für die I-Region-Produkte, die Klasse-II-Moleküle, läßt sich im folgenden Experiment mit zwei Ansätzen demonstrieren: 1. Makrophagen, die Klasse-II-Moleküle tragen, werden mit solchen, die keine tragen, verglichen; 2. die Interaktion wird durch Antikörper gegen Klasse-II-Moleküle blokkiert.

Im ersten Ansatz eliminiert man die Ia-tragenden Makrophagen durch Behandlung mit Anti-Ia-Antikörpern (eine Mischung von Antikörpern gegen alle Klasse-II-Polypeptide) und frischem Serum als Komplementquelle. Durch die Abtötung der Ia-positiven Makrophagen bleiben die Ia-negativen Makrophagen zurück, die ungefähr die Hälfte aller Makrophagen im Ansatz ausmachen. Im zweiten Ansatz werden die Anti-Ia-Antikörper zugegeben. Diese binden sich an das Ia auf den Makrophagen und induzieren seine Aufnahme in Vesikeln, wodurch die Ia-positiven Makrophagen ihr Ia auf der Membran verlieren.

Die OVA-spezifischen T-Zellen werden zusammen mit OVA in Kultur gegeben und die folgenden Gruppen gebildet:

1. keine Makrophagen = keine Proliferation
2. eine Mischung Ia-positiver und Ia-negativer Makrophagen = Proliferation
3. Ia-negative Makrophagen (Behandlung mit Anti-Ia-Antikörpern plus Komplement) = keine Proliferation
4. eine Mischung Ia-positiver und Ia-negativer Makrophagen zusammen mit Anti-Ia-Antikörper = keine Proliferation
5. Ia-negative Makrophagen plus Lymphokin = Proliferation.

Die Eliminierung der Ia-positiven Makrophagen (Gruppe 3) oder das Weg-Cappen von Ia von der Makrophagenmembran (Gruppe 4) führt zum Verlust der Antigenpräsentation. In Gruppe 5 wurden die Makrophagen aus Gruppe 3 (d.h. solche, die nur Ia-negative Zellen aufgrund der Behandlung enthielten) in einer Präparation von T-Zell-Lymphokinen, die die Ia-Synthese stimulieren, kultiviert. Die Antigen-Präsentation wird auf diese Weise wiederhergestellt.

Experiment III: Die Antigen-Präsentation erfordert physischen Zellkontakt zwischen T-Lymphozyten und Makrophagen. Ein von Makrophagen sezernierter Wachstumsfaktor, Interleukin 1 (IL-1) (s. Kap. 5), führt dann zu einer T-Zell-Vermehrung. Die Rolle von Phagozyten könnte einerseits darin bestehen, das Antigen in Assoziation mit Klasse-II-Molekülen zu präsentieren oder einen wachstumsfördernden Faktor zu produzieren, oder in beidem.

Diese Möglichkeiten sollen in den folgenden Experimenten einer Prüfung unterzogen werden, wobei zwei Protokolle zugrundeliegen (Abb. 8.2 und

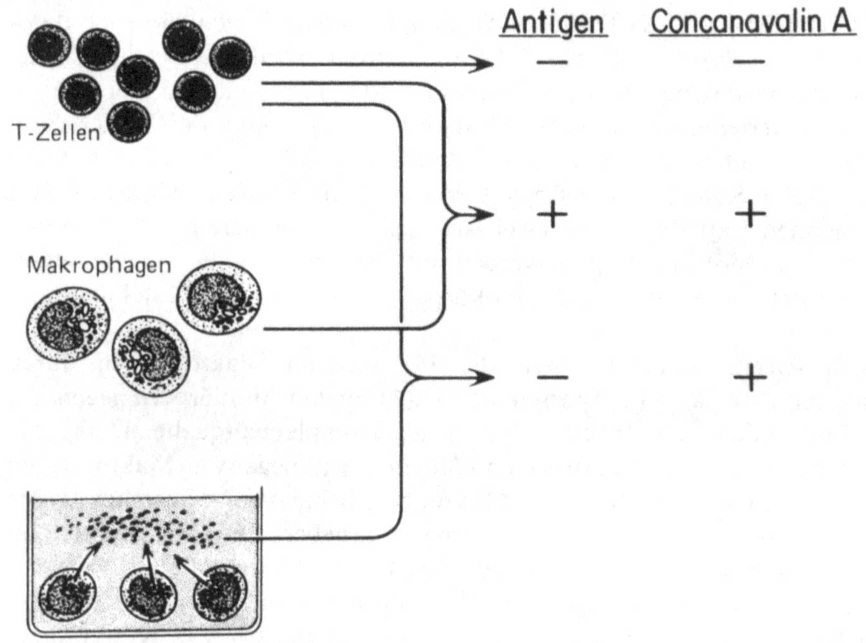

Abbildung 8.2 Experimenteller Beweis, daß für die antigen-spezifisch induzierte Lymphozytenproliferation im Gegensatz zur Concanavalin-A-Stimulation die physische Gegenwart von antigen-präsentierenden Makrophagen erforderlich ist.

Tabelle 8.2 Ergebnisse des Experiments in Abb. 8.2
Die Antwort auf OVA, die durch I-Region-Genprodukte restringiert ist, erfordert die Gegenwart von Makrophagen (vgl. Gruppen 5 mit 6). Die Antwort auf Con A ist makrophagen-abhängig (vgl. Gruppe 7 mit 8), jedoch ist die Gegenwart von Makrophagen nicht erforderlich, da ein interleukin-I-haltiger Überstand die Makrophagen ersetzt (Gruppe 9). Der Wachstumsfaktor wirkt lediglich auf Con A-stimulierte Zellen (Gruppen 3 und 9).

Gruppe	Stimulus	Makrophagen	Makrophagen-überstand	Proliferation
1	–	–	–	–
2	–	+	–	–
3	–	–	+	–
4	OVA	–	–	–
5	OVA	+	–	++++
6	OVA	–	+	–
7	Con A	–	–	–
8	Con A	+	–	++++
9	Con A	–	+	++

Tab. 8.2). Das eine bezieht sich auf die Antwort immuner T-Lymphozyten auf Antigen, das andere betrifft die Antwort gegen das Lektin Con A (s. Kap. 5), welches das Wachstum der meisten T-Helfer-Zellen stimuliert. Die Antwort auf Con A erfordert akzessorische Zellen. Ein konditioniertes Medium, das von einer 48-Stunden-Makrophagenkultur stammt, dient als Ersatz für Makrophagen (Makrophagen-Überstand, s. Tab. 8.2).

Die OVA-reagiblen T-Zellen werden mit den in Tabelle 8.2 aufgeführten Zusätzen in Kultur gehalten.

Tabelle 8.2 faßt die Ergebnisse zusammen. Die Immunantwort auf OVA, die durch die I-Region-Produkte des Haupthistokompatibilitäts-Genortes restringiert ist, erfordert die Gegenwart von Makrophagen (vergleiche Nr. 5 mit Nr. 6). Die Antwort auf Con A ist makrophagenabhängig (Nr. 7 gegen Nr. 8), jedoch ist die Präsenz der Makrophagen nicht erforderlich, da ein makrophagen-konditioniertes Überstandsmedium die Makrophagen teilweise ersetzt (Gruppe 9). Der Wachstumsfaktor wirkt nur auf Con-A-stimulierte Zellen (Nr. 3 und Nr. 9). Der Wachstumsfaktor ist Interleukin-1.

Neuere Experimente machen folgende Ereignisfolge wahrscheinlich: Die T-Zelle erkennt Antigen und Klasse-II-Molekül auf der Makrophagen-Oberfläche. Es kommt zu einem engen Kontakt zwischen beiden Zellen. Das führt zu zweierlei Veränderungen:

1. Der Makrophage steigert seine Freisetzungsrate von IL-1, und 2. die T-Zelle fährt auf ihrer Oberfläche Rezeptoren für den Wachstumsfaktor Interleukin-2 (IL-2) aus. IL-1 stimuliert die Freisetzung von IL-2 durch die aktivierte T-Zelle. Dieses IL-2 wird sich nun an die IL-2-rezeptortragenden T-Zellen binden und ihr Wachstum fördern. Das Wachstum der T-Zellen erfordert die ständige Gegenwart von IL-2.

Im Fall der Con-A-Antwort fördert das Lektin die Entwicklung des IL-2-Rezeptors, während das IL-1 in den Makrophagenüberständen die Sekretion von IL-2 durch die T-Zellen stimuliert.

Was geschieht mit dem makrophagen-gebundenen Antigen? Die Antigenmoleküle werden an die Makrophagen gebunden und anschließend in Vesikeln in das Zellinnere hereingenommen, wo sie im Wege eines als „Processing" bezeichneten Verarbeitungsvorganges einen teilweisen Abbau erfahren. Antigen-Fragmente werden dann an die Membran transportiert, wo sie mit den Klasse-II-Polypeptiden in Kontakt kommen können. Eine Behinderung des intrazellulären Verarbeitungsvorganges für das Antigen führt zu einer Behinderung der Antigenpräsentation. Biochemische Untersuchungen sind im Gange mit dem Ziel zu klären, ob sich Antigen zu einem Komplex mit den Ia-Molekülen zusammenlagert.

Experiment IV: Die klonale Natur der T-Zell-Antwort: Wie die B-Zellen, so sind auch die T-Zellen klonal restringiert. Im Fall der T-Zellen bezieht sich die Restriktion nicht nur auf die Erkennung von Antigen, sondern auch auf die Erkennung der Kombination von Antigen und Klasse-II-Molekül. Dieser wichtige Punkt läßt sich prüfen, indem man die Spezifität antigen-reaktiver T-Zell-Klone untersucht. Man kann beispielsweise T-Zellen von F_1-Kreuzungen zweier Inzuchtmäusestämme, die H-2^b und H-2^k sind, gewinnen und in Kultur mit Makrophagen aus jeweils einem der beiden Stämme zusammen mit Antigen halten. Die antigen-reaktiven T-Lymphozyten proliferieren, während die übrigen Zellen, die nicht mit dem Antigen reagieren, innerhalb weniger Tage absterben. Nach einer Woche gewinnt man die T-Helfer-Zellen und restimuliert sie mit frischen antigen-tragenden Makrophagen. Dieser Zyklus wird über einen oder zwei Monate wiederholt. Nach dieser Zeit erhält man T-Zell-Klone, von denen jeder einzelne sich von einem einzigen antigen-reagiblen Lymphozyten herleitet. Jeder einzelne Klon wird nun auf Makrophagen von jedem der beiden Stämme getestet. So antwortet ein Klon von dem (H-$2^b \times$ H-2^k)F_1-Stamm, der auf H-2^k hin selektioniert wurde, auf Antigen, das auf H-2^k-Makrophagen präsentiert wird, aber nicht auf Antigen, das auf H-2^b-Makrophagen präsentiert wird, und umgekehrt.

Offensichtlich enthält die immunisierte F_1-Maus zwei T-Zell-Populationen: Jede einzelne reagiert mit dem Antigen und einer der allelen Formen der Klasse-II-Moleküle.

Eine Frage von entscheidender Bedeutung ist, ob es T-Zell-Klone gibt, die auf ein Antigen in Verbindung mit einem allogenen Klasse-II-Molekül reagieren. Derartige Klone, wenn vorhanden, werden nach konventioneller Immunisierung nicht gefunden (Experiment I), während sich T-Zellen, die mit allogenen Klasse-II-Molekülen (ohne Antigen) reagieren, leicht entdecken lassen. Nichtsdestoweniger lassen sich T-Zell-Klone nachweisen, die mit Antigen in Verbindung mit allogenen Klasse-II-Molekülen reagieren. Man muß sie jedoch mit Hilfe mehrerer Methoden selektionieren: Zunächst müssen die allogenen T-Zellen, d.h. diejenigen, die nach Erkennung von fremdem Ia proliferieren und die gemischte Lymphozyten-Reaktion hervorbringen, aus der Kultur eliminiert werden. Die übriggebliebenen Zellen werden dann in Langzeitkultur zusammen mit allogenen Makrophagen und Antigen gehalten (siehe Experiment IV). Es werden dann schließlich T-Zell-Klone herausselektioniert, die mit Antigen reagieren, welches ausschließlich auf Makrophagen präsentiert wird, die spezifische allogene Ia-Antigene tragen.

Aus alledem ist zu folgern, daß der Thymus antigen-reaktive Klone hervorbringt, die mit Spezifität gegen viele allele Formen von Klasse-II-Molekülen ausgestattet sind. Allerdings scheinen sich nur diejenigen Klone bevorzugt zu vermehren, die mit syngenen Klasse-II-Molekülen reagieren, weil sich diese Moleküle normalerweise auf den antigen-präsentierenden Zellen des gegebenen Individuums finden. Klone, die nur mit körpereigenem Ia eine starke Reaktion eingehen, werden wahrscheinlich im Thymus eliminiert, während im Gegensatz hierzu die Klone mit starker Reaktivität gegen allogenes Ia – und damit verantwortlich für die gemischte Lymphozytenreaktion – überleben, den Thymus verlassen und Transplantations-Reaktionen induzieren können.

Hier bedürfen zwei Punkte bezüglich der T-Zell-Reaktivität mit Antigenen der Erwähnung: 1. Der *Haplotyp* eines Klasse-II-Moleküls bestimmt darüber, ob eine antigene Determinante präsentiert wird. Es ist wichtig, sich zu vergegenwärtigen, daß nicht alle antigenen Determinanten im Zusammenhang mit einem gegebenen Klasse-II-Haplotyp präsentiert werden können. Für jeden Haplotyp gibt es einige antigene Determinanten, die präsentiert werden, und andere, die nicht. Hiervon hängt also ab, ob Proteine in einem Individuum immunogen sind. Proteine mit einer beschränkten Zahl antigener Determinanten können in Individuen von bestimmtem Haplotyp deshalb auch keine Immunantwort auslösen. Dieses Problem wird in Kapitel 10 vertiefend behandelt. Die Rolle der Klasse-II-Moleküle wurde entdeckt, nachdem man beobachtet hatte, daß einige Inzucht-Stämme auf synthetische Polypeptid-Antigene reagierten und andere nicht. Aufgrund dieser Beobachtungen kam es zur Untersuchung der hier beschriebenen zellulären Interaktionen.

Der zweite Punkt betrifft die starke Reaktionsfähigkeit von T-Lymphozyten auf allogene Histokompatibilitäts-Antigene. Dieses Problem hat Immunologen stark beschäftigt. Das Rätsel wurde noch vergrößert durch den Befund, daß ein relativ großer Teil aller T-Zellen für Histokompatibilitäts-Alloantigene spezifisch ist. Gibt es genügend viele T-Zellen für die Erkennung von Fremd- und Alloantigenen, oder kann derselbe T-Zell-Klon mit Histokompatibilitäts-Alloantigenen und mit Fremdantigenen plus eigenen Histokompatibilitäts-Molekülen reagieren? Neuere Untersuchungen mit klonierten T-Zell-Linien, die auf Spezifität für Fremdantigene in Verbindung mit eigenen Histokompatibilitäts-Antigenen selektioniert wurden, haben gezeigt, daß ein kleiner Anteil dieser Klone gleichzeitig Reaktivität für Histokompatibilitäts-Alloantigene zeigte, und zwar in Abwesenheit der Fremdantigene, die ihre Selektion induzierten. Es können daher in bestimmten Fällen dieselben T-Zell-Klone Spezifität sowohl für Antigen plus körpereigene Histokompatibilitäts-Antigene als auch für Histokompatibilitäts-Alloantigene besitzen.

B-T-Zell-Kooperation

Die T-Helferzelle kann mit der B-Zelle in Wechselbeziehung treten und ihr Wachstum und ihre Differenzierung fördern. Im folgenden werden zwei grundlegende Systeme beschrieben, in denen B-T-Zell-Kooperationen entdeckt wurden: Die Immunantwort auf fremde Schaferythrozyten und auf Hapten-Träger-Konjugate.

Experimente zur Untersuchung der Antikörper-Antwort. Henry Claman und Mitarbeiter führten 1966 die ersten Untersuchungen über T-B-Zell-Interaktionen bei der humoralen Immunantwort der Maus gegen Schaferythrozyten durch. Letal bestrahlte Mäuse (650–750 R) wurden mit unterschiedlichen Mengen von Milz-,

Tabelle 8.3 Experimenteller Beweis, daß Knochenmark- und Thymuszellen bei der Immunantwort gegen Schaferythrozyten kooperieren: Weder normale Knochenmark- noch Thymuszellen für sich allein ergeben eine Antwort in bestrahlten und sensibilisierten Tieren (Gruppen 1 und 2). Sie kommt nur zustande, wenn Thymus- und Knochenmarkzellen zusammen in bestrahlte Tiere infundiert werden (Gruppe 3).

Gruppe	Herkunft der Zellen	Anti-Schaferythrozyten-Antwort
I	Normales Knochenmark	±
II	Thymus normaler oder immuner Tiere	–
III	Thymus und Knochenmark	+ + + (Synergismus)
IV	Milz normaler Tiere	+ + + (Synergismus)
V	Milz immuner Tiere	+ + + + (Synergismus)

Thymus- oder Knochenmarkzellen oder mit einem Gemisch aus Thymus- und Knochenmarkzellen aus syngenen normalen bzw. sensibilisierten Spendern i.v. injiziert. Anschließend erhielten die Tiere eine sensibilisierende Dosis von Schaferythrozyten, und ihre Milzen wurden in Abständen danach auf antikörperbildende Zellen untersucht. Die Ergebnisse sind in Tabelle 8.3 zusammengestellt.
Aus den Ergebnissen geht hervor, daß ein Synergismus zwischen Thymus- und Knochenmarkzellen bei der Antikörper-Antwort gegen Schaferythrozyten besteht: So führte weder die Übertragung von normalen Knochenmarkzellen noch von Thymuszellen aus normalen oder schaferythrozyten-immunen Mäusen zur Hämolysin-Bildung (Gruppe I und II). Wenn aber Thymus- und Knochenmarkzellen zusammen in dasselbe Empfängertier injiziert wurden, kam eine deutliche Immunantwort zustande (Gruppe III). Das Knochenmark enthält also antikörperbildende Zellen, und letztere können nur in Gegenwart von Helferzellen aus dem Thymus ihre Funktion wahrnehmen.

Diese Deutung erwies sich als richtig. A.J.S. Davies und Mitarbeiter immunisierten Mäuse-Chimären mit Knochenmark- und Thymuszellen, welche sich in den Neben-Histokompatibilitäts-Genorten unterscheiden. (Mäuse-Chimären besitzen zwei verschiedene Zellpopulationen, die genetisch unterschiedlich sind). Zellen, die sich nur im Neben-Histokompatibilitäts-Genort unterscheiden, sind immunologisch nur geringfügig verschieden, während im Haupt-Histokompatibilitäts-Genort verschiedene Zellen sich immunologisch deutlich voneinander unterscheiden (s. Kap. 6). Nach Sensibilisierung trennten die Autoren beide Zelltypen und fanden, daß aus den knochenmark-abgeleiteten Zellen die antikörperbildenden Zellen hervorgingen, während die Thymuszellen keine Antikörper bildeten, jedoch die Antikörperbildung durch Knochenmarkzellen deutlich steigerten.

Erwähnung verdienen auch die Experimente von J.F.A.P. Miller und Mitarbeitern. So analysierten diese Forscher verschiedene Typen lymphoider Zellen,

Tabelle 8.4 T- und B-Zell-Kooperation bei der Immunantwort gegen Schaferythrozyten

Spenderzellen[1]	Anti-Schaferythrozyten-PFC-Antwort[2]
Syngene Knochenmarkzellen	73
Syngene Ductus-thoracicus-Lymphozyten	97
Syngene Knochenmarkzellen plus Ductus-thoracicus-Lymphozyten	877

[1] Bestrahlte Mäuse erhielten die Zellen und anschließend die Schaferythrozyten.
[2] Die Zahlen geben die Gesamtzahl der plaque-bildenden Zellen in der Milz nach einer Woche wieder.

inwieweit sie die IgM-Anti-Schaferythrozyten-Antwort bestrahlter Mäuse wiederherstellen. Tödlich bestrahlte Mäuse wurden mit Knochenmark (als Quelle von B-Zellen), Ductus-thoracicus-Zellen (vorwiegend T-Zellen) oder mit beiden Zellarten injiziert und die Zahl der antikörperbildenden Zellen eine Woche später mit Hilfe des Plaque-Tests ermittelt (s. Tab. 8.4).
Ergebnis: Während die Übertragung von syngenen Knochenmarkzellen oder Ductus-thoracicus-Lymphozyten allein die Immunkompetenz nicht wiederherstellte, ließ sich die Immunantwort gegen Schaferythrozyten nach gleichzeitiger Übertragung der beiden Zelltypen auf denselben Empfänger hervorrufen. Anschließend wurde die Herkunft der antikörperbildenden Zellen bestimmt: Im Erwachsenenalter thymektomierte und letal bestrahlte CBA-Mäuse wurden mit syngenen Knochenmarkzellen aus CBA-Mäusen und Ductus-thoracicus-Zellen aus $(CBA \times C57Bl)F_1$-Mäusen injiziert und anschließend mit Schaferythrozyten sensibilisiert. Das Vorkommen unterschiedlicher H-2-Antigene auf den Knochenmark- und Ductus-thoracicus-Zellen ermöglichte Miller und Mitarbeitern die Lösung der Frage, ob sich die antikörperbildenden Zellen vom Knochenmark oder Thymus herleiten. Auf der Höhe der Primärantwort wurden die Milzzellen entnommen und im Plaque-Test nach Jerne auf Anti-Schaferythrozyten-Antikörper vor und nach Behandlung mit Komplement und Alloantiseren gegen die H-2-Antigene des CBA- bzw. C57Bl-Stammes untersucht. Unter diesen Bedingungen kann eine Zelle, die durch Anti-H-2-Antikörper und Komplement lysiert wurde, keine Antikörper synthetisieren und freisetzen und somit im Erythrozytenrasen keinen Plaque bilden. Das Anti-CBA-Antiserum führte zu einer Abnahme der Anti-Schaferythrozyten-Antikörper bildenden Zellen um 95%, während das Anti-C57Bl-Antiserum, das nur für Antigene auf den Ductus-thoracicus-Zellen spezifisch war, keine Wirkung hatte. Dieses Experiment bewies, daß die Vorläufer der antikörperbildenden Zellen, heute als B-Zellen identifiziert, aus dem Knochenmark und nicht aus dem Thymus stammen, obwohl B- und T-Zellen spezifisch miteinander in Wechselwirkung treten müssen, damit sich eine Immunantwort entwickelt.

Seit den ursprünglichen Untersuchungen der Zell-Interaktionen im Schaferythrozyten-System sind analoge Interaktionen bei der humoralen Immunantwort in vivo gegen sämtliche Proteinantigene und Hapten-Träger-Konjugate nachgewiesen worden. Die letztgenannte Antigengruppe hat sich als nützliches Hilfsmittel zur Aufklärung der Rolle von T- und B-Zellen bei der Antikörper-Antwort und der Spezifität dieser Zellen für verschiedene Determinanten auf Hapten-Träger-Konjugaten bewährt.

Experimente zur Anti-Hapten-Antwort. Die Methode, antigene Determinanten an immunogene Träger-Proteine zu koppeln, die auf Landsteiner zurückgeht (s. Kap. 2), ermöglichte die Analyse spezifischer Interaktionen zwischen Antigen und B- und T-Lymphozyten. Sensibilisierung mit Hapten-Konjugaten führt nur dann zur Antikörperbildung gegen das Hapten, wenn letzteres an ein immunogenes Träger-Molekül gekoppelt ist. Eine besonders starke Immunantwort erhält man, wenn das Hapten an thymusabhängige Antigene gekoppelt wurde. Nicht-immunogene Moleküle wirken nur in beschränktem Maß oder überhaupt nicht als Träger für Haptene. Bei Hapten-Konjugaten autologer Moleküle zieht der Kopplungsprozeß oft die Denaturierung und Ausbildung eines immunogenen Trägermoleküls nach sich. Zudem bedarf es zur Auslösung einer optimalen hapten-spezifischen Sekundärantwort des gleichen Hapten-Träger-Konjugats, das für die Primär-Immunisierung benutzt wurde (Trägereffekt, s. Tab. 8.1). Das Konzept des Träger-Effektes bei der Antikörper-Antwort besagt, daß bei Immunisierung eines Versuchstiers mit einem dinitrophenyl-(DNP-)gekoppelten Proteinträger, wie Ovalbumin (DNP-OVA), das Tier nur dann zu einer sekundären oder anamnestischen Antikörper-Antwort in der Lage ist, wenn es mit DNP-OVA in Zweitkontakt gerät, aber nicht, wenn das Hapten zur Zweitinjektion an ein serologisch nicht-verwandtes Träger-Protein, wie bovines Gammaglobulin (BGG), gekoppelt wurde. Anti-Hapten-Antikörper, die nach einer derart durchgeführten Sensibilisierung gebildet wurden, zeigen eine hohe Spezifität für die benutzte Hapten-Determinante (d.h. nur wenig oder gar keine Bindungsenergie geht auf die antigenen Determinanten des Trägers zurück). Diese Beobachtungen legen einen zusätzlichen Erkennungsprozeß für das Trägermolekül durch T-Zellen nahe. Die bei der Bildung von Anti-Hapten-Antikörpern gegen Hapten-Konjugate thymusabhängiger Antigene durch B-Zellen benötigten T-Zellen sind spezifisch für Determinanten des Trägermoleküls. Weiterhin müssen sich die Determinanten, welche Helfer-T-Zellen und B-Zellen stimulieren, auf demselben Molekül befinden, damit eine effektive T-B-Zell-Wechselwirkung zustandekommt. An zwei In-vivo-Experimentalmodellen wurde der Beweis für diese Punkte erbracht:

1. Die adoptive Anti-Hapten-Sekundärantwort nach Übertragung hapten-spezifischer und träger-spezifischer Zellen auf bestrahlte Empfängermäuse.
2. Die Vorimmunisierung oder zusätzliche Immunisierung mit freiem Träger zur Verstärkung der primären und sekundären Anti-Hapten-Antikörperbildung von Meerschweinchen und Kaninchen (s. Tab. 8.5, Gruppen 3 und 4).

Tabelle 8.5 Helferzellen sind für die Träger-Proteine bei der humoralen Immunantwort gegen Hapten-Protein-Konjugate spezifisch

Gruppe	Erst-Immunisierung mit	Zweit-immunisierung mit	Sekundäre Erfolgsreaktion mit	Sekundärantwort gegen Hapten
1	DNP-OVA	keine	DNP-OVA	+ + +
2	DNP-OVA	keine	DNP-BGG	keine Antwort
3	DNP-OVA	BGG	DNP-BGG	+ + + +
4	DNP-OVA	BSA	DNP-BGG	keine Antwort

Meerschweinchen wurden mit 3 mg DNP-OVA (dinitrophenyliertes Ovalbumin) in Kochsalzlösung immunisiert. Drei Wochen später wurde die Erfolgsreaktion mit 1 mg DNP-OVA oder DNP-BGG (bovines Gammaglobulin) ausgelöst.
Gruppe 3 erhielt eine zusätzliche Immunisierung eine Woche vor der Erst-Immunisierung mit 0,05 mg BGG in komplettem Freundschem Adjuvans.
Man beachte, daß eine sekundäre Anti-Hapten-Antwort nur in den Gruppen 1 und 3 erfolgte.

Der erste direkte Beweis für das kooperative Zusammenwirken zweier Zellen mit Spezifität für unterschiedliche Determinanten bei der humoralen Immunantwort gegen Hapten-Träger-Konjugate stammt von N. A. Mitchison. Er beobachtete 1969, daß Milzzellen syngener Spender, die mit dem Hapten 4-Hydroxy-5-iod-3-nitrophenyl-essigsäure (NIP), das an den Träger Ovalbumin (OVA) gekoppelt worden war, sensibilisiert waren, nach Injektion in bestrahlte Empfängertiere eine Anti-NIP-Sekundärantwort vermittelten. Dies gelang nur, wenn die Zweitsensibilisierung mit dem homologen Konjugat NIP-OVA erfolgte, nicht jedoch bei Verwendung des heterologen Konjugats NIP-Rinderserum-Albumin (NIP-BSA). Wenn jedoch Milzzellen aus NIP-OVA-sensibilisierten Spendern zusammen mit Milzzellen aus BSA-sensibilisierten Spendern injiziert wurden, entwickelte sich eine ausgezeichnete Anti-NIP-Sekundärantwort gegen das heterologe Konjugat NIP-BSA. Somit ermöglichte die Zugabe von Zellen mit Spezifität gegen den heterologen Träger BSA den hapten-spezifischen Zellen eine Anti-NIP-Sekundärantwort gegen NIP-BSA. Diese grundlegende In-vivo-Beobachtung ist vielfach bestätigt worden (s. Abb. 8.1). Das gleiche Phänomen einer Kooperation zwischen träger-spezifischen und hapten-spezifischen Zellen ließ sich bei Meerschweinchen, Kaninchen und Mäusen durch zusätzliche Sensibilisierung mit freiem Träger zeigen. Die Bedingung, daß bei der Anti-Hapten-Sekundärantwort gegen Hapten-Protein-Konjugate das Hapten an das gleiche Protein wie bei der Erst-Sensibilisierung gekoppelt werden muß, läßt sich nämlich umgehen, wenn die Tiere unabhängig zusätzlich mit einem sekundären Träger-Protein sensibilisiert werden und die Erfolgsreaktion dann mit dem Hapten-Konjugat aus diesem zweiten Träger ausgelöst wird (Gruppen 3 und 4 in Tabelle 8.5).

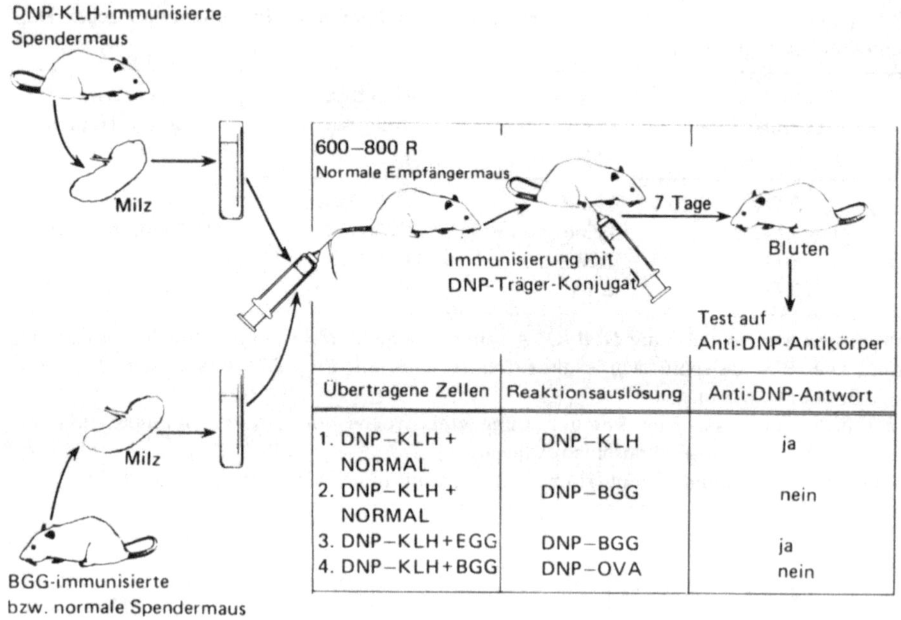

Übertragene Zellen	Reaktionsauslösung	Anti-DNP-Antwort
1. DNP–KLH + NORMAL	DNP–KLH	ja
2. DNP–KLH + NORMAL	DNP–BGG	nein
3. DNP–KLH + EGG	DNP–BGG	ja
4. DNP–KLH + BGG	DNP–OVA	nein

Abbildung 8.3 Experimentalprotokoll für den Beweis, daß für die Immunantwort gegen ein Hapten-Träger-Konjugat eine Kooperation zwischen T- und B-Zellen erforderlich ist.
Jedes bestrahlte Empfängertier erhielt Milzzellen aus zwei verschiedenen Spendermäusen. Nur die Gruppen 1 und 3 zeigen eine Immunantwort.

Abbildung 8.3 gibt das Protokoll für die Untersuchung der T-B-Zell-Kollaboration in der Antwort auf Hapten und Träger wieder. Eine Gruppe von Mäusen wird mit dinitrophenylierten Hämocyanin aus keyhole-limpet (DNP-KLH), einem sehr starken Immunogen, immunisiert. Eine zweite Gruppe erhält bovines Gammaglobulin (BGG), und eine dritte Gruppe wird nicht immunisiert. Die Zellen werden gemäß Protokoll gewonnen und übertragen. Wenn Zellen aus DNP-KLH-immunisierten und aus normalen Mäusen zusammen übertragen werden und die Auslösung der Erfolgsreaktion mit DNP-BGG erfolgt, kommt es nicht zu einer Anti-DNP-Antwort (Gruppe 2). Nur die Auslösung der Erfolgsreaktion mit DNP-KLH ist effektiv. DNP-KLH-Zellen und BGG-Zellen wirken synergistisch beim Zustandekommen der Immunantwort auf DNP-BGG. Der Träger-Effekt läßt sich also im Zelltransfer-Experiment reproduzieren.

Die mit DNP-BGG reagierenden Zellen aus den BGG-immunen Mäusen sind T-Zellen. Die Behandlung mit Antiserum gegen das T-zell-spezifische Antigen Thy 1 in Gegenwart von Komplement vernichtet die Antwort in Gruppe 3, d.h. es wurden T-Zellen selektiv eliminiert, und es blieben nur B-Zellen übrig. Im Gegensatz dazu hat die Behandlung der Zellen aus DNP-KLH-immunen Mäusen mit Antiserum gegen Thy 1 und Komplement keinen Effekt. Darüber hinaus führt die Entfernung von B-Zellen aus den DNP-KLH-immunen Mäusen zu einem Verlust der Antwort. (B-Zellen lassen sich entfernen, indem man eine Milz-Suspension durch Gewebekulturgefäße passagiert, auf deren Oberflächen Anti-Ig, gebunden wurde. Die B-Zellen adhärieren, während die T-Zellen in Suspension verbleiben).

Der Träger-Effekt läßt sich dadurch umgehen, daß man mit den Tieren unabhängig voneinander hilfsweise eine Immunisierung mit einem zweiten Träger-Protein durchführt und dann mit dem Hapten auf diesem zweiten Träger die Erfolgsreaktion auslöst (siehe Experiment 8.1, Gruppen 3 und 4).

Mit DNP-OVA erstimmunisierte Meerschweinchen konnten auf eine Zweitimmunisierung mit dem heterologen Konjugat DNP-BGG nicht antworten (Gruppe 2). Wenn DNP-OVA-vorsensibilisierte Tiere andererseits zusätzlich mit nicht-konjugiertem BGG zwischenimmunisiert wurden, entwickelten sie eine Anti-DNP-Sekundärantwort gegen DNP-BGG. Diese fiel sogar höher aus, als wenn eine Zweitimmunisierung mit demselben, ursprünglich zur Sensibilisierung verwendeten Konjugat, DNP-OVA, durchgeführt wurde. Das verhält sich deshalb so, weil DNP-OVA in NaCl-Lösung gegeben wurde, während sich das zusätzliche Antigen in Freundschem Adjuvans, einem sehr starken immunisierungsfördernden Prinzip, befand. Das Phänomen beschränkt sich nicht auf die Sekundärantwort: Bei geeigneter Wahl von Dosis und Injektionszeitpunkt zeigen Meerschweinchen oder Kaninchen, die mit dem freien Träger BGG sensibilisiert wurden, eine gesteigerte Primärantwort gegen DNP nach *Erstimmunisierung* mit DNP-BGG. Sowohl Kinetik als auch Ausmaß der Anti-DNP-Antikörperbildung sind unter diesen Bedingungen stark erhöht. Der Grund hierfür ist ebenfalls darin zu suchen, daß DNP-OVA in Kochsalzlösung, das zusätzliche Antigen dagegen in Freundschem Adjuvans, gegeben wurde.

Diese Experimente beweisen die kooperative Wechselbeziehung zweier getrennter Erkennungsprozesse für Träger und Determinante. Serumantikörper reagieren nicht mit dem Träger, da Anti-Träger-Antiserum weder in kleinen noch in großen Mengen den Effekt einer zusätzlichen Sensibilisierung mit dem zweiten Träger-Protein ersetzen kann. Im Gegensatz hierzu können T-Lymphozyten aus syngenen, mit dem zweiten heterologen Träger sensibilisierten Tieren adoptiv die Fähigkeit zu einer Anti-Hapten-Antwort auf solche Empfängertiere übertragen, die selbst nie mit dem Trägermolekül sensibilisiert wurden.

Während die T-Zell-Makrophagen-Interaktion das Hauptereignis darstellt und zu der klonalen Expansion des Helfer-T-Zell-Klons führt, hat die Wechselwirkung der T-Helferzellen mit den B-Zellen größere Auswirkungen auf B-Zellen. Diese Interaktion bewirkt die Vermehrung der B-Zellen und ihre Differenzierung zu antikörper-sezernierenden Zellen. Bei der Differenzierung schaltet die B-Zelle um. Sie wird von einer Zelle, die schwere Ketten von IgM und IgD exprimiert, zu einer Zelle, die nur einen der Haupt-Isotypen freisetzt.

Viele Schritte bei der B-T-Zell-Interaktion ähneln der Wechselwirkung zwischen Makrophagen und T-Zellen. Man hat sich die folgenden drei Stufen bei der B-T-Zell-Wechselwirkung vorzustellen:

1. Erkennung von Antigen durch die B-Zelle über Oberflächen-Immunglobulin.
2. B-Zellen präsentieren den T-Zellen Antigen. Die Interaktion beider Zellen wird von Klasse-II-Polypeptiden restringiert.
3. T-Zellen sezernieren Lymphokine, die die Vermehrung und die Differenzierung der B-Zellen fördern. Hierbei stammen die T-Helfer-Zellen, die mit den B-Zellen kollaborieren, aus Klonen, die durch makrophagen-präsentiertes Antigen selektioniert, stimuliert und expandiert worden waren.

In der ersten Phase bindet die B-Zelle Antigen mittels ihres Ig-Rezeptors, „capt" das Antigen und bringt es in das Zellinnere (s. Kap. 5). Anschließend erscheint eine immunogene Determinante auf der Zelloberfläche, und jetzt, in der zweiten Phase, erkennt die T-Helfer-Zelle das Antigen und bindet sich an die B-Zelle. So dienen also die B-Zellen zunächst als antigen-präsentierende Zellen und präsentieren eine Determinante, die derjenigen, die ursprünglich durch die Makrophagen präsentiert worden ist, ähnelt.

Die Kollaboration zwischen T-Zellen und Makrophagen wird ebenfalls durch Klasse-II-Moleküle des Haupt-Histokompatibilitäts-Komplexes restringiert. Das Phänomen der B-T-Zell-Interaktion ist weitestgehend identisch mit demjenigen, das für Makrophagen und T-Zellen gilt. Ein Experiment, das diese Kollaboration zeigt, ist in Tabelle 8.6 wiedergegeben.

In der dritten und letzten Phase der Interaktion zwischen T- und B-Zellen sezernieren die T-Zellen Lymphokine. Derartige Lymphokine haben das Potential, auf *jede* B-Zelle, die in Teilung begriffen ist, einzuwirken und sie dazu zu bewegen, ihre Vermehrung aufrechtzuhalten und sich zu differenzieren. Die Lymphokine wirken also in einer polyklonalen Art und Weise. Beispielsweise verbleiben

Tabelle 8.6 I-Region-Gene restringieren kooperative T-B-Zell-Interaktionen

Haplotyp der mit Hapten vorimmunisierten B-Zellen	Haplotyp der träger-immunisierten T-Zellen	Sekundäre Immunantwort in bestrahlten $(a \times b)F_1$ Rezipienten
a	a	+ + + +
b	b	+ + + +
a	b	–
b	a	–
b	$(a \times b)F_1$	+ + + +
a	$(a \times b)F_1$	+ + + +
$(a \times b)F_1$	a	+ + + +
$(a \times b)F_1$	b	+ + + +

Träger-immune T-Zellen wurden adoptiv auf bestrahlte $(a \times b)F_1$-Rezipienten übertragen; dann wurden mit Anti-Thy 1 und Komplement behandelte hapten-spezifische Milzzellen (B-Zellen) adoptiv auf dieselben $(a \times b)F_1$-Empfänger übertragen. Die Erfolgsreaktion wurde mit den Hapten-Protein-Konjugaten ausgelöst und die Anti-Hapten-Sekundär-Antwort als ein Maß der T-B-Kooperation gewählt.

B-Zellen, die kurz mit dem polyklonalen Mitogen LPS stimuliert wurden, unter dem Einfluß von Lymphokinen aus aktivierten T-Helfer-Zellen in der Proliferations-Phase. Gleichzeitig findet eine Differenzierung zu Plasmazellen statt. Im Falle *ruhender* B-Zellen stimulieren die Lymphokine nur die letzten Differenzierungsschritte, ohne die Klone zu vergrößern. Die Wirkung der Lymphokine ist nicht durch den Haupt-Histokompatibilitäts-Komplex restringiert, so daß beispielsweise Gemische von T-Helfer-Zellen mit syngenen Makrophagen das Wachstum von B-Zell-Blasten eines allogenen Stammes fördern können.

Eine Reihe von Problemen ist noch nicht gelöst. Die molekularen Eigenschaften der Lymphokine, die auf B-Zellen einwirken, sind noch nicht bekannt. Auch sind ihre Beziehungen zu anderen Lymphokinen, wie sie in Kapitel 7 beschrieben sind, unklar. Wir wissen, daß Lymphokine, die auf B-Zellen einwirken (sogenannter „thymus replacing factor"), mit Sicherheit von IL-2 unterschiedlich sind. Eine weitere ungelöste Frage ist, ob alle B-Zellen in der beschriebenen Art und Weise antworten und ob es Familien von T-Helfer-Zellen gibt, die die Isotypen-Umschaltung steuern. Es gibt Hinweise, daß einige T-Helfer-Zellen sogar den Isotyp oder den Idiotyp auf Oberflächen-Ig erkennen können. Die Regulation der B-Zell-Differenzierung ist offensichtlich eine komplexe Angelegenheit aus vielen Einzelschritten.

Thymus-unabhängige Antigene. Eine Antikörper-Antwort kann durch einige Antigene auch in Abwesenheit von T-Helfer-Zellen in Gang gebracht werden. Derartige Antigene heißen daher thymus-unabhängig. Thymus-unabhängige Antigene sind in der Regel *bakterielle Produkte* einschließlich der Lipopolysaccharide von gramnegativen Bakterien, oder *Polysaccharide* mit sich wiederholenden antigenen Determinanten. Viele thymus-unabhängige Antigene, insbesondere LPS, induzieren eine polyklonale Stimulierung von B-Zellen, d.h. jede B-Zelle wird zum Wachstum und zur Differenzierung stimuliert. Das LPS-Molekül wird in die B-Zell-Membran inkorporiert und stimuliert die Zelle. Der gleiche Typ polyklonaler Stimulierung läßt sich durch wiederholte Bindung von B-Zell-Rezeptoren auf Antigene mit multiplen identischen Determinanten erreichen.

Die Antwort auf thymus-unabhängige Antigene ist durch ihre mäßige bis geringe Intensität, ihre Beschränkung auf die Produktion von IgM-Antikörpern und ihr eingeschränktes immunologisches Gedächtnis charakterisiert.

Interaktionen mit Suppressor-T-Zellen

Die *Suppressor-T-Zellen* (Ts), ursprünglich von R. Gershon entdeckt, sind eine besondere Klasse von Lymphozyten, deren Funktion in der spezifischen Abschaltung der Immunantwort besteht. Ts finden sich normalerweise im Thymus, in lymphoiden Organen und im Blut. Sie sind hochempfindlich gegenüber Strahlen und gegenüber radiomimetischen Pharmaka wie Cyclophosphamid. Sie verschwinden langsam nach Thymektomie, auch im Erwachsenen. Eine derartige Prozedur beeinträchtigt die T-Helfer-Zellen beim Erwachsenen nicht. Daraus folgt, daß die Ts mit zunehmendem Alter an Zahl abnehmen, wenn der Thymus sich zurückbildet. Diese Merkmale weisen darauf hin, daß Ts relativ kurzlebige Zellen sind.

Ts tragen bestimmte Oberflächen-Proteine, die sie von den T-Helfer-Zellen und den zytotoxischen T-Zellen unterscheiden. In der Maus, bei der sie zuerst identifiziert und untersucht worden sind, tragen die Effektor-Ts geringe Mengen von Ly1- und mäßige Mengen von Ly2-Antigen. Man nennt sie herkömmlicherweise $Ly1^-$, $Ly2^+$, da sie nicht durch Antikörper gegen Ly1 abgetötet werden. Ts exprimieren auch I-J-kontrollierte antigene Spezifitäten (s. Kap. 7), wodurch sie sich von zytotoxischen T-Zellen unterscheiden, die auch $Ly1^-$, $Ly2^+$, jedoch I-J-negativ sind. Beim Menschen tragen Ts-Zellen den T8-Marker. Das Verhältnis im Blut für T4-positive Helfer-Zellen und T8-tragende Zellen (zytotoxische und Suppressor-Zellen) beträgt etwa 2. Eine Umkehrung dieses Verhältnisses wird als ein Hinweis auf eine relative Zunahme der Ts-Aktivität über T-Helfer-Aktivität angesehen.

Historisches. Die spezifische Unfähigkeit zur Immunantwort war seit langer Zeit bekannt, obwohl es bis zu den Beobachtungen von Gershon nicht klar war, daß sie auf Suppressor-T-Zellen zurückgeht.

Suppressions-Phänomene und Toleranz sind in der Tat ursächlich miteinander verbunden. Eine der frühen experimentellen Beobachtungen, die man heute auf Ts-Zell-Suppression zurückführt, waren die Studien über die Verhinderung der Kontaktallergie gegen einfache Chemikalien durch C. Sulzberger, M. Chase, J. Battisto und Mitarbeiter. Die intravenöse Gabe einer kontaktallergisierenden Chemikalie wie Dinitrofluorbenzol, die sich an die Epsilon-Aminogruppen von Lysin in Proteinen bindet, führte einen Zustand der Nichtreaktivität gegenüber derselben Chemikalie herbei, wenn diese später auf die Haut aufgebracht wurde. In unbehandelten Individuen induzierte die direkte Applikation derselben Chemikalie auf die Haut eine typische allergische Reaktion vom verzögerten Typ (s. Kap. 7). Diese Kontaktallergie resultiert aus der Aktivierung von T-Helfer-Zellen durch Langerhans-Zellen, die das sensibilisierende Agens, gebunden an Epidermis-Proteine, enthalten. Wir wissen, daß die erste intravenöse Zufuhr des Agens in Konjugation mit autologen Proteinen im Blut zu der vorzugsweisen Stimulierung von Suppressor-Zellen führte, die anschließend die Entwicklung einer zellulären Immunität behinderten.

Ts-Zellen wurden ursprünglich durch adoptiven Transfer von Lymphozyten aus antigen-toleranten Mäusen identifiziert. Gershon und Kondo injizierten Mäusen hohe Dosen von Schaferythrozyten. Diese hohen Antigendosen induzierten eine sehr schwache Immunantwort. Sie gewannen dann die Milzlymphozyten aus den behandelten Mäusen und übertrugen sie zusammen mit normalen Thymozyten in thymektomierte, röntgenbestrahlte Mäuse, die zuvor mit Knochenmarkzellen rekonstituiert worden waren. Derartige Empfängermäuse enthielten B-Zellen, aber keine T-Zellen. Den Mäusen wurde dann eine Standard-Menge von Schaferythrozyten injiziert, die in der Lage war, eine starke Antikörperantwort in normalen Mäusen auszulösen:

Gruppe 1 erhielt keine Thymozyten: Antikörpertiter weniger als 1.
Gruppe 2 erhielt Thymozyten aus unbehandelten Mäusen: Antikörpertiter 6.
Gruppe 3 erhielt Thymozyten aus unbehandelten Mäusen plus Lymphozyten aus Mäusen, die eine hohe Dosis von Schaferythrozyten erhalten hatten: Antikörpertiter 1.

Der Antikörpertiter ist der $\log_2$ des reziproken Wertes der höchsten Serumverdünnung, die eine Hämagglutination induziert. Gruppe 1 ergab keine Antikörperantwort, weil Helfer-T-Zellen fehlten; aus diesem Grunde konnten ihre B-Zellen keine Hilfe für die Schaferythrozyten-Antwort erhalten. Die Mäuse in Gruppe 2 zeigten eine Anti-SRBC-Antwort, da die Mäuse mit T-Zellen rekonstituiert worden waren. Der Vergleich zwischen Gruppe 1 und 2 ergibt ganz klar, daß eine Notwendigkeit für T-B-Interaktionen, wie sie vorher analysiert waren, besteht. Gruppe 3 zeigt das neue Versuchsergebnis – die Zugabe von Lymphozyten aus den toleranten Tieren inhibierte die T-B-Interaktion.

Dieses Experiment zeigte, daß T-Lymphozyten, von denen man bislang angenommen hatte, daß sie nur für die Induktion einer Immunantwort befähigt sind, auch in der Lage sind, diese zu behindern. Spätere Untersuchungen von E. Boyse und H. Cantor zeigten, daß Lymphozyten, die eine positive Immunität übertragen, und solche, die sie unterdrücken, verschiedene Empfindlichkeiten gegenüber einer Behandlung in Anti-Ly-Antikörpern aufweisen. Dies zeigte die Existenz zweier distinkter T-Zell-Subpopulationen an, von denen die eine für Hilfe und die andere für Suppression verantwortlich ist. Infolge dieser Resultate wurde klar, daß Suppressor-T-Zellen wichtige zelluläre Elemente darstellen, die für viele der verschiedenen Phänomene der Toleranz verantwortlich sind (s. Kap. 9). Später wurde erkannt, daß Ts-Zellen auch an der normalen Immunantwort auf Proteinantigene teilnehmen. So resultiert die Immunantwort auf Proteine aus der kritischen Balance zwischen zwei sich gegenseitig neutralisierenden T-Zell-Subpopulationen, den T-Helfer- und den Ts-Zellen.

Suppressor-T-Lymphozyten können eine große Zahl von T- und B-Zellantworten spezifisch unterdrücken. Es lassen sich infolgedessen Suppressor-Lymphozyten induzieren, die spezifisch T-Zellantworten inhibieren, wie zum Beispiel die Allergie vom verzögerten Typ, die Kontaktallergie oder die Abtötung von Zielzellen durch zytotoxische T-Zellen. In ähnlicher Weise haben sich Suppressor-T-Zellen identifizieren lassen, die die B-Zell-Immunität unterdrücken, indem sie entweder auf Helferzellen einwirken oder indem sie direkt die Antikörpersynthese durch Plasmazellen unterdrücken.

Generierung von T-Suppressor-Zellen. T-Suppressor-Zellen werden unter zwei allgemeinen Bedingungen aktiviert: 1. während einer physiologischen Immunantwort und 2. unter einer Vielzahl von Situationen, die die Entwicklung von T-Suppressor-Zellen anstelle von T-Helfer-Zellen begünstigen.

Gleichzeitig mit dem Auftreten von T-Helfer-Zellen und der Entwicklung einer Immunantwort auf Antigen werden T-Suppressor-Zellen stimuliert. Die *physiologische* Entwicklung von T-Suppressor-Zellen läßt sich als ein zellulärer Mechanismus ansehen, der die Expansion und den Fortgang eines immunologischen Prozesses kontrolliert. Die T-Suppressor-Zellen tragen daher zu dem im Lauf der Zeit stattfindenden Abfall der Immunantwort bei. Hierin werden sie von anderen Faktoren, die im nächsten Abschnitt beschrieben werden, unterstützt. Man fand, daß die Bildung von Suppressor-Zellen ein komplexer Vorgang ist, der verschiedene Zellen involviert. Man spricht daher auch von dem *Unterdrücker-(Suppressor-)Kreislauf.* Diese Interaktionen schließen einen ersten Schritt ein, in dem eine $Ly1^{+},2^{-}$-*Ts-Induktor-Zelle,* auch Ts1 genannt, gebildet wird, nachdem das Antigen und die antigen-präsentierende Zelle miteinander interagiert haben. Die Details dieser Interaktionen werden derzeit untersucht und sind noch weitgehend unbekannt. Die Ts1-Induktor-Zelle scheint von der herkömmlichen Ly1-Helfer-T-Zelle, die im vorigen Abschnitt diskutiert wurde, verschieden zu sein. Die Natur der antigen-präsentierenden Zelle, die Ts1-Zellen aktiviert, ist nicht klar, obwohl sie auf ihrer Oberfläche Antigene der Determinanten trägt, die vom I-J-Locus des Haupthistokompatibilitätsgenorts kodiert werden. Es mag sich um eine bestimmte antigen-präsentierende Zelle handeln, die von derjenigen verschieden ist, die Helfer-T-Zellen aktiviert. Vielleicht ist die antigen-präsentierende Zelle ein Makrophage in einem bestimmten Reifungsstadium, vielleicht handelt es sich dabei aber auch um eine ganz andere akzessorische Zelle. Ts1-Induktor-Zellen im Suppressor-Kreislauf lösen dann die Entwicklung von *Ts2-Zellen* aus. Je nach dem benutzten System sind einige Ts2-Zellen für Antigen spezifisch, und andere zeigen Spezifitäten für die Idiotypen auf der Ts1-Zelle und auf der B-Zelle. Die Ts2-Zelle ihrerseits interagiert spezifisch mit einer dritten Suppressor-Zelle in dem Kreislauf, *Ts3,* die eine *antigen-spezifische Effektor-Zelle* darstellt und als Ergebnis der ursprünglichen Immunisierung gebildet wird. Diese Ts3-Zellen, die auch Effektor-Suppressoren genannt werden, sind für die suppressiven Phänomene, die man beobachtet, verantwortlich. Sie werden durch einen spezifischen Faktor aktiviert, den die Ts2-Zellen produzieren.

Derartige Suppressor-T-Zell-Kreisläufe, die die Aktivierung einer Ts1-Zelle involvieren, die dann einen Ts2-Suppressor induziert, der wiederum einen Ts3-Effektor aktiviert, sind für die spezifische Suppression sowohl der humoralen als auch der zellulären Immunität beschrieben worden. In mehreren Systemen sind sowohl die Induktion von Ts1- und Ts3-Zellen als auch die Interaktion zwischen Ts2-Faktor und Ts3-Zellen durch Gene in der I-Region des Haupthistokompatibilitätsgenortes restringiert.

Wie oben bereits gesagt, interagieren Ts-Zellen miteinander über lösliche Faktoren. Diese Mediatoren sind Proteine, die derzeit charakterisiert werden. Eines der am besten studierten Moleküle ist der *Ts3-Faktor*. Es handelt sich um ein zweikettiges Molekül, bei dem eine Kette Antigenspezifität zeigt und die andere Determinanten besitzt, die sich mit Anti-I-J-Alloantiseren identifizieren lassen.

In den Systemen, in denen die Suppression der Immunantwort erreicht ist, scheint die letzte Effektor-Zelle das System dadurch zu regulieren, daß es die Helfer-Zellen inhibiert. Wie oben erwähnt, sind allerdings Suppressor-Zellen auch in der Lage, die Reaktion der allergischen Reaktion vom verzögerten Typ und der Kontaktallergie in *immunen* Tieren und ebenfalls die Synthese und die Freisetzung von Immunglobulinen durch Plasmazellen zu unterdrücken. Es verbleibt das Problem, ob die Zellen, die für diese verschiedenen Aktivitäten verantwortlich sind, identische Zellen darstellen, oder ob es sich um verschiedene Unterklassen von Suppressor-T-Zellen handelt.

Bedingungen, die die Ausbildung von Suppressor-T-Zellen begünstigen, sind:

1. *Eine sehr hohe oder eine sehr niedrige Antigen-Dosis:* Für jedes Protein-Antigen gibt es eine Menge, die eine optimale Antwort hervorruft. Diese Menge variiert von Protein zu Protein. Die Überschreitung dieser optimalen Menge kann in einer abgeschwächten Antwort resultieren. Zu wenig Antigen induziert ebenfalls keine Immunität. Unter beiden extremen Umständen werden Ts-Zellen aktiviert.
2. *Die Art des Antigens:* Proteine, die in der Zirkulation oder in den extrazellulären Flüssigkeitsräumen lange verbleiben, ohne daß sie durch Phagozyten aufgenommen werden, tendieren dazu, Suppressor-T-Zellen zu induzieren. Anders verhalten sich Proteine, die unmittelbar durch das phagozytäre System abgefangen werden.
3. *Wiederholte Gabe von Antigen:* Die meisten Situationen, in denen Antigen kontinuierlich zugefügt wird, erlauben die Ausbildung einer starken Suppressor-T-Zell-Antwort. Bei chronischen Infektionskrankheiten kommt es immer zu einer starken Suppressor-T-Zell-Bildung, weil ständig kleine Mengen des Antigens der Bakterien in das Blut freigesetzt werden. Beispiele hierfür sind Tuberkulose, Parasiteninfektionen und Lepra. Die gleiche Situation findet sich bei Tumorerkrankungen, bei denen das Wachstum des Tumors durch die Gegenwart von Suppressor-T-Zellen begünstigt wird.
4. *Der Injektionsweg:* Die intravenöse Injektionsweise begünstigt die Entwicklung von Suppressor-T-Zellen. Suppressor-T-Zellen werden vorzugsweise dann induziert, wenn Antigen über längere Zeitperioden im Blut zirkuliert, bevor es von den Phagozyten im lymphatischen Gewebe aufgenommen wird. Auch die Zufuhr von Antigen über die orale Route kann die Suppressor-T-Zell-Aktivität fördern.
5. *Alter:* Sehr junge Individuen haben eine klare Tendenz, starke Suppressor-T-

Zell-Aktivität zu entwickeln. Alte Individuen haben eine niedrige Suppressor-T-Zell-Aktivität.
6. *Ein Defizit in der Ir-Gen-Funktion* (s. Kap. 10).

Aus dieser Aufzählung wird klar, daß drei eng miteinander in Verbindung stehende Bedingungen die Entwicklung von Suppressor-T-Zellen begünstigen: Das Fehlen der Entwicklung von Helfer-T-Lymphozyten, die Umgehung der akzessorischen Zellfunktion und die Gegenwart von freiem Antigen über lange Zeitperioden. Es ist möglich, daß in diesen Situationen einige der Suppressor-T-Zellen mit Antigen direkt ohne die Hilfe von Makrophagen interagiert haben. Diese Vermutung basiert auf zwei Beobachtungen: 1. Suppressor-T-Zellen lassen sich in Kultur unter Bedingungen anzüchten, bei denen die herkömmlichen Makrophagen an Zahl vermindert oder eliminiert sind; 2. Suppressor-T-Zellen lassen sich anreichern, indem man sie sich an Antigen, das an unlösliche Matrizen gebunden ist, anheften läßt. Es ist allerdings im Licht kürzlich erhobener Befunde möglich, daß das Erfordernis antigen-präsentierender Zellen für die Induktion von Suppressor-T-Zellen eine bestimmte Klasse von antigen-präsentierenden Zellen in diesem Prozeß betrifft.

Ein wichtiges Problem ist, ob die Suppressor-T-Zellen spezifisch für eine Ig-Klasse sind. Es gibt hin und wieder Beobachtungen, die die Existenz von Suppressor-T-Zellen unterstützen, die gegen ein Ig einer bestimmten Klasse oder eines bestimmten Allotyps gerichtet sind. Die stichhaltigsten Beweise kommen von Beobachtungen an der IgE-Immunantwort. Die IgE-Antwort muß sorgfältig kontrolliert werden, da hohe Titer von IgE-Antikörpern extrem gefährlich sein können, weil sie vasoaktive Amine aus Mastzellen freisetzen können (s. Kap. 14). Experimentell hat man gefunden, daß sich die IgE-Antikörper in hohen Titern induzieren lassen, daß sie aber schnell abfallen, wonach es zu einer IgG-Antwort kommt. Dieses Verschwinden scheint durch Suppressor-T-Zellen verursacht zu sein, die selektiv die IgE-Antikörper-Antwort unterdrücken.

Eine letzte Überlegung betrifft die Fähigkeit von Polysacchariden, Suppressor-T-Zellen zu induzieren. Alle bisher untersuchten Systeme deuten darauf hin, daß die Suppressor-T-Zellen am besten durch Protein-Antigene stimuliert werden. An der thymus-*unabhängigen* Immunantwort gegen das Pneumokokken-Polysaccharid hat sich gezeigt, daß die Eliminierung zirkulierender Lymphozyten die Immunantwort verstärkt, was darauf hinweist, daß ein bestimmter Spiegel von Suppressor-T-Zellen unter normalen Bedingungen existiert.

Spezifität der Suppression. Die Generierung von Suppressor-T-Zellen ist hochspezifisch, genauso spezifisch wie die Bildung von Helfer-T-Zellen. Ein Element von Unspezifität kommt allerdings ins Spiel, nachdem die Suppressor-Zellen aktiviert sind. Das Endergebnis einer derartigen Suppressor-T-Zell-Aktivierung ist eine Unterdrückung der spezifischen Immunantwort, während zur gleichen Zeit auch in einem gewissen Ausmaß die Immunantwort gegen andere Antigene

Tabelle 8.7 Nicht-spezifische Suppression der Immunantwort
BGG-spezifische Suppressor-T-Zellen können die Immunantwort gegen ein nichtverwandtes Antigen (DNP-OVA) unterdrücken (Gruppe 3). Dies ist aber nur möglich, wenn die Suppressor-T-Zellen durch homologes Antigen spezifisch aktiviert werden.

Gruppe	Übertragung	Auslösung	Gebildete Anti-DNP-Antikörper
1	B-Zellen (anti-DNP) + T-Zellen (anti-OVA)	DNP-OVA	+ + +
2	w. o. zusätzlich BGG-spezifische Suppressor-T-Zellen	DNP-OVA	+ + +
3	wie Nr. 2	DNP-OVA plus BGG	+

betroffen ist. Dieses Phänomen der *antigenen Kompetition* meint die Behinderung der Immunantwort durch ein Antigen, das zu einer bestimmten Zeit nach Immunisierung mit einem immunogenen Protein hinzugegeben wird.

Die unspezifische Komponente läßt sich in adoptiven Transfer-Experimenten identifizieren, in denen man die oben beschriebenen Hapten-Protein-Systeme einsetzt.

Beispielsweise nehme man drei Sätze von Zellen: B-Zellen, die mit Anti-DNP-Gedächtniszellen angereichert sind, T-Helfer-Zellen von ovalbumin-immunen Mäusen und Suppressor-T-Zellen gegen bovines Gammaglobulin, und führe adoptive Transferexperimente in bestrahlten Mäusen aus (s. Tab. 8.7).
Die Suppressor-T-Zellen, die durch BGG aktiviert sind, könnten die Suppression der Immunantwort gegenüber einem nichtverwandten Protein (DNP-OVA) unterdrücken. Sie könnten allerdings nur durch ihr spezifisches Antigen BGG induziert werden.

Ziel der Suppressor-T-Zellen. In vielen Systemen scheint die Inaktivierung von T-Helfer-Zellen das Ziel der T-Suppressor-Zellen zu sein. Wie dies allerdings zustande kommt, ist nicht klar. Eine kürzlich veröffentlichte Arbeit behauptet, daß die Suppressor-T-Zellen die Helfer-T-Lymphozyten inhibieren, IL-2 zu sezernieren, und auf diese Weise die T-Helfer- und zytotoxischen Klone daran hindern, sich zu expandieren. Möglicherweise inhibieren Suppressor-T-Zellen mit Spezifität gegen idiotypische Determinanten auch die B-Zell-Funktion.

Kurzer Kommentar über die Helfer- und Suppressor-T-Zell-Funktion. Viele der Interaktionen, die in der Bildung von Helfer- und Suppressor-T-Lymphozyten münden, sind relativ gut untersucht und sind in diesem Kapitel beschrieben worden. Die kritische Balance zwischen Helfer- und Suppressor-T-Lymphozyten ist offensichtlich sehr komplex, und viele Einzelheiten harren noch der Aufklärung. Die Komplexität des Suppressor-Kreislaufs hat sich kürzlich durch Untersuchungen aus Gershons Labor wieder zeigen lassen, in denen sich Hinweise ergaben, daß es gegensupprimierende Einflüsse gibt. Die Bedingungen, die die Entwicklung der Kontersuppression begünstigen und auf diese Weise die Helfer-Zellfunktion unterstützen, werden derzeit experimentell geklärt.

Bemerkungen zur Beendigung der Immunantwort

Wir haben eine Reihe von wichtigen Phänomenen betrachtet, die sich mit der Induktion einer Immunantwort beschäftigen. Die Immunantwort ist offensichtlich extrem komplex, da sie eine große Zahl entscheidender Interaktionen zwischen mindestens vier Zelltypen – Makrophagen, Helfer-T-Lymphozyten, Suppressor-T-Zellen und B-Lymphozyten – beinhaltet. Jede dieser Zellen interagiert mit Antigen über Rezeptor-Moleküle, von denen sich einige untereinander unterscheiden. Ebenfalls sind in der Immunantwort die verschiedenen Gen-Produkte des Haupt-Histokompatibilitäts-Genortes kritisch, die alle Formen der Immunantwort beeinflussen, die T-Lymphozyten involvieren. Jede Zelle, die man - wie es heute möglich ist – einzeln betrachtet hat, zeigt ein vielgesichtiges Reaktionsmuster und eine eindeutige Fähigkeit, andere Zellen zu regulieren. Makrophagen verarbeiten Antigen, können die Induktion von Helfer-T-Zellen stimulieren und können modulatorische Faktoren, die Lymphozyten beeinflussen, sezernieren. Helfer-T-Lymphozyten helfen offenbar den B-Zellen sowie anderen T-Lymphozyten und sind auch an der allergischen Reaktion vom verzögerten Typ und an der antimikrobiellen Immunität beteiligt. Das letztgenannte Beispiel ist eines der besten, da es einen kompletten Stimulationskreislauf aufzeigt, d.h. Makrophagen zu T-Zellen zu Makrophagen (s. Kap. 7). Suppressor-T-Lymphozyten kontrollieren die Immunantwort. Schließlich reagieren B-Lymphozyten in positiver oder negativer Weise – je nach Struktur des Antigens – und in Abhängigkeit von den anderen regulatorischen Zellen (s. Kap. 5 und 9).

Was verursacht schließlich die Beendigung einer Immunantwort? Viele Faktoren sind diskutiert und analysiert worden, einige davon recht extensiv. Die wichtigsten sind:

1. *Eliminierung des Antigens:* Die Dauer, wie lange ein Antigen in einer immunogenen Form in Makrophagen verbleibt, ist relativ kurz. Nachdem das Antigen aus den Makrophagen verschwunden ist, nimmt die Immunantwort ab.
2. *Die Gegenwart von Antikörpern:* Antikörpermoleküle können vorhandenes Antigen binden und es daran hindern, mit Lymphozyten in effektiver Weise zu interagieren. Man nimmt an, daß physiologischerweise der Antikörper eine homöostatische Rolle in der Beendigung der Immunantwort spielt. So haben Experimente mit Tieren, die man wenige Tage nach Beginn einer Immunant-

wort einer Plasmaphorese unterworfen hat, gezeigt, daß ein neuer Schub von Antikörperbildung im Blut auftritt, was die Möglichkeit einer Kontrolle der Antikörper-Produktion im Serum wahrscheinlich macht. In anderen Experimenten hat sich gezeigt, daß Antigen, das mit Antikörpern zusammengegeben wurde, eine in Gang gebrachte Immunantwort vermindert. Ein geeignetes Beispiel ist die Verhütung der Erythroblastosis fötalis in rh-negativen Müttern, wenn man letzteren Antikörper gegen Rh-positive rote Blutkörperchen verabreicht (s. Kap. 2).

3. *Das Auftauchen von Suppressor-T-Zellen:* Dies wurde diskutiert. Es sei betont, daß Ts-Zellen normalerweise während einer herkömmlichen Immunantwort aktiviert werden. Ts-Zellen tragen wesentlich zu der Beendigung der Immunantwort bei.
4. *Die Anti-Idiotypen-Antwort:* Es gibt Daten, die dafür sprechen, daß es eine Antikörper-Antwort gegen die Idiotypen auf B- und T-Zellen gibt. Diese Anti-Idiotypen-Antwort könnte auch dazu dienen, die Stimulierung der idiotyp-tragenden Klone zu beenden.

9 Immuntoleranz

Immuntoleranz ist der Verlust der Fähigkeit eines Individuums zur spezifischen zellulären oder humoralen Immunantwort gegen antigene Determinanten.

Ein gegen ein bestimmtes Antigen tolerantes Individuum behält seine Fähigkeit, gegen andere Antigene immunologisch zu reagieren. Toleranz ist daher genau wie die Immunität spezifisch. Sie ist die Ursache dafür, daß wir immunologisch gegen unsere eigenen Gewebeantigene nicht reagieren. Die Toleranz gegen „Selbst" kann jedoch unter bestimmten Umständen zusammenbrechen, so daß dann Autoimmunerkrankungen mit lebensbedrohlichen Konsequenzen entstehen.

Ein Antigen, welches von Geburt an vorhanden ist, wird vom eigenen Organismus nicht als Antigen erkannt. Individuen, bei denen aufgrund einer genetischen Mutation bestimmte autologe Bestandteile fehlen, entwickeln eine deutliche Immunantwort gegen die fehlenden Moleküle, wenn sie damit immunisiert werden. So bilden beispielsweise Meerschweinchen, die, genetisch bedingt, die vierte Komplement-Komponente (C4) nicht besitzen, nach Immunisierung mit C4-haltigem Meerschweinchenserum hohe Antikörpertiter gegen C4. Ein normales Meerschweinchen reagiert unter den gleichen Bedingungen nicht.

Die selektive Unfähigkeit zur Immunantwort gegen ein Antigen setzt einen Kontakt mit eben diesem Antigen voraus. Es müssen jedoch Bedingungen erfüllt sein, welche die Entwicklung einer spezifischen Toleranz anstelle einer Immunität begünstigen. Das Toleranzphänomen hat man am Beispiel von allogenen Histokompatibilitäts-Antigenen, Proteinen, synthetischen Polypeptiden, Haptenen, Polysacchariden und lebenden Mikroorganismen sowie an autologen Antigenen untersucht.

Toleranz läßt sich im Neugeborenen und im Erwachsenen induzieren, wobei Neugeborene gegenüber einer Toleranzinduktion am empfindlichsten sind. Im folgenden werden Beispiele der Toleranzinduktion bei Neugeborenen und Erwachsenen und ihre zelluläre Basis beschrieben.

Neonatale Toleranz: Antigene, die bei erwachsenen Säugetieren eine Immunantwort hervorrufen, können in neugeborenen, noch nicht immunkompetenten Tieren eine Toleranz auslösen. Die Tatsache, daß immunologisch unreife Individuen zur Toleranzausbildung neigen, wird als Erklärung für die Toleranz gegen Selbst herangezogen. In neugeborenen Tieren läßt sich gegen zelluläre Antigene, wie Histokompatibilitäts-Antigene, Toleranz induzieren. Eine derartige Toleranz gestattet das Angehen von Allotransplantaten und erlaubt einen Chimärismus, d.h. die Individuen tolerieren allogene Zellen in ihrer Zirkulation.

R. Owen entdeckte 1945 als erster in *dizygoten Kälberzwillingen* ein Beispiel für Toleranz gegen zelluläre Antigene. Dizygote Kälberzwillinge sind zweieiig und werden über einen gemeinsamen Plazentarkreislauf versorgt, so daß während des Fötallebens ein Austausch von Blutzellen erfolgt. Jedes dieser Kälber stellt nach der Geburt eine Chimäre mit einer Mischung aus eigenen hämatopoetischen Zellen und solchen des Zwillings dar. Die dizygoten Kälber können keine Immunantwort gegen die fremden Alloantigene des Zwillings entwickeln.

Durch diese Beobachtung angeregt, zeigten Sir Peter Medawar und Mitarbeiter in England, daß solche dizygoten Kälberzwillinge gegenüber Hauttransplantaten wechselseitig tolerant sind, und zwar unabhängig von Unterschieden in Geschlecht und Fellfarbe. Bereits vorher hatte die Analyse der Infektion von Mäusen mit dem nichtpathogenen lymphozytären Choriomeningitis-Virus (LCM) ein merkwürdiges Phänomen erbracht: Wenn das Virus bei der Geburt injiziert wurde, konnte die Maus das Virus nicht eliminieren, und das Virus persistierte lebenslang; infizierte man andererseits erwachsene Mäuse mit dem Virus, wurde es eliminiert. Diese Beobachtungen veranlaßten M. Burnet und F. Fenner zu der Hypothese, daß Antigenkontakt während eines frühen Lebensabschnittes zu einem Zustand spezifischer Toleranz führen müsse.

Medawar versuchte, aktiv eine immunologische Toleranz gegen Histokompatibilitäts-Antigene zu erzeugen, indem er *in utero* Mäuseembryonen des CBA-Inzuchtstammes lebende Milzzellen aus histoinkompatiblen A-Mäusen injizierte. Als die vorbehandelten CBA-Mäuse ausgewachsen waren, erwiesen sie sich als spezifisch tolerant gegen Hauttransplantate aus den histoinkompatiblen A-Mäusen, konnten jedoch alle Transplantate von anderen Stämmen mit anderen Histokompatibilitäts-Antigenen abstoßen.

Toleranz dieser Art ließ sich durch Injektion von Lymphozyten aus einer erwachsenen syngenen CBA-Maus brechen.

	A-Transplantat	Bl/6-Transplantat
CBA-Maus – nicht behandelt	Abstoßung	Abstoßung
CBA-Maus – inokuliert mit A-Zellen während der Embryonal- oder Neugeborenen-Periode	keine Abstoßung	Abstoßung

Die Untersuchungen über die Transplantat-Toleranz wurden durch Hašek in anderen Spezies, insbesondere in Hühnern, reproduziert. Hašek induzierte Toleranz, indem er die Chorioallantois zweier Embryonen miteinander verschmolz und damit ihren Blutkreislauf verband. Auf diese Weise erreichte er experimentell, was Owen bei dizygoten Kälbern als natürlichen Vorgang beobachtet hatte, nämlich eine Mischung von Blutzellen während der embryonalen Lebensphase.

Zunächst konzentrierten sich die frühen Untersuchungen zur Toleranz auf junge Tiere. Die Resultate waren dramatisch und wiesen auf die Möglichkeit hin, daß das Ausbleiben einer Immunantwort gegen Selbst auf der gleichen Basis beruhen könnte, d.h. auf Kontakt mit Antigenen während eines unreifen Entwicklungsstadiums des Immunsystems. Weitergehende Beobachtungen ließen es als möglich erscheinen, Toleranz auch beim Erwachsenen hervorzurufen (s. Kap. 8, Kontaktallergie).

Die Toleranz gegen Histokompatibilitäts-Antigene ist inzwischen ausführlich untersucht. Hierzu ist die Inokulation einer genau festgelegten Zahl lebender hämatopoetischer Zellen unmittelbar nach Geburt erforderlich; mit Zellen aus anderen Organen oder mit toten Zellen läßt sich keine Toleranz induzieren. Man kann die Toleranz durch Hautübertragung oder in einer gemischten Lymphozytenkultur testen, bei letzterer, indem man die Proliferation von T-Helfer-Zellen oder die Entwicklung zytolytischer T-Zellen mißt. Die Toleranzinduktion hängt unter anderem vom Grad der Antigen-Verschiedenheit zwischen Wirt und Tolerogen ab. In der Maus ist es schwierig, eine Toleranz mit gewissen Alloantigenen zu induzieren, die stark am H-2-Locus differieren. Die Toleranzinduktion wurde an rekombinanten Inzucht-Stämmen untersucht, bei denen sich das Tolerogen, d.h. die nach Geburt inokulierten lymphoiden Zellen, von den Zellen des Empfängers selektiv in Bezug auf Klasse-I- oder Klasse-II-Antigene oder beide unterscheidet. Unterschiede, die nur in Bezug auf Klasse-I-Antigene bestehen, bedingen zwar eine Toleranz, jedoch weniger effektiv als Unterschiede in Bezug auf Klasse-II-Antigene. Unterschiede über den gesamten H-2-Locus hin wirken am stärksten tolerogen. Die zelluläre Basis dieses Phänomens wird später diskutiert werden.

Toleranz gegen Protein-Antigene läßt sich ebenfalls zum Zeitpunkt der Geburt induzieren, wenn man das Protein-Antigen bald nach Geburt, d.h. vor Erlangung der Immunkompetenz verabreicht. Arten, bei denen das Immunsystem zum Zeitpunkt der Geburt gut entwickelt ist, sind im allgemeinen sehr schwer zu tolerisieren. Die Möglichkeit der Toleranz-Induktion hängt sehr vom Antigen ab. So ist es mit stark immunogenen Proteinen schwieriger, eine Toleranz zu induzieren, als mit schwach immunogenen Proteinen, die, insbesondere nach mehrmaliger Injektion, eine lang anhaltende Toleranz auslösen. Diese Proteine zirkulieren über lange Zeit im Organismus, ein Faktor, der zur Aufrechterhaltung der Toleranz beiträgt. Die Länge der Toleranzinduktion hängt ebenfalls von der gegebenen Antigenmenge und der Immunogenität der Antigene ab.

Schwierig, wenn nicht gar unmöglich, ist es, eine Toleranz gegen Mikroorganismen, mit Ausnahme einiger Viren, auszulösen. In diesem Zusammenhang sei das LCM-Virus erwähnt, das sich, wenn es einer Maus bei Geburt inokuliert wird, im Gewebe des Wirts aufhält, ohne einen zytopathischen Effekt auszuüben.

Toleranz im Erwachsenen: Toleranz läßt sich auch im Erwachsenen auslösen. Dies gelingt allerdings viel schwerer als im Neugeborenen. Erwachsene haben ein voll ausgereiftes Immunsystem, das auf ein in geeigneter Form präsentiertes

Antigen mit einer Immunantwort reagiert. Folgende Bedingungen müssen für eine Toleranz-Induktion in Erwachsenen erfüllt sein:

1. *Die Leichtigkeit, mit der sich im Erwachsenen eine Toleranz induzieren läßt, ist zur Immunogenität eines Antigens umgekehrt proportional:* So erfordert eine Toleranzinduktion gegen ein schwaches Antigen, wie Albumin, das eine lange Zeit zirkuliert und nur wenig in lymphoiden Organen abgefangen wird, weniger rigorose Maßnahmen als gegen ein starkes Immunogen, wie zum Beispiel Fremd-Erythrozyten. Letztere werden schnell eliminiert und durch akzessorische Zellen der Lymphknoten oder der Milz aufgenommen.
   Haptene, die an nichtimmunogene Proteine gebunden sind, sind im Gegensatz zu solchen, die an starke Immunogene gebunden sind, zur Toleranz-Induktion befähigt (Tab. 9.1).
2. *Antigendosis:* Es müssen sehr geringe, unterhalb der immunogenen Schwellendosis liegende Antigendosen oder eine sehr hohe Dosis zum Einsatz kommen. Es gibt also zwei Toleranz-Induktionszonen: *Niedrig-* und *Hochzonen-Toleranz.*
3. *Metabolisierbarkeit des Antigens:* Proteine, die schlecht abgebaut werden, induzieren Toleranz. Zum Beispiel kann man das Hapten DNP an zwei synthetische Polypeptide koppeln, von denen das eine aus L-Aminosäuren, das andere aus D-Aminosäuren besteht. Letztere werden durch den Wirt schlecht abgebaut. Sie verbleiben lange im Gewebe und stimulieren keine T-Zell-Immunität. Derartige Polypeptide sind hochgradig tolerogen, während die an aus L-Aminosäuren bestehenden natürlichen Polypeptide gebundenen Haptene keine Toleranz induzieren (Tab. 9.1). Ein weiteres Beispiel ist die Toleranz gegenüber *Polysacchariden,* die man in Mengen, die zehn- oder hundertfach höher sind als eine immunisierende Dosis, zuführen muß. Auch Polysaccharide verbleiben lange in den Geweben und stimulieren keine T-Zellen. Bei diesen beiden Beispielen besteht die Toleranz auf der Ebene der B-Zellen.
4. *Injektion von Antigen in einer Form, die frei von großen Polymeren ist:* Auf diese Weise wird die Aufnahme durch Makrophagen vermieden oder vermindert. Dies gilt insbesondere für Proteine wie Albumine und Immunglobuline, die man zur Polymerisation bringen kann und die dann rasch von Gewebemakrophagen und lymphatischen Organen aufgenommen werden.
5. *Zufuhr:* Die intravenöse Antigenzufuhr ist bei parenteraler Toleranzinduktion am effektivsten. Die orale Zufuhr einiger Proteine oder kleiner Moleküle ist ebenfalls ein wirksamer Weg, Toleranz zu erzeugen.
6. *Interaktion mit Fc-Rezeptoren:* Immunglobuline können hochgradig tolerogen sein. Man hat diese Tatsache ausgenutzt, um eine Toleranz gegen kleine Moleküle zu induzieren, indem man letztere an Immunglobuline koppelte. Beispielsweise ist an autologes Ig gebundenes DNP in dieser Form ein sehr viel wirksameres Tolerogen, als wenn es an $F(ab)_2$-Fragmente oder an andere autologe Proteine, wie Albumin, gebunden ist. Man nimmt an, daß dieser tolero-

gene Effekt auf eine Bindung des Immunglobulins an den Fc-Rezeptor von B-Zellen zurückgeht, wodurch ein negatives Signal ausgelöst wird.

7. *Einsatz von Immunsuppressiva:* Immunsuppressiva begünstigen die Entwicklung einer Toleranz, indem sie die Zahl der aktiven immunkompetenten Lymphozyten reduzieren, wenn sie zusammen mit dem Antigen gegeben werden. Eine Immunsuppression läßt sich mit Röntgen-Strahlen oder mit Pharmaka bewirken, die die Zellteilung stören. Hierzu eignen sich z. B. Methotrexat, Cyclophosphamid oder 6-Mercaptopurin.

Tabelle 9.1 faßt in einem Experiment zur Immunantwort gegen das DNP-Hapten in Mäusen einige dieser Punkte zusammen. Es wird die Anti-DNP-Antwort gemessen. Immunität bedeutet in der Tabelle, daß das Antigen die Bildung von Anti-DNP-Antikörpern induziert. Toleranz wird gemessen, indem man die Mäuse ein *zweites* Mal mit Antigen belastet, die Anti-DNP-Antikörperkonzentration im Serum mißt und in Beziehung zu der Antikörperkonzentration bei einer Gruppe von Kontrolltieren setzt, die nicht vorimmunisiert wurden, also mit einer Primärantwort reagieren. Als Träger verwendet man ein *obligates* Immunogen, das *immer* eine primäre Immunantwort induziert, in unserem Fall aggregiertes oder polymerisiertes Human-Gammaglobulin (HGG). In dem Experiment der Tabelle 9.1 ist DNP-KLH ein starkes Immunogen, das schnell durch Phagozyten aufgenommen wird und prompt T-Helfer-Zellen induziert. Desaggregiertes DNP-HGG ist ein schwaches Immunogen, das leicht eine Toleranz induzieren kann.

Tabelle 9.1 Toleranzinduktion gegen DNP in erwachsenen Mäusen

Immunisierendes Molekül	Ergebnisse			
	Halbwertzeit	Aufnahme	Immunität	Toleranz
DNP-KLH	Minuten	+ + + +	+ + + +	–
DNP-desagg HGG	Tage	+	±	+ + +
DNP-agg HGG	Minuten	+ + +	+ + +	–
DNP-autologes IgG	Tage	+	–	+ + +
DNP-autologes Albumin	Tage	±	–	+
DNP-L-GL	Minuten	+ +	–	±
DNP-D-GL	Minuten	+ +	–	+ + +
DNP-SIII	Minuten	+ +	±	+ +

DNP-KLH = DNP auf Hämocyanin.
DNP-desagg oder DNP-agg HGG = DNP auf monomerem bzw. polymerem humanem IgG.
DNP-L-GL oder -D-GL = DNP auf dem synthetischen Polymer aus Glutaminsäure und Lysin entweder mit L- oder D-Aminosäuren.
DNP-SIII = DNP auf Pneumokokken-Polysaccharid.
Immunität ist hier definiert als die Fähigkeit des Moleküls zur Induktion einer Immunantwort.
Die Toleranz wird getestet, indem man die Mäuse mit DNP-agg HGG, einem obligaten Immunogen, injiziert.

Die Beispiele des DNP auf autologem IgG oder Albumin zeigen, daß man ein nichtimmunogenes Protein als Träger für das Hapten benutzen muß, um Toleranz zu induzieren. Die Tatsache, daß DNP auf autologem IgG ein besseres Tolerogen ist als DNP auf Mäusealbumin, weist auf die Bedeutung von Ig als Träger für die Induktion einer B-Zell-Toleranz hin. Das Beispiel des Polymers aus D-Glutaminsäure und D-Lysin (GL) zeigt, daß das Protein metabolisiert werden muß; denn die Verbindung aus L-Aminosäuren wird rasch abgebaut, während jene aus D-Aminosäuren der Proteolyse widersteht und lange in den Geweben verbleibt. Der Einsatz von an Pneumokokken-Polysaccharid gekoppeltem DNP zeigt ebenfalls, was passiert, wenn Moleküle in den Geweben zurückbleiben, ohne in nennenswertem Umfang abgebaut zu werden: Das Pneumokokken-Polysaccharid wird nämlich nur sehr langsam eliminiert.

Das Ausbleiben einer Immunantwort von Anti-DNP-B-Zellen in diesen Beispielen könnte zurückgehen: 1. auf eine direkte funktionelle Inaktivierung von T-Helfer-Zellen, die somit daran gehindert würden, mit B-Zellen zu kollaborieren; oder 2. auf eine direkte Inaktivierung der B-Zellen durch das Tolerogen. In allen Beispielen mit Ausnahme derjenigen, bei denen desaggregiertes oder aggregiertes HGG eingesetzt wurde, messen wir die Effekte auf B-Zellen, da unterschiedliche Träger für die Toleranz-Induktion und für die Auslösereaktion eingesetzt wurden. Im Endeffekt messen wir daher nur die Wirkung des Tolerogens auf die DNP-B-Zellen. In dem Beispiel mit HGG könnte die Wirkung entweder auf der Ebene der Erkennung des Trägers oder des Haptens erfolgen.

Die zelluläre Basis der Toleranz

Immunologische Toleranz kann T-Lymphozyten, B-Zellen oder beide betreffen. Auf T-Zell-Ebene kann die Toleranz aus einem funktionellen Verschwinden der T-Helfer-Klone und/oder der Entwicklung von T-Suppressor-Zellen (Ts) resultieren. Beispiele zur Induktion einer Toleranz sind in Kapitel 8 im Zusammenhang mit der Induktion von Suppressor-T-Zellen beschrieben.

Entscheidende Experimente für unser Verständnis der zellulären Basis der Toleranz sind zuerst von J. Chiller und W. O. Weigle an der Maus durchgeführt worden. Das Experiment von Chiller und Weigle wurde folgendermaßen durchgeführt (siehe Abb. 9.1): Inzuchtmäuse wurden durch einmalige Injektion einer geeigneten Dosis *desaggregierten* humanen Gammaglobulins (HGG) tolerisiert (solche Mäuse sind gegen HGG tolerant und nicht in der Lage, auf eine zweite Gabe von *aggregiertem* HGG eine Immunantwort aufzubauen). Aggregiertes HGG ist eine IgG-Präparation, die durch Hitze denaturiert wurde; das aggregierte HGG wird rasch von Makrophagen aufgenommen und wirkt stark immunogen. Dagegen stellt desaggregiertes HGG ein lösliches Präparat dar, aus dem die Aggregate durch Ultrazentrifugation entfernt worden sind; das desaggregierte HGG entzieht sich der Aufnahme durch Makrophagen und ist tolerogen. (In

Kapitel 5 wurde ein ähnliches Experiment besprochen, bei dem jedoch Albumin anstelle von Gamma-Globulin verwendet wurde).

Zu verschiedenen Zeiten nach Gabe des desaggregierten, tolerogenen HGG wurden die Mäuse getötet und ihre Thymus- und Knochenmarkzellen auf bestrahlte syngene Empfängermäuse übertragen. Parallelgruppen erhielten Knochenmark- oder Thymus-Zellen aus tolerisierten Donoren zusammen mit Thymus- oder Knochenmarkzellen aus normalen Spendern.

Der Transfer entspricht dem Experimentalprotokoll von Claman (siehe Kap. 8). HGG ist, wie die meisten Proteine, ein thymusabhängiges Antigen, bei dem die spezifische Immunantwort auf einer Kollaboration zwischen spezifischen B- und T-Zellen beruht. Die Knochenmarkzellen sind die B-Zellen, während die Thymozyten Vorläufer der Helfer-T-Zellen darstellen. Die Empfänger wurden dann mit einer passenden Dosis des aggregierten HGG immunisiert und nach einer entsprechenden Zeit ihre Milzen auf das Vorhandensein plaque-bildender Zellen mit Spezifität gegen HGG getestet.

Abbildung 9.1 zeigt das Ergebnis bei den verschiedenen Kombinationen. Nach Übertragung von Knochenmark- und Thymuszellen aus normalen Spendermäusen kommt es zu einer Anti-HGG-Antwort (NT + NBM), dagegen nicht nach Transfer von Knochenmark- und Thymuszellen aus toleranten Mäusen (TT + TBM). Durch Mischung von Thymus- oder Knochenmarkzellen aus toleranten Tieren mit entsprechenden normalen Zellen induzierte man verschiedene

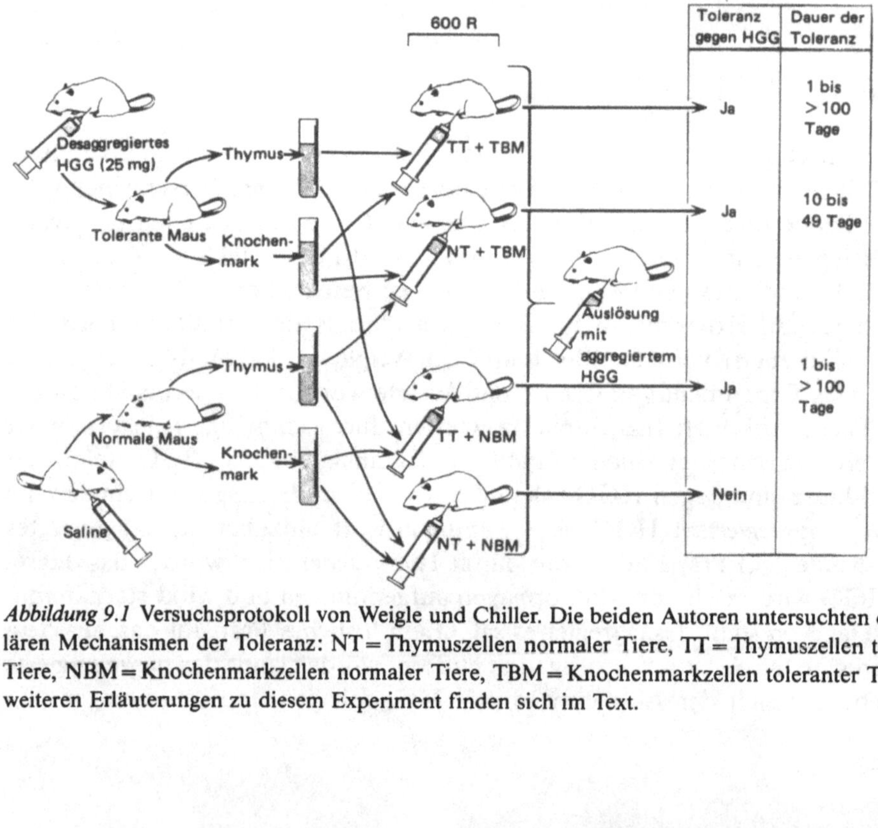

Abbildung 9.1 Versuchsprotokoll von Weigle und Chiller. Die beiden Autoren untersuchten die zellulären Mechanismen der Toleranz: NT = Thymuszellen normaler Tiere, TT = Thymuszellen toleranter Tiere, NBM = Knochenmarkzellen normaler Tiere, TBM = Knochenmarkzellen toleranter Tiere. Die weiteren Erläuterungen zu diesem Experiment finden sich im Text.

Reaktionsweisen. Mit normalen Thymozyten kombiniert, produzierten die Knochenmarkzellen Antikörper, obwohl sie aus einer tolerisierten Maus stammten. Das wies darauf hin, daß die Toleranz auf der Ebene der T-Zellen bestand. Der Befund ließ sich dadurch bestätigen, daß die T-Zellen aus der toleranten Maus nicht mit normalen Knochenmarkzellen kollaborierten.

In diesem System konnte man zeigen, daß T-Zellen schon bald, d.h. innerhalb von 24 Stunden nach Induktion, tolerant sind und daß die Toleranz bei T-Zellen etwa 100 Tage lang anhält. Die Knochenmarkpopulation wird ebenfalls tolerant, jedoch nicht vor dem 10. bis 11. Tage, und sie erholt sich nach 50 Tagen. Der Toleranzzustand der Tiere entspricht dem der T-Zell-Population. Das heißt, daß die Tiere tolerant bleiben, auch wenn die Knochenmarkzellen am Tag 60 wieder normal reagieren, da zu diesem Zeitpunkt noch die immunkompetenten HGG-spezifischen T-Zellen fehlen.

Diese Experimente haben gezeigt, 1. daß sowohl T- als auch B-Lymphozyten gegenüber einer Toleranz-Induktion empfindlich sind; 2. daß die Empfindlichkeit dieser beiden Lymphozytenklassen sowohl in Bezug auf die Tolerogendosis als auch auf die Zeit, die für die Toleranz-Induktion benötigt wird, beträchtlich differiert; 3. daß die Zeitdauer der Toleranz bei B-Zellen kürzer ist als bei T-Zellen; schließlich 4. daß der immunologische Status des Tieres im Fall eines thymus-abhängigen Antigens allgemein den der T-Zell-Population widerspiegelt.

Zunächst sei der Angriffspunkt der Toleranz auf T-Zell-Ebene diskutiert. Worin liegt das Problem bei toleranten T-Zellen in diesem Modell der HGG-Toleranz? Obwohl es noch keine volle Übereinstimmung zwischen Zellularimmunologen zu diesem Punkte gibt, scheint die Toleranz zu einem guten Teil auf der Suppression durch antigen-spezifische T-Suppressor-Zell (Ts-Zellen) zu beruhen. In Kapitel 8 wurden die Bedingungen für eine Ts-Zellen-Induktion diskutiert. Eine Bedingung ist die Umgehung der klassischen Makrophagen-T-Helfer-Zell-Induktion. Im Falle des aggregierten HGG wird Antigen nur in geringem Umfang durch Makrophagen aufgenommen und präsentiert, während andererseits das Antigen über lange Zeitperioden zirkuliert. Wie lassen sich Ts-Zellen beim Modell der HGG-Toleranz nachweisen? Einfach durch Übertragung der Suppressor-T-Zellen zusammen mit bekannten Mengen von T-Helfer- und B-Zellen in bestrahlte Empfänger. Unter diesen Umständen verhindern die Suppressor-T-Zellen die Kollaboration zwischen T-Helfer-Zellen und B-Zellen, obwohl dies nicht immer leicht zu demonstrieren ist.

Ob die T-Helfer-Zell-Klone durch das Tolerogen inaktiviert werden oder nicht, ist eine ungeklärte Frage. Die Schwierigkeit liegt darin, daß die Aktivität von T-Helfer-Zellen und von Ts-Zellen nicht direkt gemessen werden kann. Helfer-T-Zellen werden immer in biologischen Nachweissystemen auf ihre Funktion geprüft. Das Fehlen aktiver Helfer-T-Zellen könnte bedeuten, 1. daß der Klon nicht existiert (d.h. daß ihn das Tolerogen eliminiert hat); 2. daß der Klon zwar vorhanden ist, jedoch in einer inaktiven Form; oder 3. daß er niemals expandiert, d.h. niemals stimuliert wurde. Diese Alternativen bedürfen der Aufklärung.

Ts-Zellen spielen auch eine wichtige Rolle bei der Toleranz gegen sehr geringe oder sehr hohe Dosen von Protein-Antigen. Auch die Hemmung der Kontaktallergie durch die intravenöse Zufuhr eines sensibilisierenden Agens (s. Kap. 8) geht auf Ts-Zellen zurück. So bindet sich Dinitrofluorbenzol (DNFB) nach intravenöser Injektion an zahlreiche Eigenproteine in der Zirkulation und an Zellen und bewirkt auf diese Weise die Aktivierung von Ts-Zellen. Wird das Agens später auf die Haut gegeben, so bindet es sich dort ebenfalls in hoher Dichte an körpereigene Proteine. Unter normalen Umständen induziert die Applikation auf die Haut über die Aktivierung von T-Helfer-Zellen eine allergische Reaktion vom verzögerten Typ. In dem Individuum, welches DNFP intravenös erhalten hat, verhindern aber die Ts-Zellen die Entwicklung von T-Helfer-Zellen und damit die Allergie vom verzögerten Typ.

Ts-Zellen sind an der Toleranz gegen Protein-Antigene während der Neugeborenenperiode wesentlich beteiligt. Man hat kürzlich gefunden, daß bei der Maus, die sich bei Geburt in einem sehr unreifen Zustand befindet, in lymphoiden Organen und Geweben ausgesprochen wenig Ia-tragende Makrophagen und auch nur wenige Langerhans-Zellen vorkommen. Somit kann das Neugeborene keine Helfer-T-Zellen aktivieren, und Kontakt mit Antigenen führt daher während dieser Periode zu einer Stimulation von Ts-Zellen. Die fehlende Expression von Ia in der neugeborenen Maus könnte auf die hohen Spiegel von Prostaglandin E und Alpha-Fetoprotein zurückgehen, die beide die Ia-Synthese hemmen.

Was geschieht mit den T-Zellen im Fall einer Toleranz gegen zelluläre Alloantigene, die man während der Neonatal-Periode zugeführt hat? Sicher wird in vielen Fällen Toleranz gegen Alloantigene durch Ts-Zellen hervorgerufen. Allerdings finden sich in einigen Situationen keine Ts-Zellen, was darauf hinweist, daß T-Helfer-Zellen funktionell ausgeschaltet sind. In Fällen einer selektiv gegen Klasse-I-Alloantigene induzierten Toleranz hat man keine Ts-Zellen gefunden, sondern nur festgestellt, daß T-Helfer-Zellen fehlen. Es handelt sich hier um die Beispiele aus dem Abschnitt über neonatale Toleranz, bei denen neonatalen Mäusen allogene Zellen aus rekombinanten Mäusen injiziert wurden, die nur an den K- oder D-Loci (den Klasse-I-Loci des H-2-Gen-Ortes) differierten. Im Gegensatz hierzu resultiert Toleranz gegen Klasse-II-Moleküle oder gegen Klasse-I und Klasse-II in Kombination sowohl in einer Stimulation von Ts-Zellen als auch in einer funktionellen Abwesenheit von T-Helfer-Zellen.

Ts-Zellen werden in einer Situation induziert, die für die klassische Antigen-Präsentation und T-Helfer-Zell-Induktion ungünstig ist. Zukünftige Untersuchungen müssen den Defekt bei T-Helfer-Zellen im Rahmen der Toleranzentstehung auf einen festeren Boden stellen.

Was geschieht mit den B-Zellen in den beschriebenen Beispielen für Toleranz? Eine B-Zell-Toleranz läßt sich in Erwachsenen durch die Injektion großer Antigenmengen induzieren, wenn diese unter Bedingungen gegeben werden, bei denen keine T-Helfer-Zell-Aktivierung erfolgt. So ließ sich in den Beispielen in Tabelle 9.1 mit Haptenen eine Toleranz auf B-Zell-Ebene induzieren, wenn man

Träger benutzte, die für T-Zellen entweder schwach oder überhaupt nicht immunogen waren. Als besonders wirksam erwiesen sich dabei synthetische Polypeptide aus D-Aminosäuren, Polysaccharide und nichtimmunogene Gammaglobuline.

Diese Beobachtungen zeigen, daß bei gering ausgebildeter oder fehlender Helfer-T-Zell-Funktion die direkte Interaktion von Antigen in geeigneter Konzentration mit B-Zell-Rezeptoren vorzugsweise ein tolerogenes Signal für B-Zellen darstellt. Umgekehrt entsteht für B-Zellen ein immunogenes Signal in Gegenwart einer Helfer-T-Zelle. Es bleibt zu klären, wodurch diese unterschiedlichen Reaktionsweisen bestimmt werden. In Zellkultur stellt die Interaktion des Fc-Rezeptors der B-Zellen mit einem Immunglobulin ein starkes Hemmsignal dar, das die Zellen gegenüber einer weiteren Stimulation stumm macht. Die Art dieses Signals ist unbekannt; wahrscheinlich liegt hier der Schlüssel zum Verständnis dafür, warum man so leicht eine B-Zell-Toleranz gegenüber Haptenen, die an nichtimmunogenes IgG gebunden sind (Tabelle 9.1), oder gegenüber desaggregiertem HGG (Abb. 9.1) erzeugen kann. Inkubation von B-Zellen mit nichtmetabolisierbarem Antigen scheint in einem „capping" zu resultieren, an das sich bei einigen B-Zellen eine beschränkte Reexpression von Oberflächen-Ig anschließt.

Schließlich unterscheidet sich die B-Zell-Toleranz aus jungen oder neugeborenen von derjenigen erwachsener Tiere. Untersuchungen hierzu muß man wiederum mit Zellen aus Tieren, die wie die Maus in einem immunologisch sehr unreifen Stadium geboren werden, durchführen, oder aber mit Zellen, die im frühen Fötalleben gewonnen wurden. Wie in Kapitel 5 erwähnt, zeigen die B-Zellen von Neugeborenen auf ihrer Membran nur IgM, aber keine C3-Rezeptoren. Wenn derartige B-Zellen in Gewebekultur manipuliert werden, wird schnell klar, daß eine kurze Interaktion mit zahlreichen Antigenen bei fehlender Stimulation durch T-Zellen prompt Toleranz induziert. Neuere Untersuchungen haben gezeigt, daß B-Zellen aus neugeborenen Mäusen, nachdem sie Antigen gebunden und ihre Rezeptoren „gecappt" haben, kein neues Ig regenerieren können. Das impliziert, daß diese Zellen in einem besonders empfindlichen Zustand sind, in dem Interaktionen von Membran-Ig mit Antigen in starken tolerogenen Effekten resultieren. Vielleicht kann daher die B-Zell-Toleranz, die in einem frühen Lebensalter induziert wird, zumindest für eine Zeitlang durch Zerstörung eines B-Zell-Klons erklärt werden.

Das folgende Versuchsprotokoll illustriert die hohe Empfindlichkeit von B-Zellen aus Neugeborenen gegenüber einer Toleranz-Induktion:

1. Man gewinne B-Lymphozyten aus neugeborenen und erwachsenen Mäusen und
2. inkubiere sie in vitro mit 0,1-100 μg/ml DNP-HGG (dinitrophenyliertes humanes Gammaglobulin) über 24 Stunden und
3. entferne das DNP-HGG durch Waschen. Dann füge man DNP-LPS hinzu, kultiviere für vier Tage und messe die Zahl der antikörperbildenden Zellen

durch eine Plaque-Methode. DNP-LPS ist das Lipopolysaccharid von *E. coli,* an das man DNP-Gruppen gekoppelt hat. Es wirkt als polyklonaler Aktivator für B-Zellen und induziert die Differenzierung aller B-Zellen.

Ergebnisse: B-Zellen aus neugeborenen Mäusen wurden durch den kurzen Kontakt mit DNP-HGG (0,1-1,0 µg) inaktiviert und waren nicht in der Lage, auf die polyklonalen Stimuli zu reagieren. B-Zellen aus erwachsenen Mäusen waren bei der hohen Konzentration von 100 µg/ml zum Teil nicht reaktiv. Bei 1 und 10 µg/ml reagierten die B-Zellen aus erwachsenen Mäusen mit zahlreichen anti-DNP-plaque-bildenden Zellen.

Schließlich erhebt sich die Frage, ob Veränderungen in den Makrophagen für die Toleranz-Induktion verantwortlich sein könnten. In allen Beispielen von Toleranz findet sich der zelluläre Defekt auf der Ebene der T- oder B-Zelle. Möglicherweise aber könnten Makrophagen-Defekte die Induktion einer Toleranz begünstigen. Wir haben oben auf die Situation in neugeborenen Mäusen hingewiesen, deren Makrophagen Ia aufgrund supprimierender Einflüsse in ihrer Umgebung nicht exprimieren können. Dieses Fehlen von Ia dürfte die ausbleibende Immunantwort bei neugeborenen Mäusen erklären. Untersuchungen hierzu sind beim Menschen noch nicht durchgeführt worden, obwohl erste Berichte auf eine signifikante Abnahme von Ia-tragenden Monozyten unmittelbar nach der Geburt hinweisen.

Ein weiteres Beispiel für Toleranz-Induktion aufgrund eines Defektes in der Antigen-Präsentation bieten Untersuchungen mit UV-Bestrahlung. UV-Licht schädigt selektiv die Langerhans-Zellen in der Haut, was einen Verlust der Fähigkeit mit sich bringt, eine Kontaktallergie nach perkutaner Sensibilisierung aufzubauen, und zur Ausbildung von Ts-Zellen führt.

Erholung von der experimentell induzierten Toleranz. Die experimentell herbeigeführte Toleranz in erwachsenen Tieren unterscheidet sich generell von der natürlichen Toleranz gegenüber körpereigenen Antigenen dadurch, daß der erworbene Toleranzzustand eine Zeitlang anhält und dann wieder verschwindet. Seine Dauer hängt vom Tiermodell, vom Toleranztyp und der Art und Weise der Toleranz-Induktion ab. Eine Erholung kann spontan erfolgen oder künstlich herbeigeführt werden.

Die Dauer der spontanen Erholungsphase spiegelt im allgemeinen den Zeitraum wider, den die Vorläuferzellen der spezifisch toleranten immunkompetenten Lymphozyten zur Neubildung benötigen. Dieser Zeitraum wird natürlich davon beeinflußt, ob im Tier noch Tolerogen persistiert, welches neu entstehende Zellen sofort wieder tolerisieren kann.

Verschiedene Faktoren regulieren die Spontan-Erholung. Das Wiederauftreten der Fähigkeit zu einer Immunantwort gegen T-zell-abhängige Antigene wird sich z. B. verzögern, wenn thymektomierte Tiere verwendet werden, oder wenn die verwendeten Tiere sehr alt sind. Auf der anderen Seite wird die Erholung durch

Faktoren begünstigt, welche die Ersatzrate immunkompetenter Zellen beschleunigen. Dazu gehören z. B. mäßige Bestrahlungsdosen (diese stimulieren die Regeneration der Knochenmarkstammzellen) oder die Transfusion syngener Lymphozyten aus einem nichttoleranten Spender.

Erworbene Toleranz kann durch bestimmte experimentelle Eingriffe beendet oder durchbrochen werden. Dieses Ziel läßt sich auf dreierlei Weise erreichen:

1. Die Toleranz gegen ein Protein (Nr. 1) wird gebrochen, wenn das Tier zu einem geeigneten Zeitpunkt mit einem Protein (Nr. 2) immunisiert wird, vorausgesetzt es besteht zwischen Protein 1 und 2 eine bestimmte Kreuzreaktivität. Am besten gelingt dieses Experiment, wenn Protein 2 mäßig, etwa 15%, aber nicht zu viel – weniger als 75% – kreuzreagiert. Wird jedoch Protein 1 zum gleichen Zeitpunkt wie Protein 2 gegeben, wird die Toleranz nicht gebrochen.
   Erklärung: Das Tier wird mit Protein 2 immunisiert, wenn die Toleranz gegen Protein 1 nur im T-Zell-Bereich besteht, im Beispiel der Abbildung 9.1 zwei

Tabelle 9.2 Zusammenbruch der Toleranz nach Immunisierung mit einem kreuzreagierenden Antigen

Versuchstier	Von den Lymphozytenklonen erkannte antigene Determinante nach Immunisierung mit:	
	Protein 1	Protein 2
Normal		
T-Zellen:	*a*, b, c	*a*, d, e
B-Zellen:	*x*, y, z	*x*, w, v
Tolerant gegen Protein 1		
T-Zellen:	– – –	–, d, e
B-Zellen:	*x*, y, z	*x*, w, v
Tolerant gegen Protein 1; plus Protein 1 im Überschuß		
T-Zellen:	– – –	–, d, e
B-Zellen:	– – –	–, w, v

In diesem Experiment wurden die Proteine 1 und 2 so gewählt, daß sie für die T- und B-Zellen verschiedene Determinanten besitzen.
Protein 1 trägt die Determinanten a, b und c, welche von verschiedenen T-Zell-Klonen erkannt werden. Außerdem trägt Protein 1 noch die Determinanten x, y und z, welche von verschiedenen B-Zell-Klonen erkannt werden.
Protein 2 trägt die Determinanten a, d und e für die T-Zellen und die Determinanten x, w und v für die B-Zellen. Man beachte, daß a und x auf beiden Proteinen vorkommen.
Die zweite und dritte Spalte zeigen, welche Klone in den T- und B-Zell-Populationen der drei verschiedenen Versuchstier-Gruppen vorhanden sind und wogegen sich die Immunantwort richtet.
Ein Versuchstier, das gegen Protein 1 tolerant ist und Protein 1 im Überschuß erhalten hat, zeigt B-Zell-Toleranz gegenüber der den Proteinen 1 und 2 gemeinsamen Determinante x. Es werden daher keine Anti-x-Antikörper produziert, die in der Lage sind, Protein zu binden.

Monate nach Immunisierung. T-Helfer-Zellen erkennen nur diejenigen Determinanten des Proteins 2, die sich von denen des Proteins 1 unterscheiden. Im T-Zell-Bereich ist das Tier immer noch gegen Protein 1 tolerant und besitzt daher keine Helfer-T-Zell-Aktivität gegen jene Träger-Determinanten, welche auf Protein 1 und 2 gemeinsam vorkommen. Aktiviert werden also nur diejenigen T-Helfer-Zellen, die ausschließlich die neuen Determinanten des Proteins 2 erkennen. Diese Helfer-T-Zellen arbeiten mit B-Zellen zusammen, deren Spezifität gegen verschiedene Determinanten auf Protein 2 einschließlich der gemeinsamen Determinanten der Proteine 1 und 2 gerichtet ist. Die Gabe von Protein 1 zusammen mit Protein 2 stoppt die Durchbrechung der Toleranz, weil die B-Zellen wieder durch Protein 1 tolerisiert werden. Tabelle 9.2 faßt diese Punkte zusammen.

2. Toleranz, die gegen ein an einen Proteinträger gekoppeltes Hapten, z. B. DNP-OVA, induziert wurde, kann gebrochen werden, indem man das Tier mit DNP immunisiert, welches an ein nichtverwandtes Träger-Molekül, z. B. DNP-BGG, gekoppelt ist. In diesem Beispiel kann die Toleranz natürlich nur gebrochen werden, wenn sie auf der Ebene der OVA-reaktiven T-Zellen besteht, und nicht auf B-Zell-Ebene gegen das Hapten. Immunisierung mit einem unterschiedlichen Träger, wie BGG, erlaubt die Kooperation mit den Anti-DNP-B-Zellen.
3. Toleranz gegen bestimmte körpereigene Antigene, wie z. B. Thyreoglobulin, das Hauptprotein der Schilddrüsenacini, läßt sich durchbrechen, indem man das Tier entweder mit denaturiertem oder hapten-konjugiertem Thyreoglobulin immunisiert. Dieses Beispiel läßt sich durch die Tatsache erklären, daß die Veränderungen des nativen Proteins neue Antigene schaffen, gegen welche normale T-Zellen reagieren; letztere wirken wiederum als Helfer-T-Zellen für B-Zellen.

Autologe Proteine. Das Thema der Reaktivität gegen Selbstantigene wird ausführlich in Kapitel 13 diskutiert. Die Frage, ob B-Zellen, Helfer-T-Zellen oder Ts-Zellen für die Toleranz gegen Selbstantigene verantwortlich sind, hat man teilweise dadurch versucht zu klären, daß man mit Selbstantigenen immunisiert hat. Diese Maßnahme führt dann zum Erfolg, wenn man bestimmte Bedingungen einhält und bestimmte Antigene benutzt. Es sei nochmals betont, daß die Aufrechterhaltung der Toleranz gegen Selbstantigene die dauernde Gegenwart des Antigens erforderlich macht, wie dies das Beispiel der eingangs zitierten angeborenen Komplement-Defekte unterstreicht. Ein erhellendes Experiment zu dieser Thematik wurde von E. L. Triplett an Fröschen durchgeführt. Während des embryonalen Entwicklungsstadiums wurde deren Hypophyse entfernt. Nach Reifung der Embryonen wurde die Hypophyse in ihren ursprünglichen Spender zurückimplantiert. Letzterer reagierte gegen sie und stieß die Drüse ab. Eine Kontrolle, bei der nur die Hälfte der Hypophyse im Embryonalstadium entfernt worden war, tolerierte das Transplantat.

Diese Experimente zeigen die Leistung von selbstreaktiven Lymphozyten auf, die physiologischerweise inaktiv bleiben, wenn sie mit den Antigenen zusammentreffen, die seit der frühesten Lebensperiode vorhanden sind. Nach unserer Auffassung verharren diese Lymphozyten deshalb in einem inaktiven Zustand, weil eine T-Zell-Suppressor-Aktivität aufrechterhalten wird.

10 Immungenetik

Das folgende Kapitel behandelt zwei genetische Systeme, die alle immunologischen Phänomene kontrollieren: Die Immunglobulingene und die Gene für die Klasse-II-Moleküle des Haupt-Histokompatibilitäts-Gen-Ortes (MHC). Im folgenden werden die Organisation der Ig-Gene und ihre Expression in B-Zellen behandelt sowie die Rolle der Gene des MHC (Ir-Gene) bei der Regulation der Immunantwort auf Proteinantigene diskutiert.

Genetik der Immunglobulin-Moleküle

Bei Untersuchungen über die Expression von Immunglobulin-Genen kommen molekularbiologische Techniken einschließlich gentechnologischer Methoden zur Anwendung. Während des Differenzierungsprozesses einer Stammzelle zu einer B-Zelle und zu einer antikörper-produzierenden Plasmazelle finden Veränderungen in der Organisation und der Expression verschiedener Ig-Gene statt. Diese Veränderungen oder *Umgruppierungen (Rearrangements)* von Immunglobulin-Genen sind wesentliche Voraussetzungen 1. für die Entwicklung der spezifischen Antikörper-Bindungsstellen und 2. für die Expression der Isotypen auf schweren Ketten, d. h. für den sogenannten Klassenwechsel. Die Umgruppierung der Gene, die die Antigen-Bindungsstelle der Antikörper kodieren, spielt sich während der nicht-antigenabhängigen Differenzierungsphase der B-Zelle ab, d. h. während des Übergangs von einer Stammzelle zu einer unreifen B-Zelle, die IgM auf ihrer Membran trägt. Sie ist also für die Ausbildung der spezifischen Erkennungsfähigkeit der Antikörper-Moleküle verantwortlich. Die Gen-Umgruppierungen, welche auf die Stimulierung einer B-Zelle durch Antigen folgen, bewirken einen Klassenwechsel der schweren Ketten, wobei die Spezifität der Antigen-Bindungsstelle erhalten bleibt. Somit werden durch Veränderungen in der Gen-Organisation beide Funktionen des Ig-Moleküls, die spezifische Antigenbindung und die nichtspezifischen Effektorfunktionen, moduliert.

Während ihrer Differenzierung trifft die B-Zelle noch weitere genetisch bedingte Entscheidungen. Die Expression der Gene für schwere und leichte Ketten erfolgt in einer festen Reihenfolge. So enthält die sehr junge B-Zelle, die *Prä-B-Zelle,* schwere Ketten nur in ihrem Zytoplasma, jedoch nicht in ihrer Membran. In einer späteren Phase, dem Stadium der unreifen B-Zelle, werden die leichten Ketten synthetisiert und das ganze IgM-Molekül zusammengesetzt. Anschließend erscheinen IgM und später IgD auf der Zelloberfläche.

Die B-Zelle exprimiert entweder die genetische Information des mütterlichen oder des väterlichen Allels. Dieses Phänomen einer *Allelen-Exklusion* findet sich bei eukaryonten autosomalen Genen nur bei den Ig-Genen.

Die *Isotypen-Exklusion* ist ein weiteres Phänomen, bei welchem eine B-Zelle die Entscheidung über die Expression bestimmter Gene trifft: Entweder exprimiert sie die Gene für die Kappa- oder die Lambda-L-Kette: Die Antikörper-Moleküle aus einer einzelnen Plasmazelle enthalten dann entweder Kappa- oder Lambda-L-Ketten, aber nicht beide (Kap. 3).

Organisation der Ig-Gene. Es gibt drei genetisch unabhängige Familien von Ig-Genen, nämlich Gene für die Kappa-L-Kette, die Lambda-L-Kette und die H-Kette. In der Maus sind diese Gene auf den Chromosomen 6, 16 und 22 lokalisiert, beim Menschen auf den Chromosomen 2, 22 und 14. Jedes Chromosom enthält die Gene für den variablen und den konstanten Teil der Kette. In der Keimbahn sind die Gene als Segmente, sogenannte *Exons*, organisiert. Sie bestehen aus ca. 330 Nucleotiden, die jeweils eine einzelne *Domäne* des Moleküls kodieren. Diese Gen-Segmente oder Gene werden durch DNA-Sequenzen voneinander getrennt, welche „schweigen" und niemals in dem fertigen Protein in Erscheinung treten. Die nichtkodierenden Sequenzen werden als *Introns* bezeichnet.

Das Ig-Molekül war das erste Molekül, bei dem gezeigt werden konnte, daß mehr als ein Gen eine einzige Polypeptidkette kodiert. Die ersten Untersuchungen hierzu stammen aus der Zeit vor der Gen-Klonierung. Man nutzte damals die Erbeigenschaften von *Allotypen* und *Idiotypen*, insbesondere von Kaninchen-Allotypen, aus (s. Kap. 3). Kaninchen-Allotypen wurden zuerst von J. Oudin am Pasteur-Institut beschrieben. Er prägte auch den Begriff Allotyp für die unterschiedlichen antigenen Determinanten auf Immunglobulinen innerhalb einer Art. Oudin immunisierte ein Kaninchen mit einem Komplex aus Antigen- und Kaninchen-Antikörpern. Das Kaninchen bildete Antikörper, welche mit dem Ig aus einigen, jedoch keineswegs allen, Kaninchen reagierten. Die Antikörper binden sich an spezielle Determinanten, die als autosomale Merkmale vererbt werden, eben die Allotypen. Unterschiedliche allotypische Systeme, jedes mit unterschiedlichen allelen Formen, ließen sich für die konstanten Regionen der γ-, α- und μ-H-Ketten sowie für die Kappa- und Lambda-L-Ketten identifizieren. Das Kaninchen ist einzigartig darin, daß es einen allotypischen Marker in der variablen Region der H-Kette trägt. Diese α-Allotypen gehen auf verschiedene Aminosäuren-Substitutionen innerhalb der V_H-Kette zurück. C. W. Todd beobachtete, daß ein gegebener a-Allotyp sowohl auf IgG- als auch auf IgM-Molekülen vorkommen kann. Zum Beispiel gibt es Ig-Moleküle, die γ-positiv und a1-positiv oder μ-positiv und a1-positiv sind; a1 ist ein Allel des a-Genortes. Daraus ließ sich ableiten, daß zwei Gene involviert sind, nämlich eines, das die variable Region kodiert, auf der der Allotyp lokalisiert ist, und ein zweites, das die konstante Region kodiert. Des weiteren ließ sich zeigen, daß die Allotypen der Gruppen e und d in den konstanten Regionen der H-Kette mit denen der Gruppe a, den V-Region-Allotypen, genetisch verbunden sind. Es ließen sich Crossover zwischen den Allotypen der C- und V-Region bei Kaninchenfamilien nachweisen. Hieraus ergab sich, daß mindestens zwei separate Gene an der Synthese einer einzelnen H-Kette beteiligt sind. Die Crossover-Häufigkeit für C_H- und V_H-Gene beim Kaninchen wird auf 0,3% geschätzt.

Weitere Sequenz-Analysen verschiedener L-Ketten ergaben Anteile mit hoher Variabilität bezüglich der Zusammensetzung der Aminosäuren in der N-terminalen Hälfte sowie Regionen mit ähnlicher Sequenz in der C-terminalen Hälfte des Moleküls. Dieser Ergebnisse veranlaßten W. J. Dreyer und J. Bennet zu postulieren, daß eine einzelne Polypeptid-Kette der Ig-Moleküle von zwei Genen kodiert werden muß: Von einem für die variable und einem zweiten für die konstante Region.

Die These von Dreyer und Bennet wurde von S. Tonegawa am Basel Institut für Immunologie bestätigt. Die folgende Beschreibung basiert auf Studien an Mäuse-Ig-Genen. Die Ig-Gene (für die Kappa- und Lambda-L-Ketten und für die H-Kette) bestehen aus drei unabhängigen Gen-Familien, die wie folgt organisiert sind: Für die *Kappa-L-Kette* gibt es drei Gensätze, die der V-, J- und C-Gene. Die V-Gene sind etwa 290 Nucleotide lang und kodieren ungefähr 95 Aminosäuren der variablen Region bis zur hypervariablen Region. Es gibt ungefähr 300 V-Gene, die hintereinander angeordnet sind und durch Introns voneinander getrennt werden. (Jedem V-Gen ist ein kleines Gen-Segment, welches das Signalpeptid kodiert, vorgeschaltet). Die J-Gene enthalten vier bis fünf verschiedene Gen-Segmente von ungefähr 40 Nucleotiden Länge, die ebenfalls durch Introns voneinander getrennt sind. Sie kodieren in der Hauptsache die vierte Rahmenregion der variablen Kette. Das C-Gen ist ein einzelnes Gen-Segment, das die gesamte konstante Domäne der Kappa-L-Kette kodiert. Zwischen dem C-Gen und dem J-Gen liegt ein Intron von ungefähr 1100 Nucleotiden Länge. Wie bereits gesagt, wird die variable Domäne von zwei verschiedenen Genen, V und J, kodiert, die in der Keimbahn oder in nicht-Ig-produzierenden Zellen durch Introns voneinander getrennt werden.

Bei der Maus besteht die Genausstattung für die Lambda-Ketten aus zwei V-Genen (V1 und V2) und drei Paaren von J- und C-Genen, nämlich J1C1, J2C2 und J3C3. Diese entsprechen den Lambda-Ketten-Subtypen. Ein viertes Paar, J4C4, ist defekt und wird nicht exprimiert. Das V1-Gen wird in der Regel mit J1 oder J3, und V2 mit J2 verbunden. Lambda-L-Ketten sind bei der Maus von beschränkter Heterogenität und machen nur ungefähr 5% des gesamten Ig aus.

Bei den *schweren Ketten* gibt es vier Gruppen von Gen-Segmenten: V, D, J und C. Die V_H-Gene enthalten etwa 100 bis 200 verschiedene Segmente. Jedes ist ungefähr 295 Basenpaare lang und kodiert etwa 90 Aminosäuren einschließlich der dritten Rahmenregion. Die D-Gene bestehen aus kleinen Segmenten unterschiedlicher Länge, welche einen Teil der hypervariablen Region (bestehend aus sechs bis 17 Aminosäure-Resten) kodieren. Es gibt 12 verschiedene D-Gene. Das J-Segment kodiert die letzten 10 bis 15 Aminosäuren der vierten Rahmenregion und enthält vier verschiedene Gene.

Der Gen-Komplex für die konstante Region der H-Ketten besteht aus acht verschiedenen Gen-Sätzen. In der Maus liegen diese in der Reihenfolge μ, delta, gamma-3, gamma-1, gamma-2b, gamma-2a, alpha und epsilon vor (Abbildung 10.1). Beim Menschen enthält der entsprechende Gen-Satz neun Gene: Für μ, delta, gamma-1, gamma-2, gamma-3, gamma-4, epsilon, alpha-1 und alpha-2. Die Gene für die konstante Region der H-Ketten sind in Exons gegliedert, von denen jedes eine der Domänen des Moleküls kodiert. Einige Ig-Gene (z. B. die Gene für gamma) enthalten ein separates Segment, welches die Gelenkregion kodiert. Es liegt zwischen den Exons für die erste und zweite Domäne. Der Delta-Gen-Komplex nimmt eine Sonderstellung ein, da er nur zwei Exons, die die konstanten Regionen kodieren, und dazwischen ein Exon für die Gelenkregion enthält. Das Delta-Gen liegt in der Nähe der μ-Segmente. Allen Genen für eine bestimmte Klasse oder Subklasse sind zwei Exons für die intramembranalen Anteile des Immunglobulin-Moleküls benachbart. Diese zwei Exons liegen etwa 2000 Nucleotide in Richtung des 3′-Endes von dem Exon entfernt, welches die letzte Domäne des sezernierten Ig kodiert.

Die Ausbildung der Vielfalt. Die große Zahl antigen-bindender Stellen von Antikörper-Molekülen entsteht zu einem großen Teil durch Umgruppierungen der verschiedenen Gen-Segmente, welche die variable Region kodieren; V- und J-Segmente kodieren die L-Ketten und V-, D- und J-Segmente die H-Ketten. Bei der Umgruppierung der L-Ketten-Gene assoziiert sich irgendein V-Gen nach dem Zufälligkeits-Prinzip mit irgendeinem J-Gen *(V-J-joining).* Im Falle der H-Ketten verbinden sich die V-Gene zunächst mit irgendeinem D-Gen und dann mit irgendeinem J-Gen (V-D-J-joining). Diese zufälligen Umgruppierungen schaffen eine gewisse Zahl von V-J- und V-D-J-Kombinationen, die von der Zahl der Gene in der Keimbahn abhängt. In der Keimbahn und in nicht-antikörperproduzierenden Zellen sind die verschiedenen Gen-Segmente nicht miteinander verbunden, sondern behalten ihre oben beschriebene Organisation bei. Zur Umgruppierung kommt es während der B-Zell-Differenzierung. Im frühen Stadium der Prä-B-Zelle werden zunächst die Gene für die H-Ketten exprimiert und umgruppiert. Daran schließt sich ein ähnlicher Prozeß für die L-Ketten-Gene an. Nach der Transkription und der Translation der H- und L-Gene werden die H- und L-Ketten im endoplasmatischen Retikulum zu einem Molekül mit einer individuellen Antigen-Bindungsstelle zusammengesetzt.

Wie man sich die V-J- und die V-D-J-Umgruppierung vorzustellen hat, ist noch nicht geklärt. Viele Forscher stimmen darin überein, daß die Umgruppierung innerhalb jedes einzelnen Chromosoms stattfindet, obwohl Gründe für ein ungleiches „Crossover" vorgebracht worden sind. Einige Hinweise darauf, wie die Umgruppierungsvorgänge ablaufen könnten, ergaben sich aus einer Analyse der Sequenzen, die zwischen die verschiedenen Gen-Segmente zwischengeschaltet sind. Auf alle V- und D-Gene folgen kurze, stark konservierte Sequenzen von sieben und neun Nucleotiden Länge, die von einem Segment nichtkonservierter Nucleotide von 12 oder 23 Nucleotiden Länge getrennt werden. Die D- und J-

Segmente enthalten an ihrem 3'-Ende auch ein Nonamer und ein Heptamer, die ebenfalls durch 20 oder 23 Nucleotide voneinander getrennt sind. Das Nonamer und das Heptamer, die den V- oder D-Genen folgen, sind umgekehrt komplementär zu denen, die ihnen in den D- oder J-Segmenten vorangehen. Eine Hypothese besagt, daß während der Rekombination diese konservierten Sequenzen zusammenkommen oder sich mit einem spezifischen Enzym verbinden und dadurch die dazwischengeschaltete Sequenz „ausloopen" und damit ausschalten.

Es gibt zwei weitere, auf der Zusammenführung der verschiedenen Segmente beruhende Mechanismen, die die Diversifizierung der variablen Region steigern. Der eine Mechanismus spielt sich an der Verbindungsstelle ab *(funktionelle Stellen-Diversifizierung)*. Die miteinander in Verbindung tretenden Enden von V mit J, V mit D oder D mit J sind nicht genau festgelegt und können um mehrere Nucleotide variieren. Hierdurch kommt es zu Aminosäure-Sequenzen, die sich von den in der Keimbahn vorgegebenen unterscheiden. Zum Beispiel ist die Position 96 der Kappa-L-Kette in der Maus eine besonders wichtige derartige hypervariable Stelle oder ein „hot spot". Ein anderer Mechanismus – die *funktionelle Insertions-Diversifizierung* – läuft bei der V-D- und bei der D-J-Verbindung ab. Er besteht darin, daß 1 bis 4 Nucleotide, vielleicht durch die Wirkung einer terminalen Desoxynucleotidyl-Transferase, dazwischengeschaltet werden.

Schließlich steigert auch die *somatische Mutation* den Grad der Diversifizierung. Eine hohe Mutationsrate wurde zuerst bei Myelomen des Lambda-Typs bei der Maus festgestellt. Diese Beobachtung wurde später durch Nucleotid-Analyse abgesichert. Die Mutationsrate der Ig-Gene ist hoch und betrifft selektiv die V-, D- und J-Segmente, jedoch nicht die C-Gen-Segmente. Bei den V-Ketten finden sich Mutationen auch in den nicht-kodierenden Sequenzen zwischen den Genen, wenn auch weniger häufig als in den Gen-Segmenten. Die Mutationen lassen sich auf Veränderungen in einem einzelnen Nucleotid-Paar zurückführen. Man nimmt an, daß das Mutationsereignis nach dem Zusammenschluß von V-J oder V-D-J eintritt. Der der Mutation zugrundeliegende molekulare Mechanismus ist nicht bekannt. Möglicherweise treten Mutationen im Ig-Gen deshalb so häufig auf, weil durch das Antigen-Molekül die Mutationen selektioniert werden.

Die Gründe für die Antikörper-Vielfalt sind also:

1. Die Zahl der Gene in der Keimbahn;
2. Die Umgruppierung der verschiedenen Keimbahn-Segmente, die die variable Region kodieren;
3. Der Prozeß der funktionellen Stellen-Diversifizierung;
4. Der Prozeß der funktionellen Insertions-Diversifizierung;
5. Die somatische Mutation;
6. Die Kombination von H- und L-Ketten.

Bezüglich der Zahl möglicher antigen-bindender Stellen lassen sich die Befunde über Kappa- und Schwerketten-Gene in der Maus heranziehen. Das Kappa-Gen mit 300 V- und vier J-Genen kann $1{,}2 \times 10^3$, die H-Ketten-Gene mit 200 V-, 12 D-

und vier J-Genen können $9{,}6 \times 10^3$ Kombinationen ergeben. Die Kombination von H und L kann also ungefähr 10^7 antigen-bindende Stellen hervorbringen. Diese Berechnung berücksichtigt noch nicht die oben genannten Punkte 3, 4 und 5. Allerdings dürften viele der Gene nicht exprimiert werden.

Allelen- und Isotypen-Exklusion. Unter dem Begriff der Allelen-Exklusion versteht man die ausschließliche Expression entweder des mütterlichen oder des väterlichen Allels in Zellen nach dem Zufallsprinzip. Dieses Phänomen findet man nur bei den Genen für die H- oder L-Kette in B- oder Plasmazellen und bei den X-Chromosomen weiblicher somatischer Zellen, bei denen eines der Allele nicht in Funktion tritt. Hierauf bezieht sich die Lyonsche Hypothese, daß eines der beiden X-Chromosomen bei weiblichen Zellen in einer frühen Embryonalphase inaktiviert wird.

Die Allelen-Exklusion der Ig-Gene läßt sich am besten mit Hilfe allotypischer Marker untersuchen. In Tabelle 10.1 ist das Beispiel der B-Zellen eines heterozygoten Kaninchens und dreier verschiedener allotypischer Marker wiedergegeben. Zwei Marker sind auf der H-Kette lokalisiert: Der a-Marker befindet sich in der V-Region und ist mit dem d-Marker in der C-Region verbunden. Der dritte Marker, b, liegt auf der Kappa-L-Kette. Man beachte, daß jede Kombination von mütterlichen oder väterlichen Allotypen auftreten kann, obwohl die individuelle antikörper-produzierende Zelle nur ein Allel von jeder Gruppe exprimiert. Die Allelen-Exklusion findet sich in sämtlichen drei Ig-Gen-Familien für Kappa-L-, Lambda-L- und schwere Ketten. Als Isotypen-Exklusion bezeichnet man das Phänomen, daß eine B-Zelle nur die Gene für Kappa- oder Lambda-L-Ketten, aber nicht für beide, exprimiert.

Die molekularen Grundlage der Allelen- und Isotypen-Exklusion bedarf noch der Aufklärung. Mit Sicherheit wird das durch Allelen- oder durch Isotypen-Exklusion betroffene Protein von B-Zellen nicht synthetisiert. Die Untersuchung von L-Ketten-Genen aus B-Zell-Tumoren hat gezeigt, daß nur ein Allel funktio-

Tabelle 10.1 Phänotypen Ig-produzierender Zellen in einem Kaninchen vom Genotyp $a^1a^2/b^4b^5/d^{11}d^{12}$

	Mutter	Vater	Nachkommen
Genotypen	a^1, d^{11}/a^1, d^{11} b^4/b^4	a^2, d^{12}/a^2, d^{12} b^5/b^5	a^1, d^{11}/a^2, d^{12} b^4/b^5
Phänotyp der antikörper-produzierenden Plasmazellen	a^1, d^{11}, b^4	a^2, d^{12}, b^5	a^1, d^{11}, b^4 a^1, d^{11}, b^5 a^2, d^{12}, b^4 a^2, d^{12}, b^5

Anm.: Die Eltern wurden so ausgewählt, daß sie an allen drei Loci homozygot sind. Man beachte, daß die Plasmazellen der Nachkommen Allelen-Exklusion zeigen.

nell umgruppiert wird, während das andere in dem Zustand verbleibt, in dem es in der Keimbahn vorlag. Recht oft wird das andere Allel ebenfalls falsch umgruppiert (Verbindung des V-Gens mit einem Nicht-J-Segment oder umgekehrt). Diese falsch zusammengesetzten Gene können transkribiert und translatiert werden. Sie kodieren jedoch keine funktionellen L-Ketten. H-Ketten-Gene werden in großer Zahl fehlerhaft umgruppiert, von denen einige ebenfalls transkribiert und translatiert werden können. Das gleiche Phänomen scheint auch für die Isotypen-Exklusion zu gelten, bei der die Umgruppierung des Kappa- oder Lambda-Gens von einer fehlerhaften Umgruppierung der anderen Kette begleitet sein kann.

Eine Hypothese besagt, daß umgruppierte Gene die Umgruppierung des anderen Allels verhindern. Der gleiche Mechanismus würde bei der Exklusion von Kappa-Ketten- oder Lambda-Ketten-Genen entsprechend ablaufen.

Veränderungen bei den Schwerketten-Genen. Die Veränderungen in der Expression der H-Ketten-Gene durch die B-Zelle bedürfen noch der Aufklärung auf molekularer Ebene. Die kleine unreife B-Zelle trägt ausschließlich Membran-IgM. Später produziert die Zelle auch Membran-IgD und wird so ein Doppelproduzent von IgM und IgD. Nach der Interaktion mit T-Helfer-Zellen kommt es zu einem Klassenwechsel, und die Zellen produzieren und sezernieren neue Ig-Moleküle eines anderen Isotyps. Zellen, die einen derartigen Klassenwechsel durchgemacht haben, tragen in ihrer Membran IgM und das neue Ig, das gleichzeitig auch sezerniert wird. Übereinstimmung besteht darin, daß sich der Isotypen-Wechsel an die Reihenfolge der Schwerketten-Gene hält, d.h., daß eine Maus-B-Zelle zunächst einen Klassenwechsel nach Gamma-3, dann nach Gamma-1, Gamma-2b und Gamma-2a usw. durchmacht. Ein solcher geordneter Klassenwechsel ist jedoch nicht bewiesen. Möglicherweise schaltet eine Zelle zu einem Isotyp hin, ohne die dazwischenliegenden Isotypen zu exprimieren. Der Klassenwechsel in den H-Ketten-Genen könnte sich auf zweierlei Art abspielen: 1. Durch Umgruppierung der C-Gene in der Keimbahn in der Art, daß einige Exons ausgeschaltet und die restlichen näher an die umgruppierten V-D-J-Gene herangebracht werden; 2. durch die Bildung eines langen primären RNA-Transkripts, das anschließend verarbeitet (Herausschneiden der nicht-kodierenden Sequenzen) und zu einer Boten-RNA mit multipler Botenfunktion wird (Abbildung 10.1). Für beide Möglichkeiten gibt es Beweise. Offensichtlich ist die Transkription der H-Ketten-Gene ein komplizierter Prozeß, der durch zum Teil noch unbekannte biochemische Vorgänge reguliert wird.

Die kleine B-Zelle produziert nur Membran-IgM. Offensichtlich wird zunächst ein kurzlebiges primäres RNA-Transkript gebildet. Von diesem leiten sich zwei Boten-RNA-Moleküle ab, eins, das membrangebundene und ein anderes, das sezernierte μ-Ketten kodiert. Man hat beide Boten-RNA-Moleküle identifiziert. Wie erwartet, ist die Boten-RNA für membran-assoziiertes μ länger als die Boten-RNA für sezerniertes μ; denn erstere kodiert sowohl die membran-asso-

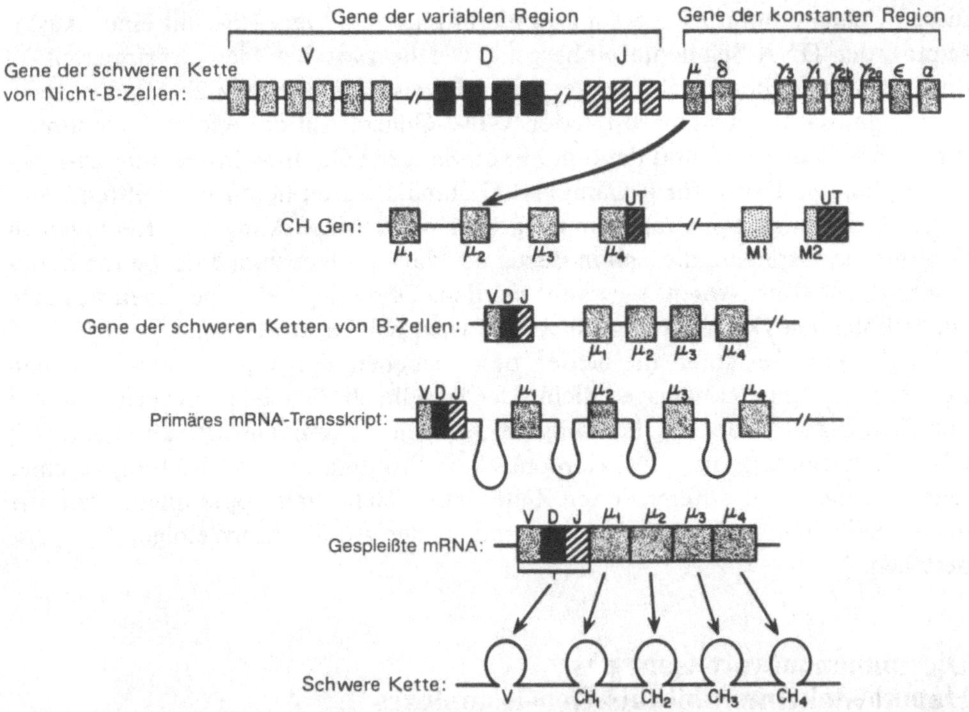

Abbildung 10.1 Organisation der Gene der schweren Ketten. Bei Nicht-B-Zellen sind die verschiedenen Gensegmente (als Kästchen dargestellt) wie in der Abbildung angeordnet: Die V-, D- und J-Segmente sind voneinander getrennt. Jedes, für die konstante Region kodierende Segment ist in Exone und Introne für die konstante Region der μ-Gene eingeteilt (zweite Zeile). Jedes Kästchen repräsentiert ein Exon, welches für eine konstante Region kodiert. In der B-Zelle (dritte Zeile) sind die VDJ-Segmente jetzt umgeordnet und miteinander verbunden. Vermutlich leitet sich die fertige mRNA für die schwere Kette von einer langen primären mRNA ab.

ziierten als auch die zytoplasmatischen Anteile des Moleküls. Die B-Zelle translatiert beide Boten-RNA-Moleküle, exprimiert aber nur das Membran-IgM. Die sezernierte μ-Kette enthält zwar Kern-Kohlenhydrat, läßt aber einige endständige Zucker vermissen. Warum das sezernierte μ nicht zusammengesetzt wird, ist unbekannt. Erst nach Aktivierung der B-Zelle wird das sezernierte IgM zusammengebaut und freigesetzt.

In einem späteren Stadium exprimiert die B-Zelle auf ihrer Oberfläche IgM und IgD gemeinsam. Solche Doppelproduzenten weisen die gleiche Organisation von μ- und δ-Genen auf und enthalten Boten-RNA für membran-assoziierte und sezernierte μ- und δ-Ketten. Wahrscheinlich werden die gleichen V_H-Sequenzen von einem langen primären RNA-Transkript abgespalten und an die Sequenz für μ bzw. δ angehängt.

Studien mit Myelom-Zellen oder mit Hybridomen, die ausschließlich einen einzigen Isotyp produzieren, haben ein weiteres Phänomen zutagegebracht. In diesen Zellen kommt es zur Umgruppierung der C_H-Gene, die mit einer Auslöschung der DNA-Segmente einhergeht, welche zwischen den exprimierten V- und C_H-Genen liegen. So zeigte beispielsweise ein Gamma-2b-Myelom eine Gen-Organisation aus umgruppierten V-D-J-Genen. Auf diese folgten nichtintervenierende Sequenzen und dann die Exon-Sequenz Gamma-2b-Gamma-2a-Epsilon-Alpha. Die Exons für μ-Gamma-3-Gamma-1 waren herausgeschnitten.

Die Gen-Umgruppierungen dürften sich unter Mitwirkung von Regionen in den Introns abspielen, die sich in Bezug auf die C_H-Gene zum 5'-Ende hin befinden und „S" (für „switch") genannt werden. Diese Segmente bestehen aus sich wiederholenden DNA-Sequenzen von 1 bis 10 Kilobasen Länge.

Möglicherweise laufen die beiden beschriebenen Vorgänge zu verschiedenen Zeiten in der Entwicklungsgeschichte der B-Zelle ab. Der Klassenwechsel in der unreifen B-Zelle, die mit homologem Antigen zusammentrifft, könnte durch RNA-Prozessierung ausgelöst werden. Nach Proliferation und Reifung zu einer sekretorischen, voll differenzierten Zelle finden Gen-Umgruppierungen statt, die in der Beibehaltung einiger V-Gene und in der Auslöschung einiger C_H-Gene bestehen.

Die Immunantwort-Gene des Haupthistokompatibilitäts-Gen-Komplexes

Der Haupt-Histokompatibilitäts-Gen-Ort (MHC) verschiedener Spezies ist in den Kapiteln 6, 7 und 8 beschrieben. Kapitel 6 befaßt sich mit der Organisation der Gene, den Eigenschaften der zwei hauptsächlichen Gen-Produkte, nämlich der Klasse-I- und Klasse-II-Moleküle, und ihrer Rolle bei zellulären Interaktionen und Transplantations-Reaktionen. Kapitel 7 und 8 haben die Rolle der Klasse-I- und Klasse-II-Moleküle bei der Regulation der Interaktion zwischen Helfer- und zytolytischen T-Zellen zum Gegenstand. Im folgenden wird ein bisher noch nicht beschriebener Aspekt der Klasse-II-Gene geschildert: Die Kontrolle der In-vivo-Antwort auf bestimmte Protein-Antigene.

T-Lymphozyten werden nur dann selektioniert und erkennen Fremdantigene, wenn letztere im Zusammenhang mit autologen MHC-Molekülen präsentiert werden. Klasse-II-A- und -E-Polypeptide, die Ia-Antigene, bestimmen die Wechselwirkungen von T-Zellen mit Makrophagen und B-Zellen beim Ingangkommen der Immunantwort. Da die Klasse-II-Moleküle ausgesprochen polymorph sind, sollte man erwarten, daß sich Individuen mit verschiedenen Haplotypen in ihrer Fähigkeit zur T-Zell-Antwort auf bestimmte Antigene unterscheiden. Klasse-II-Moleküle leisten einen wesentlichen Beitrag zur Spezifität von T-Zellen. So ist eine schwach ausgebildete oder nicht vorhandene Fähigkeit zur Immunantwort gegenüber gewissen Antigenen mit bestimmten MHC-Haplotypen assoziiert. Es überrascht daher nicht, daß die MHC-verbundenen Ir-Gene, insbesondere die I-Region und die von ihr kodierten Produkte, im Rahmen von Untersuchungen entdeckt und definiert wurden, die sich mit der genetischen Analyse der Immunantwort gegen Protein-Antigene bei Inzuchtstämmen befaßten.

Drei Typen von Antigenen waren für die Identifizierung der MHC-verbundenen Ir-Gene von großem Nutzen:

1. *Synthetische Polypeptide* von begrenzter struktureller Heterogenität;
2. *Alloantigene,* die sich nur gering von ihren autologen Gegenstücken unterscheiden, d.h. die Histokompatibilitäts-Neben-Antigene;
3. *Komplexe multideterminante Antigene,* die in limitierter immunisierender Dosierung unter Bedingungen appliziert werden, unter denen nur die stärksten immunogenen Determinanten erkannt werden.

Die Entdeckung spezifischer MHC-verbundener Ir-Gene geht auf Experimente zurück, in denen das Immunsystem mit Antigenen von stark eingeschränkter Heterogenität und enger Spezifität konfrontiert wurde. Diese Bedingungen engen die Möglichkeiten spezifischer Interaktionen zwischen Antigenen und Klonen immunkompetenter Zellen stark ein. Die Experimente haben gezeigt, daß die Immunantwort von Versuchstieren gegenüber zahlreichen Antigenen unter der Kontrolle dominanter MHC-verbundener Ir-Gene steht. Allen Antigenen unter Ir-Gen-Kontrolle ist die Thymus-Abhängigkeit gemeinsam. Bis heute hat sich keine MHC-verbundene Ir-Gen-Kontrolle für eine thymusunabhängige Immunantwort nachweisen lassen.

Die ersten Experimente, die gezeigt haben, daß sich einzelne Tiere in ihrer Fähigkeit zur Immunantwort gegenüber einem bestimmten Antigen voneinander unterscheiden, wurden in ausgezüchteten Meerschweinchen mit einem DNP-Konjugat des Homopolymers von L-Lysin, DNP-PLL, durchgeführt. Züchtungsversuche ergaben, daß die Fähigkeit zu einer Immunantwort gegen DNP-PLL durch ein einzelnes dominantes autosomales Gen kontrolliert wird, das sowohl die zelluläre Immunität gegen DNP-PLL als auch die Bildung von Anti-DNP-Antikörpern bestimmt. Auch waren Tiere, die eine Immunantwort gegen DNP-PLL zeigten (DNP-PLL-Responder), in der Lage, spezifische Antikörper gegen alle Haptene zu bilden, die an den Träger PLL gekoppelt waren. Somit ließ sich die genetische Kontrolle der Immunantwort gegenüber DNP-PLL auf die Fähigkeit der Responder-Tiere zurückführen, den Träger PLL als Immunogen zu erkennen. Der Defekt in Meerschweinchen, die keine Immunantwort gegen DNP-PLL zustandebrachten (DNP-PLL-Non-Responder), beruhte nicht auf einer mangelnden Fähigkeit zur Produktion von Anti-DNP-Antikörpern. Dementsprechend ließ sich der Immundefekt bei DNP-PLL-Non-Responder-Tieren dadurch umgehen, daß man die Tiere mit DNP immunisierte, das an einen immunogenen T-zell-abhängigen Träger, wie Ovalbumin (OVA), gekoppelt war:

DNP-PLL:	Keine Anti-DNP-Antikörper-Produktion
DNP-OVA:	Anti-DNP-Antikörper-Produktion
DNP-PLL-OVA:	Anti-DNP-Antikörper-Produktion

Tabelle 10.2 Erbgang der spezifischen Ir-Gene und der Haupt-Histokompatibilitäts-Loci von Meerschweinchen der Stämme 2 und 13 durch (2 × 13)F_1 und rückgekreuzte Tiere

	2	13	(2 × 13)F_1	(2 × 13)F_1 × 13 50%*	50%	(2 × 13)F_1 × 2 50%	50%
Antigene:							
DNP-PLL**	+	–	+	+	–	+	+
Glutamin-Alanin-Kopolymer (GA)	+	–	+	+	–	+	+
Glutamin-Tyrosin-Kopolymer (GT)	–	+	+	+	+	+	–
Haupt-Histokompatibilitäts-Komplex:							
Stamm 2	+	–	+	+	–	+	+
Stamm 13	–	+	+	+	+	+	–

+ bedeutet Bereitschaft zur Antwort und Vorkommen von Haupt-Histokompatibilitäts-Spezifitäten.

* Diese Säule identifiziert die gleiche Gruppe rückgekreuzter Tiere.
** DNP-PLL = Dinitrophenyl-Polylysin

Die Meerschweinchen konnten gegenüber PLL immunologisch deshalb nicht antworten, weil sie in bezug auf die T-Helfer-Zell-Bildung defekt waren. Bei einer Immunisierung mit dem DNP-PLL-OVA-Komplex verhält sich DNP-PLL als Hapten, wobei OVA den Träger darstellt (s. Kap. 2 und 8). Da die Non-Responder-Meerschweinchen auf OVA antworten können, sind sie in der Lage, Helfer-T-Zellen zu produzieren, die bei der Anti-DNP-Antikörper-Antwort kooperieren.

Die Ir-Gen-Kontrolle bezieht sich somit nicht auf die Antikörperbildung, sondern auf die Fähigkeit zur Ausbildung der Helfer-T-Zell-Aktivität. Die Untersuchungen wurden an den Meerschweinchen-Inzucht-Stämmen 2 und 13 reproduziert, die sich vorwiegend in der I-Region des MHC unterscheiden. Mit anderen synthetischen Antigenen, den Copolymeren aus L-Glutaminsäure und L-Alanin (GA) und L-Glutaminsäure und L-Tyrosin (GT), wurden weitere Experimente durchgeführt. Die Ergebnisse (Tabelle 10.2) zeigen, daß die Fähigkeit zur Immunantwort an den MHC gebunden ist.

Ähnliche Befunde wurden von H. McDevitt, M. Sela und Mitarbeitern an der Maus erhoben. Diese Autoren untersuchten die Immun-Antwort gegenüber dem (T-G)A-L Polypeptid (s. Kap. 2). Sie fanden Mäusestämme, die auf dieses Antigen immunologisch reagierten und solche, die nicht reagierten. Mit Hilfe von Kreuzungsversuchen und genetisch definierten Stämmen, die sich nur im MHC unterschieden, zeigten sie, daß eine sehr enge Beziehung zwischen der Fähigkeit eines Mäusestammes zur Immunantwort und seinem Haupt-Histokompatibilitäts-Haplotyp (s. Kap. 6) besteht. Die Immunantwort-Gene wurden bei rekombinanten Mäuse-Inzuchtstämmen in einer Region des H-2-Komplexes zwischen der K- und D-Region kartiert. Diese Region wurde als I-Region definiert (s.

Kap. 6). Vergleichbare I-Regionen, die die Ir-Gene enthalten und die auch die Hauptantigene bei der gemischten Leukozyten-Reaktion kodieren, wurden später auch bei anderen Säugetier-Arten entdeckt.

Die Aufklärung der Ir-Gene in der I-Region hatte zur Folge, daß viele Wissenschaftler versuchten, Antikörper gegen I-region-kodierte Determinanten bei Mäusen und Meerschweinchen zu erzeugen. Versuchstiere, die sich genetisch nur in der I-Region voneinander unterschieden, wurden wechselseitig mit Lymphozyten des genetisch unterschiedlichen Partners immunisiert. Die gebildeten Alloantiseren deckten die Existenz einer Klasse von Antigenen auf, die auf den meisten B-Zellen, den meisten Makrophagen und einem kleinen Prozentsatz von T-Zellen exprimiert werden. Man bezeichnet diese Antigene als *Ia-Antigene*. Sie entsprechen den Klasse-II-Molekülen. Die Anti-Ia-Antikörper wurden später zur molekularen Charakterisierung der Ia-Antigene benutzt (s. Kap. 6).

Die Entwicklung von Anti-Ia-Alloantiseren mit Spezifität für Antigene auf Lymphozyten und Makrophagen ermöglichte einen weiteren methodischen Zugang zur Charakterisierung der I-Region-Gen-Produkte. Genorte, die serologisch distinkte I-Antigene kodieren, ließen sich der I-A- und der I-E-Subregion zuordnen. Eine weitere Subregion, ebenfalls serologisch definiert und als I-J bezeichnet, kodiert Determinanten auf Suppressor-T-Zellen und Suppressor-T-Zell-Faktoren.

Zwei weitere Beobachtungen zur Immunantwort gegen ausgewählte Antigene sind von besonderer Aussagekraft. Die Immunantwort gegen das synthetische Polypeptid Glu-Lys-Phe (Glutaminsäure, Lysin und Phenylalanin) bedarf der Mitwirkung zweier Ir-Gene, von denen das eine in I-E und das andere in I-A liegt: Denn die F_1-Mäuse von zwei sich in der I-E und der I-A-Region ergänzenden Non-Responder-Tieren konnten eine Immunantwort zustandebringen. Weiterführende biochemische Untersuchungen haben gezeigt, daß die E-Polypeptide von zwei Genorten kodiert werden, der Alpha-Kette in I-E und der Beta-Kette in I-A (s. Kap. 7). Schließlich hat man eine Mutation in der Beta-Kette des A-Polypeptids gefunden, die sich mit distinkten Veränderungen in der Immunantwort gegen Protein-Antigene korrelieren läßt.

Die Analyse der zellulären Interaktionen (s. Kap. 7 und 8) und die hier beschriebenen Untersuchungen an Ir-Genen haben ergeben, daß alle antigenen Determinanten im Zusammenhang mit den Klasse-II-Molekülen A oder E einer gegebenen Spezifität (Haplotyp) erkannt werden. Nimmt man zum Beispiel sechs antigene Determinanten 1 bis 6 und vier Haplotypen der A-Moleküle a, b, d und k an, so sind folgende Kombinationen bei einer Immunantwort möglich:

	1	2	3	4	5	6
a:	+	+	–	+	+	–
b:	+	+	+	–	+	+
d:	–	–	+	+	–	+
k:	+	+	–	+	+	+

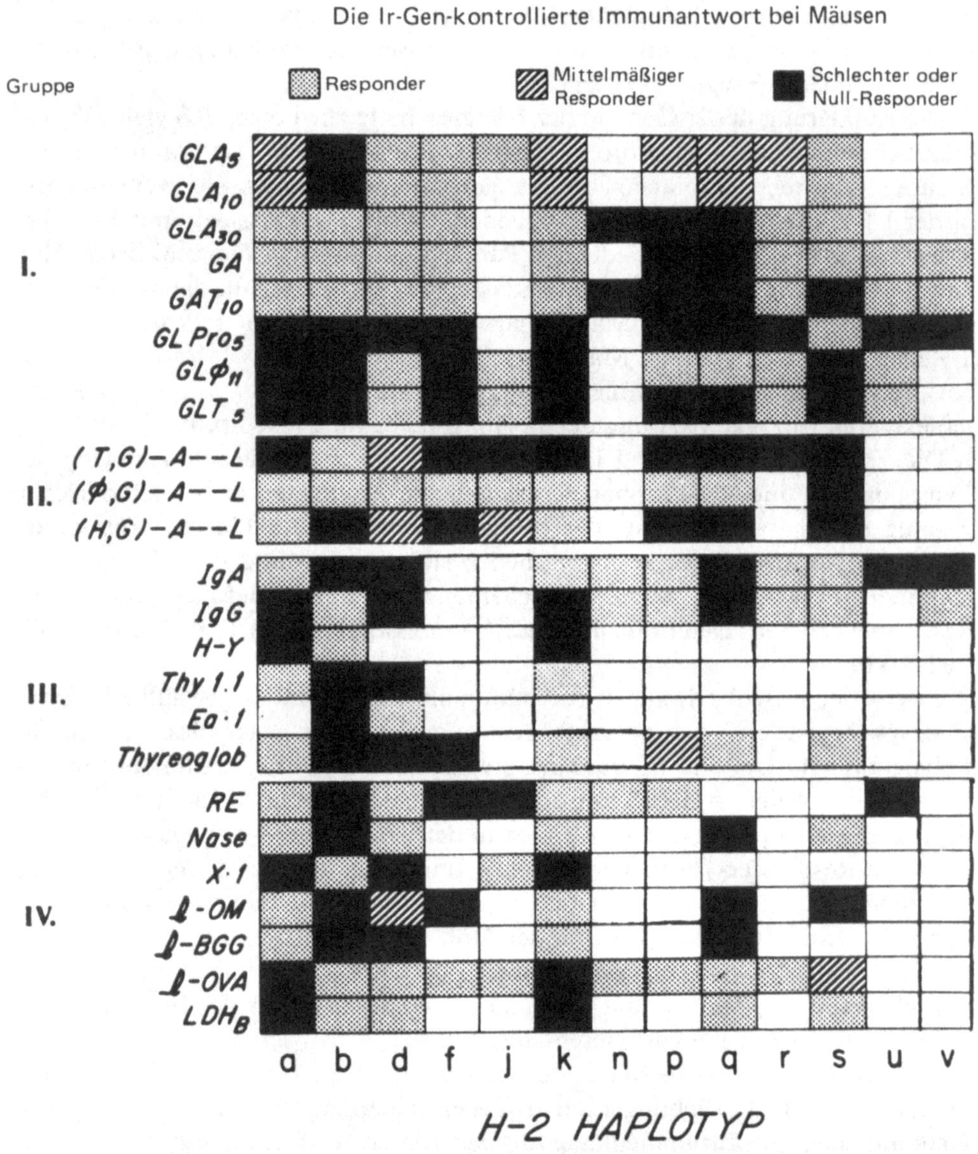

Abbildung 10.2 Immunantwort verschiedener Inzucht-Stämme mit angegebenem H-2-Haplotyp auf vier Gruppen von Antigen. Gruppe I bezieht sich auf randomisiert zusammengesetzte lineare Kopolymere von L-Aminosäuren (G = Glutaminsäure; L = Lysin; A = Alanin; T = Tyrosin; Pro = Prolin; Ø = Phenylalanin). Gruppe II besteht aus verzweigten Kopolymeren von L-Aminosäuren (s. Kap. 2). Gruppe III sind murine Alloantigene (d. h. allotypische Determinanten auf Mäuse-IgA oder IgG). HY ist ein Neben-Histokompatibilitäts-Antigen, das vom Y-Chromosom kodiert wird. Thy 1 ist das T-Zell-Antigen (s. Kap. 5). Ea ist ein Antigen auf Mäuse-Erythrozyten. Thyroglob. bezeichnet Thyreoglobulin der Maus. Gruppe IV sind Fremdantigene (RE = Ragweed-Antigen; NASE = Staphylokokken-Nuklease; X1 ein leukämie-assoziiertes Antigen; 1-OM = niedrige Menge von Ovomukoid vom Huhn; 1-BGG = niedrige Dose von bovinem Gamma-Globulin (BGG). 1-OVA = niedrige Dosis von Ovalbumin; LDH = Laktat-Dehydrogenase B vom Schwein).

Individuen eines gegebenen Haplotyps, z. B. a, werden gegen eine ausgewählte Serie von Determinanten 1, 2, 4 und 5, aber nicht 3 und 6 antworten. Ein Protein, das eine einzige Determinante, z. B. Nr. 3, trägt, ist in Individuen des Haplotyps b und d immunogen, jedoch nicht in den a und k tragenden. Ein Protein mit mehreren Determinanten, z. B. 1 bis 5, wird eine Immunantwort in fast allen Individuen hervorrufen - in unserem Falle in allen. Um Ir-Gen-Effekte zu sehen, muß man das Protein in so kleinen Mengen geben, daß nur die *dominanten,* d. h. stärksten, Determinanten erkannt werden können. Ist in unserem Beispiel 4 die dominante Determinante, so würde Haplotyp b als Non-Responder gegenüber dem Protein in Erscheinung treten, wenn dieses in limitierter Menge gegeben würde. Die Gabe hoher Dosen würde die Immunantwort doch ermöglichen, da sie durch die Nebendeterminanten 1, 2, 3 und 5 in Gang gebracht würde. Abbildung 10.2 zeigt ein Diagramm mit den tatsächlichen Daten bei Mäusestämmen mit unterschiedlichem Responderstatus gegenüber einer Anzahl von Proteinen.

Der zelluläre Ort der Ir-Gen-Effekte. Da die Klasse-II-Moleküle von Ir-Genen kodiert werden, müssen diese Gene in Zellen aktiv sein, welche die Klasse-II-Moleküle tragen, d. h. in Makrophagen oder B-Lymphozyten. Es bleibt die Frage, ob der Defekt bei Non-Respondern gegenüber einer gegebenen antigenen Determinante in der Interaktion von Klasse-II-Molekülen mit der antigenen Determinante auf der präsentierenden Zelle oder in der Erkennung von Klasse-II-Molekülen und Antigen durch T-Zellen liegt. Im ersten Falle müßten Klasse-II-Moleküle und eine spezifische Determinante einen Komplex bilden oder in eine enge Wechselbeziehung treten und der T-Zell-Rezeptor mit dem Komplex reagieren. In einigen Fällen wird diese Kombination nicht zustandekommen (Determinanten-Selektions-Hypothese). Die zweite Hypothese setzt voraus, daß T-Zellen ihr Erkennungs-Repertoire im Thymus in Wechselbeziehung mit Ia-Molekülen der Stromazellen erwerben. Diese Wechselbeziehungen selektionieren T-Zell-Klone mit Spezifität für körpereigenes Ia plus antigener Determinante und treiben ihre Expansion voran. T-Zellen, die mit einigen Kombinationen reagieren, können sich nicht entwickeln (vielleicht weil sie gegen Selbst reaktiv sind und funktionell ausgelöscht werden müssen), und solch ein Stamm wird später zu einem „Ir-Gen-Non-Responder" („Loch-im-Repertoire-Hypothese"). Beide Hypothesen lassen sich experimentell bestätigen. Wir beschränken uns hier auf die Beschreibung zweier Experimente, die zeigen, daß das Ir-Gen-Non-Respondertum auf der Ebene der Interaktion zwischen Makrophagen und T-Zellen oder zwischen B-Zellen und T-Zellen anzusiedeln ist (s. Kap. 8). Die in Kapitel 8 beschriebenen Wechselbeziehungen sollten für ein Verständnis der folgenden Protokolle herangezogen werden.

T-Zellen aus $(2 \times 13)F_1$-Meerschweinchen, die mit einem komplexen Antigen (OVA) immunisiert wurden, proliferieren in vitro gleich gut, wenn OVA auf Makrophagen des Stammes 2 oder 13 präsentiert wird (siehe oben).

Wenn jedoch die $(2 \times 13)F_1$-Meerschweinchen mit einem Antigen immunisiert wurden, das unter Ir-Gen-Kontrolle steht und für das einer der Elternstämme (Stamm 2) ein Non-Responder ist (z. B. polymeres Glutaminsäure-Tyrosin, GT), können die spezifisch reagiblen $(2 \times 13)F_1$-T-Zellen durch GT nur dann stimuliert werden, wenn es von Makrophagen des Responderstammes 13 präsentiert wird; also:

Kombination	Proliferation
OVA + Stamm-2-Makrophagen	+ + + +
OVA + Stamm-13-Makrophagen	+ + + +
GT + Stamm-2-Makrophagen	Keine Antwort
GT + Stamm-13-Makrophagen	+ + + +

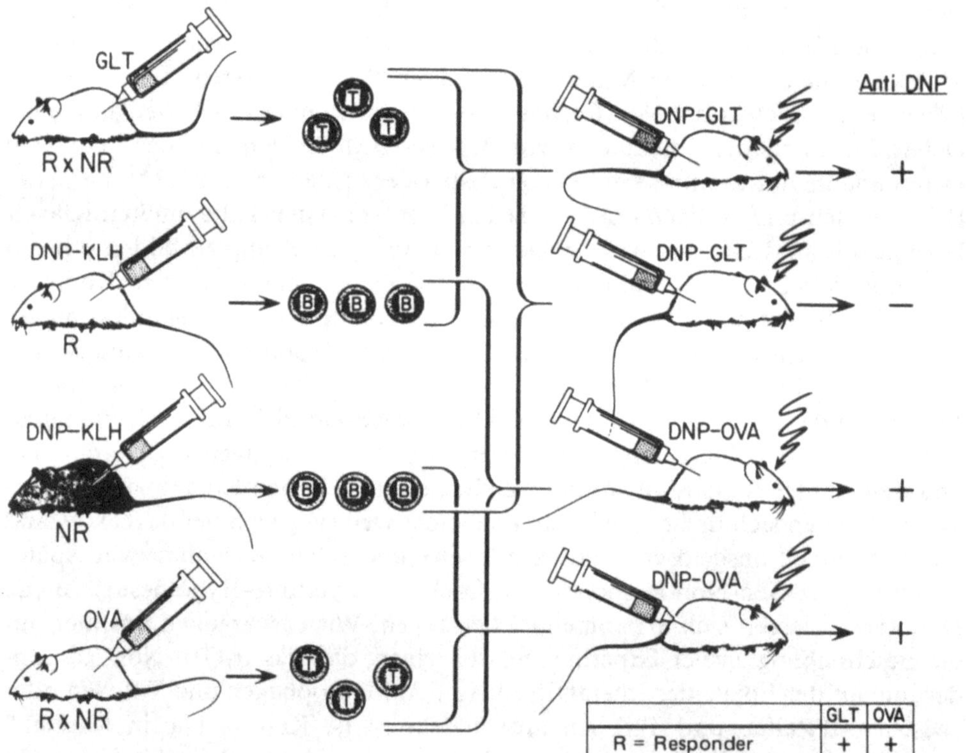

	GLT	OVA
R = Responder	+	+
NR = Nicht-Responder	−	+

Abbildung 10.3 Die Immunantwort verschiedener Inzucht-Mäuse-Stämme, die auf das synthetische Copolymer Glutamyl-Lysyl-Tyrosin (GLT) mit einer schlecht ausgeprägten Immunantwort reagieren, kann auf ein multideterminantes Antigen, wie OVA, bei üblicher Dosierung normal ausfallen. Erklärung: Siehe Text. (Vergleiche auch die Kontrolle der T-B-Kooperation durch die I-Region in Kapitel 8, Seite 159ff).

In gleicher Weise läßt sich die Ir-Gen-Funktion in B-Zellen untersuchen. Ein typisches Experiment ist in Abbildung 10.3 wiedergegeben. Dieses Experiment ist zwar kompliziert, aber sehr aufschlußreich. Es lehnt sich an das Experiment an, das zum Nachweis der Kontrolle der T-B-Zell-Kooperation durch die I-Region entwickelt wurde (s. Kap. 8).

Einige Inzucht-Mäuse-Stämme antworten auf das synthetische, nach Zufälligkeitsprinzip zusammengesetzte Copolymer Glu-Lys-Tyr (GLT), andere nicht. Andererseits ist die Antwort auf das komplexe multideterminante Antigen OVA bei Verwendung üblicher Dosen zur Immunisierung bei verschiedenen Inzuchtstämmen ähnlich. So antworten Mäuse eines Non-Responderstammes für GLT normal auf OVA.

Das Experiment wird wie folgt durchgeführt: F_1-Kreuzungen zwischen einem Responderstamm und einem Non-Responderstamm für GLT werden in zwei Gruppen aufgeteilt. Die eine Gruppe wird mit OVA immunisiert, die andere mit GLT. Beide Gruppen antworten auf beide Antigene. Anschließend werden die T-Zellen beider Gruppen isoliert und auf ihre Fähigkeit hin untersucht, Helferfunktionen bei B-Zellen von einem elterlichen Responder- bzw. Non-Responderstamm auszuüben. Der Ansatz bedient sich des Hapten-Träger-Phänomens (s. Kap. 8). Dementsprechend werden F_1-T-Zellen aus der gegen OVA immunisierten Gruppe auf einen F_1-Empfänger übertragen, der zusätzlich elterliche B-Zellen von einem Responder- bzw. einem Non-Responderstamm erhalten hatte. Sowohl der Responder als auch der Non-Responder war mit DNP-KLH (KLH = Keyholelimpet Hemocyanin = Hämocyanin der Schlüsselloch-Napfschnecke) vorimmunisiert worden. Wenn in den F_1-Emfängern die Erfolgsreaktion mit DNP-OVA ausgelöst wird, läuft die Immunantwort mit beiden B-Zell-Gruppen *gleich gut* ab, d. h., die OVA-immunen T-Zellen sind in der Lage, bei DNP-immunen B-Zellen im klassischen Hapten-Träger-System Helfer-Funktionen auszuüben. (Die F_1-Empfänger waren nach Übertragung der F_1-T-Zellen und vor Übertragung der B-Zellen radioaktiv bestrahlt worden. Dadurch wurden alle empfängereigenen B- und T-Zellen eliminiert. Die transplantierten F_1-Helfer-T-Zellen sind funktionell radioresistent). Ein anderes Ergebnis erhält man in der zweiten Gruppe. Die F_1-T-Zellen aus GLT-immunen Mäusen wurden in derselben Weise auf bestrahlte F_1-Tiere übertragen, die DNP-spezifische B-Zellen von einem Responder oder einem Non-Responder erhalten hatten. Bei den Empfängern wurde die Erfolgsreaktion mit DNP-GLT ausgelöst. F_1-T-Zellen übten nur bei den DNP-spezifischen B-Zellen aus Respondertieren Helfer-Funktionen aus, aber nicht bei B-Zellen aus Non-Respondertieren. Somit können die DNP-spezifischen B-Zellen aus Non-Respondermäusen von T-Zellen aus OVA-immunisierten F_1-Mäusen, jedoch nicht von T-Zellen aus GLT-immunisierten Tieren, Hilfe erhalten.

I-Region-kontrollierte Suppression. Das Ausbleiben einer Immunantwort gegenüber einigen Antigenen, die mit einem gegebenen I-Region-Haplotyp assoziiert sind, kann auch mit der Entwicklung von T-Suppressor-Zellen (Ts) einhergehen. Die Gene, die die T-Suppressor-Zellen kontrollieren, liegen ebenfalls in der I-Region. Es ist unklar, warum die T-Zell-Suppression in manchen Fällen so stark ist. Es läßt sich nämlich zeigen, daß T-Helfer-Zellen vorhanden sind, die aber aufgrund des hohen Ts-Spiegels nicht funktionieren können. In einem Experimentalsystem bremst die Zugabe von monoklonalen Antikörpern gegen das E-Polypeptid die Entwicklung von Ts und erlaubt den T-Helfer-Zellen, in Zusammenwirken mit A-Molekülen zu funktionieren. Vielleicht läuft dieses System über eine Rekrutierung von Ts durch Helfer-T-Zellen ab, die das Antigen und die E-Moleküle erkennen. Die Beteiligung der I-Region an der Suppression bezieht sich auch auf die I-J-Moleküle. Diese Determinanten finden sich in Faktoren, die die Suppression regulieren (s. Kap. 8). Man weiß jetzt, daß sich I-J nicht in der I-Region befindet; auch kennen wir nicht die Struktur ihrer Genprodukte.

11 Tumorimmunologie

Daß Tumoren Antigene tragen, die sie vom normalen Gewebe unterscheiden und auf die das Immunsystem des betroffenen Wirts reagieren kann, ist durch zahlreiche Literaturstellen belegt. In den vergangenen Jahren wurden große Anstrengungen unternommen zu klären, wie eine Immunantwort gegen tumorassoziierte Antigene (TAA) zustandekommt und wie dadurch das Tumorwachstum beeinträchtigt wird; Methoden wurden entwickelt, mit denen die Anti-Tumorantwort zum Nutzen des Wirtes manipuliert werden kann.

Versuche zum Nachweis von Immunität gegen maligne verändertes Gewebe gehen auf die Anfangsjahre dieses Jahrhunderts zurück. Schon damals fand man, daß Tumorzellen einer Maus nach Übertragung auf eine andere Maus im Empfänger nur eine Zeitlang wachsen und dann abgestoßen werden. Allerdings wur-

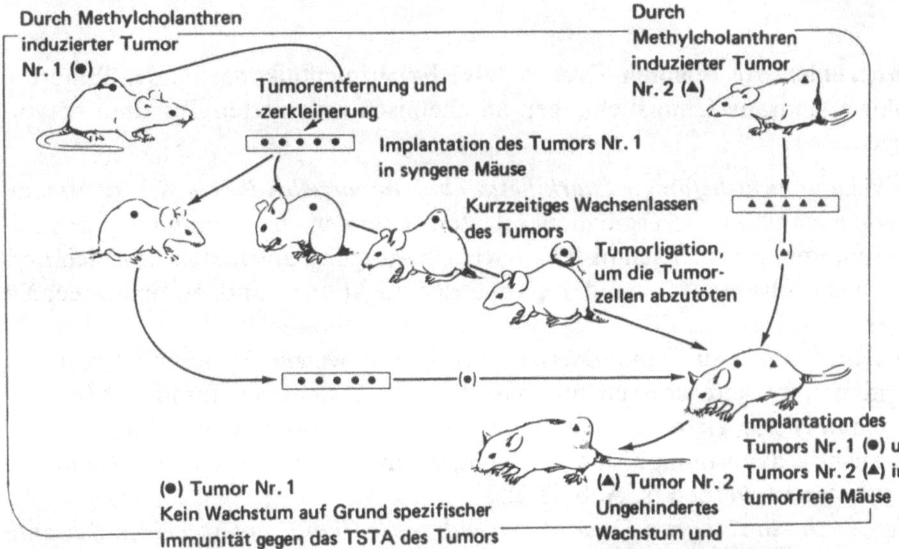

Abbildung 11.1 Aktive Immunisierung mit der Tumorwachstums- und Ligationsmethode. Lebende Zellen aus einem chemisch induzierten Tumor werden auf einen syngenen Empfänger übertragen. Nach einer kurzen Periode von Tumorwachstum wird der Tumor abgebunden, um den Blutfluß zu unterbrechen und den Tumor abzutöten, oder das tumorhaltige Gewebe wird chirurgisch entfernt. Das tumorfreie Tier wird dann mit Zellen aus dem Original-Tumor, der für die Immunisierung verwendet wurde, oder mit einem nichtverwandten Tumor belastet. Der erste Tumor wird wegen der vorhergehenden Immunisierung des Tieres mit dem gleichen Tumor abgestoßen, während der antigenmäßig nichtverwandte Tumor in der gleichen Weise wie in einem unbehandelten Tier wächst. Dieses Experiment demonstriert erstens, daß eine Tumor-Immunität existiert und zweitens, daß sie spezifisch ist.

den bei diesen Experimenten keine Inzucht-Mäuse verwendet; die Abstoßung ging wahrscheinlich auf die Reaktion des Empfängers auf normale Alloantigene des Tumorspenders zurück (s. Kap. 6). Die ersten eindeutigen Berichte über eine syngene Tumor-Immunität bezogen sich auf chemisch induzierte Tumoren.

In genetisch einheitlichen Inzuchtmäusen wurden kleine Sarkomstücke von einer Maus auf eine andere übertragen. Nachdem die Tumoren eine Zeitlang gewachsen waren, wurde durch eine Ligation der Tumorbasis die Blutzufuhr des Tumors unterbrochen und die malignen Zellen zum Absterben gebracht. Die so geheilten Tiere waren in der Lage, nach einer zweiten Übertragung das gleiche Sarkom abzustoßen, nicht jedoch nichtverwandtes Tumorgewebe. Nichtimmune Kontrolltiere konnten das Wachstum des Sarkoms nicht hemmen (s. Abb. 11.1). Später konnte gezeigt werden, daß Unterschiede in den normalen Gewebeantigenen nicht für die Tumorabstoßung verantwortlich sind. Immunisierung mit Hauttransplantaten oder mit injizierten Zellen aus verschiedenen normalen Organen schützte die Mäuse nicht vor Tumoren, die aus den Spendern des normalen Gewebes stammten. Man schloß daraus, daß Tumoren besondere Antigene besitzen müssen, die sich von den auf nicht-malignen Zellen vorkommenden unterscheiden.

Chemisch induzierte Tumoren. Drei wichtige Experimentalkonzepte der Tumorimmunologie sind aus Untersuchungen an chemisch induzierten Tumoren hervorgegangen:

1. *Zur Teilung nicht befähigte (stark bestrahlte) Tumorzellen lassen sich zur Immunisierung einsetzen* und ermöglichen Untersuchungen zur Immunität gegen solche Tumoren, die sich schon früh nach Übertragung ausbreiten und sich deshalb nicht für eine Behandlung mit der Ligations- und Exzisionstechnik eignen.
2. *Die Widerstandskraft immunisierter Tiere gegen syngene Tumoren ist begrenzt:* Nichtimmune Tiere können nur das Wachstum kleinerer Tumorzell-Inokula als immunisierte Tiere hemmen, jedoch erfolgt ein progressives Tumorwachstum auch in dann immunisierten Tieren, wenn größere Zahlen von Tumorzellen transferiert werden (s. Abb. 11.2).
3. *Jeder durch kanzerogene Chemikalien induzierte Tumor unterscheidet sich antigenmäßig von allen anderen,* wie sich durch Kreuz-Immunisierungs- und Transplantations-Experimente zeigen läßt. So können sich in Transplantations-Untersuchungen zwei Tumoren, die in verschiedenen oder in demselben Tier durch dieselbe Chemikalie induziert wurden oder sogar verschiedene Anteile eines einzigen großen Tumors, der durch eine einzige Chemikalie induziert wurde, immunologisch voneinander unterscheiden. Neuere Untersuchungen haben bestätigt, daß sich die immundominanten tumor-spezifischen Transplantations-Antigene (TSTA) chemisch induzierter Tumoren voneinander unterscheiden (s. Abb. 11.3); sie haben jedoch auch Belege dafür erbracht, daß ihnen schwächere Antigene gemeinsam sein können (sogenannte tumorassozi-

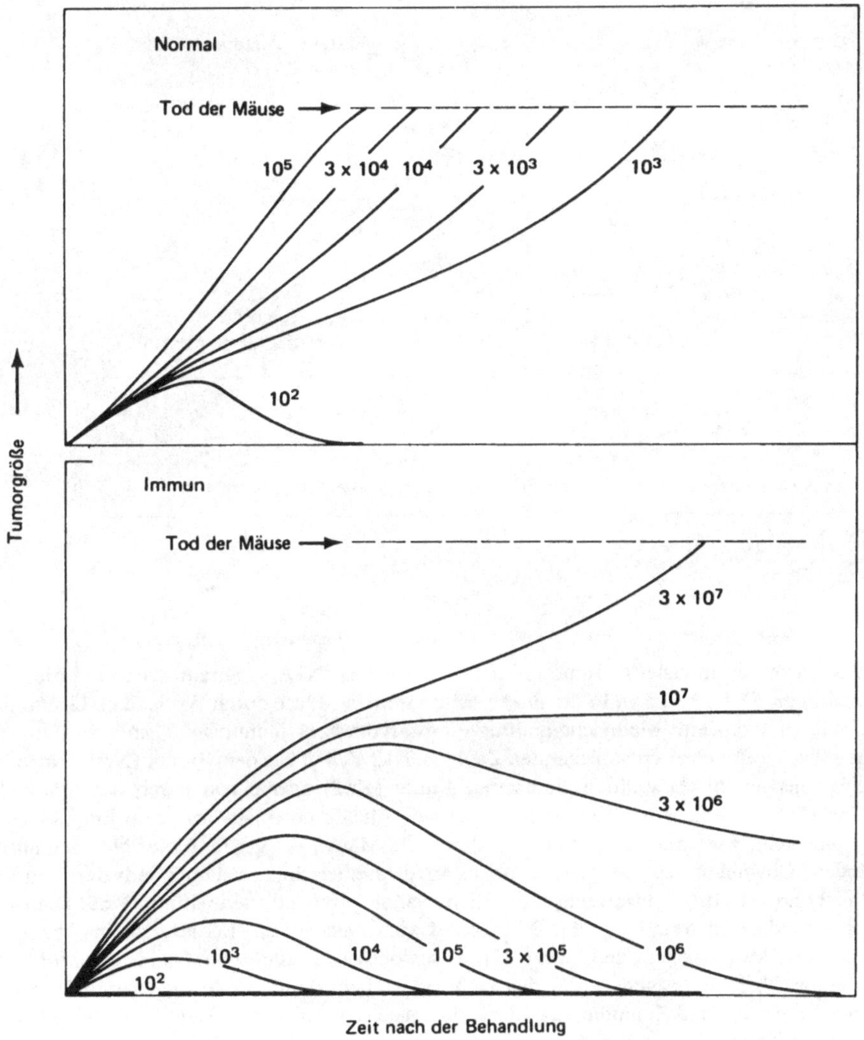

Abbildung 11.2 Der Schutz durch eine aktive Anti-Tumor-Immunisierung ist nicht absolut. In der oberen Hälfte des Bildes wurden normale Mäuse mit der angegebenen Zahl lebender Tumorzellen injiziert. Nur nach einer Dosis von 10^2 Zellen kommt es nicht zum progressiven Wachstum. Größere Mengen von Tumorzellen gehen an und wachsen, bis das Tier verstirbt. Hierbei ist die Wachstumsrate von der ursprünglich verwendeten Tumorbelastung abhängig. In der unteren Bildhälfte ist das Wachstum des gleichen Tumors in aktiv immunisierten Mäusen wiedergegeben.

ierte Antigene TAA). Einige dieser gemeinsamen Antigene lassen sich mit endogenen RNA-Viren, die sich bei manchen chemisch induzierten Sarkomen finden, assoziieren.

Virusinduzierte Tumoren. Virusinduzierte Tumoren tragen ebenfalls TAA, die in der Lage sind, eine Abstoßungsreaktion auszulösen. Im Gegensatz zu chemisch

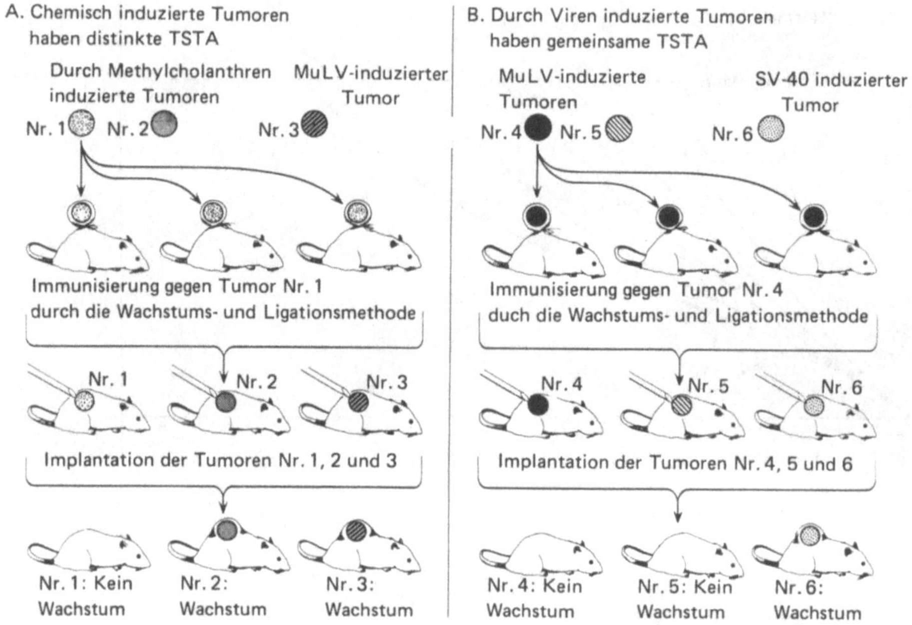

Abbildung 11.3 Chemisch induzierte Tumoren haben distinkte TSTA, während virus-induzierte Tumoren gemeinsame TSTA besitzen. In der linken Hälfte werden Mäuse durch Wachstums-Ligation gegen das chemisch induzierte Methylcholanthren-Fibrosarkom Nr. 1 immunisiert. Andere Mäuse werden dann entweder mit einer entsprechenden Zahl lebender Zellen aus dem Tumor (Nr. 1), einem davon verschiedenen methylcholanthren-induzierten Tumor (Nr. 2) oder einem durch das Mäuse-Leukämie-Virus (MuLV) induzierten Tumor (Nr. 3) belastet. Alle Tumoren sind mit dem Empfänger syngen. Wie man sieht, wird nur der Tumor Nr. 1 durch die Mäuse, die gegen Tumor Nr. 1 immun sind, abgestoßen. Obwohl durch das gleiche Agens in demselben Inzuchtstamm induziert, wird Tumor Nr. 2 nicht abgestoßen, ebensowenig der nichtverwandte virus-induzierte Tumor Nr. 3. Dieses Verhalten unterscheidet sich von dem in der Bildhälfte B wiedergegebenen. Hier schützt eine Immunisierung gegen den MuLV-induzierten Tumor (Nr. 4) sowohl gegen Tumor Nr. 4 und den MuLV-induzierten Tumor (Nr. 5), aber nicht gegen den nichtverwandten, durch SV-40 induzierten Tumor (Nr. 6). Hiermit ist gezeigt, daß Tumoren, die durch das gleiche Virus in den Tieren mit denselben MHC-Antigenen induziert wurden, gemeinsame TSTA besitzen.

induzierten Tumoren tragen die durch ein bestimmtes Virus oder eine Virusfamilie erzeugten Tumoren gemeinsame TSTA (s. Abb. 11.3). Dies trifft sogar für Tumoren verschiedener Gewebe zu. Die gemeinsamen TSTA unterscheiden sich, wenigstens im Fall der DNA-Viren, wie SV40 und Polyoma, von den eigentlichen Virusantigenen, da die virustransformierten Zellen kein Virus produzieren. Häufig ist die Immunantwort gegen virusinduzierte Tumoren im Vergleich zu chemisch induzierten Tumoren sehr stark.

Tumor-assoziierte Antigene. Der genaue Aufbau der meisten Tumor-Antigene ist unbekannt. Es steht aber fest, daß sich tumor-spezifische Antigene vom Transplantations-Typ (TSTA) auf der Zelloberfläche befinden, wo sie für Rezeptoren von Effektorzellen und Antikörper zugänglich sind. Bei karzinogen-induzierten Tumoren weist die Individualität der TSTA darauf hin, daß sie aufgrund von Mutationen entstehen, die ein ehemals normales Zellprodukt betreffen. Bei virusinduzierten Tumoren scheint die Gemeinsamkeit der TSTA darauf zu beruhen, daß Virus-Produkte, wie Kapsid-Proteine bei den RNA-Tumor-Viren, die von den transformierten Zellen kontinuierlich nach außen abgegeben werden, oder Nicht-Virion-Produkte, die durch das Genom der DNA-Tumor-Viren kodiert sind, als Ziel-Antigene wirken können. Diese viruskodierten TSTA kommen auf allen von dem Virus transformierten Zellarten vor. Die Erkennung von virusinduzierten TSTA durch CTL im Mäusemodell wird durch den H-2-Komplex kontrolliert. Dies weist darauf hin, daß H-2-Produkte und TSTA auf der Zelloberfläche in eine Wechselbeziehung treten und gemeinsam das eigentliche Antigen bilden, welches von der entsprechenden Effektorzelle erkannt wird (s. Kap. 7).

Zusätzlich zu den Antigenen vom Transplantationsantigentyp besitzen Tumoren weitere TAA-Typen. Viele Tumoren tragen sogenannte *„onkofötale“ Antigene,* die embryonale oder fötale Zellprodukte darstellen, welche bei der transformierten (malignen) Tumor-Zelle des Erwachsenen aufgrund einer Derepression fötaler Gene wieder exprimiert werden. Ein Beispiel hierfür sind beim Menschen das α-Fötoprotein, ein α-Globulin, das vor allem von Leberkarzinom-Zellen in großen Mengen produziert wird, und das karzino-embryonale Antigen (CEA) aus Tumoren des Gastrointestinaltrakts, vorwiegend Adeno-Karzinomen des *Kolons.* Onkofötale Antigene spielen keine Rolle bei der Anti-Tumor-Reaktion des Wirts. Wenn sie in großen Mengen freigesetzt werden (wie z. B. das α-Fötoprotein), können sie als Hinweis auf die Tumor-Belastung und das Wiederauftreten von Metastasen nach Therapie von diagnostischem Nutzen sein.

Ein dritter Antigentyp, als *T-Antigen* bezeichnet, findet sich bei Tumoren, die durch DNA-Tumor-Viren hervorgerufen werden. T-Antigen ist spezifisch für das induzierende Virus, stellt aber kein Struktur-Protein des Virus dar. Es stimuliert eine Antikörperproduktion im tumortragenden Wirt. Immunfluoreszenzserologisch läßt sich eine hohe Konzentration von T-Antigen in den Kernen von Tumorzellen nachweisen. Das T-Antigen stellt wahrscheinlich ein Virus-Protein dar, das bald nach der Infektion gebildet wird und für die Virus-Vermehrung und vielleicht auch für die Zell-Transformation notwendig ist. Das Auftreten dieses Antigens ist ein Indikator für eine Infektion und/oder Transformation von Zellen durch die DNA-Tumor-Viren. Wegen seiner internen Lokalisation hat es keine Bedeutung für die Tumorabstoßung und unterscheidet sich insofern von den TSTA.

Immunüberwachung („Immune surveillance“)

Der Nachweis einer spezifischen Immunität gegen tumorassoziierte Antigene lieferte die experimentelle Grundlage der Immunüberwachungstheorie (Immune Surveillance Theory). Zuerst entwickelt von M. Burnet und ausgebaut durch

L. Thomas, besagt sie, daß sich die Immunmechanismen, die der Abstoßung von normalen Gewebe-Transplantaten zugrundeliegen, für die Unterscheidung von eigenen und fremden Antigenen entwickelt haben, wobei maligne veränderte, TAA-tragende Zellen das Fremdantigen darstellen. Das Immunsystem übt im ganzen Körper eine „Überwachungsfunktion" aus und stößt dabei kleine Klone maligner Zellen bald nach ihrem Entstehen ab, sofern sie sich antigenmäßig hinreichend vom normalen Gewebe unterscheiden.

Obwohl sich dieses Konzept, weil einleuchtend und einfach, weiter Verbreitung erfreut, ist es keineswegs durch solide Daten untermauert; ja, man hat ernsthaft diskutiert, ob ein solcher Überwachungsmechanismus überhaupt existiert. Versuche, die Voraussagen dieser Theorie zu bestätigen, haben Ergebnisse für und wider die Theorie erbracht. Zellen, die sich spontan ohne Immunselektion in vitro transformieren, besitzen in vivo eine sehr geringe Immunogenität. Nach der Theorie sollte jedoch eine fehlende Immunselektion das Entstehen hoch-immunogener Tumoren begünstigen. Die Häufigkeit spontan entstandener oder chemisch induzierter Tumoren in Mäusen, die durch Anti-Lymphozyten-Serum (ALS) oder aufgrund eines angeborenen Thymus-Mangels („Nackt-Mäuse") immunsupprimiert sind, unterscheidet sich nicht von derjenigen in immunologisch intakten Tieren, obwohl das Fehlen des Überwachungsmechanismus eine Zunahme der Tumorhäufigkeit bei der ersten Gruppe bedingen müßte. Sehr kleine Tumor-Inokula, die zellzahlmäßig den frühen Stadien einer klonalen Tumorentwicklung vergleichbar sind, unterlaufen häufig die Immunabwehr des Wirts und werden nicht wirksam abgestoßen, während größere Inokula abgestoßen werden. Andererseits neigen immunsupprimierte Tiere viel eher als immunologisch intakte Kontrolltiere zur Ausbildung eines Tumors durch onkogene Viren, wie *Polyoma,* und beim Menschen führt eine klinische Immunsuppression in Übereinstimmung mit der Theorie zu einer Zunahme der Tumorfrequenz. Bei Mäusen läuft das progressive Tumorwachstum nach Inokulation von Mäuse-Sarkom-Virus umgekehrt proportional zur Stärke der Immunantwort gegen den Tumor. Schließlich gibt es eine natürliche Immunität gegenüber gewissen virusinduzierten Tumoren, die mit der Widerstandsfähigkeit gegen Tumoren zu korrelieren scheint.

Es ist wahrscheinlich, daß die Immunüberwachung die Entstehung bestimmter Malignome verhütet. Noch nicht gut definierte immunregulatorische Vorgänge, unspezifische Abwehrmechanismen und die lokale anatomische und physiologische Situation dürften eine wichtige Rolle spielen. Heute konzentriert sich die Aufmerksamkeit auf die sogenannten Natürlichen Killer-Zellen (NK-Zellen) als mögliche zelluläre Effektoren der Immunüberwachung. (s. u.).

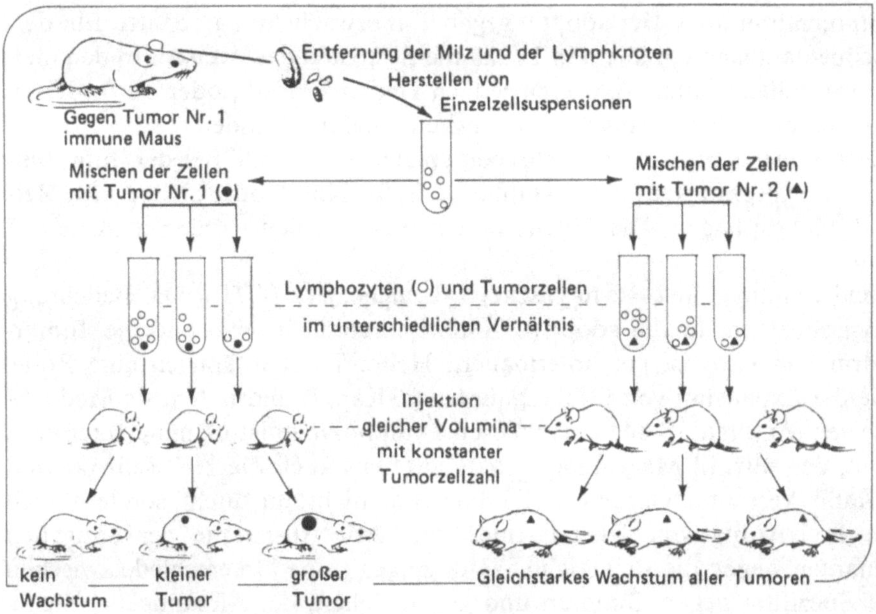

Abbildung 11.4 Der Winn-Test wird eingesetzt, um das Immunpotential verschiedener Zellpopulationen zu untersuchen, indem ihre Fähigkeit, das Tumorwachstum in vivo zu verhindern, direkt geprüft wird. Mäuse werden immunisiert (z. B. durch die Wachstums-Ligations-Technik oder durch bestrahlte Zellen). Milz, Lymphknoten oder andere Gewebe werden entfernt und zu Einzelzell-Suspensionen verarbeitet. Diese Zellen lassen sich weiter in T-, B-, Null-Zellen, Makrophagen oder andere Subpopulationen aufteilen. Verschiedene Mengen von Immunzellen werden dann mit einer konstanten Zahl Tumorzellen gemischt und die Gemische subkutan in normale oder immunologisch inkompetente syngene Mäuse injiziert. Wenn die Immunzellen Antitumor-Aktivität besitzen, drückt sich dies in einer Verminderung der Tumorwachstumsrate in Empfängertieren im Vergleich zu Kontroll-Mäusen aus, welche normale Zellen zusammen mit der gleichen Zahl Tumorzellen erhalten haben. Darüber hinaus läßt sich die Spezifität dieser Antitumor-Aktivität testen, indem man Mischungen mit einem zweiten Tumor, der nicht zur Immunisierung des Zell-Donors verwendet wurde, einsetzt.

Zelluläre Anti-Tumorimmunität

Immunität gegen Tumoren ist fast immer zellulärer und nicht humoraler Natur. Dies wurde schon früh experimentell bewiesen: Einmal ließ sich eine Neutralisation von Tumorzellen beobachten, wenn man letzteren immune Lymphozyten vor der Injektion in syngene Empfänger beimischte, die allein nicht in der Lage waren, den Tumor abzustoßen (s. Abb. 11.4). Andererseits ließ sich im adoptiven Transferversuch eine Immunität auf normale syngene Empfänger durch Lymphozyten übertragen, wobei Zellen aus tumorimmunen Tieren des neuen Wirt gegen eine Übertragung des entsprechenden chemisch oder durch Viren induzierten Tumors schützten.

Inwieweit Antiseren das Tumorwachstum beeinflussen können, wurde ebenfalls untersucht: Nur in wenigen Fällen hat ein Antiserum aus tumorimmunen

Tieren ein nichtimmunes Tier adoptiv gegen Tumorwachstum geschützt. Ein derartiger Schutz läßt sich vor allem in Leukämie-Systemen nachweisen. In den meisten anderen Fällen hatten Antiseren jedoch keinen Einfluß, oder sie förderten sogar das Tumorwachstum aus noch zu diskutierenden Gründen.

Mindestens vier verschiedene Zelltypen spielen eine Rolle bei der Tumorimmunität: 1. T-Lymphozyten; 2. B-Lymphozyten; 3. „Null-" oder „K" *(Killer)*-Zellen und 4. Makrophagen. Die Eigenschaften dieser Zellen werden in Kapitel 5 beschrieben.

Helfer- und Zytotoxische (=zytolytische) T-Lymphozyten (CTL). Die Bedeutung von T-Lymphozyten für die adoptive Tumorimmunität in vivo und die Tumorzellzerstörung in vitro ist gut untermauert. Helfer-T-Zellen spielen eine Rolle, indem sie die Expansion von CTL regulieren (s. Kap. 7) und indem sie Mediatoren freisetzen. An erster Stelle unter diesen Lymphokinen ist Gamma-Interferon zu nennen, das sowohl Makrophagen aktivieren als auch die NK-Zell-Aktivität steigern kann. Vermutlich töten CTL Tumorzellen nicht nur direkt, sondern auch über die Freisetzung von Gamma-Interferon. Mit Ausnahme der antigenen Determinanten, gegen die sie gerichtet sind, gibt es keine Unterschiede zwischen CTL mit Spezifität gegen Tumoren und gegen Zellen, die Alloantigene tragen. Somit gelten die Erkenntnisse aus Untersuchungen an den letzteren auch für die erstgenannten.

Die Rolle der CTL bei der Immunität gegen syngene Tumoren wurde weitgehend durch Experimente an virusinduzierten Ratten- und Mäusetumoren aufgeklärt. Meistens ließ sich eine adoptive Übertragung von Tumorimmunität nur durch T-Zellen aus immunen Spendern durchführen.

Die gleiche T-Zell-Population vermittelte in vitro die Lyse von ^{51}Cr-markierten Tumorzellen, was auf vorhandene CTL hinwies (s. Kap. 7). Weitere Untersuchungen zeigten, daß die Restimulation von tumorspezifischen CTL durch den ursprünglichen Tumor in vitro in der selektiven Vermehrung der CTL und in einer gesteigerten Tumorzerstörung durch die Zellen in Kultur resultierte. Schließlich ließ sich am Ganztier und in vitro eine sekundäre CTL-Antwort auf tumorassoziierte Antigene nachweisen. Die sekundäre Antwort entsteht im Vergleich zur Primärantwort schneller, erreicht einen höheren Gipfel und dauert länger an.

Die genaue Beschaffenheit der Antigene, die durch tumorspezifische CTL erkannt werden, ist unbekannt. Frühere Untersuchungen über die Lyse verschiedener Tumoren durch CTL im ^{51}Cr-Freisetzungs-Test haben wahrscheinlich gemacht, daß die Effektor-Zellen auf gruppenspezifische Antigene der transformierenden Viren selbst oder auf virusinduzierte Antigene reagieren.

Die CTL-vermittelte Tumor-Lyse kann mit spezifischen Antikörpern gegen Klasse-I-Antigene blockiert werden. Dadurch konnte die Rolle des Haupt-Histokompatibilitäts-Komplexes bei der CTL-Tumor-Interaktion bestätigt werden.

Die beobachtete H-2-Restriktion ist dahingehend gedeutet worden, daß sie auf die Bildung eines neuen Antigens, das sich aus H-2-regulierten Zelloberflächen-Molekülen und Virus-Proteinen zusammensetzt, zurückzuführen ist. T-Lymphozyten hätten für dieses Antigen einen einzigen Rezeptor. Alternativ wird ein Zwei-Rezeptor-Mechanismus für die T-Zell-Erkennung von Zielmolekülen diskutiert, wobei ein Rezeptor für die eigenen H-2-Strukturen und einer für das virus-spezifische Antigen zuständig wäre.

B-Lymphozyten. Die Rolle der eigentlichen B-Lymphozyten bei zytotoxischen Reaktionen gegen Tumoren scheint sich auf die Produktion tumorspezifischer Antikörper zu beschränken (s.u.).

NK (Natural Killer)-Zellen. NK-Zellen sind lymphoide Zellen, die die Fähigkeit besitzen, 1. eine Reihe von virusinfizierten und Tumorzellen, 2. antikörperbeladene Zielzellen und 3. einige embryonale oder undifferenzierte Zellen abzutöten. NK-Zellen finden sich spontan im Blut oder im Gewebe und verschwinden nicht in thymus-exstirpierten Mäusen. Das zeigt, daß sie nicht zu den klassischen T-Zellen gehören. NK-Zellen erkennen Antigene auf Zielzellen, ohne durch Klasse-I- oder Klasse-II-Antigene des Haupthistokompatibilitäts-Komplexes restringiert zu sein. Auch gibt es keinen Hinweis für eine klonal festgelegte Antigenerkennung durch NK-Zellen. Beispielsweise vermehren sich NK-Zellen nicht, wenn sie mit Virusantigenen reagieren oder nach einer Virusinfektion; d.h. die NK-Zell-Aktivität weist nicht das Phänomen des immunologischen Gedächtnisses auf. Die NK-Aktivität läßt sich auf zwei Weisen regulieren: 1. *Interferon* vergrößert die Zahl und steigert die Aktivität von NK-Zellen. Interferon verursacht mehrere Effekte: Ruhende NK-Zellen werden aktiv, eine aktive NK-Zelle kann vermehrt Zyklen von Bindung und Abtötung von Zielzellen durchlaufen. Der Interferon-Effekt läßt sich schon durch eine zehnminütige Inkubation, gefolgt von einer einstündigen Periode für die Neusynthese von Proteinen, erreichen. 2. *Prostaglandine der E-Klasse* inhibieren die NK-Zell-Aktivität.

Die genaue Rolle der NK-Zellen bei der Tumorabwehr bedarf noch der Klärung. Bei der Maus weisen verschiedene Inzuchtstämme verschiedene Konzentrationen von NK-Zellen auf, und die Menge vorhandener NK-Zellen korreliert gut mit der Fähigkeit der Tiere, eine Tumorabwehr aufzubauen. So findet sich bei Mäusen mit hohen Zahlen von NK-Zellen eine niedrige Inzidenz spontaner oder induzierter Tumoren. Experimentell läßt sich Schutz gegen einige Tumoren durch Übertragung von NK-Zellen aus Inzuchtstämmen mit hohen Zahlen von NK-Zellen erzeugen. Im Gegensatz hierzu läßt sich kein Schutz durch NK-Zellen aus Mäusen mit einem niedrigen Gehalt an NK-Zellen übertragen.

Beim Menschen besteht eine gewisse Beziehung zwischen der Konzentration von NK-Zellen im peripheren Blut und dem Ausmaß von Tumorwachstum.

Aus den angeführten Gründen besteht derzeit ein großes Interesse an NK-Zellen als möglichen Effektoren der Immunüberwachung. Für eine Rolle der NK-

Zellen sprechen die hohen Zahlen von NK-Zellen im Blut, ihre Fähigkeit, viele Antigene zu erkennen und die Beziehung, die zwischen der Zahl der NK-Zellen und dem Tumorwachstum bestehen.

Ob NK-Zellen ihren Schutzeffekt in Verbindung mit Antikörpern ausüben, ist nicht klar. NK-Zellen tragen Fc-Rezeptoren und können in vitro antikörperbeladene Zielzellen abtöten. Diesen Mechanismus nennt man ADCC („antibody dependent cellular cytotoxicity", s. Abb. 11.5). Es gibt jedoch keine handfesten Beweise dafür, daß dieser Mechanismus an der Anti-Tumor-Abwehr beteiligt ist.

Makrophagen. Die wichtigste nicht-lymphoide Effektorzelle bei der Tumorimmunität ist der Makrophage. Die Bedeutung dieser Zelle für die Immunität gegen Infektionen ist schon seit Metchnikoffs Zeiten bekannt (s. Kap. 7), ihre genaue Rolle bei der Abwehr von Tumoren jedoch noch unklar.

In Kapitel 7 wurde gezeigt, daß Makrophagen, die durch T-zell-abgeleitete Lymphokine aktiviert sind, Tumorzellen abtöten können, und man nimmt für derartige aktivierte Makrophagen eine Rolle bei der Anti-Tumor-Immunität an. Tatsächlich infiltrieren Makrophagen Tumoren. Die Makrophagen in den Tumo-

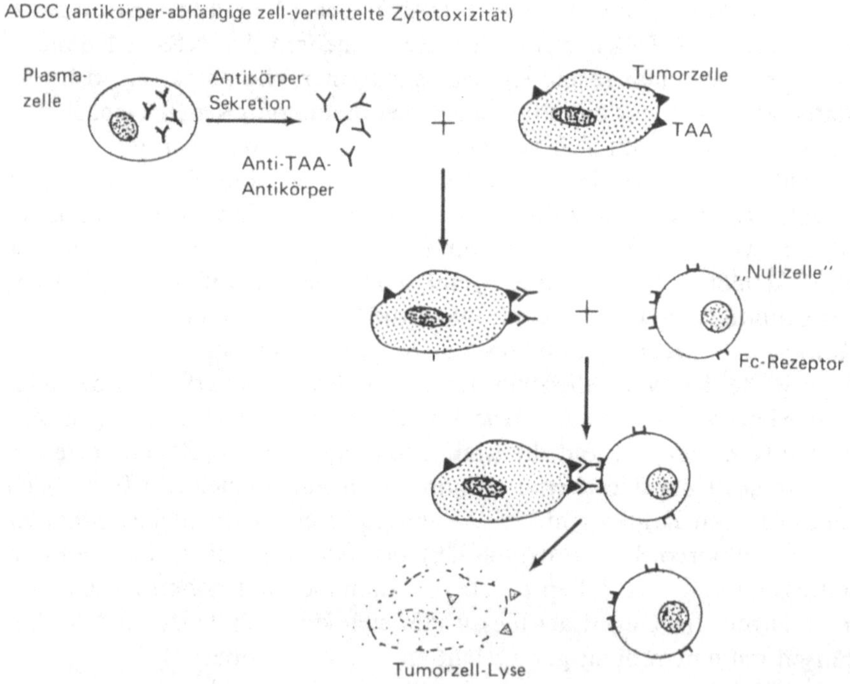

Abbildung 11.5 Antikörper-abhängige zell-vermittelte Zytotoxizität (ADCC). Spezifische, von Plasmazellen sezernierte Antikörper binden sich an Zell-Oberflächen-Antigene der Tumorzelle. „Null"- oder K-Zellen mit Fc-Rezeptoren binden sich an das Fs-Stück dieser zellgebundenen Antikörper und töten die damit verbundenen Tumorzellen ab.

ren sind in manchen Stadien des Tumorwachstums aktiviert und zerstören Tumorzellen. Allerdings vermindert sich der Aktivierungsgrad der Makrophagen im Verlaufe des Tumorwachstums, und sie verlieren ihre Fähigkeit, auf Lymphokine zu reagieren. Das zeigt, daß der Vorgang der Makrophagen-Aktivierung im aktiv wachsenden Tumor unterdrückt werden kann. Da Makrophagen-Aktivierung von T-Zellen abhängt, beeinflussen Faktoren, welche die T-Zell-Aktivität modulieren, auch das Ausmaß der Makrophagen-Aktivierung.

Beweise für die Teilnahme von Makrophagen an der Tumorabstoßung in vivo sind spärlich. Einige Forscher haben behauptet, daß die Injektion von Substanzen mit makrophagen-schädigender Wirkung das Tumorwachstum fördern könne. Da diese Agentien (zum Beispiel Silika) andere Zellen ebenfalls schädigen können, muß eine Interpretation dieser Beobachtungen mit Vorbehalt erfolgen. Mikroskopische Beobachtungen zeigen das Ausbleiben einer Tumorzellvermehrung in virus-induzierten Sarkomen an Stellen mit starker Monozyten-Infiltration. Keine dieser Studien hat jedoch Beweise dafür geliefert, daß es sich um einen primären Anti-Tumor-Effekt von Makrophagen und nicht um einen allgemeinen Aufräum-Effekt bei schon geschädigten und abgestorbenen Zellen handelt. Schließlich sind bestrahlte Mäuse nicht in der Lage, Tumor-Allotransplantate abzustoßen, wenn sie mit spezifischen Lymphozyten adoptiv immunisiert werden. Dies weist darauf hin, daß eine strahlenempfindliche, nichtlymphoide Zelle, vermutlich ein mononukleärer Phagozyt, bei der Tumorabstoßung eine Rolle spielt. Für eine abschließende Beurteilung der Rolle der Makrophagen bei der Tumorabstoßung fehlen offensichtlich noch die experimentellen Daten.

Andere Antitumor-Mechanismen. *Antikörper:* Antikörper gegen Tumorantigen können mehrere Wirkungen ausüben: 1. Tumorzellen werden über die Bindung von Komplement abgetötet; 2. Tumorzellen werden über ADCC abgetötet; 3. Antikörper bilden Immunkomplexe mit löslichen Tumorantigenen, was in einer Hemmung verschiedener zellulärer Effektor-Mechanismen resultiert. Insgesamt ist die Beteiligung von Antikörpern an der Tumorabwehr sehr kontrovers. Die besten Belege existieren für eine gewisse Schutzfunktion gegen Leukämien. Bei soliden Tumoren deuten die bekannten Daten auf einen negativen Effekt hin. Hierüber wird im folgenden einiges gesagt (s. u.).

Mechanismen zur Umgehung der Anti-Tumor-Reaktion

Angesichts der Vielfalt von Möglichkeiten eines Tieres, Tumorzellen zu zerstören, muß die Fähigkeit einer kleinen Zahl von Tumorzellen, sich der Zerstörung zu entziehen und heranzuwachsen, bis der Wirt stirbt, auf Mechanismen beruhen, mit deren Hilfe die Tumorzelle die Immunantwort umgehen oder abschwächen kann. Mehrere solcher Mechanismen wurden bis heute beschrieben, zweifellos existieren noch weitere (s. Tab. 11.1).

Tabelle 11.1 Mechanismen zur Umgehung der Tumor-Abwehr

Mechanismus	Beweismaterial
1. Fehlen erkennbarer TAAs	Schwach. Im wesentlichen kann von allen Tumoren gezeigt werden, daß sie bis zu einem gewissen Grad immunogen sind.
2. Die maximale Immunantwort ist nicht in der Lage, mit der Tumorwachstumsrate Schritt zu halten.	Mäßig. Läßt sich vereinbaren mit der quantitativen Beschaffenheit des Schutzes nach aktiver Immunisierung mit dem Tumor.
3. Behinderung der Tumor-Antwort durch „blockierenden Faktor" (Antikörper oder Antigen-Antikörper-Komplexe).	Mäßig. Experimentelle Daten liegen für mehrere Spezies sowohl auf der In-vitro-Test-Ebene als auch im Gesamttier vor.
4. Behinderung der Immunantwort durch Suppressor-T-Zellen und -Faktoren.	Gut. Wurde direkt an verschiedenen Modellsystemen in vivo und in vitro gezeigt.
5. Schutz beruht auf der Tumor-Architektur oder der Ausscheidung von inhibitorischen Substanzen durch die Tumorzelle.	Gut. Basiert auf morphologischen Beobachtungen und einigen In-vivo- und In-vitro-Experimenten.

Der einfachste Weg für einen Tumor, sich der immunologischen Zerstörung zu entziehen, besteht darin, einfach keine Antigene zu tragen, die das Immunsystem als fremd erkennen könnte. Obwohl einige Tumoren diese Voraussetzung erfüllen, könnten negative Nachweise darauf zurückzuführen sein, daß solche Tumoren eine so schwache Immunantwort in Gang setzen, daß sie durch die üblichen Nachweismethoden nicht erfaßt werden. Die Mehrzahl aller Tumoren, die man auf ihre Fähigkeit zur aktiven Immunisierung hin untersucht hat, rufen eine, wenn auch gelegentlich schwache, Immunantwort hervor. Tumortragende Tiere zeigen fast ausnahmslos eine gewisse immunologische Reaktivität gegenüber ihren Tumoren. Daher kann das Ausbleiben einer Immunantwort keine Erklärung für ein erfolgreiches Tumorwachstum darstellen. Wenn bestimmte Versuchstiere allerdings keine entsprechenden Immunantwort (Ir)-Gene besitzen, können sie auch nicht auf TAAs antworten.

Eine zweite Möglichkeit ist, daß die Immunantwort zu schwach ist, um mit der Tumorbelastung fertig zu werden. Da man bei den meisten, jedoch nicht allen, Tumoren zeigen kann, daß sie gegenüber einem immunologischen Angriff äußerst empfindlich sind – wenigstens in einem qualitativen Sinn und unter geeigneten Bedingungen in vitro –, wird angenommen, daß schwach immunogene Tumoren nicht zerstört werden, da sie schneller neue Zellen produzieren als die beschränkte Zahl immuner Effektor-Zellen mit Reaktivität gegen die schwachen TAAs die neugebildeten Zellen abtötet. Das bedeutet einfach ein quantitatives Versagen des Immunsystems. Diese Hypothese wird durch Studien über die Widerstandskraft aktiv oder adoptiv immunisierter Tiere gegen steigende Dosen von Tumorzellen gestützt. Mit anhaltender Immunisierung oder mit der Übertragung größerer Mengen von Zellen aus vorimmunisierten Tieren nimmt die Minimalzahl der für ein Angehen des Tumors erforderlichen Tumorzellen zu.

Dadurch entsteht der Eindruck, als ob jede einzelne immunologische Effektor-Zelle nur eine bestimmte Zahl von Tumorzellen abtöten könnte. Darüber hinausgehendes Tumorgewebe würde sich der Abwehr entziehen und zum Tode des Wirtstieres führen.

Jedoch scheinen komplexere Mechanismen für das Versagen des Immunsystems beim Tumorwachstum verantwortlich zu sein. Am besten untersucht sind lösliche *blockierende Faktoren,* die im Serum tumortragender Wirtstiere vorkommen. Derartige Faktoren beeinträchtigen Zytotoxizitäts-Tests in vitro und führen zu einer Zunahme des Tumorwachstums in vivo. Sie haben sich bei chemisch induzierten, virusinduzierten und spontanen Tumoren bei verschiedenen Spezies nachweisen lassen. Weil derartige Materialien immunologische Funktionen in antigenspezifischer Weise blockieren, hielt man sie ursprünglich für Antikörper. Durch die Isolierung einer aktiven Serumfraktion konnte jedoch gezeigt werden, daß eine wirksame Blockade durch Antigen-Antikörper-Komplexe ausgeübt wird. Blockierende Komplexe lassen sich von der Oberfläche lymphoider Zellen aus tumortragenden Tieren ablösen. Nach Befreiung von den blockierenden Komplexen zeigen diese Zellen in vitro eine vorher nicht nachgewiesene Zytotoxizität.

Bei den meisten Arbeiten über blockierende Faktoren wurde der Mikro-Zytotoxizitäts-Test eingesetzt, der vorwiegend ADCC-Effektor-Funktionen aufdeckt. Da die ADCC-vermittelnden Zellen freie Fc-Rezeptoren besitzen müssen, sollte zu erwarten sein, daß Antigen-Antikörper-Komplexe, die diese Fc-Rezeptoren besetzen können, die zytotoxischen Funktionen behindern. Wegen der blockierenden Eigenschaften von Immunkomplexen ist die spezifische B-Zell-Stimulation bei Tumoren ein zweischneidiges Schwert.

Ein weiteres Beispiel für eine gegen sich selbst gerichtete Aktivität des Immunsystems zugunsten des Tumorwachstums stellen die spezifischen *Suppressor-T-Lymphozyten* dar. Diese Zellen spielen eine wichtige Rolle bei der Regulation der Immunantwort, die sich nicht gegen Tumoren richtet. Sie haben sich in aktiver Form auch in Tieren mit wachsenden Tumoren nachweisen lassen. Suppressor-T-Zellen wirken der Entwicklung einer Anti-Tumor-Antwort, wahrscheinlich vom CTL-Typ, entgegen. Die Übertragung von Milz- oder Thymuszellen aus Mäusen mit einem aktiv wachsenden Tumor in normale Mäuse resultiert in der Wiederaufnahme des Wachstums frisch implantierter Tumoren. Experimentell ist versucht worden, T-Zellen in Tieren mit einem aktiv wachsenden Tumor durch Gabe von Anti-Lymphozyten-Serum (ALS) selektiv zu entfernen. ALS erhält man aus Kaninchen, die mit Mäuse-Lymphozyten immunisiert wurden. Es richtet sich vorwiegend gegen die zirkulierenden T-Zellen, und kleine Mengen von ALS scheinen die Suppressor-T-Zellen selektiv zu eliminieren. In neueren Arbeiten konnte der ALS-Effekt durch Injektion von Antiserum gegen I-J-kodierte Antigene in tumortragende Mäuse reproduziert werden. Diese Antikörper reagieren vermutlich mit Suppressor-T-Zellen.

Auf welche Weise führen Suppressor-T-Zellen zu verstärktem Tumorwachstum? Man hat gezeigt, daß der T-Suppressor-Mechanismus, der die Anti-Tumor-Immunität reguliert, komplex ist und mehrere Subpopulationen von Suppressor-T-Zellen einschließt. So können Tumorantigene zuerst die sogenannte Ts-1(Induktor)-Zellpopulation stimulieren. Diese Zellen produzieren einen spezifischen Suppressor-Faktor, der eine zweite Population von Ts-Zellen aktiviert, Ts-2. Ts-2 wiederum produzieren einen löslichen spezifischen Suppressor-Faktor, der mit einer dritten, antigenstimulierten Ts-Untergruppe zusammenwirkt (Ts-3). Das Ergebnis der zuletzt genannten Wechselwirkung ist die Freisetzung eines Suppressor-Moleküls, das Helfer-T-Zellen inhibiert und auf diese Weise die Wirkung von CTL oder die Antikörperbildung unterdrückt.

Schließlich ist es möglich, daß Tumorzellen Moleküle produzieren, welche einen negativen Effekt auf das Immunsystem ausüben. Tumorzellen setzen lösliche Membranproteine frei und stellen daher eine permanente Quelle von Antigenen dar, die vorzugsweise den Ts-Weg stimulieren und nicht den Helfer-T-Zell-Weg.

Abgesehen von diesen Molekülen gibt es Hinweise für die Existenz bislang unvollständig charakterisierter, von Tumoren freigesetzter Moleküle, die direkt die Makrophagen-Aktivierung und NK-Zell-Aktivität behindern. Die Bedeutung derartiger Moleküle wird derzeit erforscht.

Immuntherapie

Da das Immunsystem allein oft nicht in der Lage ist, das Wachstum eines Tumors unter Kontrolle zu bringen, hat man immer wieder versucht, seine Effektivität zu steigern. Hierfür wurden zwei Zugänge gewählt:

1. Prophylaktische oder therapeutische Immunisierung mit nativen oder behandelten Tumorzellen, die entweder identisch sind oder Antigengemeinschaft mit dem Tumor aufweisen, gegen den eine gesteigerte spezifische Immunantwort gewünscht wird;
2. Behandlung mit Adjuvantien, um die spezifische Immunität oder unspezifische Resistenz gegen Tumoren zu steigern.

Wie oben ausgeführt, resultiert die Inokulation von lebenden Tumorzellen in einer Dosis, die zunächst zu Tumorwachstum, dann aber zu Regression führt, oder aber chirurgische Entfernung oder Zerstörung eines progredient wachsenden Tumors gewöhnlich in einer relativ starken Immunität gegenüber einer erneuten Injektion mit den originär verwendeten Tumorzellen. Ähnliche Resultate lassen sich mit einigen, jedoch nicht allen, Tumoren erreichen, wenn man die Zellen intensiv bestrahlt und sie dem Wirt wiederholt im Sinne einer prophylaktischen Immunisierung vor der Tumorübertragung injiziert.

Chemische Oberflächenbehandlung von Tumorzellen, die für die Vorimmunisierung benutzt werden, soll zu einer Zunahme der Immunogenität solcher Zellen führen. Zu den üblichen Techniken gehören die Konjugation mit Proteinen oder mit DNP bzw. Behandlung mit Iodacetat oder Neuraminidase von *Vibrio cholerae*. Im letzteren Fall sind Erfolge bei der Therapie etablierter Tumoren und nicht nur bei der Prophylaxe behauptet worden. Zellfreie Vakzinen, die aus Zellmembranen oder teilweise gereinigten löslichen Extrakten bestehen, können ebenfalls gegen gewisse Tumoren immunisieren. Schließlich kann die Inokulation onkogener Viren gegen eine nachfolgende Belastung mit Tumorzellen schützen, die durch das gleiche oder ein verwandtes Virus induziert worden sind. In diesen Beispielen ist die Immunität für das immunisierende Agens (Tumor) spezifisch, und es kommt nicht zu einer Immunitätssteigerung gegenüber nichtverwandten Tumoren. Man nimmt daher an, daß diese Agentien wie jedes Antigen wirken, indem sie das Tier primär immunisieren und sekundär boostern. Zahl und Aktivität der relevanten Immunzellen nehmen zu (d.h., es wird ein immunologisches Gedächtnis induziert), bevor die Zahl der Tumorzellen zu groß wird oder supprimierende bzw. blockierende Mechanismen störend eingreifen können.

Die zweite Gruppe von Behandlungsmethoden setzt Stoffe ein, die die gemeinsame Eigenschaft besitzen, Makrophagen zu aktivieren. BCG* ist die bestuntersuchte Substanz aus dieser Gruppe. Vorbehandlung mit BCG führt zu einer allgemeinen Steigerung der Resistenz gegenüber vielen Tumoren. Die intraläsionale – jedoch nicht die systemische – Applikation von BCG kann eine partielle oder komplette Regression wachsender Tumoren bewirken. Dieser Effekt ist auch manchen BCG-Komponenten eigen. Hierzu gehören Zellwandpräparate, ein Methanolextrakt und sogar gewisse gereinigte Zellwandkomponenten. Eine ähnliche allgemeine Resistenzsteigerung gegen Tumoren und Fähigkeit, nach intraläsionaler Injektion eine lokale Tumorregression zu bewirken, besitzen *Propionibacterium acnes* und doppelsträngige RNA (poly I:C). Bei prophylaktischer Anwendung dieser Substanzen zeigen Tiere, die dem Wachstum eines gegebenen Tumors besser als Kontrolltiere widerstanden haben, keine Zunahme der Abwehrbereitschaft gegenüber einer zweiten Injektion mit Zellen desselben Tumors. Bei therapeutischer Anwendung zeigen die geheilten Tiere im allgemeinen eine Immunitätszunahme gegenüber einer Reinjektion mit dem gleichen, jedoch nicht mit einem nicht-verwandten Tumor. Diese divergenten Resultate sind dahingehend interpretiert worden, daß die prophylaktischen Behandlungsmethoden einen nichtspezifischen (makrophagen-abhängigen?) Mechanismus aktivieren, der den Tumor daran hindert, nach Übertragung zu wachsen. Dies resultiert in einer Abstoßung, bevor eine ausreichende antigene Stimulation erfolgt und dadurch eine spezifische Antwort in Gang kommt. Bei dem therapeutischen Protokoll ist unklar, ob eine unspezifische Abstoßung stattfindet und ob die spezifische Immunität, die aufgrund des vorangegangenen Tumorwachstums bereits besteht, lediglich manifest und erhalten wird, oder ob die Funktion der

---

* Der abgeschwächte Impfstamm von *Mycobacterium bovis* (Bacille Calmette-Guerin).

stimulierten Phagozyten darin besteht, als Adjuvans zu wirken, das die spezifische Immunität boostert, die dann ihrerseits eine Tumorabstoßung einleitet.

Immuntherapie beim Menschen. Versuche, eine Immuntherapie des Menschen zu betreiben, sind weit verbreitet, wobei einige der beschriebenen Wege beschritten werden. In Frankreich hat man Leukämiepatienten mit Vakzinen aus allogenen Leukämiezellen behandelt und dabei einen geringfügigen Erfolg erzielt. In vielen Ländern wird BCG oder *Propionibacterium acnes* in protokollierten Studien an verschiedenen soliden Tumoren ausprobiert. Die meiste Arbeit ist bislang an Patienten mit malignem Melanom geleistet worden. Direkte Injektion von BCG in Melanom-Haut-Läsionen führt in vielen Fällen zu einer lokalen Tumorregression. Systemische Regressionen sind dagegen selten. Ausgedehnte scarifizierende Immunisierung mit BCG hat zu marginalen Besserungen bei der Behandlung von Melanom-Patienten mit metastatischer Erkrankung geführt. Die Komplikationen einer solchen Therapie, hauptsächlich eine BCG-ose (eine systemische aktive BCG-Infektion) oder schwere allergische Reaktionen, nehmen an Häufigkeit zu. Mit *Propionibacterium acnes,* das als abgetötete Vakzine eingesetzt wird, lassen sich die erstgenannten Komplikationen vermeiden, jedoch nicht die letzteren. Einige Forscher sind der Ansicht, daß es aktiver als BCG sei. Behandlung mit Interferon, das auf Tumoren über eine Steigerung der immunologisch vermittelten Zerstörung maligner Zellen wirken könnte, wird zur Zeit klinisch geprüft.

Gegenwärtig sind intensive Bemühungen im Gange, monoklonale Antikörper mit Spezifität gegen Tumorantigene zu entwickeln (s. Kap. 4). Diese monoklonalen Antikörper haben den Vorteil, daß sie absolut rein und monospezifisch sind und nicht nur eingesetzt werden könnten, um Tumorgewebe aufzuspüren, sondern auch, sie zu zerstören. Die Zielvorstellung ist, ein toxisches Molekül an einen monoklonalen Antikörper zu binden und auf diese Weise selektiv die Zielzelle zu zerstören.

12 Das Komplementsystem: Der klassische und der alternative Weg der Komplementsequenz*

Gegen Ende des letzten Jahrhunderts führte die Beobachtung, daß Serum eine bakterienabtötende Wirkung besitzt, zur Entdeckung des Komplementsystems durch Bordet. Diese bakterizide Wirkung ging verloren, wenn das Serum auf 56 °C erhitzt wurde. Auch die oftmals gesteigerte bakterizide Aktivität eines Immunserums wurde durch Erhitzen auf 56 °C zerstört; sie konnte jedoch durch Zugabe von Serum aus einem nicht immunisierten Organismus wiederhergestellt werden. Somit war die Beteiligung von mindestens zwei Aktivitäten bei der serum-vermittelten Abtötung von Bakterien nachgewiesen: eine hitzestabile Komponente, ursprünglich als sensibilisierende Substanz oder Ambozeptor bezeichnet, die, wie wir heute wissen, die Antikörper der Klasse IgM (Primärantwort) und der Klasse IgG (Sekundärantwort) umfaßt, und eine hitzelabile Komponente, welche die Wirkung der Antikörper „komplementiert" und von Paul Ehrlich „Komplement" genannt wurde.

Der Nachweis, daß dieses „Komplement" aus mehreren Einzelkomponenten besteht, die in einer bestimmten Sequenz mit Antigen-Antikörper-Komplexen reagieren, konnte mit Hilfe der Immunhämolyse erbracht werden. Dieses Nachweissystem besteht aus sensibilisierten Erythrozyten (EA) – d.h. Erythrozyten (E), beladen mit Antikörpern (A), welche gegen die Antigene der Erythrozyten-Oberfläche gerichtet sind, – und dem Komplementsystem (C). Durch immunhämolytische Untersuchungen konnten neun verschiedene Komplementkomponenten (C1-C9) und ihre Intermediärprodukte charakterisiert und in den sequentiellen Ablauf der sogenannten „klassischen Komplementreaktion" eingeordnet werden. Das Testsystem ermöglichte es nicht nur, den Ein-Treffer- („one-hit"-)Charakter der Komplementreaktion experimentell zu beweisen, es bot darüberhinaus die Möglichkeit, alle Intermediärkomplexe auch im Reagenzglas herstellen zu können. Damit war ein hochempfindliches Verfahren zur Bestimmung der einzelnen Komplementkomponenten geschaffen.

In den frühen fünfziger Jahren führten die Beobachtungen von Pillemer und Mitarbeitern zur Entdeckung des *alternativen Komplementaktivierungsweges*. Sie beobachteten, daß nach Inkubation bestimmter mikrobieller Polysaccharide, wie beispielsweise des Hefe-Polysaccharids Zymosan, in normalem menschlichen Serum in Gegenwart von Magnesium ein Verbrauch der Komplementkomponenten festzustellen war, die in der klassischen Sequenz spät reagieren (C3-C9). Dagegen waren die in der Sequenz früh reagierenden Komplementkomponenten (C1, C2 und C4) nicht vermindert. Wenn jedoch ein solches zymosan-behandeltes Serum zusätzlich mit einem Immunkomplex inkubiert wurde, war der Verbrauch der früh reagierenden Komplementkomponenten wesentlich deutlicher

---

* Dieses Kapitel wurde freundlicherweise von Herrn Professor Dr. M. Loos. Johannes-Gutenberg-Universität Mainz, übersetzt.

ausgeprägt als die Abnahme der spät reagierenden Komponenten. Die Entdecker dieses „Zymosan-Effektes" stellten darüber hinaus fest, daß ein nicht zum Komplement gehöriges Protein an die Partikel gebunden wurde. In weiteren Experimenten wurde dieses Protein durch Adsorption an Zymosan und anschließende Sedimentation der Partikel durch Zentrifugieren entfernt. Dabei zeigt sich, daß dieses Protein, „Properdin" genannt, von wesentlicher Bedeutung für die Reaktionssequenz, die zum Verbrauch der spät reagierenden Komponenten führte, war. Diese Beobachtungen erweckten großes Interesse, weil properdinfreies Serum seine bakterizide Wirkung auf eine Reihe von Mikroorganismen verloren hatte. Kritiker dieses Konzepts erklärten den Zymosan-Effekt mit der Aktivierung der klassischen Komplementsequenz durch natürliche Antikörper mit geringer Affinität. Den ehemaligen Mitarbeitern Pillemers gelang es zwar in den Folgejahren, Properdin zu reinigen und den Beweis zu erbringen, daß es weder ein Immunglobulin noch eine Komplementkomponente ist. Es blieb jedoch anderen vorbehalten, in unterschiedlichen Experimentalansätzen das Properdinsystem neu zu entdecken.

Die Existenz eines alternativen Aktivierungswegs der spät reagierenden Komplementkomponenten (C3-C9) wurde in verschiedenen Experimentalansätzen gezeigt:

1. Immunkomplexe, die Antikörper enthalten, welche mit Pepsin vorbehandelt wurden (5S-IgG-Fragment oder $F(ab'_2)$), zeigen komplementverbrauchende Aktivität, obwohl die für die Aktivierung der klassischen Komplementsequenz notwendige Bindungsstelle, das Fc-Stück, fehlt.
2. Das Immunglobulin IgG1 vom Meerschweinchen vermag zwar nicht mit den frühen Komplementkomponenten C1, C4 und C2 zu reagieren, zeigt aber eine deutliche komplementverbrauchende Aktivität für die Komponenten C3 bis C9.
3. Die enzymatisch aktiven Komponenten des klassischen Aktivierungswegs unterscheiden sich immunchemisch von den enzymatisch aktiven Komponenten des alternativen Aktivierungswegs.
4. Das antikomplementäre Protein im Kobra-Gift führt zu einem Verbrauch der Komponenten C3-C9, ohne die frühen Komponenten zu beeinflussen.

Es konnte auch auf molekularer Basis bestätigt werden, daß sich dieses Properdinsystem aus einer aktivierenden und einer amplifizierenden Phase zusammensetzt. Es kann alternativ zu dem als klassisch bekannten Weg aktiviert werden. Dieser Properdin-Weg wurde daher auch als „alternativer Weg" bezeichnet. Mit der Entdeckung des Properdinsystems wurde erstmalig ein unspezifisches Abwehrsystem im menschlichen Serum nachgewiesen: Da sich der Amplifikations-Schritt gegen Oberflächen von Mikroorganismen richtet, verfügt der Mensch hierdurch über einen Abwehrmechanismus mit der Fähigkeit zur Unterscheidung von Eigen und Fremd unabhängig von Antikörpern.

Tabelle 12.1 Physikochemische Charakterisierung der Proteine des Komplementsystems

	Molekülmasse (Dalton)	Elektrophoretische Wanderung	Serum Konzentration (µg/ml)	Spaltprodukte
Proteine des klassischen Wegs				
C1q	410000	γ2	190	
C1r	83000	β	50	
C1s	83000	α2	50	
C4	209000	β1	430	C4a, C4b, C4c, C4d
C2	117000	β2	30	C2a, C2b
Proteine des alternativen und Amplifikationswegs				
Properdin	220000	γ2	25	
$\overline{D}$	25000	α	3	
B	100000	β2	240	Bb, Ba
C3	190000	β1	1300	C3a, C3b, C3c, C3d
Proteine der terminalen Sequenz				
C3				
C5	190000	β1	75	C5a, C5b
C6	128000	β2	60	
C7	120000	β2	55	
C8	163000	γ1	80	
C9	79000	α	160	
Kontrollproteine				
$C\overline{1}$-INH	105000	α2	180	
I (C3bINA)	93000	β2	50	
H (β1H)	150000	β1	520	
C4bp (C4-binding protein)	550000		250	
S-protein	80000		500	

Das gesamte Komplementsystem besteht aus 19 Plasmaproteinen (Tabelle 12.1), deren Nomenklatur durch die WHO international festgelegt ist. Die *klassischen Komponenten,* die für die Lyse antikörperbeladener (sensibilisierter) Zellen verantwortlich sind, werden mit den Symbolen C1, C4, C2, C3 und C5 bis C9 gekennzeichnet. Die *Faktoren des alternativen Aktivierungswegs,* die ohne Beteiligung von Antikörpern zur Aktivierung der lytisch wirkenden Terminalsequenz führen, werden mit Großbuchstaben, wie B, D und P (Properdin), bezeichnet. Diese Benennung verdeutlicht ihre proteinchemische Eigenständigkeit und ist bedingt durch die Tatsache, daß sie erst nach den klassischen Komponenten entdeckt worden sind. Ein Querstrich über einer Zahl oder einem Buchstaben, wie $C\overline{1}$, bezeichnet die enzymatisch aktive Form des Proteins. Die Spaltprodukte werden mit kleinen Buchstaben bezeichnet, z. B. C3a, C3b, wobei das Suffix „b“

im allgemeinen das größere der beiden Fragmente kennzeichnet. Proteine, die ihre definierte Aktivität verloren haben, ohne dabei ihre Primärstruktur zu verändern, werden durch den Buchstaben „i", wie C2i und Bi, gekennzeichnet. Es handelt sich dabei um Hauptfragmente, die zwar noch das proteolytische Zentrum tragen, deren Bindungsstellen jedoch zerfallen sind, so daß sie nicht mehr mit anderen Komplement-Proteinen Komplexe bilden können. Dagegen werden Proteine, deren definierte Aktivität als Folge einer intramolekularen proteolytischen Spaltung, bei der die Peptidkette selbst nicht fragmentiert wird, verlorenging, mit einem vorangestellten „i" gekennzeichnet. Dies ist bei iC3b der Fall, derjenigen Form von C3b, die eine gespaltene Alpha-Kette und keine hämolytische Funktion mehr besitzt. Der entscheidende Schritt beim Aufbau der biologischen Funktion des Komplementsystems ist die Bildung von C3b, des größeren Spaltstücks von C3. Im Hinblick auf ihre Reaktion mit C3 lassen sich alle Komplementkomponenten in Gruppen einteilen (s. Abb. 12.1). Zwei Aktivierungswege führen zur Spaltung von C3: der klassische und der alternative Aktivierungsweg. Darüber hinaus gibt es einen *einheitlichen Verstärkermechanismus*, der innerhalb des alternativen Weges zu einer vermehrten Spaltung von C3 führt, nachdem C3b gebildet wurde.

Die Aktivierung des Komplementsystems über den vornehmlich immunkomplex-abhängigen klassischen Weg oder über den zelloberflächeninduzierten alternativen Weg führt zur Bildung wesentlicher Entzündungsfaktoren. Dadurch gewann das Komplementsystem neben seiner zytolytischen Wirkung vor allem aufgrund seiner amplifizierenden Funktion bei spezifischen und unspezifischen Abwehrreaktionen gegen Infektionen an Bedeutung.

Die Spaltung von C3 über den klassischen Weg des Komplementsystems (Abb. 12.2)

Im Serum binden Antigen-Antikörper-(AgAk-)Komplexe die erste Komplementkomponente (C1), wodurch eine enzymatisch aktive Protease entsteht, die die Aktivierung der vierten (C4) und der zweiten (C2) Komplementkomponente katalysiert. Die hierbei entstehenden Fragmente C4b und C2a bilden einen proteolytisch aktiven $\overline{\text{C4b,2a}}$-Komplex, die klassische C3-Konvertase. Diese katalysiert durch Spaltung die Aktivierung der dritten Komplementkomponente (C3).

Die erste Komplementkomponente, C1. C1 ist ein Komplex aus den drei Untereinheiten C1q, C1r und C1s. Im Serum, welches 5 mM Ca^{2+} enthält, bilden C1r und C1s einen festen äquimolaren Komplex, der nur in geringer Wechselwirkung mit C1q steht. C1q bindet sich nur schwach an monomeres IgG, hat aber eine hohe Affinität zu aggregiertem IgG (d.h. IgG, das durch die Bindung an das Antigen Immunkomplexe bildet). Elektronenmikroskopisch zeigt C1q eine hexamere Struktur. Es wird angenommen, daß C1q sich über seine nicht-collagenartigen, globulären Strukturen an die zweite konstante Domäne (C_H2) des aggregierten Antikörpermoleküls anlagert. C1q besteht aus sechs Untereinheiten. Eine jede besitzt einen globulären Kopf, der an einen Stiel collagen-ähnlicher Struktur gebunden ist, wie elektronenmikroskopische und biochemische Untersuchungen vermuten lassen. Letztere ergaben, daß die globulären „Köpfe" gegenüber Protease empfindlich sind, die „Stiele" dagegen sich selektiv nur mit Collagenase abbauen lassen. Darüber hinaus konnte gezeigt werden, daß die globulären Anteile die Bindungsstellen für die C_H2-Domäne des IgG (3 bis 5 C1q pro IgG) tragen, während der „Stiel" die Bindungsregion für das Ca^{2+}-abhängige Tetramer aus C1r und C1s ($C1r_2$-Ca^{2+}-$C1s_2$) besitzt. Durch die Bindung von C1q an einen Immunkomplex kommt es infolge einer Konformationsänderung im C1r-Molekül zur Freilegung eines autokatalytischen Zentrums, das ein zweites C1r-Molekül in die aktivierte Form $C1\bar{r}$ überführt. Dieses katalytische Zentrum befindet sich auf der kleineren der über Disulfid-Brücken verbundenen Ketten des C1r-Moleküls. Es spaltet die Peptidkette von C1s, hierdurch entsteht die enzymatisch aktive Form $C1\bar{s}$. Im Verlauf der Aktivierung entstehen somit aus den ursprünglich einkettigen Peptiden C1r und C1s mit Molekülmassen um 83000 Dalton die aktiven Proteasen $C1\bar{r}$ und $C1\bar{s}$, die jeweils zwei über Disulfid-Brücken verbundene Peptidketten mit Molekülmassen von ca. 60000 und 30000 Dalton besitzen. $C1\bar{s}$ ist die enzymatisch aktive Untereinheit von $C\bar{1}$, die durch Spaltung von C4 und C2 zur Bildung der klassischen C3-Konvertase, $\overline{C4b,2a}$, führt.

Die vierte Komplementkomponente, C4. C4 ist ein Glycoprotein mit einer Molekülmasse von 209000 Dalton. Es wandert im elektrischen Feld im Beta-Bereich und besteht aus drei Polypeptidketten, die über starke nicht-kovalente Kräfte und Disulfid-Brücken miteinander verknüpft sind: Die Alpha-Kette hat eine Molekülmasse von 90000 Dalton, die Beta-Kette von 70000 Dalton und die kleinere Gamma-Kette von 33000 Dalton. Die Spaltung von C4 durch $C1\bar{s}$ führt zur Freisetzung eines 7000 bis 11000 Dalton großen, als C4a bezeichneten Fragments am N-terminalen Ende der Alpha-Kette. Das verbleibende größere Fragment, C4b, hat folgende fünf Funktionen:

1. Irreversible Bindung an Immunkomplexe und Zellmembranen über eine labile Bindungsstelle, die in der flüssigen Phase schnell ihre Bindungsfähigkeit verliert und zu C4i zerfällt;
2. Bindung über eine stabile C4b-Bindungsstelle an eine Vielzahl Immunadhärenz-Rezeptoren tragender Zellen;
3. Mithilfe bei der Spaltung von C2 durch $C\bar{1}$;
4. Bildung der klassischen C3-Konvertase, $\overline{C4b,2a}$, durch Bindung von aktiviertem C2 und C4b;
5. Anlagerung von C3b an $\overline{C4b,2a}$ führt zur Bildung der klassischen C5-Konvertase, $\overline{C4b,2a,3b}$.

In der flüssigen Phase besitzt C4i ebenfalls diese C4b-Eigenschaften mit Ausnahme der Fähigkeit, sich über die labile Bindungsstelle an Membranen zu binden. Verschiedene Vorstellungen sind zur Erklärung der Rolle von C4b/C4i bei der C2-Spaltung durch $C\overline{1}$ entwickelt worden:

- Eine allosterische Veränderung des esterolytischen Zentrums von $C\overline{1}$ soll zur Freilegung der C2-umsetzenden Stelle führen;
- eine allosterische Veränderung im Substrat C2 soll zur Freilegung der $C1\overline{s}$-empfindlichen Stelle im C2-Molekül führen;
- C4b diene als Bindungsstelle von gespaltenem C2a und ermögliche so die Spaltung von weiterem C2 durch $C1\overline{s}$.

Die zweite Komplementkomponente, C2. C2 ist ein Glycoprotein mit einer Molekülmasse von 117000 Dalton. Es besteht aus einer Peptidkette, die durch $C1\overline{s}$ in C2a und C2b gespalten wird. Das Bruchstück C2a hat eine Molekülmasse von 85000 Dalton und trägt die katalytisch aktive Stelle. Demgegenüber hat das Spaltprodukt C2b, mit einer Molekülmasse von 35000 Dalton, bindungsvermittelnde Eigenschaften. Folglich werden bei der Spaltung von C2 durch $C1\overline{s}$ zwei unabhängige Funktionsbereiche im C2-Molekül frei: eine enzymatische Stelle in C2a und die Bindungsstelle für C4b im kleineren C2b-Fragment. C2 bindet sich nur in Gegenwart von Magnesium-Ionen an C4b oder C4i. Die anschließend gebildete C3-Konvertase, $\overline{C4b,2a}$, wirkt dagegen unabhängig von Magnesium-Ionen, da eine Spaltung von C3 auch in Anwesenheit von EDTA, einem starken Chelatbildner für Mg^{2+}, erfolgt. $\overline{C4b,2a}$ ist ein temperaturempfindlicher, labiler Komplex, der nach der Abdissoziation von C2a, welches zu einem inaktiven Molekül, C2i, wird, seine C3-umsetzende Aktivität verliert. Aus dem verbleibenden C4b-Anteil kann durch weitere Zugabe von C2 unter der Einwirkung von $C1\overline{s}$ neue C3-Konvertase gebildet werden. $\overline{C4b,2a}$ wird als *klassische C3-Konvertase* bezeichnet, weil sie durch aufeinanderfolgende Einwirkung der frühen klassischen Komponenten entsteht und die Effektorsequenz C3-C9 einleiten kann.

Der alternative Aktivierungsweg und die Rückkopplungs- und Verstärkungsmechanismen bei der C3-Spaltung

Die Unterscheidung von alternativem und klassischem Aktivierungsmechanismus der Komplementkaskade erfolgte ursprünglich aufgrund der verschiedenen Proteinsequenzen, die unabhängig voneinander zur C3-Spaltung führen (s. Abb. 12.1). Heute weiß man, daß die Proteine des alternativen Wegs sowohl die antikörper-abhängige als auch die antikörper-unabhängige C3-Spaltung amplifizieren. Diese Verstärkerfunktion ist wesentlich für den geregelten Ablauf der Aktivierung des alternativen Weges, und sie steigert die antikörper-abhängige Aktivierung des klassischen Wegs. Somit ist sie für den immunisierten und auch

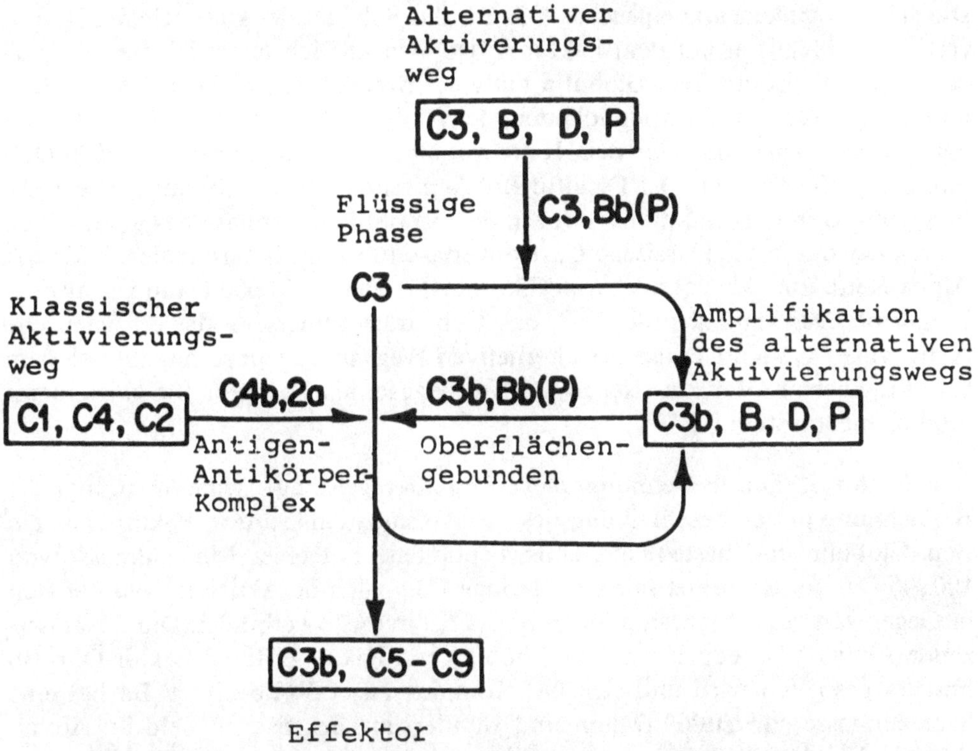

Abbildung 12.1 Wechselbeziehungen zwischen klassischem und alternativem Komplementaktivierungsweg, C3 und der Effektorsequenz. Antigen-Antikörper-Komplexe initiieren die Bildung der klassischen C3-Konvertase. Durch ihre Wirkung auf C3 entsteht C3b; darüber hinaus werden die Komponenten C5 bis C9 aktiviert. Für die Bildung der Amplifikations-C3-Konvertase des alternativen Weges, C3bBb, muß C3b vorliegen, das durch die Einwirkung einer bereits vorhandenen C3-Konvertase entstanden ist. Letztere kann entweder C3b,Bb oder C4b,2a sein, das an eine Oberfläche gebunden ist, die definierte biochemische Charakteristika aufweist. Properdin (P) kann die Wirkung der alternativen C3-Konvertase verstärken, ist jedoch für ihre Funktion nicht immer erforderlich. (Aus D. T. Fearon und K. F. Austen, New Engl. J. Med., 303: 259, 1980.)

für den nichtimmunisierten Wirt gleichermaßen von Bedeutung. Die Proteine des Amplifikationswegs (auch „positiver Rückkopplungs- bzw. Feedback-Mechanismus" genannt) sind die gleichen wie diejenigen, die auch den alternativen Weg in Gang setzen, nämlich P, B, D und C3. Das Auftreten von C3b in diesem Gleichgewichtspool verschiebt die Reaktionsabläufe in Richtung Amplifikationsweg. Anhand der Reaktionssequenz in der Amplifikationsphase (s. Abb. 12.3) sollen zunächst die strukturellen und funktionellen Wechselwirkungen dieser Komponenten geschildert werden. Im Anschluß daran werden dann die molekularen Vorgänge, die möglicherweise zur Aktivierung des alternativen Weges führen, beschrieben.

Die dritte Komplementkomponente, C3. C3, das Substrat der klassischen C3-Konvertase, ist identisch mit dem Faktor A des ursprünglich beschriebenen Properdin-Weges. Es ist ein Beta-Globulin mit einer Molekülmasse von 190000 Dalton und besteht aus zwei Polypeptidketten, der Alpha-Kette mit einer Molekülmasse von 120000 Dalton und der Beta-Kette mit einer Molekülmasse von 70000 Dalton. Beide Ketten sind über Disulfid-Brücken miteinander verbunden. Die Spaltung von C3 in der Initiations- oder in der Amplifikationsphase des alternativen Wegs oder durch die klassische C3-Konvertase führt am N-terminalen Ende der Alpha-Kette zur Abspaltung von C3a, einem 6000 bis 8000 Dalton schweren Fragment. Der verbleibende Rest, das C3b, trägt seinerseits die enzymatische Aktivität der C3-Konvertase des alternativen Wegs und dient somit, ähnlich dem C4b-Fragment in der klassischen C3-Konvertase, als Rezeptor für ein anderes Komplementprotein.

Der Faktor B. Die Benennung dieses Faktors geht auf seine ursprüngliche Bezeichnung in der Beschreibung des Properdinsystems zurück. Faktor B ist ein Beta-Globulin und besteht aus einer Peptidkette mit einer Molekülmasse von 100000 Dalton. Er besitzt nur eine geringe C3-spaltende Aktivität, wenn er sich in Gegenwart von Magnesiumionen reversibel mit C3b verbindet. Die C3-umsetzende Aktivität ist jedoch deutlich erhöht, wenn Faktor B durch Faktor $\overline{D}$ in Bb und Ba gespalten wird und sich ein Komplex aus C3b,Bb bildet. Ba hat eine Molekülmasse von 20000 Dalton und wandert im elektrischen Feld im Alpha-Bereich. Das 80000 Dalton schwere Bb trägt das aktive Zentrum. Es dissoziiert von dem bimolekularen Komplex C3b,Bb ab und wird zu dem inaktiven Bi, das im elektrischen Feld Gamma-Mobilität besitzt. Das nach der Abdissoziation von Bb aus C3b,Bb verbleibende C3b-Fragment, kann erneut den Faktor B binden. Durch Einwirkung von Faktor D entsteht wieder die Konvertase C3b,Bb.

Der Faktor $\overline{D}$. Dieser Faktor war bei der ursprünglichen Beschreibung des Properdinsystems noch unbekannt. Faktor $\overline{D}$ ist ein Alpha-Globulin; er besteht aus einer Peptidkette mit einer Molekülmasse von 25000 Dalton. Als Serin-Esterase spaltet $\overline{D}$ den Faktor B, der an C3b gebunden ist, und bringt hierdurch die volle C3-Konvertase-Aktivität des bimolekularen C3b,Bb-Komplexes zur Entfaltung. Die Ähnlichkeiten des alternativen Amplifikationsweges (s. Abb. 12.3) mit dem klassischen Aktivierungsweg (s. Abb. 12.2) sind offenkundig:

1. Bildung eines magnesiumionen-abhängigen, bimolekularen Komplexes, C4b,2 bzw. C3b,B.
2. Durch Einwirkung der Serinesterasen $C\overline{1}$ bzw. $\overline{D}$ werden durch Fragmentierung die enzymatisch aktiven Stellen im C2-Molekül (C2a) bzw. im Faktor B (Bb) frei zugänglich, und die Komplexe $\overline{C4b,2a}$ und C3b,Bb werden zu hochaktiven C3-Konvertasen.
3. Durch Abdissoziation von C2a als C2i und von Bb als Bi aus den bimolekularen C3-Konvertasekomplexen verlieren letztere ihre C3-umsetzende Aktivität.

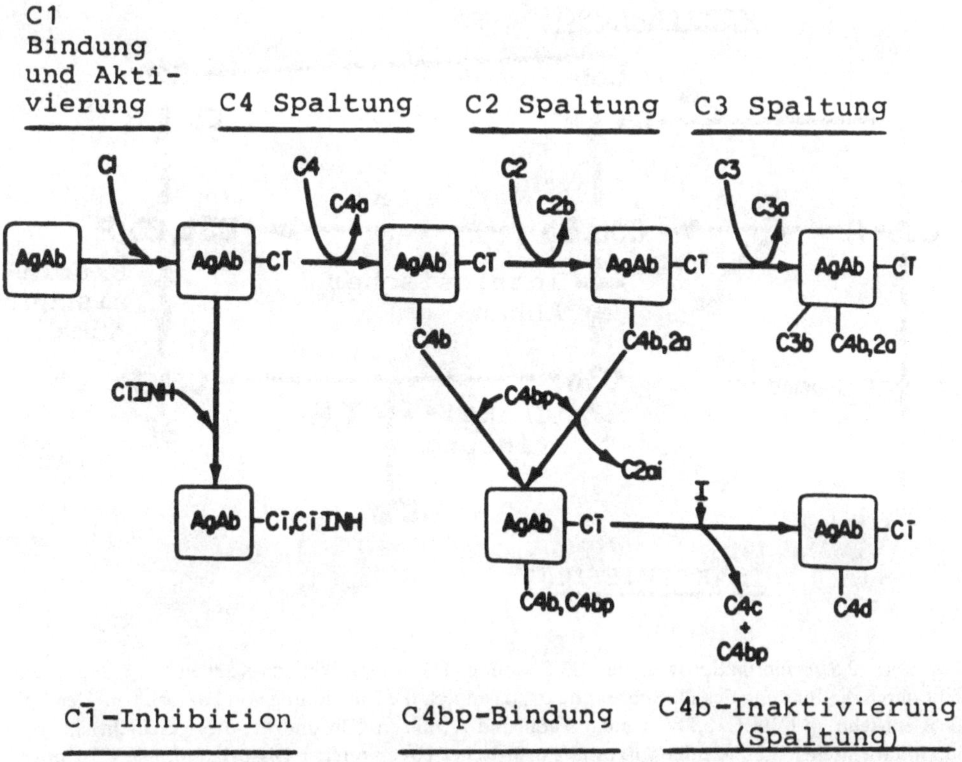

Abbildung 12.2 Der klassische Weg der Komplementaktivierung. Ein Antigen-Antikörper-Komplex initiiert den Ablauf der klassischen Komplementkaskade. Er bindet C1 und verursacht dadurch die interne Aktivierung der ersten Komplementkomponente. Diese ist nun in der Lage, C4 und C2 zu spalten. Aus den Spaltprodukten entsteht der bimolekulare Komplex C4b2a, die klassische C3-Konvertase. Die Bildung dieser C3-Konvertase wird durch C1INH, C4bp und I kontrolliert. (Aus N. D. Glass, D. T. Fearon und K. F. Austen; The Metabolic Basis of Inheritied Disease, fünfte Auflage, Hrsg. J. B. Stanbury, J. Wyngaarden, D. Frederickson, M. Brown und J. Goldstein. New York, McGraw-Hill, in Druck.)

Jedoch bestehen auch deutliche Unterschiede: In der klassischen Sequenz bestimmt die Bindung des Antikörpers an das Antigen den Ort, an dem die Aktivierung von C1 und die Bildung der klassischen C3-Konvertase, $\overline{\text{C4b,2a}}$, stattfindet. Für den alternativen Aktivierungsweg bestimmt die Bindungsstelle von C3b den Ort, an dem die durch den Faktor $\overline{\text{D}}$ gebildete C3-Konvertase, C3b,Bb, gebunden wird. Kontrolliert wird diese Stufe durch die Substratspezifität von $\overline{\text{D}}$ für B, die nicht vor Bildung des bimolekularen C3b,B-Komplexes zum Tragen kommt. Es besteht daher auch keine Notwendigkeit, für die Kontrolle der Aktivität von $\overline{\text{D}}$ ein Proenzym zu postulieren.

Properdin. Properdin ist ein tetrameres Gamma-Globulin mit einer Molekülmasse von 220000 Dalton; es ist aber kein Immunglobulin. Seine Adsorption an

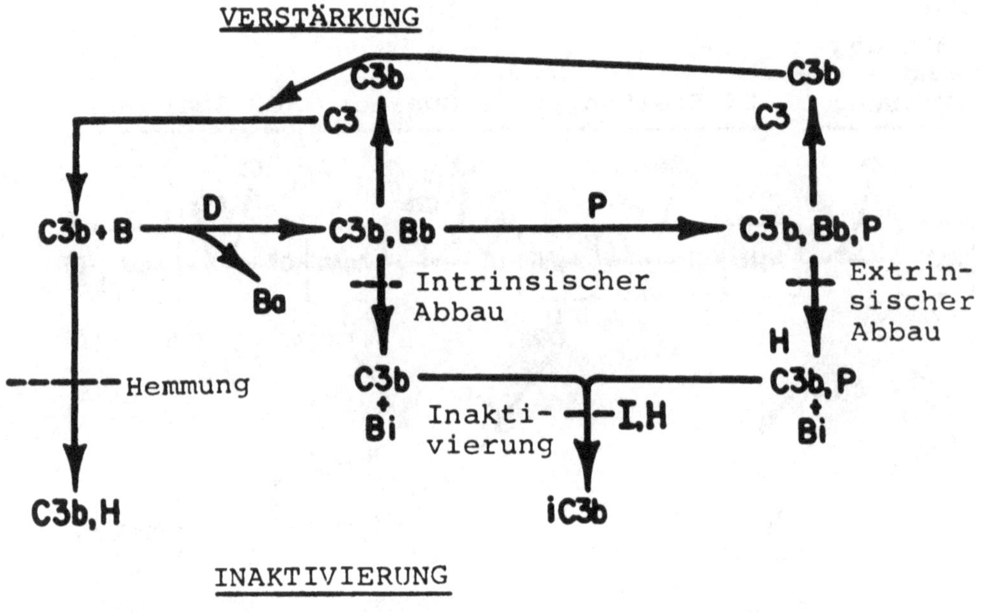

Abbildung 12.3 Amplifikationsweg der C3-Spaltung. Die Amplifikations-Konvertase, C3b,Bb, entsteht durch die Bindung des Bb-Spaltprodukts, das durch die Einwirkung von Faktor $\overline{D}$ auf den Faktor B entsteht, an C3b. C3b,Bb ist nicht stabil und zerfällt in C3b und Bi; dies geschieht entweder durch intrinsischen Abbau oder aufgrund extrinsischer H-vermittelter Dissoziation. Die C3-Konvertase C3b,Bb kann jedoch durch die Anlagerung von Properdin, C3b,Bb,P, stabilisiert werden. Durch die Bindung von H an C3b oder durch die Spaltung von C3b durch I in Gegenwart von H entsteht iC3b. Aus iCBb kann keine neue Konvertase gebildet werden.

Partikel während der Initialphase des alternativen Komplementweges war für die Prägung des Begriffs „Properdinweg“ für diesen Aktivierungsweg verantwortlich. Das Protein bindet sich in seiner nativen Form reversibel an C3b und stabilisiert die Amplifikations-Konvertase C3b,Bb, indem es die spontane Abdissoziation von Bi verzögert. Die Bindung an C3b und die damit einhergehende Stabilisierung von C3b,Bb führt im nativen Properdinmolekül zu einer nicht-enzymatisch bedingten Konformationsänderung im Proteinmolekül.

Die Initialphase. Da Faktor $\overline{D}$ normalerweise in Serum und Plasma vorkommt, besteht vermutlich eine ständige, aber nur geringgradige Einwirkung von $\overline{D}$ auf Faktor B, der mit C3 assoziiert ist. Natives C3 enthält eine interne Thioesterbindung, die von einem Cysteinsäurerest und einem Glutaminsäurerest, zwischen denen sich nur zwei andere Aminosäuren befinden, gebildet wird. Die Hydrolyse dieser Thioesterbrücke ermöglicht unter physiologischen Bedingungen die kontinuierliche Versorgung mit einem modifizierten C3, an das sich in Gegenwart von Magnesium B bindet. Dadurch entsteht der initiale Komplex, C3,B, der durch $\overline{D}$

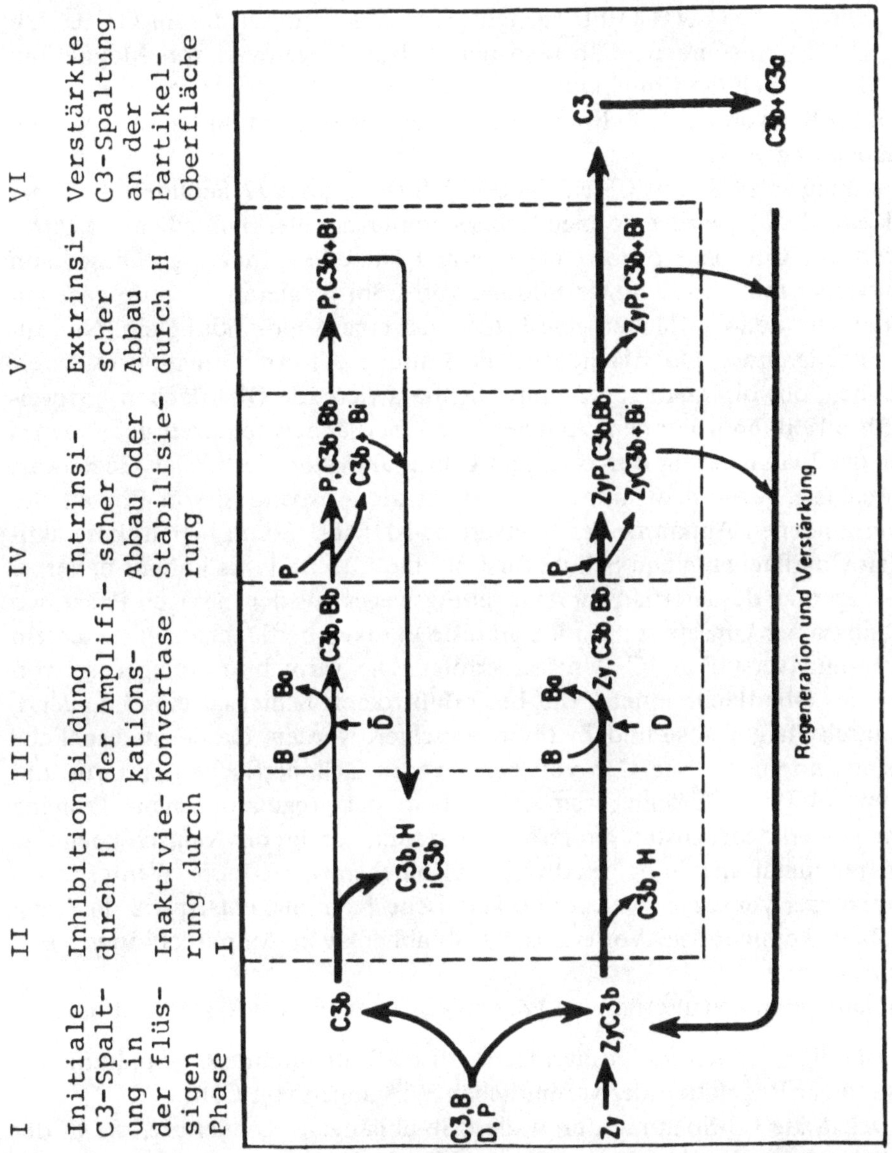

Abb. 12.4 Aktivierung des alternativen Komplementaktivierungswegs. Die ständige schwache Wechselwirkung zwischen C3, B, D und P in der flüssigen Phase führt zur C3b-Bildung. Dieses wird entweder gleich in der flüssigen Phase wieder durch I und H inaktiviert oder es bindet sich über seine neue labile Bindungsstelle an eine nicht-aktivierende Partikeloberfläche. Unter physiologischen Bedingungen wird die Aktivierung des alternativen Wegs durch die Bindung von C3b an eine aktivierende Oberfläche, wie z. B. Zymosan (Zy), ausgelöst. An das gebundene C3b kann sich B anlagern und der Komplex durch P stabilisiert werden, während die Affinität für H stark herabgesetzt ist. Das Inaktivierungsprodukt von C3b, iC3b, entsteht bei der Einwirkung von I in der Gegenwart von H und wird dann durch unspezifische Proteasen in C3c und C3d gespalten. (Verändert nach: D. T. Fearon und K. F. Austen. Aus: Arthritis and Allied Conditions, neunte Auflage, Hrsg. D. J. McCarthy und I. L. Hollander. Philadelphia, Lea und Febiger, 1979.)

aktiviert wird, wobei $C3(H_2O)Bb$ entsteht. Letzteres kann wiederum C3 zu C3b spalten. Das so entstandene C3b assoziiert sich in Gegenwart von Magnesium mit Faktor B. Durch die Einwirkung von Faktor $\overline{D}$ auf C3b,B entsteht die Amplifikations-C3-Konvertase, C3b,Bb. C3b ist daher für die Amplifikation von zentraler Bedeutung.

Die Bildung von C3b aus C3 erfolgt durch Spaltung der 77. Peptidbindung der Alpha-Kette. Dabei wird eine metastabile Bindungsstelle, nämlich die elektronenanziehende Carbonylgruppe eines internen Thioesters, freigelegt. Diese kann dann entweder mit Wasser unter Bildung von C3bi reagieren oder sie geht mit Molekülen von Zelloberflächen eine Ester- oder eine Amidbindung ein. Nur auf solchen aktivierenden Oberflächen ist die Bildung der Amplifikations-Konvertase möglich, obwohl auch sogenannte nicht-aktivierende Oberflächen unspezifisch C3b adsorbieren können. Aktivierende Oberflächen schützen gebundenes C3b vor der Inaktivierung durch I, dem C3b-Inaktivator, der in der Gegenwart von H reagiert. Außerdem hindern sie H an der Abspaltung von Bb mit der damit verbundenen Abnahme der Konvertase-Aktivität. Somit bieten diese aktivierenden Oberflächen einen Schutz für C3b und C3b,Bb,P. Es kommt daher zu einer Verlagerung des alternativen Aktivierungsweges aus der flüssigen Phase, wo nur ein langsamer Umsatz stattfindet, an feste Partikeloberflächen, auf denen ein intensiver und verstärkter C3-Umsatz erfolgt. Die vermehrte Ablagerung von C3b auf der Oberfläche einer Zelle beeinflußt deren Schicksal einschneidend, weil dadurch Phagozytose und Zytolyse erleichtert werden. Da der menschliche Organismus normalerweise C3b von den eigenen Zelloberflächen entfernt und außerdem für die Erkennungsmechanismen der regulatorischen Proteine bestimmte Oberflächenstrukturen erforderlich sind, verfügt der Mensch über eine von der Immunität unabhängige Abwehr auf biochemischer Basis. Wenn spezifische Antikörper vorliegen, welche die klassische Komplementsequenz in Gang setzen, dann kommen die Vorteile der C3b-abhängigen Amplifikationen noch mehr zur Geltung.

Somit kann man den alternativen Weg als ein Zwei-Phasen-System auffassen:

1. Eine ständige, jedoch nur in geringem Ausmaß ablaufende C3-Spaltung mit vollständiger Regulation der vermutlichen Wirkungen von C3b;
2. Eine verstärkte C3-Spaltung durch die C3b-abhängige Konvertase, die in der Regel durch die Bindung von C3b an Oberflächen vor den regulatorischen Mechanismen der flüssigen Phase geschützt ist (s. Abb. 12.4).

Die Effektor-Phase der Komplementsequenz

Die C3-Konvertasen des klassischen und alternativen Weges rekrutieren die Effektor-Proteine des Komplementsystems: C3, C5, C6, C7, C8 und C9 (s. Abb. 12.5).

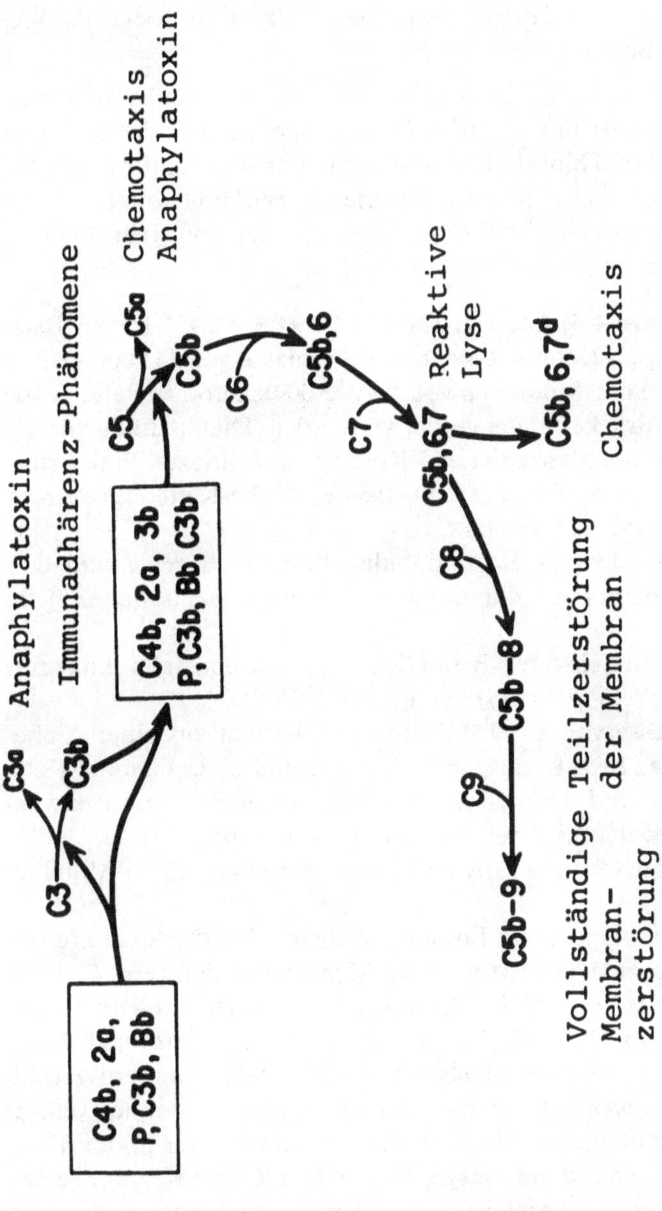

Abbildung 12.5 Die Effektor-Phase des Komplementsystems. Die biologisch aktiven Spaltprodukte und Komplexe entstehen durch die Spaltung von C3 und C5 durch klassische bzw. alternative C3- und C5-Konvertasen. (Verändert nach D.T. Fearon und K.F. Austen. Aus: Arthritis and Allied Conditions, neunte Auflage. Hrsg. D.J. McCarthy und J.L. Hollander. Philadelphia, Lea und Febiger, 1979.)

Die dritte Komplementkomponente, C3. Die strukturellen Eigenschaften von nativem C3 wurden bereits im vorhergehenden Abschnitt beschrieben. Neben seiner Funktion als Rezeptor für Bb und P in der stabilisierten Amplifikations-Konvertase (P,C3b,Bb) ist C3b für die Umwandlung von C4b,2a und von C3b,Bb in eine *C5-Konvertase* verantwortlich. In der Amplifikationsphase wird zur Bildung der C5-Konvertase C3b zusätzlich an die C3-Konvertase C3b,Bb gebunden. C3b ist hierbei jedoch nicht vor I, dem C3b-Inaktivator, geschützt. C3b besitzt darüber hinaus noch zwei weitere Bindungsfunktionen:

1. Irreversible kovalente Bindung an Zellmembranen über eine labile Bindungsstelle: Es handelt sich dabei um eine Carbonylgruppe, die bei der Spaltung von C3 aus einer internen Thioesterbindung verfügbar wird und im Augenblick der Spaltung von C3 durch eine Konvertase zur Wirkung kommt;
2. Anlagerung an einen trypsinempfindlichen Rezeptor, der auf einer Vielzahl von Zellen nachzuweisen ist.

Die Komplementkomponenten C5, C6, C7, C8 und C9 (C5–9). C5 ist ein Beta-Globulin, das aus einer Alpha-Kette mit einer Molekülmasse von 115000 Dalton und einer Beta-Kette mit einer Molekülmasse von 75000 Dalton besteht. Beide Ketten sind über Disulfid-Brücken miteinander verbunden. Die Spaltung von C5 durch die klassische oder die alternative C5-Konvertase führt zur Freisetzung eines 11000 Dalton schweren Peptids, des C5a, aus der Alpha-Kette; der verbleibende größere C5-Anteil wird C5b genannt.

C6, ein 128000 Dalton schweres Beta-Globulin, besteht aus einer einzigen Polypeptidkette, welche im Verlauf der terminalen Komplementsequenz nicht gespalten wird.

C7 ist ein 120000 Dalton schweres Beta-Globulin. Das ebenfalls einkettige Molekül wird (ähnlich wie C6) nicht gespalten.

C8 hat eine Molekülmasse von 163000 Dalton und besteht aus einer Alpha-Kette (83000 Dalton), einer Beta-Kette (70000 Dalton) und einer Gamma-Kette (10000 Dalton). Die Alpha- und Beta-Ketten sind nichtkovalent verbunden, während die Gamma-Kette kovalent mit der Alpha-Kette verknüpft ist.

C9 ist eine 79000 Dalton schwere Polypeptidkette mit einer Alpha-Mobilität im elektrischen Feld.

C5b kann sich direkt über eine labile Bindungsstelle, die bei der Spaltung von C5 durch die C5-Konvertasen exponiert wird, an Membranen anlagern. Es kann mit C6 in der flüssigen Phase einen C5b,6-Komplex bilden oder verbleibt als C5i in der flüssigen Phase, wenn die labile Membranbindungsstelle irreversibel zerfallen ist. Membrangebundenes C5b ist ebenfalls nicht stabil, sondern zerfällt und wird als C5i freigesetzt, wenn es sich nicht mit C6 zu einem Komplex verbindet. Die Membranbindungsstelle ist auf einem C5b,6-Komplex, der in der flüssigen Phase gebildet wird, erst dann ausgeprägt, wenn C7 mit C5b,6 einen C5b,6,7-Komplex gebildet hat. Dieser ist in der Lage, sich vorübergehend an nicht-sensibilisierte Membranen zu binden und somit einen zytolytischen Effekt auch auf unbeteiligte Zellen der Umgebung auszuüben. Dieser Mechanismus wird als *reaktive Lyse* bezeichnet. Wenn C5b,6,7 keine entsprechende Membran vorfindet, zerfällt die C5b-Bindungsstelle, und es entsteht ein C5i,6,7-Komplex, der zwar hämolytisch inaktiv ist, aber chemotaktische Eigenschaften besitzt. Die Bildung eines membranständigen C5b,6,7-Komplexes ist die Voraussetzung für die Bindung von C8 und anschließend von C9. Damit ist die Bildung des nichtkovalenten, multifaktoriellen C5–9-Komplexes abgeschlossen. Die Reaktionssequenz, die nach Spaltung von C5 abläuft, beruht nur auf Protein-Protein-Interaktionen. Proteolytische Reaktionen finden hierbei nicht mehr statt. Der C5b-8-Komplex wird in die Membran integriert und führt zur partiellen Membranschädigung. Dagegen bildet der C5b-9-Komplex komplette Kanäle, die durch die Membran hindurchgehen und zur osmotischen Lyse der Zelle führen.

Der zytolytische Komplex setzt sich aus einem Dimer von C5b-9, das sechs C9 Moleküle enthält, zusammen und besteht somit aus 14 Proteinmolekülen. Die zylindrische Gestalt dieses amphiphilen Komplexes, die auf dem elektronenmikroskopischen Bild zu erkennen ist, ist gut mit der beobachteten Bildung von Kanälen in die Membran der Zielzelle in Einklang zu bringen. Durch Wechselwirkungen mit den Membranphospholipiden bildet das C5b-9-Dimer einen hydrophoben Kanal, setzt die Osmoregulation der Zelle herab und führt dadurch auf physikalischer Ebene zur Zerstörung der Membran. Dieser Mechanismus erklärt auch die lytische Wirkung von Komplement auf Viren.

Die regulatorischen Proteine der Komplementsequenz

Die Regulation der Komplementkaskade ist einerseits durch die Instabilität einiger wesentlicher Zwischenverbindungen innerhalb der Reaktionssequenz gegeben; zum anderen erfolgt sie durch die Einwirkung von Kontrollproteinen. Die Wechselwirkungen von Proteinen untereinander oder mit Bindungsstellen einer Membran sind schon allein durch die Stabilität der Intermediärprodukte mit einem natürlichen Kontrollmechanismus behaftet. Durch die spontane Dissoziation der labilen Bindungsstellen der C3- und C5-Konvertasen verlieren diese ihre Konvertaseaktivität, da die hierbei abgespaltenen Fragmente (C2a und Bb) gleichzeitig Träger des enzymatisch aktiven Zentrums sind. Eine labile Bindungsstelle entsteht jeweils bei der Bildung von C4b, C3b und C5b; erfolgt hierbei nicht eine sofortige Bindung an eine Membran, so verfällt die Aktivität dieser Fragmente. Die Wirksamkeit derartiger Kontrollmechanismen bei Protein-Protein- und Protein-Membran-Interaktionen setzt außerdem voraus, daß sich die labile Bindungsstelle am Bindungsort selbst oder in seiner unmittelbaren Nähe befinden.

Zu den von außen einwirkenden Kontrollproteinen der Komplementsequenz gehören der Inhibitor der aktivierten ersten Komplementkomponente ($C\bar{1}INH$) und das C4-Bindungsprotein (C4bp). Beide regulieren den klassischen Aktivierungsweg. Der alternative Aktivierungsweg und dessen Rückkopplungsmechanismen werden von Faktor H, einem C3b-bindenden Protein, und I, dem Inaktivator von C3b, kontrolliert. Darüber hinaus gibt es Kontrollproteine für die biologisch aktiven Spaltprodukte. Der *Anaphylatoxin-Inaktivator* (AI) inaktiviert eine Reihe von niedermolekularen Reaktionsprodukten, während das *S-Protein* mit der Membran um die Bindung von C5b,6,7 wetteifert.

Der $C\bar{1}$-Inhibitor, $C\bar{1}INH$. $C\bar{1}INH$ besteht aus einer einzigen Polypeptidkette mit einer alpha-elektrophoretischen Mobilität und hat eine Molekülmasse von 105000 Dalton. Er besitzt einen ungewöhnlich hohen Kohlenhydrat-Anteil von ca. 35%. Der $C\bar{1}$-Inhibitor kontrolliert die Bildung der klassischen C3-Konvertase, $\overline{C4b,2a}$, indem er sich an die leichte Kette von $C\bar{1}s$ bindet. Dadurch wird die Umsetzung von C4 und C2 irreversibel blockiert. $C\bar{1}INH$ hemmt ebenso irreversibel die Esterase-Aktivität von $C1\bar{r}$ und beeinflußt damit zugleich Aktivierung und Bildung der $C1\bar{s}$-Esterase-Aktivität (s. Abb. 12.2).

Das C4-Bindungsprotein, C4bp. Bei C4bp scheint es sich um einen multimeren Komplex (550000 Dalton) aus nicht kovalent gebundenen Monomeren zu handeln. In den Monomeren sind jeweils acht 70000 Dalton schwere Untereinheiten (Protomere) über Disulfid-Brücken miteinander verbunden. Dieses Makromolekül reguliert die Bildung und die Funktionstüchtigkeit der klassischen C3-Konvertase, $\overline{C4b,2a}$, auf dreierlei Weise:

1. Es konkurriert mit C2 um die Bindung an C4b;
2. Es erhöht die durch I verursachte Inaktivierung von C4b;
3. Es beschleunigt die Zerfallsrate von $\overline{C4b,2a}$ durch Abdissoziation von C2a und erhöht dadurch die Bildung von C2i (Abb. 12.2).

Der C3b-Inaktivator I (ältere Bezeichnung C3bINA). I ist ein Beta-Globulin mit einer Molekülmasse von 93000 Dalton. Es besteht aus zwei Polypeptidketten, einer Alpha-Kette von 55000 Dalton und einer Beta-Kette von 42000 Dalton, die über Disulfid-Brücken miteinander verbunden sind. Der C3b-Inaktivator spaltet die Alpha-Kette von C3b. Das dadurch entstandene iC3b kann nicht mehr bei der Bildung der alternativen C3-Konvertase mitwirken und auch nicht mit C3b,Bb bzw. $\overline{C4b,2a}$ die jeweiligen C5-Konvertasen bilden. Die Ausbildung der Immunadhärenz ist ebenfalls behindert. In dieser inaktivierten Form kann iC3b durch Proteasen, wie Plasmin, die unabhängig von den Komplementproteinen wirken, fragmentiert werden. Dabei entstehen die Bruchstücke C3c und das kleinere C3d mit einer Molekülmasse von 25000 Dalton. I kann C3b, das in die bimolekulare C3-Konvertase, C3b,Bb, integriert ist, nicht inaktivieren. Dagegen ist die Inaktivierung des zusätzlichen C3b, welches die C3b,Bb-Konvertase in die C5-Konvertase, C3b,Bb,C3b, überführt, möglich.

Der Faktor H (β1H). Der Faktor H ist ein Beta-Globulin und besteht aus einer Polypeptidkette mit einer Molekülmasse von 150000 Dalton. H reguliert die Bildung und die Aktivierung der Amplifikations-C3-Konvertase, C3b,Bb, auf dreierlei Weise: Er inhibiert kompetitiv die Bindung von B an C3b. Außerdem vermag er die Inaktivierung von C3b durch den C3b-Inaktivator (I) zu steigern und Bb aus dem Komplex C3b,Bb unter Bildung von Bi herauszulösen (s. Abb. 12.3). Weder H noch I allein reichen aus, die durch Interaktion von C3, B, $\bar{D}$ und P induzierte Amplifikation zu verhindern. Daher verlieren Patienten, die keinen

C3b-Inaktivator besitzen, C3 und den Faktor B aufgrund des verstärkten Umsatzes vollständig. Offensichtlich ergänzen sich die Kontrollmechanismen des alternativen Weges gegenseitig auf drei Ebenen; dies ist besonders bei der durch Properdin stabilisierten Konvertase erforderlich. Weder die spontane noch die durch H bedingte Freisetzung von Bb aus dem C3b,Bb-Komplex kann die Aktivierung von C3 vollständig verhindern, da das verbleibende C3b mit B und $\overline{D}$ eine neue Konvertase bilden kann, falls C3b nicht durch I inaktiviert wird. I wirkt nur auf C3b, das nicht mit Bb assoziiert ist. Diese Reaktion wird durch H unabhängig von seiner Fähigkeit, Bb aus C3b,Bb zu verdrängen, verstärkt. Die Wirkung von H wird durch Neuraminsäuren auf der Partikeloberfläche moduliert, da Neuraminsäuren die Bindung von H an C3b begünstigen, ohne die Bindungsaffinität von B bzw. Bb zu C3b zu beeinflussen. Daher erfolgt an den neuraminsäurefreien Partikeln, die den alternativen Weg beim Menschen aktivieren, eine Aufnahme von C3b aus der flüssigen Phase und die Bildung der C3-Konvertase durch Bindung und Aktivierung von B. Die H-unabhängige Abspaltung von Bb kann unter diesen Bedingungen jedoch nicht stattfinden.

Der Anaphylatoxin-Inaktivator (AI). Der Anaphylatoxin-Inaktivator ist ein Alpha-2-Globulin mit einer Molekülmasse von 310000 Dalton. Ursprünglich wurde er als Kinase I bezeichnet, da er Bradykinin zu inaktivieren vermag. Das Enzym besteht aus acht, offenbar identischen, nichtkovalent gebundenen Untereinheiten mit einer Molekülmasse von je 36000 Dalton. Der Inaktivator, der das C-terminale Arginin von C3a, C5a, C4a und von Bradykinin abspaltet, ist in seiner Wirkungsweise von Metallionen abhängig. Das aktive Zentrum kann durch hohe Konzentrationen von Epsilon-Aminocapronsäure gehemmt werden.

Das S-Protein. Das S-Protein, ein Alpha-Glycoprotein, besteht aus einer Polypeptidkette mit einer Molekülmasse von 80000 Dalton. Ursprünglich wurde es als ein nicht zum Komplement gehörendes Protein beschrieben, das in der flüssigen Phase in den pentameren C5b-9-Komplex inkorporiert wird. Heute weiß man, daß das S-Protein sich an die Bindungsstelle des C5b-7, die normalerweise für die Bindung des Komplexes an die Membran erforderlich ist, anlagert. Aufgrund dieser Reaktion des S-Proteins kann sich der Komplex weder an die Zellmembranen binden noch dimerisieren und nach Anlagerung von C8 und C9 an C5b-7 keine reaktive Lyse mehr verursachen.

Freisetzung biologischer Aktivitäten beim Ablauf der Komplementkaskade

Die biologisch aktiven Proteine, die bei der Abwehr des Wirtes und bei der Gewebeschädigung eine Rolle spielen, werden im Zuge der Aktivierung der Komplementkaskade gebildet. Sie entstehen im wesentlichen bei der Spaltung von C3 und C5 und der Bildung des C5b-9-Komplexes. Ihre Aktivitäten können einerseits direkt gegen den makromolekularen Komplex, der die Reaktionssequenz in Gang gesetzt hat, gerichtet sein, wie beispielsweise bei der Zytolyse oder der durch Immunadhärenz gesteigerten Phagozytose. Andererseits können sie auch das Milieu, in dem sich der aktivierende Komplex befindet, verändern, zum Beispiel durch Veränderung der Gefäßpermeabilität oder der Anzahl der infiltrierenden Zellen.

Zelluläre Erkennung der komplement-vermittelten biologischen Aktivitäten. Das Anhaften von Partikeln, die mit spezifischen Antikörpern und Komplement vorbehandelt sind, an menschliche Erythrozyten wird Immunadhärenz genannt. Die Beobachtung dieses Effektes war der erste Beweis für die Existenz von Rezeptoren auf menschlichen Zellen, die mit veränderten Komplementproteinen reagieren. Diese Adhärenz wird durch C3b, das an Immunkomplexe gebunden ist und durch die C3b-Rezeptoren, die sich auf den Humanerythrozyten befinden, vermittelt. C3b-Rezeptoren sind auch auf anderen menschlichen Zelloberflächen nachweisbar. Hierzu gehören auch Zellen, die an den Entzündungsreaktionen beteiligt sind (Tab. 12.2). Heute wird der C3b-Rezeptor als CR1 bezeichnet. Rezeptoren für die Abbaufragmente von C3b, iC3b (nach Wirkung von I und H) und C3d (nach proteolytischer Spaltung von iC3b) wurden ebenfalls mit Hilfe der Adhärenz auf einigen Zelltypen nachgewiesen. CR2 heißt der Rezeptor, der bevorzugt C3d bindet. CR3 ist der dritte C3-Rezeptor, der ausschließlich mit iC3b reagiert. C4b, das an Immunkomplexe gebunden ist, kann ebenfalls die Aufnahme dieser Immunkomplexe durch Zellen, die C3b-Rezeptoren tragen, vermitteln. In ähnlicher Weise kann sich iC3b jedoch nur mit niedriger Affinität an CR1 binden. Daher ist die Bezeichnung „Immunadhärenz", unter der auch die Wechselwirkung zwischen den verschiedensten Komplementfragmenten und spezifischen zellulären Rezeptoren zusammengefaßt wurde, überholt.

Tabelle 12.2 Komplement-Rezeptoren auf menschlichen Zellen

Zell-Typ	Rezeptor		
	CR1	CR2	CR3
Erythrozyten	+	–	–
Monozyten	+	–	+
Eosinophile	+	–	–
Neutrophile	+	–	+
Epithelzellen der Glomeruli	+	–	–
B Lymphozyten	+	+	+

C3b bindet sich an CR1. iC3b bindet sich stärker an CR3 als an CR1 und CR2. C3d bindet sich an CR2.

Der C3b-Rezeptor, CR1, konnte von Membranen menschlicher Erythrozyten isoliert werden. Er wurde als ein Glycoprotein mit einer Molekülmasse von ungefähr 205 000 Dalton identifiziert. Der Antikörper, der gegen dieses Glycoprotein gebildet werden konnte, inhibiert die C3b-Rezeptorfunktion auf Neutrophilen, B-Lymphozyten und Monozyten. Außerdem präzipitiert er ein Membranprotein, das genauso groß ist wie der Rezeptor, der von der Erythrozytenmembran isoliert wurde. Untersuchungen an Membranen von Monozyten und Neutrophilen zeigten, daß die C3b-Rezeptoren nicht einzeln, sondern vorwiegend gruppenweise auftreten. Sie sind offenbar nicht der Membrandiffusion unterworfen, was darauf schließen läßt, daß sie in speziellen Bereichen der Plasmamembran verankert sein müssen.

Die meisten Untersuchungen, die sich mit der Rolle der C3b-Rezeptoren bei der Phagozytose durch Neutrophile und Monozyten bzw. Makrophagen befassen, zeigen zunächst nur die Bindung, nicht aber die Aufnahme der C3b-Träger. Schafserythrozyten mit membrangebundenem C3b heften sich zwar an die Effektorzellen an, sie werden aber nicht phagozytiert, sofern sie nicht noch außerdem IgG an ihrer Oberfläche tragen oder die Neuraminsäure von ihrer Membran entfernt wurde. Für die Phagozytose ist in erster Linie der Fc-Rezeptor auf den Freßzellen verantwortlich. Außerdem ist daran ein bisher noch nicht charakterisierter trypsin-empfindlicher Membranbestandteil beteiligt. Die Erkennungsstrukturen, mit denen Aktivatoren des alternative Komplementaktivierungswegs auf Monozyten erkannt werden, sind nicht identisch mit den C3b- und Fc-Rezeptoren. Möglicherweise sind sie, wie auch der alternative Komplementaktivierungsweg selbst, für den nicht-immunen Organismus von besonderer Bedeutung. Obwohl die gesteigerte Phagozytoserate von Bakterien oder Immunkomplexen im allgemeinen die Genesung fördert, kann die C3b-abhängige Adhärenz an Neutrophile und Makrophagen auch Nebenwirkungen haben, wie in vitro gezeigt wurde. Derartige Situationen könnten auch im Verlauf einer entzündlichen Krankheit auftreten, da Neutrophile gegenüber nicht-phagozytierbaren, aber C3b- und IgG-tragenden Oberflächen mit der Ausschüttung lysomaler Enzyme und Superoxidanionen reagieren.

Der CR2-Rezeptor, der mit C3d reagiert, ist hauptsächlich auf B-Lymphozyten zufinden. Dieser Rezeptor ist ein Membranprotein mit einer Molekülmasse von 148 000 Dalton. Inzwischen gibt es einen monoklonalen Antikörper, der spezifisch mit CR2 reagiert. Die Funktionen dieses Rezeptors auf B-Lymphozyten sind noch nicht völlig geklärt. Möglicherweise spielt er bei der Entwicklung von B-Gedächtniszellen eine Rolle. Untersuchungen an Mäusen mit erniedrigtem C3-Spiegel ergaben, daß dieser Rezeptor nur für die Entwicklung, jedoch nicht für die Erhaltung bereits vorhandener B-Gedächtniszellen erforderlich zu sein scheint. Die Inkubation von Lymphozyten mit C3b stimuliert die Ausscheidung eines Lymphokins, das eine chemotaktische Wirkung auf Monozyten hat. Durch Kultivierung menschlicher peripherer Blutlymphozyten in Gegenwart von C3c oder C3d wird die Stimulierung der blastogenen Antwort nur durch Antigene, nicht aber durch mitogene Lektine inhibiert. Umgekehrt hemmen Antikörper, die gegen C3 gerichtet sind, die Antwort auf ein T-abhängiges Antigen in stimulierten Milz-Zell-Kulturen der Maus: es werden keine antikörper-sezernierenden Zellen ausgebildet. Bis heute gibt es jedoch keine klare Definition für die Rolle der C3-Rezeptoren auf B-Lymphozyten.

Schließlich bindet der CR3-Rezeptor iC3b mit hoher Avidität. Er wurde auf Monozyten, Makrophagen, Neutrophilen und einigen NK-Zellen gefunden. Ein monoklonaler Antikörper (anti-Mac-1) scheint CR3 zu erkennen. Dieses in die Membran integrierte Protein besteht aus zwei Ketten, einer schweren mit 175000 Dalton und einer kleineren Kette mit nur 95000 Dalton Molekülmasse. Beide Ketten sind über eine Disulfid-Brücke miteinander verbunden. Die leichtere Kette weist einige Gemeinsamkeiten mit LFA-1, einer anderen Membranstruktur, die auf Lymphozyten vorkommt, auf (s. Kap. 7).

Die Peptide mit phlogistischen Eigenschaften, C3a, C4a und C5a. C3a, C4a und C5a sind Peptide, die bei der Spaltung der Alpha-Polypeptidstränge von C3, C4 und C5 in der Nähe des aminoterminalen Endes durch $C\bar{1}$ bzw. durch die entsprechenden Konvertasen des klassischen und des Amplifikations-Wegs anfallen. Ein Vergleich der Primärstrukturen dieser drei Moleküle, isoliert aus menschlichem Serum, läßt genügend Sequenzhomologien erkennen, um auf einen gemeinsamen genetischen Ursprung schließen zu können. Diese Peptide werden als *Anaphylatoxine* bezeichnet. Sie verursachen die Kontraktion der glatten Muskulatur und die Freisetzung von Histamin aus Mastzellen. Anscheinend binden sie sich spezifisch an Membranrezeptoren. Im Gegensatz zu C3a und C4a, die gut definierte funktionelle Bereiche besitzen, zu denen die 5 bis 8 C-terminalen Aminosäuren gehören, ist für die biologische Funktion von C5a neben dem linearen C-terminalen Ende auch der alpha-helikale Bereich des Peptids erforderlich. Der Rezeptor für C3a und für das weniger effektive C4a unterscheidet sich von dem C5a-Rezeptor. C5a selbst ist nicht nur ein biologisch aktiveres Anaphylatoxin als C3a und C4a, sondern auch das einzige dieser Peptide mit *chemotaktischer* Aktivität. Injiziert man diese Peptide unter die menschliche Haut, kommt es, verbunden mit einer typischen Hautrötung („wheal"- und „flare"-Reaktion) zur Degranulation der Mastzellen. Diese Kutanreaktionen werden durch Antihistaminika (H-1) blockiert (s. Kap. 14). Histamin verursacht eine erhöhte Gefäßpermeabilität. Dadurch kommt es zu einer vermehrten lokalen Ablagerung von Immunkomplexen und einer gesteigerten Ausschüttung von Plasmaproteinen, zu denen auch Immunglobuline und Komplementkomponenten gehören. Die außerhalb der Gefäße stattfindende Komplementaktivierung führt zur Verstärkung der Entzündungsreaktion. Die Aktivitäten von C3a und C5a werden durch einen Anaphylatoxin-Inaktivator, die im Serum vorkommende Carboxypeptidase B, gehemmt. Dieses Enzym spaltet Arginin am C-terminalen Ende dieser Peptide ab. Die histamin-freisetzende Aktivität dieser „desARG"-Derivate ist um das hundert- bis tausendfache der ursprünglichen Anaphylatoxinwirkung reduziert.

Die kritische Phase im Verlauf der Entzündungsreaktionen ist die Ansammlung von Leukozyten. Diese chemotaktische Reaktion sowie sekretorische und Adhärenz-Reaktionen dieser Zellen werden durch C5a ausgelöst. C5a wird in nanomolaren Konzentrationen von den Rezeptoren der Neutrophilen aufgenommen. Wenn die Peptide vom Ort der Komplementaktivierung wegdiffundieren, bildet sich ein C5a-Gradient aus, der die Wanderungsrichtung der Neutrophilen in vitro bestimmt. Höhere Konzentrationen von C5a stimulieren vor allem auch in Gegenwart von Cytocholasin B die Freisetzung lysosomaler Enzyme. Die chemotaktische Aktivität von C5a bleibt in vitro auch nach Argininabspaltung erhalten. Sie kann sogar in Gegenwart eines bisher noch nicht charakterisierten Co-Faktors aus dem Serum gesteigert werden. Dagegen bewirkt das desARG-Derivat von C5a in vitro nur noch eine geringfügige Histaminfreisetzung und führt kaum noch zur verstärkten Kontraktion der glatten Muskulatur. Sowohl C5a als auch C5a-desARG scheinen die Adhärenz der Granulozyten an die Epithelzellen der Kapillaren zu vermitteln. Erst dadurch wird die Auswanderung zu dem außerhalb der Gefäße liegenden Entzündungsort möglich. In vitro machen diese Peptide auch die Adhärenz von Neutrophilen an verschiedene Oberflächen möglich. Durch diese Funktion von C5a-desARG wäre auch der vorübergehend auftretende Mangel an Neutrophilen, der nach systemischer Aktivierung des Komplementsystems zu beobachten ist, erklärbar. Derartige Beobachtungen wurden in Tieren nach Verabreichung von Kobra-Gift, das den alternativen Weg aktiviert, und in Personen, die sich einer Hämodialyse unterzogen haben, gemacht. In diesem Fall sind es die Dialysemembranen, die das Komplementsystem aktivieren.

In vivo fördert eine rasche Komplementaktivierung die Vermehrung der Leukozyten, die einer Neutropenie folgt. Es wird angenommen, daß C3e für diese Reaktionen verantwortlich ist. C3e, das der alpha-Kette von C3 entstammt, ist ein kleines Peptid. Für seine biologische Bedeutung spricht die Beobachtung, daß es die Freisetzung von Granulozyten aus dem Oberschenkelknochenmark von Ratten bewirkt. Außerdem ist in Individuen mit einem genetisch bedingten C3-Mangel bei einer eitrigen Infektion kein Leukozytenanstieg zu beobachten.

Solubilisierung von Immunkomplexen. Zirkulierende oder auf Gewebe abgelagerte Immunkomplexe können durch die Einwirkung von C3-Konvertasen des klassischen oder des alternativen Weges löslich gemacht werden. Dieser zusätzliche Regulationsmechanismus, der auch pathophysiologische Folgen hat, beruht auf der Einschleusung von Komplementfragmenten in das sonst unzugängliche Geflecht der Antigen-Antikörper-Komplexe. So wurden Spaltprodukte der Alpha-Kette von C3 eng verknüpft mit der schweren Kette der Immunglobuline gefunden. Dies beruht möglicherweise auf einer kovalenten Bindung, an der die labile Bindungsstelle von C3 beteiligt ist. Der entscheidende Schritt bei diesem Prozeß ist jedoch die verstärkte, über den alternativen Weg vermittelte C3b-Ablagerung. Die klassische Komplementsequenz kann die Solubilisierung noch beschleunigen, indem sie zusätzlich C3b für die Bildung der Amplifikations-C3-Konvertase bereitstellt.

Der C5b-9-Komplex (membrane attack complex). Es gibt zwei Möglichkeiten, die Zerstörung der Zellmembran durch den C5b-9-Komplex zu erklären: Einerseits besteht die Möglichkeit, daß dieser Komplex einen Kanal durch die Membran bohrt, durch den Salze, Wasser und sogar kleine Proteine passieren können. Diese Veränderungen veranlassen die Zelle zur Wasseraufnahme. Dadurch kommt es zum Anschwellen der Zelle und schließlich zum Platzen der Membran. Die durch den C5b-9-Komplex verursachte Läsion kann elektronenmikroskopisch als Loch nachgewiesen werden. Es handelt sich um einen dünnwandigen, 15 nm hohen Zylinder. Das ringförmige Gebilde, das aus der Membran herausragt, hat einen inneren Durchmesser von 10 nm und einen äußeren Durchmesser von 20 nm. Eine zweite Erklärungsmöglichkeit für die Membranzerstörung basiert auf der Tatsache, daß sich der amphiphile C5b-9-Komplex an Phospholipide binden kann. Man fand diese aus 14 Molekülen bestehenden Komplexe in großen Mengen auf den Membranen der Zielzellen abgelagert. Dieser Mechanismus der Membranzerstörung könnte für die Lyse von Viren, deren Hüllmembran nicht als osmotische Barriere fungiert, von Bedeutung sein.

Biosynthese und Stoffwechsel der Komplementproteine

Mit Hilfe von radioaktiv markierten Komponenten, die aus menschlichem Serum isoliert worden sind, konnten stoffwechselphysiologische Untersuchungen durchgeführt werden. Dabei wurde gezeigt, daß die Abbaurate von C4, C3, C5 und Faktor B recht hoch ist; sie liegt etwa bei 2% des Plasmaanteils pro Stunde oder bei 50% der Plasmakonzentration pro Tag. Damit gehören diese Proteine zu den am schnellsten umgesetzten Plasmaproteinen des Menschen. Auch wenn die Abbauraten bei normalen Individuen nicht durch die Höhe des Serumproteinspiegels reguliert werden, korreliert die Syntheserate für jedes der genannten Komplementproteine mit der Proteinkonzentration im Plasma. So bestimmt letztlich die Syntheserate einer Komplementkomponente ihre Plasmakonzentration entscheidend mit.

Ein erhöhter Katabolismus dieser Komponenten bei Erkrankungen, an denen das Immunsystem beteiligt ist, wie z. B. dem systemischen Lupus erythematodes oder der rheumatischen Arthritis, wird durch die Überproduktion dieser Proteine kompensiert. Bei manchen Krankheiten, wie der membran-proliferativen Glomerulonephritis, besteht eine verminderte C3-Produktion, zu der zusätzlich Anzeichen eines Hyperkatabolismus zu beobachten sein können. Reduzierte Plasmakonzentrationen sind jedoch bei den meisten Erkrankungen Ausdruck eines gesteigerten Katabolismus, der nicht durch erhöhte Syntheseraten kompensiert werden kann.

Die Nomenklatur der Gene, die die Komplementproteine kodieren, ist nicht immer identisch mit den Bezeichnungen der Proteine selbst. So gibt es beispielsweise nur einen Genlocus für B, der als Bf bezeichnet wird, aber zwei Loci für C4, nämlich C4A und C4B. Die Strukturvariabilität einiger Komplementkomponenten ist ebenfalls genetisch festgelegt. Die Bestimmung dieser polymorph vorkommenden Komplementproteine war aufgrund ihrer unterschiedlichen Oberflächenladung mit Hilfe von Elektrophorese und isoelektrischer Fokussierung möglich. Für die Komponenten C2, C3, C4, C6, C7, C8 und Faktor B gibt es genetische Varianten. Die bisherigen Daten deuten daraufhin, daß die Synthese von C2, C3, C6, C7, C8 und B jeweils von nur einem Genort kontrolliert wird, während die Bildung von C4 der Kontrolle zweier eng benachbarter Loci unterliegt. Die Genorte von drei Komplementkomponenten liegen in unmittelbarer Nachbarschaft des Haupt-Histokompatibilitäts-Genkomplexes, der die Oberflächenantigene des körpereigenen Gewebes kodiert. Die Gene liegen auf der kürzeren Hälfte des sechsten Chromosoms (s. Kap. 6). Darüber hinaus sind bei Patienten, die an der juvenilen Form des Diabetes mellitus leiden, bestimmte Histokompatibilitäts-Antigene (HLA-Typen) häufiger mit seltenen Varianten des Bf-Locus vergesellschaftet zu beobachten. Dies deutet daraufhin, daß ein Gen auf dem sechsten Chromosom in der Nachbarschaft von Bf die Voraussetzungen für die Entstehung dieser Krankheit schafft.

Die Entdeckung des Strukturpolymorphismus der Komplementproteine hat die Untersuchung der Komplementbiosynthese in vivo erleichtert. Nach einer Lebertransplantation synthetisiert der Empfänger C3-, C6-, C8- und B-Proteine mit den Allotypen des Spenders. Das ist ein Hinweis dafür, daß über 90% der Komplementproteine in der Leber synthetisiert werden. Untersuchungen des C3-Stoffwechsels bei Patienten mit homozygotem C3-Defekt in vivo und der C3-Synthese ihrer peripheren Blutmonozyten in vitro zeigten, daß die zu niedrige Syntheserate die Ursache dieses C3-Mangels ist. Dennoch synthetisierten die Monozyten dieser Patienten mit einem stark erniedrigten C3-Spiegel (unter 0,1% des normalen Serumspiegels) noch ca. 25% der C3-Menge, die von den Monozyten eines Gesunden produziert wird. Diese Daten spiegeln ebenfalls die Biosyntheseleistung der Leber im Vergleich zu anderen Syntheseorten von C3 wider. C1 und seine drei Untereinheiten werden von Epithelzellkulturen des Gastrointestinaltraktes synthetisiert. C1q wird außerdem von Makrophagen produziert. Darüber hinaus haben Untersuchungen mit Tierzellkulturen gezeigt, daß eine Reihe von Proteinen, die an der Bildung der Konvertasen beteiligt sind, ebenfalls von Makrophagen synthetisiert werden. Das könnte bei der lokalen Abwehr von Bedeutung sein.

Erst in den letzten Jahren konnten biochemische Untersuchungen die Prozesse, die bei der Synthese der Komplementproteine ablaufen, aufklären. Dabei zeigte sich, daß C3, C4 und C5 jeweils als einkettige Proteine synthetisiert werden. Aus diesen entstehen durch intramolekulare proteolytische Spaltung die mehrkettigen nativen Komplementkomponenten. Diese drei Komplementkomponenten haben noch andere Gemeinsamkeiten, zu denen Homologien in den Primärstrukturen und die ähnlichen biologischen Eigenschaften zählen. Die Glycosylierung des Pro-C4 und möglicherweise auch anderer Pro-Komplementproteine ist für die Sekretion der nativen Moleküle erforderlich. Jedoch findet man im menschlichen Plasma immer noch 1-3% aller C4-Moleküle in der einkettigen Pro-C4-Form, während die übrigen C4-Moleküle die charakteristische dreikettige Struktur aufweisen, die durch Veränderungen nach der Synthese verursacht wird und offenbar im Zusammenhang mit der Sekretion steht. Biochemische Untersuchungen an C4-defekten Meerschweinchen zeigten, daß in diesen Tieren kein Pro-C4 synthetisiert wird, obwohl die entsprechende C4-Messenger-RNA vorzuliegen scheint. Dagegen wird in einer C5-defekten Maus zwar das Pro-C5 gebildet; dieses kann aber nicht aus der Zelle ausgeschleust werden.

Physiologische Bedeutung des klassischen und alternativen Wegs

Die Erkenntnisse, die über die Funktion der Komplementkomponenten gewonnen wurden, lassen vermuten, daß das Komplementsystem vor allem für das Resistenzverhalten des Wirts von Bedeutung ist. So sind einige Krankheitsbilder bei Patienten mit einem angeborenen Komplementmangel aufgrund der In-vitro-Untersuchungen vorhersagbar. In anderen Fällen sind die zu erwartenden Disfunktionen nie auffällig geworden. Genetisch kontrollierte Defekte sind bisher für fast alle Komponenten und für zwei Inhibitoren (s. Kap. 15) des Komplementsystems beschrieben.

C3-Mangel führt durchweg zu einer starken Schwächung der Abwehr des Wirtes. In vivo manifestiert sich dieses Bild durch eine verlangsamte Leukozytenmobilisierung und das Auftreten ständig wiederkehrender Infektionskrankheiten, die durch gram-negative Bakterien und andere Pyogene hervorgerufen werden. In vitro sind der serum-bakterizide Effekt sowie die chemotaktische und opsonisierende Wirkung stark reduziert. Diese erhöhte Anfälligkeit gegenüber Infektionskrankheiten, obwohl spezifische Antikörper gebildet werden, ist bei diesen Patienten auf das Fehlen des C3b-vermittelten alternativen Amplifikationswegs und der C3b-vermittelten Steigerung der Phagozytose zurückzuführen. Das erhöhte Auftreten wiederkehrender Infektionen spricht für ein Zusammenwirken der IgG-(Fc-) und C3b-Rezeptoren bei der Phagozytose, die vor allem für die Abwehr pyogener Mikroorganismen erforderlich ist. Homozygoter I-Mangel, der die unkontrollierte Wirkung des alternativen Weges erlaubt, führt sekundär zu einem C3- und B-Mangel, der ebenfalls mit einer erhöhten Anfälligkeit gegenüber rekurrierenden pyogenen Infektionen verbunden ist.

Mangel an einer der spätreagierenden Komplementkomponenten, C5, C6, C7, C8 oder C9, hat meistens Infektionen die durch *Neisseria*-Arten verursacht werden, wie Meningitis (Meningokokken) oder Arthritis (Gonokokken), zur Folge.

Offenbar kann die Ausbreitung der Bakterien durch das Fehlen der zytolytischen Sequenz nicht kontrolliert werden.

Bestimmte Mangelzustände, vor allem der C2-Mangel, sind mit dem erhöhten Auftreten von Krankheiten, wie systemischem Lupus erythematodes, Henoch-Schönlein-Syndrom (Purpuraexanthem), Polymyositis oder Glomerulonephritis, verbunden. Da die Gene, welche die Komplementproteine C2, C4 und B kodieren, mit dem Haupt-Histokompatibilitäts-Komplex auf dem sechsten autosomalen Chromosom gekoppelt sind, könnte die erhöhte Empfänglichkeit gegenüber den oben genannten Erkrankungen auch mit genetisch bedingten Veränderungen der Immunantwort verbunden sein.

Andererseits erfordert die Reaktion mit spezifischen Antikörpern einen intakten klassischen, antikörper-abhängigen Aktivierungsweg des Komplementsystems, um die bei dieser Reaktion entstandenen Immunkomplexe zu beseitigen oder aufzulösen. Auch der Mangel an C1r, C1s und C$\bar{1}$INH ist häufig mit Immunkomplexerkrankungen vergesellschaftet. Da die Gene dieser Komplementproteine nicht mit dem sechsten Chromosom verbunden sind, kann keine direkte Beziehung zwischen den bestimmenden Faktoren der Immunantwort und der Wirksamkeit des Komplementsystems bei der Beseitigung von Immunkomplexen hergestellt werden. Weiterhin sind einige Patienten mit C2-, C4-, C1r/s- oder C$\bar{1}$INH-Defekt nicht immer besonders anfällig für bakterielle Infektionen, da in diesen Fällen der intakte alternative Komplementaktivierungsweg die Abwehr aufrecht zu erhalten vermag. Diese Befunde verleiten zu der Spekulation, daß der alternative Komplementweg C3b und C5b-9 bereitstellt und somit in vielen Fällen die Resistenz gegenüber bakteriellen Infektionen gewährleistet. Der klassische Aktivierungsweg trägt zur verbesserten Neutralisierung der Infektionserreger bei und beschleunigt die Auflösung und Entfernung der Immunkomplexe.

C$\bar{1}$INH-Mangel ist klinisch von großer Bedeutung. Er ist für das Syndrom des *hereditären angioneurotischen Ödems* der Haut, des Magen-Darm-Trakts und der oberen Atemwege verantwortlich. In diesen Fällen führt die ungehemmte Aktivierung von C1 und die C$\bar{1}$-Wirkung auf die Substrate, C4 und C2, zur Bildung eines Spaltprodukts - es handelt sich hierbei vermutlich um C2b -, das sich unter Einwirkung einer Protease aus dem Plasma, wahrscheinlich Plasmin, zu einem *vasoaktiven Peptid* entwickelt. Die Gegenwart von C$\bar{1}$INH verhindert signifikant die Bildung der klassischen C3-Konvertase und die nachfolgende C3-Spaltung. Da alle betroffenen Patienten für dieses Merkmal heterozygote Erbanlagen besitzen, kann man voraussetzen, daß die Vererbung des C$\bar{1}$INH-Mangels geschlechtsunabhängig erfolgt. Der in diesen Patienten auf die Hälfte reduzierte C$\bar{1}$INH-Spiegel wird sekundär durch die ständige Interaktion mit C$\bar{1}$ völlig erschöpft. Durch die richtig gestellte Diagnose könnte mancher Eingriff oder sogar der Erstickungstod verhütet werden. Eine effektive Therapie bietet die Verabreichung von abgeschwächten Androgenen, die die C$\bar{1}$INH-Produktion stimulieren.

Durch die klinischen Befunde bei Patienten mit angeborenen Defekten konnte die Wirkungsweise des Komplements für den Organismus aufgeklärt werden. Es ist jedoch noch nicht klargestellt, inwieweit das Komplementsystem effektiv in aktuelle Krankheitsprozesse eingreift. Als Folgeerscheinung einer Gewebeschädigung, die im Verlauf einer Krankheit entstanden ist, sind Mangelsituationen innerhalb des Komplementsystems kennzeichnend. Diese Form des Komplementmangels kann nicht von der, die durch Verbrauch von Komplementkomponenten sekundär bei der Auflösung von Immunaggregaten auftritt und ebenfalls mit gewebeschädigenden Prozessen einhergeht, unterschieden werden.

13 Immunpathologie

Immunologische Prozesse können zu Entzündungen und Gewebeschädigungen führen, wobei die immunologisch bedingte Gewebeschädigung entweder auf die Immunantwort gegen Fremdantigene oder gegen körpereigene Komponenten zurückzuführen ist. Im letzteren Falle spricht man von Autoimmunität. Immunpathologische Erscheinungen können auf humoralen oder zellulären Immunreaktionen beruhen. Je nach Antikörperklasse erzeugen Antigen-Antikörper-Reaktionen verschiedene Formen von Gewebeschädigung. Antikörper der IgG-Klasse bilden nach Bindung von Antigen makromolekulare Komplexe, die Komplement (C) aktivieren. Unter geeigneten Bedingungen verursachen solche Antigen-Antikörper-Komplement-Komplexe schwere Entzündungsreaktionen mit Beteiligung neutrophiler Granulozyten. Die Entzündungsreaktionen führen zu Zell-Tod und Gewebe-Nekrosen und damit zur Zerstörung der normalen Gewebe-Architektur, Veränderung der Permeabilitäts-Barrieren und Narbenbildung. IgM-Antikörper bilden ebenfalls komplement-aktivierende Immunkomplexe. Wegen der geringen IgM-Spiegel in der Zirkulation ist ihre Rolle im Vergleich zu den IgG-Antikörpern jedoch nur von untergeordneter Bedeutung.

Antikörper vom IgE-Typ setzen sich auf Mastzellen oder Basophilen fest und bringen diese nach Reaktion mit Antigen zur Degranulation und Freisetzung hochwirksamer Produkte, der vasoaktiven Amine. Diese bewirken eine vorübergehende Zunahme der Gefäßpermeabilität ohne nennenswerte zelluläre Infiltration, wenn man von einer von Fall zu Fall schwankenden Zahl Eosinophiler einmal absieht. IgE-abhängige Reaktionen heißen anaphylaktische Reaktionen; sie sind in der Regel nur von kurzer Dauer und verschwinden, ohne eine bleibende Gewebebeschädigung zu hinterlassen (s. Kap. 14). Zelluläre Immunreaktionen zeigen Infiltrationen mononukleärer Phagozyten, die durch Mediatoren aus T-Lymphozyten induziert worden sind. Bei entsprechender Stärke können solche Reaktionen zu Gewebeschädigungen führen, die den durch Antigen-Antikörper-Komplexe hervorgerufenen an Schwere vergleichbar sind (s. Kap. 7).

Die meisten immunologischen Krankheiten stellen pathogenetisch einen Mischtyp dar; dennoch herrscht oft ein bestimmter Schädigungsmechanismus vor. Die bestimmenden Faktoren sind komplex und nicht immer klar ersichtlich. Hierzu gehören die Art des Antigens, der Inokulationsweg, das betroffene Gewebe und die Reaktion des Wirtes. Zum besseren Verständnis seien an dieser Stelle drei Beispiele von Gewebeschädigung und Entzündung beschrieben: 1. Durch Antigen-Antikörper-Komplement-Komplexe, 2. durch zellular-immunologische Vorgänge und 3. durch IgE-Antigen-Wechselwirkungen verursachte:

1. Die physiologische Antikörper-Antwort auf injizierte Eiweiß- oder Kohlenhydrat-Antigene kann zur Bildung zirkulierender Immunkomplexe führen, wel-

che pathologische Gewebeschädigungen hervorrufen, wenn die weiter unten beschriebenen Bedingungen erfüllt sind. Reaktionen dieser Art können sich in *jedem* Individuum mit *normaler* Immunantwort abspielen. Die zirkulierenden Antigen-Antikörper-Komplement-Komplexe bedingen schwere akute Entzündungen in verschiedenen Körperregionen. An der Pathogenese der Entzündung beteiligen sich, jedoch nur in einem geringen Ausmaß, auch Antikörper der IgE-Klasse, die ebenfalls im Verlauf der Immunantwort gebildet werden. Obwohl sich auf viele Antigene auch eine T-zell-abhängige Immunität entwikkelt, kann die komplexbedingte akute Entzündungsreaktion eine eventuell vorhandene verzögerte allergische Komponente minimal erscheinen lassen oder ganz verdecken.

2. Niedermolekulare chemisch reaktive Verbindungen bilden, wenn sie in die Haut eingebracht werden, immunogene Konjugate mit körpereigenen Proteinen. Viele dieser Konjugate können mit mononukleären Phagozyten in der Haut (z. B. Langerhans-Zellen) eine Verbindung eingehen. T-Zellen zeigen eine starke Reaktionsbereitschaft für derartige, mit mononukleären Phagozyten assoziierte Konjugate. Es kommt zu einer zellulären Immunantwort und anschließend zu kontaktallergischen Reaktionen (s. Kap. 7). Ein Beispiel hierfür ist das Lipid aus dem nordamerikanischen Gift-Sumach *(poison ivy)*. Dieses Lipid verbindet sich mit körpereigenen Proteinen auf Zellen und führt prompt zur Bildung spezifisch reagibler T-Lymphozyten. Die Reaktion dieser spezifischen T-Lymphozyten mit zell-assoziierten Antigenen der Haut verursacht eine schwere allergische Reaktion vom verzögerten Typ (Sumach-Dermatitis). Obwohl auch Antikörper gegen dieses Antigen gebildet werden können, ist nicht genügend freies Antigen im interstitiellen Raum für die Bildung ausreichender Mengen *löslicher* Antigen-Antikörper-Komplexe vorhanden, und es wird nicht genug Komplement für eine akute Entzündungsreaktion aktiviert. Somit begünstigt die geringe Antigenmenge eher die Ausbildung einer verzögerten allergischen Reaktion und nicht einer Arthus-Reaktion (s. unten). Kontakt-Dermatitis kann, wie das Beispiel 1, in jedem Individuum entstehen.
3. Das dritte Beispiel betrifft Antigene, die nach Eindringen in die Haut oder Schleimhaut entsprechend veranlagter Individuen vorwiegend eine Immunantwort vom IgE-Typ verursachen. Die Veranlagung für eine starke IgE-Antwort nach Kontakt mit dem geeigneten Antigen ist genetisch bedingt. Die Antigene reagieren nicht mit Gewebeproteinen der Mukosa, sondern sie diffundieren rasch nach innen und nehmen bei Sensibilisierten Kontakt mit IgE-tragenden Mastzellen auf und lösen auf diese Weise allergische Reaktionen aus.

Im Kapitel 7 sind zelluläre Immunreaktionen beschrieben; Kapitel 14 behandelt die Anaphylaxie. Dieses Kapitel beschränkt sich auf Antikörper-Komplement-Reaktionen und Autoimmunität.

Pathologie der Immunkomplexkrankheiten

Immunkomplexe, die aus IgG oder IgM aufgebaut sind, binden Komplement und können deshalb schwere Entzündungen und Krankheit auslösen. Immunkomplexe können aus der Verbindung der Antikörper mit Antigenen verschiedener Herkunft hervorgehen, wie zum Beispiel 1. lösliches Antigen in der Zirkulation; 2. lösliches Antigen im Extrazellularraum oder 3. strukturelle Antigene von Zellen oder Geweben (d.h. gewebeständige Antigene).

Lösliche Immunkomplexe resultieren gewöhnlich aus der Kombination von Antikörpern mit Fremdantigenen, obwohl unter abnormalen Umständen das Antigen auch autolog sein kann. Komplexe, die gewebeständige Antigene enthalten, entstehen in der Regel auf Grund der Bildung von Autoantikörpern. Es gibt andererseits auch Beispiele für Fremdantigene, die mit Gewebekomponenten reagieren und einen immunogenen Komplex bilden, an den sich Antikörper binden und auf diese Weise Schädigungen auslösen können. Beispiele für eine Immun-Komplex-Pathologie, die auf die Beteiligung von löslichen und gewebeständigen Antigenen zurückzuführen ist, werden unten angeführt.

Systemische Immunkomplex-Krankheit - Akute Serumkrankheit. Die Serumkrankheit ist ein typisches Beispiel für eine akute Immunkomplex-Krankheit. Sie wurde zum ersten Mal von v. Pirquet 1911 beschrieben, der die Symptome bei Patienten beobachtet hatte, die im Rahmen der Behandlung von Infektionskrankheiten Pferdeserum erhalten hatten. Mehrere Tage nach der Injektion des Antiserums entwickelten die Patienten Fieber, Splenomegalie, Hautausschläge, Gelenkschmerzen und Proteinurie. Die meisten Symptome verschwanden nach einigen Tagen, und die Patienten erholten sich. Von Pirquet fand präzipitierende Antikörper gegen die Fremdseren in den Patientenseren zu einem Zeitpunkt, an dem die Symptome in Rückbildung begriffen waren. Auf der Höhe der Ausprägung der Symptomatik fanden sich solche Antikörper nicht. Von Pirquet nahm an, daß toxische Produkte für die Symptome verantwortlich seien, die sich zur Zeit der Ausbildung der Krankheitssymptome in der Zirkulation befinden sollten. Diese Voraussage erwies sich insofern als richtig, als sich die toxischen Produkte später als zirkulierende Antigen-Antikörper-Komplexe herausstellten, die sich in der Zirkulation auf verschiedene Gewebe verteilen und dort Entzündungen hervorrufen.

Es sei an dieser Stelle eine experimentelle Serumkrankheit geschildert, die im Kaninchen durch die Injektion von gereinigtem bovinem Serum-Albumin (BSA) erzeugt wird. Dieses Experimentalmodell hat sich für das Verständnis der Pathogenese der Glomerulonephritis und vieler Gefäß- und Bindegewebekrankheiten beim Menschen als nützlich erwiesen (Abb. 13.1):

200 mg BSA wird mit Radiojod markiert und nach Injektion die Eliminationsrate im Blut gemessen. Während der ersten Woche bleibt das Kaninchen asymptomatisch; das BSA verschwindet entsprechend seiner normalen katabolischen

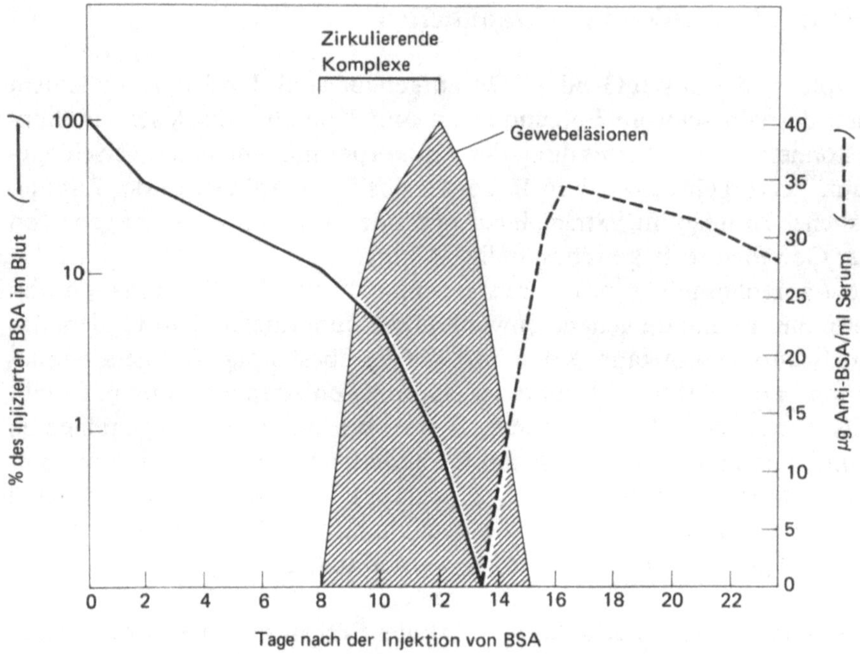

Abbildung 13.1 Diese Abbildung stammt aus der klassischen Arbeit von F. J. Dixon, „Pathogenesis of Serum Sickness" (Archives of Pathology, 65: 18, 1958). Man beachte die Schwundrate des iodinierten Albumins, das während der ersten acht Tage eine normale Halbwertszeit besitzt. Um den achten Tag herum lassen sich Antigen-Antikörper-Komplexe immunchemisch im Blut nachweisen, jedoch keine freien Antikörper. Das schraffierte Dreieck repräsentiert die Zeit, während der pathologische Veränderungen in den verschiedenen Geweben auftreten.

Rate langsam aus dem Blut. Nach etwa einer Woche treten die ersten Antikörper im Serum auf. Diese anfangs geringen Antikörpermengen binden sich sofort an das zirkulierende BSA und bilden kleine Immunkomplexe. Freier Antikörper läßt sich zu diesem Zeitpunkt nicht nachweisen, da sich sämtliche Antikörper mit dem im Überschuß vorhandenen Antigen verbinden. Die kleinen löslichen, im Antigen-Überschuß gebildeten Komplexe, lagern sich in den Blutgefäßen verschiedener Gewebe ab, wo sie pathologische Veränderungen hervorrufen. Die Immunkomplexe in den Gefäßwänden verschiedener Organe verursachen Hyperplasie des *Endothels,* Nekrose der Gefäßwand (fibrinoide Nekrose), eine starke Neutrophilen-Einwanderung und Zunahme der Gefäß-Permeabilität. Die Läsionen sind in den Nierenglomeruli sehr ausgeprägt. Sie zeichnen sich durch eine deutliche zelluläre Hyperplasie, eine mäßige Leukozyten-Infiltration und den Austritt von Protein in die Harnwege aus. In den geschädigten Geweberegionen lassen sich die Antigen-Antikörper-Komplexe durch Immunofluoreszenz nachweisen. Diese Technik hat sich von unschätzbarem Wert für die Identifizierung von Immunkomplexen in den Gefäßwänden und in der Niere entlang den Kapillarwänden der Glomeruli erwiesen. Im *Glomerulum* der Niere liegen

Immunglobuline, Komplement und Antigen in einem unregelmäßigen, granulären Muster vor, das für diesen Schädigungstyp typisch ist. Es sei an dieser Stelle betont, daß sich das Antigen, in diesem Falle BSA, *nicht* in den Gefäßen ablagert und dann den Antikörper bindet. Im Gegenteil, es lagern sich zunächst die schon gebildeten löslichen Antigen-Antikörper-Komplexe einer bestimmten Größe in den Gefäßen ab. Diese Komplexe bilden eine makromolekulare entzündliche Einheit, nämlich das Toxin, welches v. Pirquet als das kausative Agens der Serumkrankheit postuliert hatte. Mit dem Fortschreiten der Immunantwort und der damit verbundenen Bildung weiterer Antikörper entstehen immer größere Komplexe. Sehr große Komplexe werden von den Phagozyten der Leber und Milz aufgenommen, katabolisiert und eliminiert. Sie tragen zu der Gewebeschädigung nicht bei. Mit der Zeit werden weitere Antikörper gebildet, das Antigen wird eliminiert, und alle Immunkomplexe verschwinden aus der Zirkulation. Die Ursache der pathologischen Veränderungen entfällt damit, und die klinischen Symptome bilden sich zurück. Zu diesem Zeitpunkt finden sich im Blut wieder freie (nichtgebundene) Antikörper (s. Abb. 13.1).

Ein Großteil der pathologischen Veränderungen bei der Immunkomplex-Krankheit läßt sich durch die Injektion löslicher Antigen-Antikörper-Komplexe reproduzieren. Derartige Komplexe erhält man, wenn man Antigen und Antikörper im Antigen-Überschuß zusammenbringt. Werden die Komplexe intravenös injiziert, dann lagern sie sich hauptsächlich im *Mesangium* ab und verursachen dort akute glomeruläre Läsionen.

Faktoren, die die Ablagerung der Komplexe in den Gefäßen bestimmen. Zu diesen Faktoren gehören:

1. *Größe der Komplexe:* Vorwiegend sind Komplexe, bestehend aus einem oder zwei Antigen-Molekülen mit einem oder zwei Antikörper-Molekülen, an der Pathogenese der Krankheit beteiligt. Komplexe dieser Größe bilden sich im Antigen-Überschuß. Diese kleinen Komplexe werden weniger stark von Phagozyten in Leber und Milz aufgenommen, verbleiben länger in der Zirkulation und haben damit Gelegenheit, sich in Blutgefäßen abzulagern. Im Gegensatz hierzu sind Komplexe im Antikörper-Überschuß groß, binden sich prompt an Phagozyten in Leber und Milz und zirkulieren dementsprechend nur wenig.
2. *Vasoaktive Amine:* Erst bei einer entsprechenden Zunahme der Gefäß-Permeabilität können Komplexe die Gefäßwände durchdringen. Die Zunahme der Gefäß-Permeabilität geht vermutlich auf vasoaktive Amine vom Typ des Histamins und Serotonins zurück, die von zirkulierenden Blutplättchen freigesetzt werden (Abb. 13.2). IgE-Antikörper, soweit sie sich zu dieser Zeit im Serum befinden, können sich ebenfalls an der Freisetzung vasoaktiver Amine beteiligen. In Gewebekultur ließ sich nachweisen, daß sich IgE-Antikörper an zirkulierende Basophile binden und Faktoren abgeben, welche zur Freisetzung von Aminen aus den Plättchen führen. Ein solcher Faktor, der sogenannte plätt-

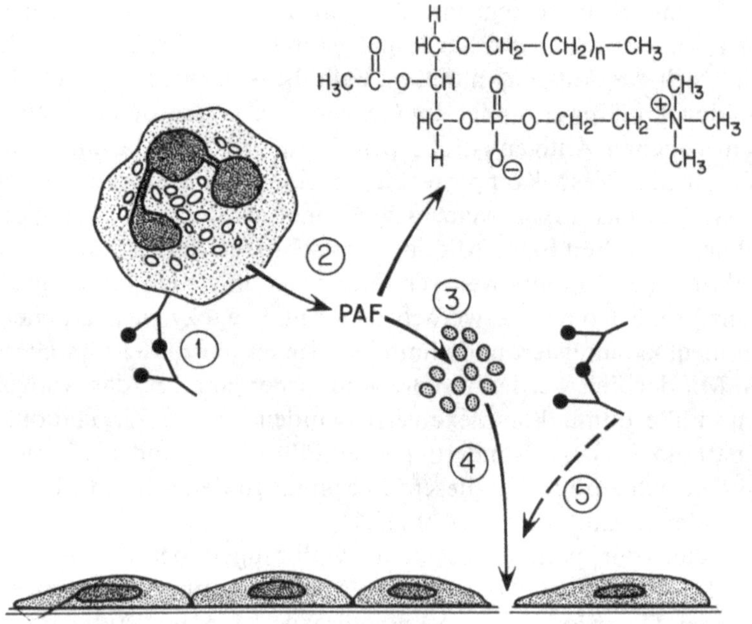

Abbildung 13.2 Möglicher Mechanismus der Vasopermeabilitäts-Zunahme bei der Serum-Krankheit. Komplexe von Antigen mit IgE (1) binden sich an Basophile oder andere Leukozyten und induzieren die Freisetzung von PAF (2). PAF degranuliert die Plättchen (3), worauf es zur Freisetzung von vasoaktiven Aminen kommt (4). Die vasoaktiven Amine bringen die Endothelzellen zur Kontraktion, wodurch Öffnungen entstehen, durch die die zirkulierenden Immunkomplexe hindurchtreten und mit der Basalmembran interagieren (5).

chen-aktivierende Faktor (PAF), ist als niedermolekulares Lipid identifiziert und teilweise gereinigt worden (Abb. 13.2). Gereinigter PAF verursacht eine Plättchenaggregation und sowohl Freisetzung ihrer intrazellulär gespeicherten Mediatoren als auch von Prostaglandinen. PAF veranlaßt auch Neutrophile, zu aggregieren und lysosomale Enzyme freizusetzen und erhöht die Permeabilität von Blutgefäßen für Proteine.

Bei der akuten experimentellen Serumkrankheit des Kaninchens reduziert die Injektion von Antihistaminika zum Zeitpunkt der Immunkomplex-Ablagerung die Ablagerung der Komplexe und damit die pathologischen Veränderungen. Ähnliches läßt sich beobachten, wenn man die Zahl der Plättchen durch Anti-Plättchen-Antikörper vermindert. Andererseits fördert die Injektion vasoaktiver Amine eine Ablagerung von Immunkomplexen in Geweben.

3. *Hämodynamische Faktoren:* Komplexe neigen dazu, sich in solchen Gefäßen abzulagern, in denen der Blutdruck erhöht ist und/oder Turbulenzen entstehen. In Turbulenzregionen findet man Plättchen, die sich am Endothel anheften, was möglicherweise bei der Ablagerung der Komplexe eine Rolle spielt.
4. Der *Zustand der mononukleären Phagozyten:* Unter Bedingungen, bei denen die Aktivität der Phagozyten in Leber und Milz gesenkt ist (z. B. nach Auf-

nahme von Partikeln), können Immunkomplexe länger in der Zirkulation verbleiben und haben damit Gelegenheit, sich in anderen Geweben abzulagern und Gewebeschädigungen hervorzurufen.

5. *Physiologische und strukturelle Besonderheiten eines Gewebes:* Das beste Beispiel ist die Niere. Die Niere ist dasjenige Organ, welches am stärksten durch immunkomplex-bedingte pathologische Veränderungen betroffen ist. Die Komplexe werden prompt in der glomerulären Basal-Membran (GBM) abgefangen, weil a) die Struktur des Nieren-Endothels, das gefenstert ist, der GBM erlaubt, mit dem Blut direkt in Kontakt zu treten; b) der Blutdurchfluß der Nierenglomeruli sehr stark und c) der hydrostatische Druck in den Glomeruli hoch ist.
6. *Komplement* spielt bei der Ablagerung von Immunkomplexen keine Rolle, – mehr noch, es gibt indirekte Beweise dafür, daß Komplement eine zusätzliche Rolle spielt, indem es die Größe zirkulierender Immunkomplexe beeinflußt. In vitro läßt sich zeigen, daß sich Immunkomplexe dissoziieren lassen, wenn Komplementproteine beigegeben werden, die sich in das Netzwerk der Komplexe einschieben (s. Kap. 12). Interessanterweise weisen Individuen mit einem angeborenen C2- und C4-Mangel eine höhere Inzidenz von Immunkomplexkrankheiten (einschließlich systemischem Lupus erythematodes) auf. Dies geht vielleicht auf eine längere Persistenz der Komplexe zurück, die in Individuen mit einem intakten Komplement-Protein-System verschwinden würden.

Krankheitserzeugende Faktoren. Obwohl die Pathogenese aller Krankheitserscheinungen noch nicht aufgeklärt ist, läßt sich vieles durch die Aktivierung von Komplement mit folgender Neutrophilen-Infiltration erklären. Die neutrophilen Granulozyten setzen bei der Infiltration der Gefäßwände und der Aufnahme der Komplexe Enzyme frei, die die Basal-Membran schädigen und dadurch Krankheiten hervorrufen (siehe unten: Beschreibung der Arthus-Reaktion).

Eigenschaften des Antigens. Bei den akuten Immunkomplexkrankheiten müssen drei Bedingungen erfüllt sein, damit ein Antigen akute Serumkrankheit hervorruft:

1. Das Antigen muß *immunogen* sein. Schwache Antigene, die nur eine sehr schwache Immunantwort bewirken, rufen keine akute Immunkomplexkrankheit hervor.
2. Die zugeführte *Antigenmenge* ist entscheidend und muß relativ groß sein.
3. Antigene müssen ausreichend lange in der Zirkulation verbleiben, damit sich Antikörper mit ihnen verbinden können.

Starke Antigene rufen keine Serumkrankheit hervor, wenn sie unmittelbar nach Injektion die Zirkulation verlassen. In diesem Fall ist das gesamte Antigen beim Auftreten von Antikörpern im Blut bereits verschwunden, und es können keine Komplexe entstehen.

Chronische Immunkomplex-Krankheit. Bei der akuten Immunkomplex-Krankheit gelangt eine große Menge löslichen Antigens in den Körper. Eine Krankheit entwickelt sich infolge der raschen Bildung zahlreicher kleiner Immunkomplexe, die sich in verschiedene Gewebe hinein ausbreiten. Wenn andererseits Antigen kontinuierlich in den Körper eindringt, erfolgt eine anhaltende Bildung von Immunkomplexen unabhängig von der Antigenmenge. Nach einer bestimmten Zeit führt die anhaltende Bildung von Immunkomplexen zu pathologischen Gewebeveränderungen. Der wichtigste Faktor bei der Entwicklung einer chronischen Immunkomplex-Krankheit ist die Präsenz von Antigen im Blut. Das Verhältnis von Antigen zu Antikörper ist ein ebenso wichtiger Faktor, da sich im Antigenüberschuß gebildete Komplexe am ehesten im Gefäßbett ablagern.

Das Modell der chronischen Serumkrankheit wurde von Frank J. Dixon und Mitarbeitern sorgfältig untersucht. Diese Autoren definierten die Bedingungen, unter denen sich Immunkomplexe bilden und Gewebeschädigungen verursachen. Kaninchen wurden täglich mit BSA injiziert und ihr Antikörpertiter periodisch gemessen. Drei Reaktionsformen ließen sich voneinander abgrenzen:

1. *Ausbleiben einer Antikörperantwort und von chronischer Serumkrankheit:* Es handelte sich hierbei um Kaninchen, die nach der wiederholten Injektion von BSA tolerant wurden, keine Antikörper und daher auch keine Immunkomplexe bildeten.
2. *Gute Antikörperbildung, beschränkte Krankheitsentwicklung:* Diese Kaninchen produzierten hohe Antikörpertiter; die Dosis injizierten Antigens reichte nicht aus, um Komplexe im Antigenüberschuß zu bilden. Die großen Komplexe im Antikörperüberschuß wurden rasch von den Leberphagozyten abgefangen. Wenn eine hohe Antigendosis gegeben wurde, kam es andererseits zur Bildung zahlreicher Komplexe, genug, um in einigen Geweben abgefangen zu werden und dort schwache Entzündungserscheinungen hervorzurufen.
3. *Schlechte oder mittelmäßige Antikörperbildner, schwere Nierenerkrankung:* Es handelte sich hierbei um Kaninchen, die eine nur durchschnittliche oder eine *minimale* Antikörperantwort entwickelten. In Abhängigkeit von der Antigendosis wurden Immunkomplexe im Antigenüberschuß gebildet. Diese lagerten sich vor allem in der Niere, in der sich die Immunkomplex-Krankheit vorwiegend entwickelt, entlang der GBM ab. Sie akkumulieren auf der epithelialen Seite, wo sie als elektronendichte Ablagerung erkennbar sind. Immunfluoreszenz-serologisch lassen sich die Komplexe als irreguläre granuläre Strukturen entlang den glomerulären Kapillarwänden darstellen. Das Endresultat ist eine chronische Niereninsuffizienz mit ausgeprägter Proteinurie, Azotämie und schließlich Nierenversagen.

Lokale Immunkomplex-Pathologie: Die Arthus-Reaktion

Die Arthus-Reaktion stellt eine akute Immunkomplex-Vaskulitis dar, die gewöhnlich in der Haut induziert wird. Sie ist durch schwere Blutgefäßwandschädigung und eine Zunahme der Gefäßpermeabilität charakterisiert. Die Reaktion läßt sich durch Antigen-Injektion in die Haut eines sensibilisierten Individuums hervorrufen, in welchem Antikörper gegen das injizierte Antigen zirkulieren. Die Reaktion erreicht vier bis zehn Stunden nach Antigen-Injektion ihren Höhepunkt und besteht aus einer Ödemzone mit schwerer Hämorrhagie und in manchen Fällen Ulzeration. Histologisches Hauptmerkmal ist eine massive Neutrophileninfiltration entlang den Gefäßwänden. Protein und rote Blutzellen treten aus den Blutgefäßen in den Extravasalraum über. Gelegentlich thrombosieren Blutgefäße. Die Arthus-Reaktion resultiert aus der Bildung von Immun-Komplexen. Letztere lassen sich fluoreszenz-serologisch leicht nachweisen. Um eine Arthus-Reaktion auszulösen, müssen die Antigenmengen ausreichend groß sein. Nur dann entsteht eine Entzündungsreaktion der Größenordnung, daß die Gefäßwände geschädigt werden. Sehr kleine Antigenmengen rufen nach Injektion in die Haut keine signifikante Arthusreaktion hervor, sondern eher eine allergische Reaktion vom verzögerten Typ. (s. Kap. 7).

Pathogenese der Arthus-Reaktion. Folgende Schritte gehören zur Arthus-Reaktion:

1. Antikörper bilden mit Antigen Komplexe an den Blutgefäßwänden.
2. Die Komplexe binden Komplement (über den klassischen oder den alternativen Weg).
3. Chemotaktische Faktoren werden freigesetzt.
4. Neutrophile werden angelockt und binden die Komplexe über ihren C3-Rezeptor.
5. Neutrophile phagozytieren die Komplexe.
6. Bei der Phagozytose werden Enzyme und Entzündungsstoffe aus Neutrophilen freigesetzt, die zur Gefäßwandschädigung führen.

Neutrophile enthalten die sauren Hydrolasen Kathepsin D und E, welche Proteine abbauen, Elastase und Collagenase, die bei neutralen pH-Werten aktiv sind, sowie eine Vielzahl von kationischen Peptiden von 2000 bis 5000 Dalton Molekülmasse. Letztere besitzen bakterizide Aktivität, können die Blutgefäße erweitern, glatte Muskulatur zur Kontraktion bringen und Histamin aus Mastzellen freisetzen. Neutrophile können auch Sauerstoff-Radikale freisetzen, wie Wasserstoffperoxid, Superoxid-Anionen und das Hydroxyl-Radikal, welche die Endothelzellen schädigen.

Es wird also der Gewebeschaden bei der Immunkomplex-Vaskulitis über aktiviertes C3 und Freisetzung chemotaktischer Substanzen verursacht. Eliminierung des Serumkomplements verhindert die Arthus-Reaktion. Bei Fehlen der Neutrophilen bilden sich zwar immer noch Antigen-Antikörper-Komplement-Komplexe, und es kann auch zu einer leichten Zunahme der Gefäß-Permeabilität für Proteine kommen, jedoch entstehen in diesem Fall keine schweren Gewebeschädigungen.

Eine Immunkomplex-Krankheit, an der ein gewebefixiertes Antigen beteiligt ist: die Anti-GBM-Nephritis

In den frühen dreißiger Jahren wurde durch den japanischen Forscher Masugi ein Experimental-Modell der nephrotoxischen Serumnephritis entwickelt (s. Abb. 13.3). Das Modell beruht auf der Stimulation einer Antikörperproduktion gegenüber GBM durch Sensibilisierung von Versuchstieren (beispielsweise Kaninchen) mit isolierter GBM aus der Rattenniere. Die Kaninchenantikörper gegen GBM werden dann in Ratten injiziert. Diese Antikörper verbleiben nur kurz in der Zirkulation, weil sie sich sofort an die GBM der Ratte binden. Dort binden sie ihrerseits Komplement.

Durch Immunfluoreszenz läßt sich zeigen, wie die Antikörper zusammenhängend und homogen entlang der gesamten glomerulären Kapillarwand gebunden sind. Einige Stunden nach Bindung der Anti-GBM-Antikörper infiltrieren Neu-

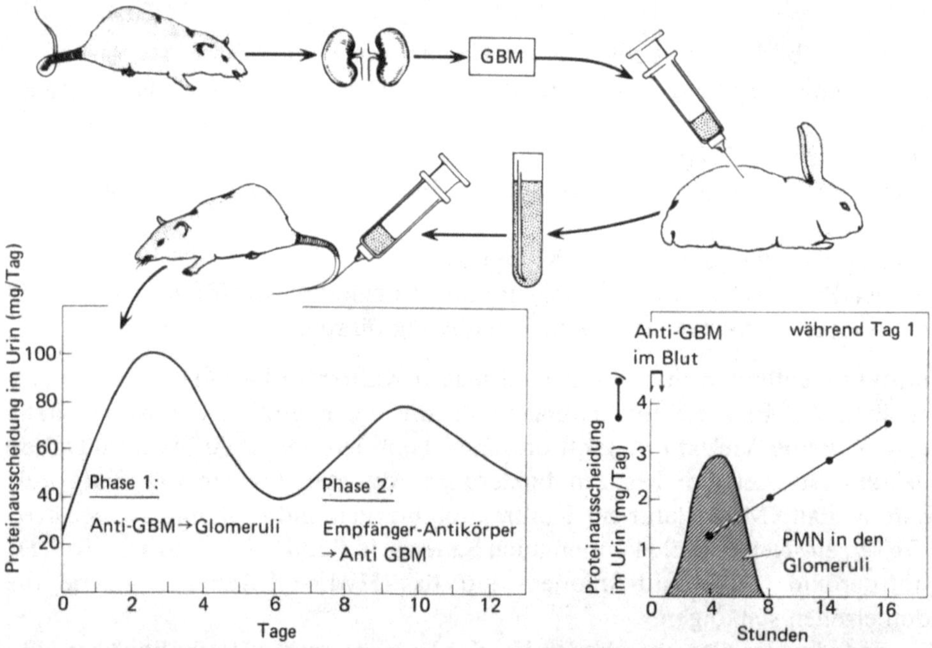

Abbildung 13.3 Antikörper vom Kaninchen gegen die glomeruläre Basalmembran von Ratten erzeugen nach Injektion in Ratten eine Nephritis. Die nephrotoxische Serum-Nephritis entwickelt sich in zwei Phasen. (PMN = polymorphkernige Neutrophile).

trophile die glomerulären Kapillaren und schädigen die GBM, die für Plasmaproteine durchlässig wird. Die frühen Schäden der glomerulären Kapillarwand werden zu einem Großteil durch neutrophile Granulozyten über einen der Arthus-Reaktion analogen Prozeß hervorgerufen. Ohne die Beteiligung neutrophiler Granulozyten ist die Schädigung der Glomeruli weniger ausgeprägt, obwohl sich die Antikörper zusammen mit Komplement an die Niere fixieren. Es steht allerdings auch fest, daß nicht das gesamte Ausmaß der Schädigung bei der nephrotoxischen Nephritis auf die Beteiligung neutrophiler Granulozyten und auf eine Komplementaktivierung zurückgeht. Hohe Antikörpertiter können auch in Abwesenheit von zirkulierenden neutrophilen Granulozyten oder Serumkomplement eine Proteinurie verursachen.

Der Schädigungsprozeß bei der nephrotoxischen Nephritis spielt sich in zwei Phasen ab. In der ersten erfolgt die Bindung der Anti-GBM an die Glomeruli. Wenige Tage nach Injektion läßt die Proteinurie, Indikator der glomerulären Schädigung, nach, kehrt aber später auf einem hohen Niveau wieder. Diese zweite Phase der Glomerulus-Schädigung resultiert aus der humoralen Immunantwort des Wirts auf Kaninchen-IgG, das an die GBM gebunden ist. Die Antikörper des Wirts reagieren mit dem nephrotoxischen IgG, das weiterhin an der glomerulären Basalmembran gebunden bleibt und nun als glomerulus-gebundenes Antigen wirkt. Die zweite Phase entwickelt sich langsam und ist unabhängig von Neutrophilen. Sie stellt ein Beispiel dafür dar, wie ein Fremdprotein eine Gewebeschädigung durch Gewebefixation hervorrufen kann.

Aus den Untersuchungen über die nephrotoxische Nephritis ergeben sich wichtige Rückschlüsse auf die Beziehung zwischen zirkulierenden Anti-Gewebe-Antikörpern und Erkrankung des Gewebes. Anti-GBM-Antikörper verbleiben nicht länger als 30 Minuten in der Zirkulation, da sie sofort durch die vom Blutstrom umspülten Nierenantigene abgefangen werden. Man vergleiche diese kurze Zeit mit der Halbwertszeit von fünf Tagen bei normalem Kaninchen-IgG oder bei Antikörpern gegen Antigene, die nicht mit dem zirkulierenden Blut in Kontakt kommen, wie mitochondriale Antigene. Es ergibt sich daraus, daß der Titer zirkulierender Antikörper gegen ein Gewebeantigen in keiner Beziehung zum Ausmaß der Gewebeschädigung steht und hierüber auch keine Prognose erlaubt. In dem geschilderten Beispiel werden die Anti-GBM-Antikörper sofort entfernt, während Anti-Mitochondrien-Antikörper, die keine Gewebeschädigung verursachen, in der Blutbahn verbleiben.

Immunkomplex-Krankheiten bei Mensch und Tier

Akute und chronische Serumkrankheit, Arthus-Reaktion und nephrotoxische Serumkrankheit sind die vier klassischen Beispiele der Immunkomplex-Pathologie. Zusammengefaßt zeigen diese Modelle, daß 1. durch die Bildung einer großen Zahl löslicher Immunkomplexe in der Zirkulation nach Injektion *großer*

Antigenmengen eine akute systemische Vaskulitis entsteht; 2. schwere chronische Krankheiten entstehen, wenn geringe Antigenmengen lange Zeit in der Zirkulation *verbleiben;* 3. eine starke *lokale* Ansammlung löslicher Immunkomplexe stark entzündungsfördernd wirkt; 4. Immunkomplexe, die Antikörper mit Spezifität gegen Gewebestrukturen enthalten, schwere Zell- oder Gewebeschädigung bewirken können. Viele Krankheiten beim Mensch und bei Tieren werden durch Immunkomplexe verursacht, wie folgende Beispiele illustrieren:

Zirkulierende Immunkomplexe: Bei folgenden Antigenen ließ sich eine Beteiligung an Immunkomplexkrankheiten zeigen:

1. *Fremdserum oder Fremdprotein* (Serumkrankheit): In der Vor-Antibiotika-Ära sah man in der Klinik häufig die Serumkrankheit, wenn Antiseren von Pferden, die mit Bakterien oder deren Produkten immunisiert waren, zur Behandlung von Infektionskrankheiten eingesetzt wurden.
2. *Bakterien-Antigene:* Immunkomplexbedingte pathologische Prozesse lassen sich bei einer Reihe von Infektionsprozessen nachweisen, wenn es a) zu einer akuten Freisetzung von Bakterienprodukten kommt oder b) der Infektionsprozeß über längere Zeit persistiert, was einer anhaltenden Exposition gegenüber löslichen mikrobiellen Antigenen gleichkommt. Die *Post-Streptokokken-Glomerulonephritis* ist eine Immunkomplex-Glomerulonephritis bei Kindern, die gewöhnlich wenige Tage nach der Infektion mit β-hämolysierenden Streptokokken der Gruppe A, Typ 12, auftritt. Die genaue Beschaffenheit des in den *Glomeruli* abgelagerten Antigens ist unbekannt. Die Nephritis ist ein akuter proliferativer Prozeß mit ausgedehnten Ablagerungen von Immunkomplexen. 95% der Kinder erholen sich nach vier bis sechs Wochen. Immunkomplexe ließen sich auch in den Glomeruli von Patienten mit chronischen Infektionen, wie Post-Streptokokken-Endokarditis, Pneumokokken- oder Otitis, sekundärer Syphilis und staphylokokken-infiziertem atrioventrikulären Shunt nachweisen. Die lepromatöse Lepra ist ein Beispiel für eine chronische Infektionskrankheit mit starker Bakterienbelastung und chronischer Antigenämie, bei der häufig Symptome einer Immunkomplexkrankheit auftreten. Die Gewebemakrophagen sind mit Bakterien überladen und können diese nicht beseitigen, weil wahrscheinlich eine Schwäche der zellulären Immunität vorliegt. Häufig zeigen die Patienten eine *akute Leprareaktion,* welche sich spontan oder nach Behandlung mit bakteriziden Substanzen entwickelt. Diese Reaktion ist durch rote Knötchen in der Haut, Arthritis und Proteinurie charakterisiert und entsteht aufgrund der plötzlichen Freisetzung von Lepraantigenen und der darauffolgenden Bildung von Immunkomplexen.
3. *Parasitäre Antigene:* Das bestbekannte Beispiel ist die Infektion mit *Plasmodium malariae,* das bei Kindern in West-Afrika zu einer schweren Nephritis führt. Diese Nephritis ist eine akute Immunkomplexkrankheit, wobei sich die Komplexe aus Antikörpern und löslichen Malaria-Antigenen zusammensetzen.

4. *Viren:* Eine Reihe von animalischen Viren kann eine schwere Immunkomplexkrankheit hervorrufen. Bei vielen persistiert das Virus unbemerkt in der Zirkulation, bis sich immunkomplexbedingte pathologische Veränderungen einstellen. Eines der besten Beispiele ist die experimentelle *lymphozytäre Choriomeningitis* (LCM-Virus-Infektion). Die Beziehung zwischen LCM-Virus-Infektion und der Immunantwort des Wirts ist komplex und beinhaltet sowohl Immunkomplexbildung als auch zelluläre Immunreaktionen. LCM-Virus ist ein nichtzytopathisches RNA-Virus, das Zellen der Meningen und des Nervensystems befällt. Die intrazerebrale Infektion erwachsener Mäuse führt zu einer schweren Choriomeningitis mit Beteiligung des Zentralnervensystems und schließlich zum Tode. Die Krankheit wird von T-Zellen hervorgerufen, die mit zellmembran-assoziiertem Virusantigen reagieren, ist also von einer Sensibilisierung abhängig. Führt man die intrazerebrale Infektion mit LCM-Virus bei erwachsenen Mäusen durch, die man durch anschließende Bestrahlung oder Behandlung mit immunsuppressiven Medikamenten immunsupprimiert hat, so kommt es zu einer allgemeinen Virämie, aber *nicht* zur Krankheit: Das Virus vermehrt sich zunächst im Gehirn und breitet sich schließlich in allen Geweben aus; die Mäuse zeigen aber keine klinische Erkrankung. Erst die Rekonstitution der immunsupprimierten Mäuse mit T-Lymphozyten aus LCM-immunen Mäusen führt zur Entwicklung der akuten Krankheit.
Eine zweite, sehr interessante Situation in bezug auf Immunkomplexbildung liegt bei Mäusen vor, die gegenüber LCM-Virus teilweise tolerant geworden sind. In Mäusen, die als Neugeborene mit LCM-Virus infiziert wurden, entsteht keine akute Krankheit. Die neugeborenen Mäuse werden gegenüber dem Virus partiell tolerant, und es entwickelt sich eine Virämie (s. Kap. 9). Die Toleranz gegenüber dem Virus ist allerdings nicht absolut, und es bildet sich im Laufe der Zeit eine geringfügige Antikörperantwort aus. Diese stellt zusammen mit dem im Überschuß zirkulierenden Virus die Voraussetzung für die Immunkomplexbildung dar, die dann ihrerseits eine chronische schwere Immunkomplex-Glomerulonephritis auslöst. Somit ist es der Wirt, der entweder durch eine rasch einsetzende T-Zellantwort oder über eine Immunkomplexbildung für sämtliche pathologische Veränderungen bei der LCM-Krankheit verantwortlich ist.
Weitere Beispiele für Immunkomplexkrankheiten, die auf Virusantigen zurückgehen, sind die Aleuten-Krankheit beim Nerz, eine Viruskrankheit, die der LCM-Krankheit sehr ähnlich ist, und die infektiöse Anämie bei Pferden.
Beim Menschen hat man besondere Aufmerksamkeit auf die Infektion mit Hepatitis-B-Virus gerichtet, das für etwa die Hälfte aller Virus-Hepatitisfälle verantwortlich ist. Die Hepatitis-B-Infektion beginnt mit einer Infektion der Leberzellen und geht mit einer kurzen Virämieperiode einher, bei der Virus und Virusantigen im Überschuß zirkulieren. Das Oberflächenantigen des Hepatitis-B-Virus läßt sich während dieser Zeit leicht nachweisen. An diese kurze Periode schließen sich Antikörper gegen Viruskomponenten, wie das

Oberflächenantigen und das Core-Antigen, an. Es kommt in der Zirkulation zu einer zeitweisen Überschneidung zwischen dem Auftreten von Virusantigenen und neugebildeten Antikörpern. Klinische Symptome der Hepatitis beschränken sich nicht nur auf die Leber, sondern bilden sich auch in anderen Organen, wie Gelenken und Nieren, aus. Die extrahepatischen Symptome, die man bei einem Viertel aller Patienten findet, ähneln der Serumkrankheit und scheinen durch Immunkomplexe hervorgerufen zu werden. Bei einigen Patienten hat man auch eine schwere Vaskulitis und Glomerulonephritis nachgewiesen. Schließlich gibt es Spekulationen darüber, daß die Leberzellschädigungen auf eine zelluläre Immunantwort und auf einen Prozeß, der sich mit der LCM-Virusinfektion vergleichen läßt, zurückzuführen sein könnte.

5. *Autologe Antigene:* Systemischer Lupus erythematodes (SLE) ist eine häufig auftretende Autoimmunkrankheit, bei der die Patienten Antikörper gegen körpereigene Strukturbestandteile bilden. Patienten mit SLE besitzen Antikörper gegen native DNA, einsträngige DNA, eine Vielzahl von Nukleoproteinen und zytoplasmatische Komponenten sowie Plättchenantigene. Viele dieser Antikörper führen allein nicht zu einer Zellschädigung, weil sie nicht die Zellmembran durchdringen und sich nicht an ihr Zielantigen binden können. Eine Schädigung entwickelt sich nur, wenn sich die Antikörper mit homologem Antigen im Blut oder in der extrazellulären Flüssigkeit verbinden. Die Antigene werden von normalen Zellen im Rahmen ihres natürlichen Umsatzes freigesetzt. In der Tat können sich diese Antikörper beim SLE mit Spuren von Nucleinsäuren im Serum verbinden und Immunkomplexe bilden, welche sich in der glomerulären Basalmembran, in Blutgefäßen verschiedener Gewebe und in der Haut ablagern. Die Komplexe aus DNA-Anti-DNA-Antikörpern, die man in der glomerulären Basalmembran von Patienten mit SLE findet, stellen wahrscheinlich einen wichtigen Faktor in der Pathogenese der bei dieser Krankheit auftretenden Nierenschädigung dar. Antikörper gegen Plättchen, Erythrozyten oder Neutrophile führen zu einer Verminderung dieser Zellen, was wichtige funktionelle Konsequenzen nach sich zieht.

   Eine dem SLE sehr ähnliche Krankheit entwickelt sich spontan in einem Inzucht-Mäusestamm, der zuerst in Neuseeland gezüchtet wurde und daher New-Zealand-Black (NZB) heißt. NZB-Mäuse entwickeln eine Reihe von Autoimmunitätssymptomen: schwere hämolytische Anämie, Antikörper gegen einsträngige und doppelsträngige DNA und Immunkomplexkrankheit. Die Immunkomplexkrankheit entsteht am ehesten in der F_1-Generation, die man nach Kreuzung von NZB-Mäusen mit Mäusen eines zweiten Stammes, des New-Zealand-White-Stammes, erhält.

   Genetische Faktoren spielen offenbar eine Schlüsselrolle bei dieser Autoimmunerkrankung. NZB-Mäuse sind mit murinem Leukämievirus infiziert, von dem man annimmt, daß es die Autoimmunantwort über einen bisher noch nicht aufgeklärten Weg beeinflußt und Antigene für die Bildung von Immunkomplexen liefert.

Die Ursachen für die immunologischen Aberrationen beim SLE im Menschen und in der Maus sind unbekannt. Die Krankheit befällt überwiegend Frauen, die ca. 80% aller Fälle ausmachen. In NBZ-Mäusen erhöht eine Kastration die Inzidenz der Krankheit beim Männchen, während die Gabe von Androgenen die Krankheit beim weiblichen Geschlecht verlangsamt. Man nimmt heute in Bezug auf die zellulären Abnormitäten an, daß es zu einer generalisierten polyklonalen Stimulierung autoreaktiver B-Zell-Klone kommt, was zu einer Bildung multipler Autoantikörper führt. Möglicherweise geht die B-Zell-Abnormalität auf eine Dysfunktion regulatorischer T-Zellen zurück, wobei eine Imbalance zugunsten von T-Helfer-Zellen und weniger Suppressor-T-Zellen besteht. Eine Übereinstimmung über diesen Punkt ist bei SLE-Forschern noch nicht erzielt. Kürzlich wurden T-Zell-Faktoren entdeckt, die B-Zellen zur Reifung bringen, was darauf hindeutet, daß der primäre Defekt auf der T-Zell-Ebene liegt.

Ein weiteres Beispiel für eine Immunkomplexbildung unter Beteiligung autologer Antigene ist die *Heymann-Nephritis* der Ratte. Diese Immunkomplexkrankheit wird durch Immunisierung von Ratten mit einem autologen Präparat von Nierentubulus-Zellmembranen erzeugt. Wenige Wochen nach Immunisierung bilden die Ratten Autoantikörper gegen Tubuluszellen. Das Ziel-Antigen liegt im apikalen, dem Tubuluslumen zugewandten Zellabschnitt. Diese Antikörper binden sich nicht an Zellen, da lokale Permeabilitätsbarrieren ihren Durchtritt verhindern, sondern an das in Spuren in der Zirkulation vorkommende Antigen. Die anhaltende Bildung von Immunkomplexen führt endlich zu einer glomerulären Erkrankung. Kürzlich sind einige Fälle von Immunkomplexnephritis des Menschen bekannt geworden, die auf ein Antigen der Tubuluszellen der Nieren zurückgehen.

6. *Unbekannte Antigene:* Viele Formen von glomerulärer Erkrankung werden beim Menschen durch die Ablagerung von Immunkomplexen entlang der glomerulären Basalmembran hervorgerufen. In der Mehrzahl der Fälle basiert die Diagnose Immunkomplexerkrankung auf immun-fluoreszenz-serologischen Untersuchungen, die eine typische granuläre Deposition von Immunglobulinen mit oder ohne Komplement entlang der glomerulären Basalmembran ergeben. Dieses Bild gleicht dem einer experimentell erzeugten akuten und chronischen Immunkomplexkrankheit. Leider sind die für die Bildung der Immunkomplexe verantwortlichen Antigene in den meisten Fällen unbekannt. Wahrscheinlich kommt für die glomerulären Immunkomplexkrankheiten eine Vielzahl verschiedener Antigene in Betracht; einige gehen vielleicht auf Virus- oder Bakterieninfektionen zurück, andere leiten sich vielleicht von autologen Gewebebestandteilen her. Die Glomeruluserkrankungen durch Immunkomplexe bieten verschiedene pathologische Bilder, die sich in ihrer Ausprägung sowie im Ausmaß der begleitenden Entzündungsreaktion und der Ablagerung von Immunkomplexen voneinander unterscheiden.

   Gewisse Vaskulitisformen sind durch Ablagerung von Immunkomplexen in

Gefäßwänden gekennzeichnet und werden auf Immunkomplexe zurückgeführt. Eine Vaskulitis kann mit bekannten Immunkomplex-Krankheiten, die die Niere einbeziehen, wie dem SLE, vergesellschaftet sein. *Polyarteriitis nodosa* ist eine subakute oder chronische systemische Gefäßkrankheit, die durch nekrotisierende Entzündungen mittlerer und kleiner Arterien charakterisiert ist. Ätiologie und Pathogenese sind unbekannt; aber da in den Läsionen Immunglobuline, Komplement und Fibrin durch Immun-Fluoreszenz nachgewiesen worden sind, nimmt man an, daß sie eine Immunkomplex-Pathogenese hat.

Beispiele für lokale Immunkomplexkrankheiten. Die *rheumatoide Arthritis* ist eine chronische Entzündung der Gelenke, von der man vermutet, daß sie eine starke immunkomplexbedingte Komponente hat. Zu den Indizien für eine Rolle der Immunkomplexe gehört neben dem Vorkommen von neutrophilen Granulozyten der Nachweis von Antikörpern gegen autologes IgG im Immunkomplex. Die Gelenkflüssigkeit enthält geringe Mengen von Komplementproteinen, vermutlich weil diese an die Antigen-Antikörper-Komplexe gebunden sind. Die Antikörper gegen IgG gehören zur IgM- oder IgG-Klasse und reagieren mit IgG, welches an Antigen gebunden oder chemisch polymerisiert ist. Diese Antikörper heißen *Rheumafaktor.* Der Rheumafaktor läßt sich als ein Autoantikörper auffassen. Man nimmt an, daß sich Rheumafaktor gegen solche Antikörper entwickelt, welche Immunkomplexe mit Antigenen von Mikroorganismen gebildet haben. Die Gründe für die Lokalisation der Komplexe in Gelenken sind noch unbekannt. Es ist jedoch im Tierversuch gezeigt worden, daß Immunkomplexe, die direkt in die Gelenkflüssigkeit injiziert wurden, zu schweren akuten Entzündungen führen, welche die Synovia in Mitleidenschaft ziehen können.

Ein anderes Beispiel für lokale Immunkomplexbildung ist die *allergische Pneumonitis.* Diese entsteht, wenn die Luft größere Mengen Antigen enthält, gegen das ein Individuum sensibilisiert ist. Der Antigen-Antikörper-Komplex, der sich in den Lungenalveolen bildet, erzeugt eine schwere Entzündung mit akuter Atemnot. Häufig treten solche Fälle bei Landarbeitern auf, die Staub oder Partikeln ausgesetzt sind. Die *Farmerlunge* ist ein Beispiel: Sie entwickelt sich nach Inhalation von Heustaub, der mit saprophytären Pilzen kontaminiert ist. Zuckerrohrarbeiter entwickeln eine ähnliche Krankheit nach Sensibilisierung gegen Antigene thermophiler Aktinomyzeten, die im Zuckerrohr vorkommen. Taubenzüchter entwickeln häufig eine pulmonale Erkrankung, wenn sie sich gegen Tauben-IgA, das reichlich in den Fäkalien der Tauben vorkommt, sensibilisieren.

In jüngster Zeit sind mehrere Fälle allergischer Pneumonitis berichtet worden, die auf Inhalation von Pilzen aus kontaminierten Luftbefeuchtern und Klimageräten zurückgehen.

Beispiele für Immunkomplex-Krankheiten mit Gewebefixierung. Häufig entwickelt sich eine Autoimmun-Antwort gegen Gewebeantigene und führt zu Krankheiten

(s. unten). Eine wichtige Voraussetzung ist, daß der Antikörper Zugang zum Antigen hat. Autoantikörper gegen rote Blutzellen, Neutrophile und Plättchen binden sich an diese und führen rasch zu ihrer Beseitigung aus der Zirkulation. Derartige Autoantikörper sind für viele hämatologische Autoimmunerkrankungen verantwortlich. Von Interesse sind Fälle, bei denen sich Arzneimittel mit Blutelementen verbinden und zellgebundene Antigene bilden, gegen die sich eine Immunantwort richtet, die das Blutelement zum Verschwinden bringt. Arzneimittel-induzierte hämolytische Anämien oder Thrombozytopenien sind nach Gabe von Phenazetin, Chinidin, Aspirin und Sulfonamiden beschrieben worden. Hier läßt sich im Labor der Nachweis führen, daß die rote Blutzelle oder das Plättchen durch die Antikörper des Patienten nur in Gegenwart des Arzneimittels lysiert wird, das sich mit der Zellmembran irgendwie verbunden hat.

Autoimmunität

Autoimmunität beruht auf einer Immunantwort gegen körpereigene Antigene. Sie läßt sich als Ergebnis eines Zusammenbruchs der Toleranz gegenüber körpereigenen Strukturelementen auffassen (s. Kap. 9). Einige Autoimmunitätszustände können sich spontan beim Menschen entwickeln. Autoimmunerkrankungen lassen sich bei Versuchstieren in einer Reihe von Geweben durch geeignete Sensibilisierungsmethoden erzeugen. Autoimmunreaktionen können humoraler oder zellulärer Natur sein; somit kann Gewebeschädigung durch Immunkomplexe und/oder zelluläre Immunprozesse entstehen. Autoimmunreaktionen können auch harmlos verlaufen. In der Tat gibt es viele Beispiele für Immunreaktionen gegen intrazelluläre Antigene, zu denen Antikörper oder T-Zellen keinen Zugang haben und die daher auch nicht zu Krankheiten führen können.

Induktion der Autoimmunität. Die Fähigkeit, Autoimmunreaktionen auszulösen, ist von Antigen zu Antigen verschieden. Zu beachten ist, daß sich die Toleranz gegen Selbstantigene offensichtlich nur dann aufrechterhält, wenn das körpereigene Antigen - wenn auch nur in Spuren - mit den Immunzellen in der Zirkulation in Kontakt kommt. Man kann dazu folgende Leitsätze aufstellen:

1. *Autoimmunität gegen Serumproteine wurde noch nie gefunden.* Offenbar halten die hohen Serumproteinspiegel eine wirkungsvolle Toleranz aufrecht. Im Fall eines angeborenen Mangels eines Serumproteins ist das defekte Individuum in der Lage, Antikörper zu bilden, wenn es mit dem fehlenden Protein sensibilisiert wird. Im Kapitel 9 wurde zum Beispiel ein Meerschweinchen mit einem genetischen C4-Defekt geschildert, das nach Immunisierung mit C4 reichlich Anti-C4-Antikörper bildete. Daher scheint die Fähigkeit zur Immunantwort vorhanden zu sein, sie ist jedoch im normalen Individuum blockiert. Analog zur Toleranz gegenüber Fremdproteinen dürfte der hohe Serumproteinspiegel Toleranz auf dem B- und T-Zell-Niveau erzeugen.

Eine kürzlich veröffentlichte Studie hat den Nachweis von B-Zellen mit Spezifität gegen C5 in lymphoiden Organen erbracht. Dieses Komplementprotein findet sich im Serum in geringen Mengen. Ein normales Individuum ist allerdings tolerant und aktiviert seine B-Zellen nicht gegen C5, da die entsprechenden T-Helfer-Zellen fehlen. Die Experimente von Triplett (beschrieben in Kap. 9) haben eine diesbezügliche Relevanz.

2. *Gegen viele intrazelluläre Komponenten lassen sich leicht Autoantikörper erzeugen.* Toleranz gegenüber intrazellulären Antigenen ist schwach ausgeprägt, und man kann gegen sie leicht eine Immunantwort hervorrufen. Vielleicht erklärt die Tatsache, daß die intrazellulären Antigene den Immunzellen unzugänglich bleiben, die fehlende Toleranz. Antikörper werden gegen die intrazellulären Komponenten von Herz- oder Leberzellen gebildet, wenn die Zellen infolge einer Blutunterversorgung oder Toxineinwirkung abgestorben sind. Bei einer ischämischen Herzschädigung finden sich im Serum Autoantikörper gegen Herzzellproteine. Bei der Tetrachlorkohlenstoffvergiftung, die zu einer Leberzellnekrose führt, werden von dem Betroffenen Autoantikörper gegen Mitochondrien gebildet. In diesen Fällen verursachen Autoantikörper keine Gewebeschäden, weil sie sich gegen zytoplasmatische Bestandteile richten und, genau wie andere Serumproteine, Zellmembranen nicht durchdringen können.
3. *Immunreaktionen gegen viele Gewebe lassen sich nur nach sehr wirksamen Sensibilisierungsmaßnahmen auslösen, zum Beispiel:*
   a) Inkorporierung des autologen Gewebes in Adjuvans, z. B. komplettem Freundschem Adjuvans (Wasser-in-Öl-Emulsion mit abgetöteten Tuberkelbakterien). Inkorporation von alkalischem Myelinprotein, Spermaproteinen oder Thyreoidea-Proteinen in Freundschem Adjuvans führt beispielsweise zur Bildung von Antikörpern und T-Zell-Immunität. Die Ursache für die Induktion der Immunantwort durch Antigen in Adjuvans ist nicht bekannt. B-Zellen und T-Helfer-Zellen mit Reaktivität für die autologen Proteine müssen aber vorhanden sein. Möglicherweise sind sie aber nur in geringer Zahl vorhanden und werden in bestimmter Weise durch Ts-Zellen unter Kontrolle gehalten, da sie unter physiologischen Bedingungen nicht wirksam werden. Das Adjuvans dürfte vermutlich die T-Helfer-Zell-Funktion stimulieren. In manchen Mäusestämmen allerdings kann die wiederholte Injektion von Maus-Thyreoglobulinen ohne Adjuvans schließlich auch zu Autoimmunität und Thyreoiditis führen.
   b) Indem man eine Verfremdung an autologen Proteinen vornimmt, zum Beispiel durch Konjugation eines neuen Fremdmoleküls (z. B. eines Haptens) an das Protein oder indem man autologe Proteine denaturiert. Eine andere Möglichkeit, die Toleranz gegen autologe Körperbestandteile zu durchbrechen, ist die Immunisierung mit einem ähnlichen Gewebeprotein aus anderen Spezies, die kreuzreagierende Antigene besitzen. Beispielsweise konnte W. O. Weigle zeigen, daß Kaninchen-Thyreoglobulin und menschliches Thyreoglobulin neben ihren eigenen spezifischen Determinanten gemein-

same antigene Determinanten besitzen. Immunisierung von Kaninchen mit menschlichem Thyreoglobulin läßt sich durchführen, weil das menschliche Protein im Kaninchen immunogen wirkt. Nach derartiger Sensibilisierung bildet das Kaninchen Autoantikörper gegen die Antigene, die auf dem Kaninchen- und Menschen-Thyreoglobulin gemeinsam vorkommen. Ein Zugang zum Verständnis dieses Phänomens bietet sich über die T-B-Zell-Kollaboration und Toleranz (s. Tab. 9.2 in Kap. 9). Das normale Individuum besitzt zwar B-Zellen mit Reaktionsfähigkeit gegen autologes Thyreoglobulin (dies ist bewiesen), aber nur wenige funktionellen Helfer-T-Zellen. Die Einbringung von Fremddeterminanten, wie zum Beispiel der kreuzreagierenden Determinanten, in das Molekül führt eine Stimulierung des T-Zell-Klons mit Reaktivität gegen diese Determinanten herbei. Die T-Zellen leisten dann den normalerweise vorhandenen B-Zellen Hilfe bei der Immunantwort gegen das autologe Kaninchen-Thyreoglobulin.

Beispiele für Autoimmunerkrankungen in Versuchstieren

1. *Anti-GBM-antikörper-induzierte Glomerulonephritis:* Sensibilisierung eines Tiers mit fremder glomerulärer Basalmembran führt zur Produktion von Antikörpern und damit zu einer nephrotoxischen Serumnephritis. Gleichzeitig kommt es zur Bildung von Autoantikörpern, die sich an die autologe glomeruläre Basalmembran binden, und zur Ausbildung einer schweren Nephritis im sensibilisierten Tier. In dem Beispiel in Abbildung 13.3 besaßen die gegen die glomeruläre Basalmembran von Ratten sensibilisierten Kaninchen einige Autoantikörper, die mit der glomerulären Basalmembran des Kaninchens reagierten und schließlich eine Nephritis erzeugten.
2. *Experimentelle allergische Enzephalomyelitis:* Sensibilisierung mit einem alkalischen Protein aus Myelin induziert eine akute disseminierte Krankheit des Nervensystems mit mononukleärer Infiltration und Demyelinisierung. Man nimmt an, daß sie über einen T-zell-abhängigen Mechanismus verursacht wird.
3. *Thyreoidits:* Sensibilisierung mit einem heterologen Thyreoglobulin induziert eine Entzündung der Schilddrüse. Antikörper gegen Thyreoglobulin und vielleicht T-zell-vermittelte Immunität sind an der Pathogenese dieser Krankheit beteiligt. Eine Thyreoiditis läßt sich auch durch Sensibilisierung mit chemisch modifiziertem autologen Thyreoglobulin erzeugen oder, in einigen Species, mit autologem Thyreoglobulin in Freundschem Adjuvans.
4. *Aspermatogenese:* Die Testes bieten ein Beispiel dafür, wie anatomische Eigenheiten eine bestimmte pathologische Läsion bedingen können. Die Testes bauen sich aus den *Tubuli seminiferi,* in denen sich die Spermien entwickeln, und einem System von Sammelgängen auf. Die *Tubuli seminiferi* enden in kurzen geraden *Tubuli,* die mit dem *Rete testis,* einer sackartigen Struktur, die alle Spermien auffängt, verbunden ist. Die *Tubuli seminiferi* sind für Plasmapro-

teine undurchlässig, nicht aber das *Rete testis*, das Plasmaproteine enthält. Sensibilisierung mit Sperma in Adjuvans induziert sowohl die Bildung von Autoantikörpern als auch T-Zell-Immunität gegen Sperma. Die Autoantikörper gewinnen Zugang zu der Flüssigkeit im *Rete*, binden sich an Sperma und rufen eine akute Entzündungsreaktion hervor. Die Antikörper haben aber keinen Zugang zu den *Tubuli;* andererseits penetrieren die spezifisch reaktiven T-Zellen aktiv in die *Tubuli*, wo sie zelluläre Immunreaktionen hervorrufen, die zum Tode des Keimepithels führen.

5. *Autoimmunreaktionen* gegen Nebennieren, Pankreas, peripheres Nerven- und Linsengewebe sind ebenfalls bekannt.

Erkrankungen des Menschen mit einer Autoimmunkomponente

1. *Anti-GBM-Nephritis:* Diese stellt eine seltene, schwere, gelegentlich zum Tode führende Krankheit dar, bei der das Individuum Autoantikörper gegen seine glomeruläre Basalmembran bildet. Sie kann mit einer Lungenerkrankung einhergehen *(Goodpasture-Syndrom)*. Die Anti-GBM-Antikörper kreuzreagieren mit Basalmembran-Antigen der Lunge und können eine schwere Lungenentzündung auslösen. Die Autoantikörper lassen sich in einem glatten, linearen Ablagerungsmuster entlang der glomerulären Basalmembran nachweisen.
2. *Die Post-Rabies-Vakzine-Enzephalitis:* Auf eine Sensibilisierung mit attenuiertem Rabiesvirus in Rückenmarkgewebe entwickeln einige Individuen eine Enzephalitis, die sich nicht von der mit Hirngewebe immunisierter Versuchstiere unterscheidet.
3. *Chronische Thyreoiditis:* Die Hashimotosche Krankheit ist durch eine Vergrößerung der *Thyreoidea*, hochgradige Infiltration der Drüse mit mononukleären Zellen und Autoantikörper gegen Thyreoidea-Proteine gekennzeichnet.
4. *Autoimmune hämolytische Anämie:* Patienten entwickeln Autoantikörper spontan; die Autoantikörper lassen sich auf den roten Blutzellen durch ein Anti-IgG-Antiserum nachweisen (Coombs-Test).
5. *Systemischer Lupus erythematodes (SLE):* Siehe S. 268.
6. *Idiopathische thrombozytopenische Purpura:* Diese Erkrankung ist durch eine drastische Reduktion der Plättchenzahl charakterisiert, die auf Einwirkung von Autoantikörpern zurückgeht. Die antikörperbeladenen Plättchen werden durch die Makrophagen der Milz entfernt.
7. *Autoimmune Anti-Rezeptor-Krankheiten:* Es handelt sich hierbei um Autoimmunerkrankungen, bei denen sich die Autoantikörper gegen Zelloberflächen-Rezeptormoleküle richten, die an der Zell-Zell-Interaktion oder bei Rezeptor-Hormon-Interaktionen beteiligt sind.

   Das bestuntersuchte Beispiel ist die *Myasthenia gravis*, eine Krankheit, die durch Schwäche und Ermüdbarkeit der quergestreiften Muskulatur gekennzeichnet ist. Manchmal kommt es zu vollständiger Lähmung. Die Krankheit kann alle Skelettmuskeln befallen. Das Grundproblem bei der Myasthenia gravis ist eine Unterbrechung des neuromuskulären Übertragungsmechanismus durch Autoantikörper gegen den Acetylcholinrezeptor. Die Zahl der Rezeptoren bei der neuromuskulären Übertragung ist reduziert, was wahrscheinlich auf die wiederholte Modulierung durch den Antikörper zurückgeht (ähnlich wie das Capping-Phänomen bei B-Zellen, das in Kap. 5 beschrieben ist). Myasthenia kann in Kaninchen durch Sensibilisierung mit Membranen aus dem elektrischen Aal induziert werden, dessen Membranen reich an Acetylcholin-Rezeptoren sind. Anti-Rezeptor-Antikörper können die Krankheit auf normale Individuen übertragen.

Eine zweite, auf Anti-Rezeptor-Antikörper zurückgehende Krankheit ist die *Basedowsche Krankheit*. Diese geht auf eine vermehrte Produktion von Schilddrüsenhormonen zurück, was die Symptomatik des Hyperthyreoidismus auslöst (gesteigerter Grundumsatz, Gewichtsverlust, Unruhe, Zittern etc.). Die Autoantikörper binden an die Acinuszellen der Schilddrüse in unmittelbarer Nähe des oder auf dem Rezeptor für das Thyreoidea-stimulierende Hormon (TSH), ein Polypeptidhormon aus der Hypophyse, das die Zelle zur Produktion von Schilddrüsenhormon stimuliert. Der Anti-Rezeptor-Antikörper tritt an die Stelle des TSH und stimuliert die Zelle, ihr zyclisches AMP zu erhöhen, was zu einer gesteigerten Hormonproduktion führt. Weshalb einige Antikörper die Zelle stimulieren, wie bei der Basedowschen Erkrankung, und andere nicht, ja sogar die Wirkung des Hormons blockieren, ist nicht bekannt.

Andere Anti-Rezeptor-Krankheiten sind die seltenen Fälle von insulinresistentem Diabetes, bei dem Autoantikörper gegen den Insulinrezeptor den Diabetes hervorrufen. Der insulinresistente Diabetes wird von einer Hautkrankheit, der Acanthosis nigricans, begleitet.

Über einige Fälle von Autoantikörperbildung gegen β-adrenere Rezeptoren wurde berichtet, die eine Rolle bei bestimmten Formen von Bronchialasthma spielen könnten. Die Autoantikörper blockieren die Bindungsstellen für Katecholamine, verhindern eine normale bronchodilatatorische Reaktion und verstärken auf diese Weise die Wirkungen der α-adrenergen Agonisten.

8. *Pemphigus vulgaris:* Der *Pemphigus vulgaris* ist eine chronische Erkrankung der Haut und der Schleimhäute, die durch das Auftreten weicher Bläschen auf einer anderweitig normalen Haut charakterisiert ist. Die Bläschen stellen Vesikeln dar, die sich in der Epithelschicht bilden. Eine Schicht von Basalzellen, die dem Bindegewebe anhängen, bleibt intakt. Die Bläschen brechen auf mechanische Druckeinwirkung hin leicht auf und hinterlassen eine entblößte Stelle, die schlecht abheilt und zu Infektionen neigt. Pemphigus wird durch einen Autoantikörper hervorgerufen, der sich an die Oberfläche der Epidermiszellen bindet, anscheinend an den „Oberflächenzement“. Man nimmt an, daß der Antikörper eine Protease stimuliert, die ihrerseits für die Akantholyse verantwortlich ist. Beim Pemphigus finden sich die Antikörper an die Haut des

Patienten gebunden oder in der Zirkulation. Wenn derartige Antikörper in die Haut neugeborener Mäuse injiziert werden, erzeugen sie die gleichen pathologischen Veränderungen.
Ein anderer Typ einer vesikulären Hauterkrankung ist das *bullöse Pemphigoid.* Hier finden sich die Bläschen subepithelial. Die Autoantikörper sind an die Basalmembran gebunden.

14 Sofortallergie und Anaphylaxie

Im Rahmen der Immunantwort auf thymusabhängige Antigene kommt es normalerweise zur Produktion kleiner Mengen von IgE-Antikörpern. Obwohl über deren physiologische Bedeutung wenig bekannt ist, konnte ihre Rolle bei der Anaphylaxie und Allergie weitgehend definiert werden.

Das Phänomen Anaphylaxie wurde erstmalig im Jahr 1902 von Richet und Portier beschrieben. Diese Forscher untersuchten bei einer Kreuzfahrt auf der Yacht des Fürsten von Monaco an Hunden die toxische Wirkung einer Substanz aus Seeanemonen. Sie fanden, daß vorbehandelte Tiere einen schweren Kreislaufschock und Kollaps erlitten und innerhalb weniger Minuten starben, wenn eine Reinjektion mit einer Toxinmenge vorgenommen wurde, die weit unter der für normale Hunde letalen Dosis lag. In der Annahme, daß in den Hunden durch die Erstinjektion eine Umkehrung des Schutzes, der Prophylaxe, stattgefunden habe und die Tiere gegen das Toxin „schutzlos" geworden seien, nannten sie das von ihnen beobachtete Phänomen *Anaphylaxie* (Eigentlich müßte es *Aphylaxie* heißen, was sich aber mit dem Sprachgefühl der Franzosen nicht vereinbaren läßt). Seither haben die Mechanismen der Anaphylaxie ausgiebige Bearbeitung erfahren. Anaphylaktische Reaktionen kommen bei praktisch jeder untersuchten Säugetier-Spezies und beim Menschen vor. Sie lassen sich unterteilen in:

1. Allgemeinreaktionen, die nach schneller intravenöser Injektion des Antigens in sensibilisierten Individuen zustandekommen;
2. Lokalreaktionen, die sich nach lokaler Injektion des Antigens ausbilden.

Es zeigte sich bald, daß anaphylaktische Reaktionen das Ergebnis der Immunantwort auf ein Antigen sind. Dies ergab sich aus der Beobachtung, daß zur anaphylaktischen Sensibilisierung zwischen der ersten und zweiten Antigen-Injektion ein bestimmter Zeitraum verstreichen muß und daß das Zeitintervall zwischen den Injektionen mit der für die Ausbildung von Antikörpern benötigten Zeit übereinstimmt. Auch läßt sich die Bereitschaft zur Anaphylaxie passiv mit Hilfe von Antiserum aus sensibilisierten Tieren übertragen. So entwickeln beispielsweise Meerschweinchen, die Antiserum aus sensibilisierten Meerschweinchen und 24 Stunden später homologes Antigen erhalten haben, einen anaphylaktischen Schock, der sich in nichts von dem bei aktiv sensibilisierten Tieren unterscheidet. Man unterscheidet zwei Typen anaphylaktischer Reaktionen: Die in aktiv sensibilisierten Tieren auftretenden und die passiven anaphylaktischen Reaktionen, die entstehen, wenn Antiserum passiv auf nicht-sensibilisierte Tiere übertragen wird.

Tabelle 14.1 Allergische Phänomene: Phasen der Reaktion

1. Produktion sensibilisierender Antikörper.
2. Sensibilisierung von Mastzellen und Basophilen.
3. Reizung der Zellen durch die Antigen-Antikörper-Reaktion an der Zelloberfläche.
4. Freisetzung vasoaktiver Amin-Mediatoren.
5. Stimulation der Kontraktion von glatter Muskulatur durch vasoaktive Amine und Wirkung auf Endothelzellen und kleine Gefäße.
6. Symptome in Schockorganen.

Anaphylaxie-Modell

Alle anaphylaktischen Phänomene lassen sich in sechs definierte Einzelschritte aufgliedern (s. Tab. 14.1):

1. Bildung von speziellen sensibilisierenden Antikörpern im Gefolge der Immunisierung. Diese Antikörper gehören gewöhnlich zur IgE-Klasse;
2. Sensibilisierung spezialisierter Entzündungszellen, der Mastzellen und Basophilen, durch Bindung der IgE-Antikörper an ihrer Oberfläche;
3. Auslösung von Funktionen dieser Zellen durch spezifisches Antigen, das mit den zellgebundenen „anaphylaktischen" Antikörpern auf der Zelloberfläche reagiert;
4. Freisetzung vasoaktiver Amin-Mediatoren;
5. Kontraktion der glatten Muskulatur - entweder lokal oder im gesamten Organismus - durch die Wirkung der vasoaktiven Amine und pharmakologische Effekte der vasoaktiven Amine auf Endothelzellen der kleinen Blutgefäße;
6. Symptome des anaphylaktischen Schocks. Diese Symptome variieren von Spezies zu Spezies entsprechend der speziellen Empfindlichkeit der glatten Muskulatur in den verschiedenen Organen der untersuchten Tierspezies. Diejenigen Organe, an denen sich das anaphylaktische Schockgeschehen besonders deutlich manifestiert, heißen Schockorgane.

Der anaphylaktische Schock

Zunächst sollen die typischen anaphylaktischen Allgemeinreaktionen bei verschiedenen Versuchstieren und beim Menschen beschrieben werden, die nach intravenöser Injektion von Antigen in einem Individuum mit anaphylaktischen Antikörpern mit Spezifität für das entsprechende Antigen auftreten. Obwohl alle anaphylaktischen Phänomene in der beschriebenen Ereignisfolge ablaufen, variiert die Phänomenologie anaphylaktischer Reaktionen von Spezies zu Spezies in Abhängigkeit von den Schockorganen. Das Meerschweinchen wird innerhalb weniger Minuten nach Antigen-Injektion rastlos, die Haare sträuben sich, und es hat Atemschwierigkeiten. Schließlich läßt das Tier Urin und Stuhl unter sich, krampft am ganzen Körper und verstirbt in einem zyanotischen Zustand. Der ganze Prozeß läuft in weniger als drei bis vier Minuten ab. Die anaphylaktischen Phänomene beim Meerschweinchen beruhen weitgehend auf der spastischen Kontraktion der glatten Muskulatur des Bronchialbaums. Das führt dazu, daß die Tiere die inhalierte Luft nicht mehr ausatmen können. Bei der Autopsie zeigt sich eine deutliche Lungenblähung, und die Lungen kollabieren nicht. Das Sträuben der Haare wird durch die Kontraktion der glatten Muskulatur in den Haarfollikeln hervorgerufen; Urinieren und Defäkation kommen durch Kontraktion der glatten Muskulatur des Darms und der Harnblase zustande. Das Hauptschockorgan beim Meerschweinchen aber stellen die Bronchien dar, die für die Asphyxie und den Tod der Tiere verantwortlich sind. Wird der akute Schock durch geeignete Maßnahmen verhindert, so kommt es zum protrahierten Schock, bei dem nicht die Lunge, sondern Herz und Kreislauf als Schockorgane im Vordergrund stehen (und Histamin kaum eine Rolle spielt).

Bei anderen Tierspezies, wie Ratte, Maus und auch Mensch, bestehen die Symptome der systemischen anaphylaktischen Reaktionen vorwiegend aus denen eines *Gefäßschocks*. Es kommt zu einem starken Blutdruckabfall, das Indi-

Tabelle 14.2 Systemische anaphylaktische Reaktionen

Spezies	Schock-Gewebe bzw. Schock-Organ	Mediatoren	Symptome
Meerschweinchen	Lunge (Bronchiolen)	Histamin SRS-A	Asphyxie Krämpfe Zyanose Urinieren Defäkation
Ratte	Darm, Blutgefäß-System	Histamin Serotonin	Gefäß-Kollaps Zyanose Defäkation
Maus	Darm, Blutgefäß-System	Histamin Serotonin	Gefäß-Kollaps Zyanose Defäkation
Kaninchen	Lungen-Arterien	Histamin Serotonin	Gefäß-Kollaps Krämpfe
Hund	Leber-Venen	Histamin Serotonin	Gefäß-Kollaps Urinieren Defäkation
Mensch	Lunge (Bronchiolen) Larynx Blutgefäß-System	Histamin SRS-A	Gefäß-Kollaps Asphyxie Zyanose

viduum wird kalt und klamm und erleidet einen Gefäßkollaps. Dieser kommt durch eine Erweiterung der postkapillären Venolen und des gesamten Gefäßsystems sowie durch eine Zunahme der Gefäßpermeabilität mit Flüssigkeits- und Proteinverlust aus der Zirkulation zustande. In bestimmten Fällen, z. B. beim Hund oder beim Kaninchen, kommt es zu einer starken Kontraktion der glatten Muskulatur in kritischen Abschnitten des Kreislaufsystems. Beispielsweise kontrahieren sich beim Hund die glatten Muskeln der hepatischen Venen, was zu einem starken Defizit der venösen Blutzufuhr zum Herz führt und einen Gefäßkollaps bedingt. Beim Kaninchen sind die glatten Muskeln der Lungenarterien in der Hauptsache an der Vasokonstriktion beteiligt, was wiederum zu einer Verminderung des Blutrückflusses zum Herzen führt und Gefäßkollaps verursacht. Tabelle 14.2 faßt die Zustände der akuten Anaphylaxie in verschiedenen Tierarten summarisch zusammen.

Passive kutane Anaphylaxie

Lokale anaphylaktische Reaktionen, insbesondere in der Haut, waren bei der Untersuchung anaphylaktischer Phänomene von großem Nutzen. Schon früh machten Allergologen die Entdeckung, daß die Injektion von Serum aus sensibilisierten Individuen in die Haut eines Menschen zu einer lokalen passiven Sensibilisierung an der Injektionsstelle führt; 24 oder 48 Stunden nach Antigengabe kommt es zu einer akuten Entzündung, die durch gesteigerte Gefäßpermeabilität und Austritt von Proteinen aus der Blutbahn charakterisiert ist. Hauttestungen werden in der täglichen Praxis im Rahmen der Diagnose von Allergien durchgeführt. Gewöhnlich wird das Individuum mit einem Verdacht auf eine Allergie gegen ein bestimmtes Antigen, das daher in seiner Haut zellgebundene IgE-Antikörper trägt, mit geringsten Mengen des fraglichen Antigens in die Haut injiziert. Eine positive Reaktion ist durch eine umschriebene Schwellung und leichte Rötung an der Injektionsstelle charakterisiert, die sich innerhalb von Minuten nach der Injektion entwickeln.

Der gleiche Typ passiver kutaner Anaphylaxie ließ sich bei Versuchstieren, wie Meerschweinchen, Ratte und Maus, demonstrieren. Lokale passive kutane Anaphylaxie wird durch dieselben Antikörperklassen wie die allgemeine Anaphylaxie ausgelöst. Nach der passiven Übertragung von Antikörpern - entweder lokal oder systemisch - aus sensibilisierten Individuen auf normale Empfänger bedarf es einer Zeit, um die passive Sensibilisierung zur Wirkung kommen zu lassen. Diese Latenzperiode schwankt speziesabhängig und in Abhängigkeit von der Antikörperklasse von mehreren Stunden bis zu ein oder zwei Tagen. Die Latenzperiode erklärt sich aus der Notwendigkeit, daß sich die Antikörper zunächst an Gewebemastzellen binden müssen.

Anaphylaktische Antikörper

Im wesentlichen sind zwei Antikörperklassen für anaphylaktische Reaktionen verantwortlich. In erster Linie sind dies die *IgE-Antikörper.* IgE-Antikörper hat man bei Hunden, Kaninchen, Ratten, Mäusen, Affen und Menschen nachgewiesen. Sie kommen im Serum in sehr geringer Konzentration (in Mikrogramm-Mengen pro ml) vor. Ebenso finden sie sich gebunden auf Mastzellen und Basophilen. Daß sie nur in geringen Konzentrationen im Serum vorkommen, beruht auf ihrer geringen Syntheserate und nicht auf ihrer Bindung an Mastzellen und Basophile. Die Produktion von IgE-Antikörpern hängt von der Helferfunktion spezifisch reagibler T-Zellen ab. Das bedeutet, daß thymusunabhängige Antigene weder in der Lage sind, die Synthese von IgE-Antikörpern zu stimulieren noch eine anaphylaktische Sensibilisierung über die Produktion solcher Antikörper zu bewirken. Es ist wahrscheinlich, obwohl nicht zweifelsfrei bewiesen, daß eine spezielle Subklasse von Helfer-T-Zellen die Synthese der IgE-Antikörper reguliert. Diese IgE-T-Helferzellen sind vielleicht von den T-Helferzellen verschieden, welche die Synthese von IgG-Antikörpern regulieren. IgE-Antikörper werden auch durch T-Suppressor-Zellen streng reguliert. Diese Suppressorzellen kontrollieren selektiv die Menge produzierten IgE-Antikörpers und die Zeit ihrer Produktion, ohne die IgG-Produktion zu beeinflussen. Faktoren aus T-Helfer- und T-Suppressorzellen steigern oder verringern die IgE-Produktion. Ob eine Inbalance zwischen diesen Zelltypen für die Allergie verantwortlich ist, wird zur Zeit untersucht.

Neben den IgE-Antikörpern gibt es eine zweite Hauptklasse von Antikörpern, die in manchen Säugetierarten anaphylaktische Reaktionen verursacht. Schnell wandernde *IgG* (oder „*7Sγ1*")-*Antikörper,* die Komplement nicht binden, sind in der Lage, bei Meerschweinchen und Mäusen anaphylaktische Reaktionen auszulösen. Die Antikörper der γ1-Subklasse werden im Gegensatz zu den IgE-Antikörpern in großen Mengen gebildet und finden sich im Serum in Milligramm-Mengen pro ml. Allerdings ist ihre Bindung an Mastzellen viel schwächer als die der IgE-Antikörper. Ein weiterer Unterschied zwischen γ1- und IgE-Antikörpern besteht in ihrer Hitzeempfindlichkeit. Die sensibilisierende Fähigkeit von IgE-Antikörpern geht durch Erhitzen auf 56 °C verloren; dies trifft nicht auf die γ1-Antikörper zu. Bei der passiven kutanen Anaphylaxie ist die Latenzperiode bei IgE-Antikörpern beträchtlich länger als bei Antikörpern der γ1-Klasse. Allerdings verbleiben die Gewebe nach Sensibilisierung durch IgE-Antikörper über längere Zeitperioden (Tage und manchmal Wochen) reaktiv, weil die Bindung der IgE-Antikörper an Mastzellen sehr stark ist. IgE-Antikörper weisen auch ein etwas höheres Molekulargewicht als γ1-Antikörper auf, da sie eine größere Kette besitzen.

Sowohl IgE- als auch γ1-Antikörper sensibilisieren nur die Spezies, in der sie gebildet wurden. Beispielsweise binden sich humane IgE-Antikörper (auch *Reagine* genannt) „sensibilisierend" nur an Mastzellen von Menschen, aber nicht von

Meerschweinchen, Ratte oder Maus. Umgekehrt können Meerschweinchen-, Kaninchen- oder Mäuse-IgE-Antikörper Mastzellen des Menschen oder einer anderen Art nicht sensibilisieren. Eine Ausnahme bilden Antikörper der Maus, die Mastzellen von Ratten sensibilisieren können. Im ganzen gesehen scheinen IgE-Antikörper speziesspezifisch zu sein, und man hat sie daher *homozytotrop* genannt. Allerdings war seit langem bekannt, daß Antikörper aus gewissen Arten andere Spezies für die Anaphylaxie sensibilisieren können. Beispielsweise sensibilisieren Antikörper vom Menschen und Kaninchen das Meerschweinchen mit großer Effizienz für eine Anaphylaxie. In diesen Fällen gehören aber die Antikörper, welche die fremde Spezies sensibilisieren, zur gewöhnlichen IgG-Klasse, die in ihrer eigenen Spezies nicht für eine Anaphylaxie sensibilisieren. Diese Reaktionstypen bezeichnet man als durch *heterozytotrope* Antikörper vermittelte Reaktionen.

Sensibilisierung von Mastzellen und Basophilen

Anaphylaktische Reaktionen, seien sie lokaler oder systemischer Natur, resultieren, wie gesagt, aus der Sensibilisierung von Mastzellen und Basophilen durch anaphylaktische Antikörper der IgE- oder γ1-Klasse. Solche Antikörper sind auf der Oberfläche von Zellen nachgewiesen worden, auf denen sich auch Bindungsstellen für das Fc-Stück anaphylaktischer Antikörper zeigen ließen. Die IgE-Antikörper binden sich an ein spezifisches Rezeptor-Protein, das aus Mastzellen isoliert wurde. Der Rezeptor ist ein Strukturprotein der Membran, das sich aus zwei Ketten zusammensetzt. Die α-Kette mit einer Molekülmasse von 45 000 Dalton ist nichtkovalent mit einer β-Kette mit einer Molekülmasse von 30 000 Dalton verbunden. IgE bindet sich an die α-Kette.

Die Freisetzung von Aminen aus Mastzellen wird nicht nur durch die Interaktion mit dem spezifischen Antigen bewirkt, gegen das sich der Antikörper richtet, sondern erfolgt auch nach Gabe eines Antikörpers mit Spezifität für die Klasse des anaphylaktischen Antikörpers, der an die Mastzellen gebunden ist. Somit können also lokale und allgemeine anaphylaktische Reaktionen durch Anti-IgE- oder Anti-γ1-Antikörper ausgelöst werden, die mit den anaphylaktischen Antikörpern auf Mastzellen reagieren.

Reizung der Mastzellen durch Antigen-Antikörper-Reaktionen. Die Reaktion anaphylaktischer Antikörper auf der Oberfläche der Mastzellen mit Antigen oder von Antikörpern mit Spezifität für die anaphylaktischen Antikörper mit letzteren löst an der Membran der Zelle ein Signal aus, welches in der Freisetzung von Mediatoren aus den Granula der Mastzelle resultiert. Die Reizung der Mastzellen durch die Reaktion sensibilisierender Antikörper mit Antigen erfordert die Bindung mehrerer nebeneinanderliegender Antikörpermoleküle auf der Zelle. Beispielsweise sind nur polyvalente Antigene in der Lage, eine Mastzell-Degranulation auszulösen. Da die meisten Antigene multiple Determinanten besitzen und Mastzellen anaphylaktische Antikörper sämtlicher Spezifitäten über ihre Fc-Fragmente binden, wirken die meisten Antigene als polyvalente Antigene.

Die Notwendigkeit einer Vernetzung bei der Degranulation der Mastzellen ist mit Hilfe von Antikörpern gegen IgE schlüssig bewiesen worden. Beispielsweise degranulieren Mastzellen des Menschen, die IgE am IgE-Rezeptor gebunden haben, nach Reaktion mit einem bivalenten Antikörper vom Kaninchen gegen menschliches IgE. Der Anti-IgE-Antikörper vernetzt zwei benachbarte IgE-Moleküle, bildet auf der Membran ein Mikroaggregat und löst so das Signal aus, welches die Freisetzung der Granula zur Folge hat. Eine Degranulation erfolgt nicht bei Verwendung eines Fab-Fragments des Anti-IgE-Antikörpers: Das Fab-Fragment bindet sich an den IgE-Antikörper, ohne nennenswerte Veränderungen in der Zelle hervorzurufen. Die Vernetzung hat entweder einen sterischen Effekt auf die Rezeptoren oder sie induziert eine lokale Veränderung innerhalb der Membran, welche die Reaktion in Gang setzt.

Die Freisetzung vasoaktiver Amine. Die Freisetzung vasoaktiver Amin-Mediatoren durch Mastzellen ist ein aktiver, energieverbrauchender Prozeß. Die Reaktion ist calciumabhängig, besitzt ein pH-Optimum von 7.5 bis 7.9 und ein Temperaturoptimum von 37° bis 38 °C. Mastzellen werden bei 45 °C inaktiviert. Eine Reihe biochemischer Reaktionen wird durch Antigen oder Anti-IgE-Antikörper in Gang gebracht. Innerhalb von 15 Sekunden kommt es zu einem raschen und sehr schnell wieder vorübergehenden Anstieg des intrazellulären zyklischen AMP. Gleichzeitig findet eine Methylierung der Membran-Phospholipide durch Aktivierung von Methyltransferasen statt. Methylgruppen, die von S-Adenosylmethionin herstammen, werden in Phosphatidyl-Ethanolamin eingebaut, das hierdurch zu Phosphatidylcholin umgewandelt wird. Diese Veränderung setzt die Membran-Fluidität herab, was einen Faktor bei der Ingangsetzung einiger der biochemischen Veränderungen darstellen dürfte. Der Anstieg des zyklischen AMP als Folge der Aktivierung der Adenylat-Cyclase bewirkt eine Phosphorylierung von zytoplasmatischen und Membranproteinen über eine durch zyklisches AMP aktivierte Proteinkinase. Auf diese Weise könnten Mikrofilamente stimuliert und so eine Wanderung der Mastzellgranula aus dem Zytosol zur Plasmamembran ausgelöst werden. Die Aktivierung der Adenylat-Cyclase und der Methyltransferasen könnten miteinander in Verbindung stehen. Unterbindung der Methylierung auf pharmakologischem Wege führt zu einem Ausbleiben des 15-Sekunden-Anstiegs des *cyclo*-AMP.

Zwei weitere biochemische Vorgänge sind einmal der rasche Anstieg des intrazellulären Calciums, das aus dem Extrazellularraum stammt, und die Aktivierung einer Serin-Protease.

Blockade des Enzyms resultiert in einer verminderten Freisetzung von Granula. Im Anschluß an diese sehr schnell eintretenden Veränderungen kommt es zu einer Freisetzung von Arachidonsäure-Produkten, nämlich von Prostaglandi-

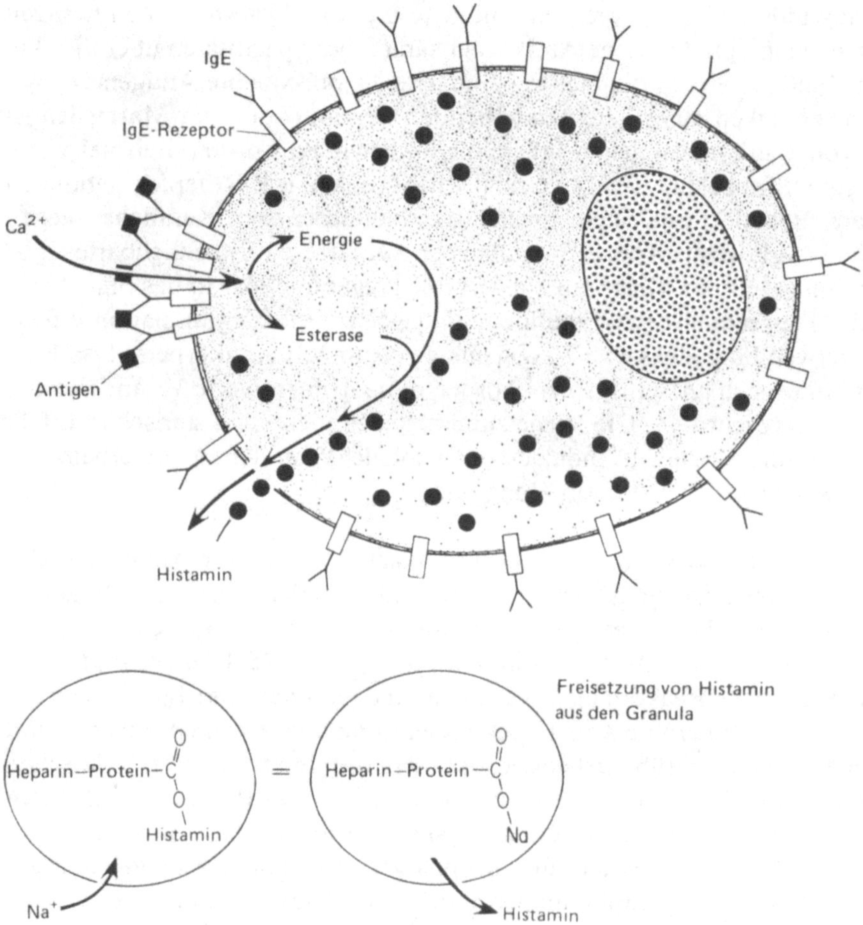

Abbildung 14.1 Die Freisetzung der histamin-enthaltenden Granula erfolgt nach Kreuzvernetzung von IgE-Antikörpern durch Antigen. Die IgE-Antikörper sind über einen spezifischen Rezeptor an die Mastzelle gebunden.

nen und Leukotrienen. Die Freisetzung vasoaktiver Amine ist durch den Austritt von Granula aus der Zelle bedingt. Mastzellen und Basophile besitzen große Granula, die sich mikroskopisch leicht darstellen lassen. Diese Granula enthalten vasoaktive Amine, wie Histamin und Heparin, in proteingebundener Form (Abb. 14.1). Wenn die Granula von der Zelle durch einen aktiven Prozeß ausgestoßen werden, werden Histamin und Heparin aus den Granula durch einen Ionenaustausch-Prozeß bei dem neutralen pH-Wert der Gewebe freigesetzt.

Beim Menschen besitzen die Mastzellen eine distinkte kristalline Struktur. Interessanterweise wird diese Struktur amorph und löst sich auf, bevor die Granula ausgeschleust werden.

Die Freisetzung vasoaktiver Amine durch Mastzellen läßt sich über eine Vielzahl hormoneller Substanzen beeinflussen. Beispielsweise verhindern β-adrenerge Wirkstoffe, wie Adrenalin und Isoproterenol, und auch Prostaglandine der E-Klasse die Histaminfreisetzung.

Diese Pharmaka dürften über eine Aktivierung der membran-gebundenen Adenylat-Cyclase und, dadurch bedingt, über eine Anhebung der intrazellulären Konzentration von *cyclo*-AMP ihre Wirkung entfalten. Der Anstieg des *cyclo*-AMP verhindert die Histaminfreisetzung. Auch andere Pharmaka, wie Methylxanthin, die den zytoplasmatischen Phosphodiesterasespiegel beeinflussen, verhindern die Freisetzung vasoaktiver Amine. Interessant ist, daß Heparin bei vielen Arten Histaminase freisetzt und bei einigen (z. B. Meerschweinchen und Mensch) für die beim anaphylaktischen Schock im Blut auftretende Histaminase verantwortlich ist.

Mediatoren anaphylaktischer Reaktionen

Die chemischen Mediatoren der Anaphylaxie sind vorwiegend in Zellkulturen (von Mastzellen oder Basophilen) oder Organkulturen (Fragmente von Meerschweinchenlunge), die man mit Antigen reagieren ließ oder die mit Anti-IgE-Antikörper behandelt wurden, untersucht worden. Die Zahl der Mediatoren ist groß, und viele sind isoliert und in reiner Form analysiert worden. Obwohl einige Moleküle eine besondere starke Wirksamkeit aufweisen und das Geschehen stark beeinflussen, kommen die Symptome der Anaphylaxie und Allergie wahrscheinlich im wesentlichen durch ihr Zusammenwirken zustande. Die verschiedenen Mediatoren sind Modulatoren der elementaren Entzündungsreaktion. Bei allergischen und anaphylaktischen Reaktionen überwiegen ihre Effekte. Bei nicht-allergisch ausgelöster Entzündungen sind ihre Effekte limitiert und überlappen sich mit den Effekten anderer zellulärer und humoraler Mediatoren.

Es gibt zwei Hauptklassen chemischer Mediatoren, die für anaphylaktische und allergische Reaktionen verantwortlich sind. Die *vorgeformten* oder *primären Mediatoren* sind die Moleküle, die in den Granula der Mastzellen oder Basophilen gespeichert sind und innerhalb von Sekunden nach Antigen-Kontakt freigesetzt werden. Hierzu gehören vier Hauptklassen von Molekülen: 1. ein hauptsächlich vasoaktives Amin - entweder Histamin oder Serotonin oder beide; 2. chemotaktische Faktoren für Granulozyten; 3. Enzyme und 4. ein Proteoglycan, das Heparin in den Mastzellen und das Chondroitinsulfat in den Basophilen. Die *sekundären Mediatoren* sind Moleküle, die von Mastzellen, Basophilen oder anderen Entzündungszellen nach Reaktion mit Antigen synthetisiert werden. Die hauptsächlichen sekundären Mediatoren sind Lipidabkömmlinge, wie die Leukotriene und der Plättchen-Aktivierungsfaktor.

Vorgeformte Mediatoren. *Histamin* ist ein basisches Amin, das bei der Decarboxylierung von Histidin entsteht; es findet sich in Granula von Mastzellen und Basophilen und auch in Blutplättchen. Wie erstmals von H. Dale gezeigt, kommt es bei Injektion von Histamin in Meerschweinchen zu Symptomen, die denen der akuten Anaphylaxie gleichen. Darüber hinaus lassen sich viele Symptome der akuten Anaphylaxie durch die Injektion von Antihistaminika, einer Gruppe von Molekülen, die mit Histamin an seinen Bindungsstellen in den Geweben konkurrieren, blockieren. Histamin wirkt auf die glatte Muskulatur und auf die Gefäßwände. Abgesehen von einigen Ausnahmen stimuliert es eine intensive Kontraktion der glatten Muskulatur. Diese ist verantwortlich für die Bronchokonstriktion bei der akuten Anaphylaxie des Meerschweinchens.

Der anaphylaktische Effekt des Histamins auf die glatte Muskulatur läßt sich in vitro reproduzieren. Beispielsweise kontrahiert sich der normale Meerschweinchenuterus oder ein kleines Dünndarmstück aus sensibilisierten Meerschweinchen in warmer Ringer-Lösung prompt auf die Zugabe von Antigen *(Schultz-Dale-Reaktion).* Diese Kontraktion kommt zustande, weil das Antigen die Histaminfreisetzung auslöst. Ähnliche Kontraktionen beobachtet man nach unmittelbarer Zugabe von Histamin zu der Ringer-Lösung. Allerdings lassen sich durch Antihistaminika nur Histamineffekte vollständig blockieren, nicht aber der gesamte Symptomkomplex der Anaphylaxie, da an der letzteren auch andere Faktoren beteiligt sind.

Die Histaminwirkung an den Blutgefäßen erstreckt sich vorwiegend auf die Endothelzellen und die Gefäßwand. Die Endothelzellen kontrahieren sich und lassen entblößte Gefäßwandareale mit dem Blut in Kontakt treten. Dies hat eine Zunahme der Gefäßpermeabilität für größere Moleküle zur Folge. Abhängig vom Gefäßtyp können sich Blutgefäße nach Zusatz von Histamin erweitern oder kontrahieren. Gewöhnlich erweitern sich kleine Arterien und Arteriolen, während sich große Blutgefäße verengen.

Die zahlreichen Histamineffekte werden durch zwei verschiedene Rezeptoren auf den Gewebezellen, die H1- und H2-Rezeptoren, vermittelt. Man unterscheidet sie aufgrund der antagonistischen Effekte verschiedener Antihistaminika. *H1-Rezeptoren* vermitteln die meisten Histaminwirkungen auf die glatte Muskulatur und Blutgefäße, während *H2-Rezeptoren* für die Wirkung von Histamin bei der Steigerung der Magensekretion oder der Herzfrequenz und -kontraktilität zuständig sind (s. Abb. 14.2). H2-Rezeptoren wirken in geringerem Maße auch auf glatte Muskeln und sind dabei häufig antagonistisch gegenüber den H1-Rezeptoren.

Histamin übt auch Effekte auf Leukozyten und Lymphozyten aus. Bei den Eosinophilen steigert Histamin selektiv die Zahl der Oberflächenrezeptoren für C3b, und dieser Vorgang wird durch H1-Antihistaminika blockiert. Ebenfalls induziert Histamin eine Eosinophilenchemotaxis. Einige Suppressor-T-Zellen scheinen durch relativ hohe Dosen von Histamin aktiviert zu werden. Die biologische Bedeutung dieser Wirkung ist unbekannt.

Serotonin (5-Hydroxytryptamin) findet sich in Mastzellen der Ratte und Maus, bei denen es eine wichtige Rolle, ähnlich der des Histamins beim Menschen und Meerschweinchen, spielt. Es verursacht eine Zunahme der Gefäßpermeabilität

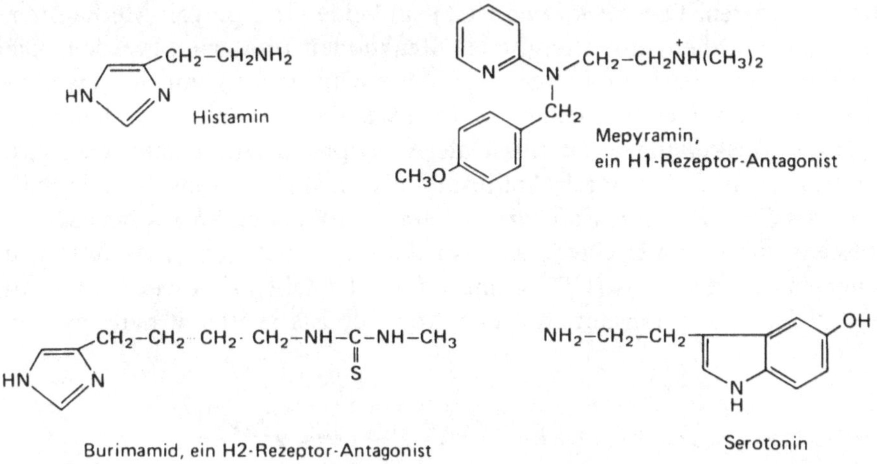

Abbildung 14.2 Chemische Struktur von Histamin und Serotonin und zweier Pharmaka, die die verschiedenen Histaminwirkungen aufheben.

und gewöhnlich eine Vasokonstriktion. (Histamin findet sich auch in Mastzellen von Nagern, aber es hat wenige biologische Effekte auf die Zielgewebe, was sich von den tiefgreifenden Wirkungen des Serotonins abhebt). An der Anaphylaxie des Menschen ist Serotonin nicht beteiligt; hier findet es sich in den enterochromaffinen Zellen des Dünndarms, wo es höchstwahrscheinlich eine physiologische Rolle spielt.

Die *chemotaktischen Faktoren* stammen aus Mastzellen und Basophilen und wirken auf Granulozyten. Die *eosinophilen chemotaktischen Faktoren* sind zwei Tetrapeptide (Val-Gly-Ser-Glu und Ala-Gly-Ser-Glu), die neben Eosinophilen auch - allerdings in einem geringeren Ausmaß - Neutrophile beeinflussen. Sie steigern auch die Expression von C3-Rezeptoren auf Eosinophilen und potenzieren die Synthese von Sauerstoff-Produkten. Andere, weniger gut charakterisierte, Moleküle üben ebenfalls chemotaktische Wirkungen auf Eosinophile und Neutrophile aus.

Mit den Granula werden auch einige *Enzyme* freigesetzt. Ihre Zusammensetzung hängt von der Zellart und der Spezies ab. Hierzu gehören ein chymotrypsinartiges und ein trypsinartiges Enzym, β-Hexosaminidase, Glucuronidase, eine Aryl-Sulfatase und ein Enzym, das vasoaktive Peptide aus Plasma generiert. Obwohl die Rolle dieser verschiedenen enzymatischen Aktivitäten unklar ist, steht fest, daß Granula neben dem hochwirksamen Histamin und Serotonin eine große Zahl weiterer potentieller Entzündungsmediatoren enthalten.

Alle Mastzellen und basophilen Granula enthalten ein *Proteoglycan*. Heparin, das in der Mastzelle vorkommt, besitzt Antikoagulans-Aktivität und eine antikomplementäre Wirkung. Seine polyanionische Natur ist für die Metachromasie der Granula verantwortlich.

Sekundäre Mediatoren. Die *Leukotriene* (LT) sind eine Gruppe von Mediatoren, die bei anaphylaktischen und allergischen Reaktionen produziert werden. Die Leukotriene wurden zuerst in Lungen von Meerschweinchen mit anaphylaktischen Reaktionen als niedermolekulare Moleküle, die eine langsame Kontraktion der glatten Muskulatur im Schultz-Dale-Assay produzierten, charakterisiert. Diese Kontraktion ließ sich durch Antihistaminika nicht beeinflussen. Die Substanz wurde als *Slow Reacting Substance of Anaphylaxis* oder *SRS-A* bezeichnet. SRS-A besteht aus drei verschiedenen Molekülen, von denen jedes aus dem anderen hergeleitet ist: LTC-4, LTD-4 und LTE-4. LT leiten sich wie die Prostaglandine von der Arachidonsäure ab. Die Arachidonsäure ist mit dem zweiten

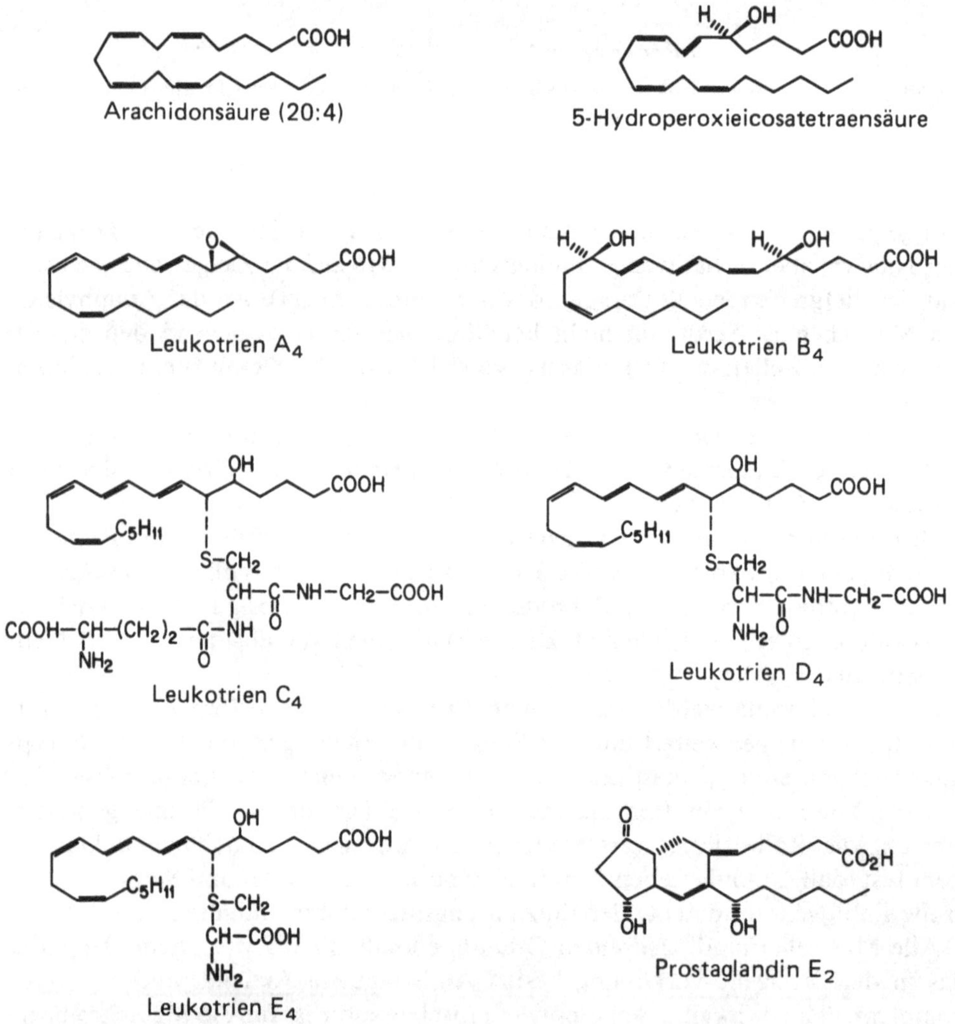

Abbildung 14.3 Strukturformeln der Leukotriene, von 5-HETE und Prostaglandin E.

Kohlenstoffatom des Glycerols der Membranphospholipide verestert und wird durch die Wirkung eines calciumabhängigen Enzyms, der Phospholipase A-2, freigesetzt. Die freigesetzte Arachidonsäure kann durch Cyclooxygenase metabolisiert werden und bringt dann verschiedene biologisch aktive Verbindungen hervor, wie die Prostaglandine E-2, I-2, D-2, F-2-α und Thromboxan A-2. Die Arachidonsäure wird auch durch Lipoxygenasen metabolisiert. Die Einwirkung von Lipoxygenase auf das Kohlenstoffatom 5 resultiert in der Produktion von 5-Hydroxy-Eikosatetraensäure (5-HETE), die zu Leukotrien A-4 (LTA-4) oder B-4 (LTB-4) umgewandelt werden kann. LTA-4 kann mit Glutathion reagieren und bildet dann LTC-4 und schließlich LTD-4 und LTE-4 (Abb. 14.3 und 14.4).

Die Moleküle, die durch den Arachidonsäure-Metabolismus entstehen, üben eine Reihe biologischer Wirkungen aus. 5-HETE und 12-HETE (ein anderes HETE, bei dem die Lipoxygenase auf das Kohlenstoffatom 12 eingewirkt hat) besitzen chemotaktische Aktivität für Neutrophile und führen auch zur Freisetzung lysosomaler Enzyme. LTB-4 ist eine der stärksten bekannten chemotaktischen Substanzen für Neutrophile und mononukleäre Zellen; es ist etwa 100mal so wirksam wie HETE und 10fach wirksamer als C5a. LTB-4 induziert eine Zunahme des *cyclo*-AMP. Es induziert auch die Freisetzung von Prostaglandinen.

LTC-4, D-4 und E-4 (die SRS-A-Verbindungen) führen zu einer sehr starken Kontraktion der glatten Muskulatur, insbesondere in der Lunge. Dieser bronchokonstriktorische Effekt von SRS-A ist stärker als derjenige des Histamins. Wegen

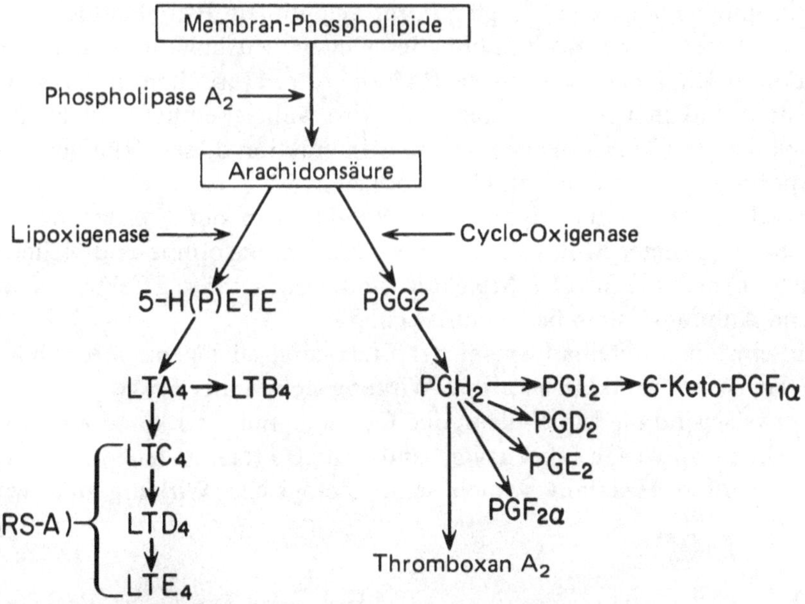

Abbildung 14.4 Hauptreaktionen beim Arachidonsäure-Stoffwechsel.

dieser starken Wirksamkeit nimmt man von LTC-4, D-4 und E-4 an, daß sie eine hauptsächliche Ursache für die Lungenveränderungen bei anaphylaktischen Reaktionen und allergischen Reaktionen, wie dem allergischen Bronchialasthma, darstellen. Diese Verbindungen führen auch zu einer Zunahme der Schleimproduktion in der Lunge, wirken auf Blutgefäße, verstärken die Zunahme der Vasopermeabilität insbesondere der postkapillären Venolen und üben vasokonstriktorische Effekte auf Arteriolen aus.

LT werden von einer Reihe von Zellen produziert, unter anderem von Mastzellen, Basophilen und Makrophagen. In der Lunge werden die LT von Mastzellen und auch von Alveolarmakrophagen gebildet. Das Ausmaß der Beteiligung jeder einzelnen Zelle bei den IgE-abhängigen Reaktionen ist allerdings unbekannt.

Bei IgG-vermittelten Reaktionen werden ebenfalls verschiedene Prostaglandine und Thromboxane produziert. Die Mastzelle ist einzigartig darin, daß sie große Mengen von PGD-2 produziert. PGD-2 und Thromboxan A-2 üben auch bronchokonstriktorische Effekte aus. PGE-2 kann die Mastzell-Degranulation verhindern. Man nimmt an, daß die PG-Produktion ein Sekundärereignis ist, das auf die Freisetzung der Granula und die Produktion der LT folgt. Beispielsweise führt die Zugabe von Histaminantagonisten und LT zu Lungenfragmenten, die mit Antigen zusammengebracht werden, zur Hemmung der PG-Produktion.

Schließlich gibt es noch den *Plättchen-Aktivierungsfaktor* (PAF). Man nimmt an, daß er sich von Membran-Phospholipid ableitet. Seine chemische Formel wurde im Kapitel 13 beschrieben. PAF ist eine wichtige Komponente in der Pathogenese der systemischen Anaphylaxie des Kaninchens, wo er die Freisetzung von Mediatoren aus Plättchen verursacht. Seine Funktion in anderen Spezies wird derzeitig untersucht. In gereinigter Form agglutiniert PAF Plättchen und Neutrophile und kann eine Kontraktion der glatten Muskulatur verursachen. Nach Injektion in Kaninchen verursacht PAF die respiratorischen und vaskulären Symptome der akuten Anaphylaxie. PAF wird wahrscheinlich von Neutrophilen, Basophilen und Makrophagen nach der Interaktion dieser Zelle mit Antigen-Antikörper-Komplexen oder mit C5a produziert.

Im wesentlichen scheint die Ligand-IgE-Interaktion in der Freisetzung und Produktion sehr wirksamer Moleküle durch Mastzellen, Basophile und vielleicht andere Zellen zu resultieren. Die Moleküle sind wegen ihrer Effekte auf das Kreislauf- und Atmungssystem besonders wichtig.

Wie sie im einzelnen miteinander bei der Erzeugung aller genannten Phänomene reagieren, ist noch unklar, aber ihre Wirkung steht außer Frage.

Glücklicherweise sind die Moleküle in den Geweben nur über kurze Zeit wirksam, da sie schnell durch Gewebeenzyme und andere Proteine zerstört werden. Beispielsweise verliert Histamin schnell seine biologische Wirkung und wird rasch eliminiert.

Anaphylaxie und Komplement

Eine Beziehung zwischen anaphylaktischen Reaktionen und Komplement ist immer wieder in Betracht gezogen worden. Das Ausmaß einer derartigen Beziehung ist, wie man heute weiß, beschränkt. Keiner der anaphylaktischen Antikörper, die sich an Mastzellen binden, aktiviert direkt das Komplementsystem: Komplement wird nicht für die Freisetzung vasoaktiver Amine aus den Zellen nach der Reaktion von IgE oder γ1 mit Antigen benötigt. Der effektivste und empfindlichste Mechanismus der Freisetzung vasoaktiver Amine läuft über anaphylaktische Antikörper auf dem oben beschriebenen Weg. Es gibt aber auch einen Weg für die Freisetzung vasoaktiver Amine, an dem Komplement beteiligt ist. Er ist aber weit weniger effektiv. So besitzen Spaltprodukte von C3 und C5, nämlich C3a und C5a, die Fähigkeit, Mastzellen zur Degranulation und zur Freisetzung vasoaktiver Amine zu bringen. Als Beiprodukt der klassischen Reaktion von Antigen und Antikörper mit Komplement werden diese aktivierten Fragmente aus C3 und C5 freigesetzt und lösen Entzündungsreaktionen aus. Es handelt sich hierbei um die gleichen Fragmente, welche chemotaktisch für Leukozyten sind. Es sei aber betont, daß es sich hierbei um einen Mechanismus von untergeordneter Bedeutung für die Sofortallergie und Anaphylaxie handelt. Dieser Weg erfordert viel höhere Antikörperkonzentrationen als für die Freisetzung vasoaktiver Amine durch anaphylaktische Antikörper der IgE- und γ1-Klasse benötigt werden, die das Komplementsystem nicht direkt aktivieren.

Bedeutung der anaphylaktischen Reaktion und der Allergie beim Menschen

Wie bereits erwähnt, stellen IgE-Antikörper bei den meisten Warmblüterarten einschließlich des Menschen die Hauptklasse anaphylaktischer Antikörper dar. Die IgE-Antwort ist ein normaler Bestandteil der Immunantwort auf thymusabhängige Antigene. So produziert ein Individuum auf Sensibilisierung mit einem Protein nicht nur IgM- und IgG-Antikörper, sondern auch IgE-Antikörper. Letztere werden aber nur für kurze Zeit und in geringen Mengen gebildet. Nach einer Zweitinjektion von Antigen kommt es zu einer Sekundärantwort, die vom IgG-Typ ist und eine nur wenig ins Gewicht fallende IgE-Komponente aufweist.

Worin besteht die physiologische Bedeutung der IgE-Antikörper? In Kapitel 3 wurde die spekulative Möglichkeit angesprochen, daß IgE-Antikörper von besonderer Bedeutung für die Aufrechterhaltung einer Schleimhautimmunität, z.B. im Gastrointestinaltrakt, sein könnten. Die anaphylaktische Komponente läßt sich als ein Verteidigungsmechanismus auffassen, der lokale Entzündungsreaktionen auslöst und auf diese Weise dazu beiträgt, daß humorale und zelluläre Elemente der Abwehr an die Eintrittstellen körperfremder Organismen gebracht werden.

IgE-Antikörper können in zweierlei Art und Weise bei der Immunität gegen *Parasiteninfektionen* wirksam werden: 1. Indem sie die Degranulation von Mastzellen vermitteln, induzieren sie die Freisetzung von eosinophilen-chemotaktischem Faktor (ECFA). Der ECFA lockt Eosinophile an und steigert auch die Zahl ihrer Fc-Rezeptoren. 2. Die IgE-Antikörper könnten auch die Anheftung der Eosinophilen an die Parasiten vermitteln. (Die Eosinophilen tragen nämlich Fc-Rezeptoren für IgG und für IgE). Diese Anlagerung resultiert in der Freisetzung von basischen Proteinen, die für einige Parasiten letal sind. Der Abtötungsmechanismus ist z. B. gegen Larven von *Schistosoma mansoni* und *Trichinella spiralis* wirksam. Eine Reihe von Experimenten hat gezeigt, daß eine Unterdrükkung der IgE-Antikörperantwort oder die Herabsetzung der Eosinophilenzahlen die Resistenz gegen diese beiden Parasiteninfektionen reduziert. In zwei Situationen gewinnen die auf die anaphylaktische Antikörperbildung zurückzuführenden Symptome so sehr die Oberhand, daß nachteilige Folgen für das Individuum entstehen. Die eine ist bei der Immunantwort gegen gewöhnliche thymusabhängige Antigene bei denjenigen Arten gegeben, bei denen, wie z. B. Meerschweinchen, der γ1-Typ den hauptsächlichen anaphylaktischen Antikörper darstellt. Die andere ist der Allergiezustand beim Menschen und anderen Arten. Immunisierung von Meerschweinchen mit regulären Protein-Antigenen resultiert regelmäßig in einer starken Produktion von γ1-Antikörpern und langsam wandernden IgG-Antikörpern (beim Meerschweinchen γ2 genannt). Ausnahmslos löst die intravenöse Injektion von Antigen bei sensibilisierten Meerschweinchen eine akute Anaphylaxie aus. Wegen der starken Produktion von γ1-Antikörpern ist das Meerschweinchen in höchstem Maße bereit, anaphylaktische Reaktionen zu entwickeln, so daß sogar eine Sensibilisierung des Muttertiers zur Reaktionsbereitschaft der Nachkommen führen kann.

Die zweite derartige Situation ist der allergische Zustand des Menschen. Der Begriff der Allergie wurde von v. Pirquet 1906 geprägt, um einen Zustand abnormer Reaktivität gegen ein Fremdantigen zu bezeichnen. Der Allergiebegriff sollte auf allgemeine oder lokale anaphylaktische Reaktionen, die durch IgE-Antikörper hervorgerufen werden, beschränkt bleiben. Allergische Reaktionen sind beim Menschen häufig. Sie folgen auf die Sensibilisierung oder den Kontakt mit gewissen Antigenen (Allergenen), gegen die ein Individuum mit einer selektiven oder vorwiegenden IgE-Antikörperbildung antwortet. Allergene sensibilisieren bereits in sehr geringen Mengen. Viele Allergene kommen als suspendierte Staubpartikel vor, von denen einige in Kontakt mit der *Mucosa* der Nase bzw. des unteren Respirationstrakts oder mit der Haut geraten. Das allergische Individuum scheint daher die stark ausgeprägte Neigung zu besitzen, mit einer besonders kräftigen IgE-Bildung gegen die geringen Mengen Allergen zu reagieren, welche über die Schleimhäute eindringen. Allergische oder „atopische" Individuen, ein Begriff, den Coca vor vielen Jahren prägte und den Allergologen häufig gebrauchen, können sich in bestimmten Familien häufen, was auf eine genetische Grundlage hindeutet. Eine genetische Kontrolle der IgE-Bildung ist bei Versuchstieren und beim Menschen nachgewiesen.

Anaphylaktische Allgemeinreaktionen beim Menschen laufen wegen ihres plötzlichen Auftretens und ihrer Schwere dramatisch ab. Heute beruhen die meisten Fälle auf sensibilisierendem Kontakt mit Arzneimitteln, z. B. Penicillin. Allergische Reaktionen auf Insektenstiche können ebenfalls schwere Allgemeinerscheinungen hervorrufen.

Zu den lokalen allergischen Reaktionen gehören die allergische Rhinitis (Heuschnupfen), einige Formen von Asthma bronchiale, Urticaria und ekzematöse Dermatitis. *Allergische Rhinitis* ist durch starkes Anschwellen der Nasenschleimhaut nach Kontakt mit Allergenen in der Luft charakterisiert. Die Schleimhaut ist ödematös und mit Eosinophilen infiltriert - den typischen Leukozyten allergischer Reaktionen. Die häufigsten Allergene der allergischen Rhinitis sind Pflanzenpollen, Hautschuppen oder Materialien aus Pilzen. In den USA ist eine häufige Noxe der Pollen des „Ragweed" (*Ambrosia bifida* bzw. *Ambrosia artemisiiflora*), dessen Antigen (Antigen E) isoliert worden ist.

Asthma bronchiale resultiert aus einer Erschwerung des normalen Luftstroms, die durch Bronchokonstriktion verursacht wird. Viele Fälle von Asthma bronchiale, insbesondere bei jungen Patienten, entwickeln sich aus einer Allergie gegen Antigene in der Luft. Das allergische Asthma bronchiale hat allerdings eine komplexe Pathogenese, die sich nicht ausschließlich durch den allergischen Status erklärt, sondern vielleicht auch andere Faktoren, wie Defekte der β-adrenergen Rezeptoren, zur Grundlage hat.

Die sachgerechte Behandlung akuter anaphylaktischer Reaktionen kann eine lebensrettende Maßnahme sein. Dies trifft insbesondere für Individuen mit Allergie gegen die Antigene des Bienengifts oder der Gifte anderer Insekten zu, wie auch für Individuen, welche unbedacht Injektionen von Arzneimitteln, wie z. B. Penicillin, erhielten, gegen die sie hochallergisch sind. Es ist lebensentscheidend zu wissen, wie man sich in solchen Situationen zu verhalten hat, um die lebensbedrohlichen Phänomene anaphylaktischer Reaktionen abzufangen. Glücklicherweise hat uns die Natur mit physiologischen Antagonisten der vasoaktiven Amine, die für Symptome der anaphylaktischen Reaktionen verantwortlich sind, ausgestattet. Derartige Antagonisten sind die Katecholamine, vor allem *Adrenalin*. Letzteres oder Isoproterenol muß einem Patienten im anaphylaktischen Schock unverzüglich appliziert werden. Adrenalin wirkt auf verschiedene Weise als Antagonist des Histamins. Es blockiert durch β-Wirkung die Histamineffekte auf die glatte Muskulatur und bringt diejenigen Muskeln zur Erschlaffung, welche das Histamin zur Konstriktion bringt. Im Tierexperiment kann man eindrucksvoll demonstrieren, wie ein Meerschweinchen durch die Injektion einer für die Erschlaffung der Bronchialmuskulatur ausreichenden Adrenalindosis nach Einsetzen des Schocks aus der Anaphylaxie gerettet wird. Darüber hinaus verursachen Katecholamine, wie oben ausgeführt, einen Rückgang der Freisetzung vasoaktiver Amine aus Mastzellen und blockieren durch α-Wirkung den Effekt von Histamin auf die Gefäßpermeabilität und den Gefäßtonus und verhindern somit den Gefäßkollaps. Neben den Katecholaminen stehen uns Antihistaminika zur Verfügung, welche die Histamineffekte am Wirkort blockieren. Antihistaminika müssen einem Individuum mit einer anaphylaktischen Reaktion unmittelbar und in ausreichender Dosierung parenteral gegeben werden.

Es ist seit langem bekannt, daß langfristige Behandlung mit dem sensibilisierenden Antigen durch Gabe steigender Dosen eine sehr wirksame Maßnahme zur Verhinderung der Symptomatologie des Heuschnupfens und anderer Formen saisonal auftretender Allergieformen darstellt. Dies ist die Grundlage der Desensibilisierungs-Therapie. Erst in den letzten Jahren ließ sich zeigen, daß der „Desensibilisierungsmechanismus" auf der Synthese spezifischer IgG-Antikörper beruht; diese weisen eine ausreichend hohe Affinität auf, um das Antigen zu binden und somit zu verhindern, daß es das IgE auf den sensibilisierten Mastzellen erreicht und die Symptome verursacht, welche auf der Histaminfreisetzung beruhen. Der Behandlungserfolg ließ sich direkt mit der Gegenwart eines ausreichenden Spiegels „blockierender" IgG-Antikörper der genannten Art im Serum der Patienten korrelieren. Solche Behandlungsmethoden, über Jahre durchgeführt, sind wirkungsvoll und mit einem verhältnismäßig geringen Sicherheitsrisiko behaftet.

15 Immunmangelkrankheiten

In diesem Kapitel werden Beispiele für primäre und sekundäre Immunmangelkrankheiten sowie Defekte des Komplement- und phagozytären Systems behandelt.

Primäre Immunmangelerkrankungen

Primäre, spezifische Immunmangelerkrankungen sind entweder vererbt oder erworben. Die Patienten sind zu einer spezifischen Immunantwort nicht befähigt und neigen daher in besonderem Maße zu Infektionen. Die primären spezifischen Immundefizienzen gehen auf ein Fehlen oder einen Reifungsdefekt im B-und/oder T-Zellbereich zurück. Von den siebzehn zur Zeit bekannten Immunmangelkrankheiten sollen im folgenden die wichtigsten beschrieben werden.

X-chromosomen-gebundene Agammaglobulinämie (Angeborene Agammaglobulinämie, Brutonsche Krankheit). Die angeborene Agammaglobulinämie wird X-chromosomen-gebunden vererbt und kommt nur bei männlichen Individuen vor. Betroffene Knaben besitzen keine B-Lymphozyten, und in den lymphatischen Organen fehlen die Keimzentren. Lymphknoten sind bar jeder Plasmazelle, ebenso der Darm, die Milz und andere, normalerweise Plasmazellen enthaltende Gewebe. Da bei normalen Kindern die meisten B-Zellen in den Tonsillen vorkommen, sind diese bei Kindern mit X-gebundener Agammaglobulinämie stark verkleinert, ein für die Krankheit charakteristisches Merkmal. Im Serum lassen sich weder IgM, IgA, IgD noch IgE nachweisen. Der IgG-Spiegel beträgt weniger als 10% der Normalwerte und liegt in der Regel unter 50 mg/dl. Nach Antigeninjektion bleibt die Antikörperantwort aus.

Der Thymus sowie die Zahl der T-Zellen und ihre Funktionen sind normal. Betroffene Individuen zeigen eine normale Allergie vom verzögerten Typ, Kontaktallergie und eine normale Transplantatabstoßungsreaktion.

Der primäre Defekt liegt im B-Zell-Bereich. Die B-Zellen weisen eine Reifungshemmung zwischen Vorläufer-B-Zellen und reifen B-Zellen auf. Vorläufer-B-Zellen besitzen kein Oberflächen-Immunglobulin, exprimieren jedoch schwere Ketten in ihrem Zytoplasma. Anschließend werden die Gene für die leichten Ketten exprimiert und das Immunglobulin im Verlaufe der Reifung zu einer reifen B-Zelle zusammengesetzt. Knaben mit X-chromosomen-gebundener Agammaglobulinämie besitzen eine normale Anzahl von Vorläufer-B-Zellen, aber diese entwickeln sich nicht zu reifen B-Zellen. Fehler in der Translokation von V_H-Genen sind heute bekannt, was darauf hinweist, daß der genetische Defekt in einer inkorrekten Zusammensetzung von H-Ketten-Genen liegt.

Da IgG im Gegensatz zu anderen Immunglobulinen transplazentar übertragen wird, sind Knaben mit X-chromosomen-gebundener Agammaglobulinämie in den ersten sechs bis neun Lebensmonaten durch Gammaglobulin der Mutter geschützt. Danach leiden sie an wiederholt auftretenden Infektionen des Mittelohrs (Otitis media), der Lungen (Pneumonie), der Haut (Pyodermien) und manchmal auch der Meningen (Meningitis). In absteigender Häufigkeit kommen als Erreger *Hämophilus influenzae, Diplococcus pneumoniae, Staphylococcus aureus* und β-hämolysierende Streptokokken in Frage. Andererseits sind diese Knaben gegenüber Infektionen mit Pilzen, Parasiten, Enterobakteriazeen und Viren nicht empfänglicher als normale Individuen. Sie zeigen allerdings häufig, ähnlich wie Patienten mit rheumatoider Arthritis, Symptome von Kollagen-Krankheiten, wie z. B. geschwollene Gelenke. Gelegentlich entwickeln die Patienten eine tödliche Myositis und Meningo-Enzephalitis durch seltene Echo-Virustypen. Die Patienten haben auch Schwierigkeiten mit der Eliminierung attenuierter Poliomyelitis-Viren, was darauf hinweist, daß Antikörper bei dieser Virusinfektion eine wichtige Rolle spielen (s. Kap. 7). Fälle von schwerer Infektion mit *Giardia lamblia,* einem intestinalen Protozoon, das üblicherweise keine schweren Krankheiten hervorruft, sind bekannt geworden.

Behandlung mit Gammaglobulin-Injektionen verhindert die wiederkehrenden eitrigen Infektionen bei Knaben mit X-chromosomen-gebundener Agammaglobulinämie. Das Gammaglobulin wird als 16%ige Lösung von Immunserumglobulin (ISG) gegeben, das durch Alkoholfraktionierung aus dem Sammelplasma von etwa 2000 Blutspendern gewonnen wird. Eine Dosierung von 0,6 ml oder 100 mg pro kg Körpergewicht alle vier Wochen intramuskulär wird als ausreichende Prophylaxe gegen eitrige Infektionen angesehen.

Die gemeine variable Agammaglobulinämie (erworbene oder Late-Onset Agammaglobulinämie). Die Ätiologie der erworbenen Agammaglobulinämie ist unbekannt. Sie kann in jedem Lebensalter auftreten. Beide Geschlechter sind gleichermaßen betroffen. Im Gegensatz zu der X-chromosomen-gebundenen Form der Erkrankung besitzen die meisten Patienten B-Zellen. Diese reifen jedoch nicht zu Ig-sezernierenden Plasmazellen heran. Folgende Formen von B-Zell-Abnormalitäten werden beobachtet: 1. Die B-Zellen reagieren nicht auf Antigen und auf mitogene T-Zellfaktoren. Weder teilen sie sich, noch synthetisieren oder sezernieren sie Ig.

2. B-Zellen reagieren auf Antigen und auf mitogene T-Zellfaktoren. Sie teilen sich und synthetisieren Immunglobulin, können es jedoch nicht sezernieren. Dieser Zustand geht mit einem Defekt in der Glycosylierung schwerer Ketten und einem Fehlen von Epstein-Barr-Virus-Rezeptoren auf B-Zellen einher.

3. Bei einigen Patienten sind die B-Zellen zwar normal, differenzieren sich aber nicht, weil entweder T-Helferzellen fehlen, oder aber weil eine zu starke Suppressor-T-Zell-Aktivität besteht. Selten existieren auch Autoantikörper gegen T- oder B-Zellen.

Die T-Zell-Funktion bei Patienten mit der gemeinen, variablen Form der Agammaglobulinämie verschlechtert sich in der Regel über einen längeren Zeitraum hin. Das läßt sich besonders bei Patienten mit einem gleichzeitig bestehenden Thymom beobachten. Das Serum enthält typischerweise weniger als 250 mg/dl IgG und weniger als 50 mg/dl IgA und IgM. Die Empfänglichkeit für Infektionen gleicht der bei der X-chromosomen-gebundenen Form. Bis es zur Diagnosestellung kommt, sind meistens mehrere Pneumonien abgelaufen, die in chronische progrediente *Bronchiektasien,* die häufigste Komplikation dieser Erkrankung, übergehen können. Gleichzeitige Autoimmunerkrankungen sind häufig, darunter insbesondere die perniziöse Anämie. Hypertrophierende B-Zell-Ansammlungen in der Lamina propria des Darms resultieren in *knötchenförmiger lymphoider Hyperplasie,* die oft von chronischem Durchfall, Sprue-Symptomatik und Infektion des Darmes mit dem Protozoon *Giardia lamblia* begleitet ist.

Die Behandlung entspricht der Therapie der X-chromosomen-gebundenen Agammaglobulinämie.

Angeborene Thymusaplasie (DiGeorge-Syndrom). Die angeborene Thymusaplasie ist nicht erblich. Sie entsteht in utero aufgrund einer Verletzung der 3. und 4. Schlundtasche zwischen der 5. und 6. Gestationswoche. Die betroffenen Kinder besitzen entweder keine oder nur wenige T-Zellen. Die Keimzentren in Lymphknoten und Milz sind normal. Plasmazellen sind ebenfalls in normaler Zahl vorhanden. Eine allergische Reaktion vom verzögertem Typ und eine Transplantatabstoßungsreaktion kommen nicht zustande. Der Thymus läßt sich bei Autopsie gewöhnlich nicht nachweisen, oder es finden sich bei Serienschnitten nur geringe mikroskopische Thymusreste. Der Serumimmunglobulin-Spiegel ist normal. Eine schwache primäre Antikörperantwort läßt sich auslösen, jedoch keine Sekundärantwort. Es kommt in frühem Alter zu Infektionen mit opportunistischen Mikroorganismen, d.h. Mikroorganismen, die nur bei Individuen mit einer geschwächten Abwehrlage Krankheiten auslösen. Typischerweise werden Patienten mit *Candida albicans* von der Zunge und der Haut her infiziert, entwikkeln Pneumonien durch das Protozoon *Pneumocystis carinii* und können Virusinfektionen nicht unter Kontrolle bringen, so daß Masern-, Windpocken-, Vaccinia- und Herpesinfektionen tödlich verlaufen können. Mit diesem Syndrom gehen häufig kongenitale Anomalien des Herzens und des Gesichts einher. Da die Parathyreoideadrüsen auf denselben embryonalen Ursprung wie der Thymus zurückgehen, besitzen die betroffenen Kinder keine Parathyreoidea, so daß sich Hypokalzämien und Tetanien entwickeln. Eine wirksame Behandlung hat sich bisher nur durch Übertragung von fötalem Thymus durchführen lassen. Diese Therapie führt innerhalb von sieben Tagen zu einer prompten Herstellung der T-Zell-Funktion.

Schwere kombinierte Immundefizienz (Alymphozytose, erbliche Thymus-Dysplasie, Schweizer Agammaglobulinämie, SCID). Die Ätiologie dieser Krankheit ist immer genetisch bedingt. Die Krankheit kann X-chromosomen-gebunden rezessiv oder autosomal rezessiv vererbt werden. Das Verhältnis von betroffenen männlichen und weiblichen Kindern ist 3:1.

Die Patienten besitzen keine T-Lymphozyten und haben eine stark ausgeprägte Lymphopenie. Die Mehrzahl besitzt auch keine B-Zellen und ist damit agammaglobulinämisch. Die Patienten bilden keine Allergie vom verzögerten Typ aus und können keine Transplantate abstoßen. Der Thymus ist embryonal, er weist keine lymphoiden Elemente auf und enthält nur Endodermzellen, die in kleinen Inseln oder Anhäufungen angeordnet sind. Dieser Thymusbefund ist für die Krankheit pathognomonisch. Die Patienten zeigen eine Empfänglichkeit für Opportunisten-Infektionen und überleben nicht länger als zwei Jahre. Sie sind auch sehr anfällig für Virusinfektionen, insbesondere Herpes, Zytomegalie- und Varizellen. Eine Impfung mit BCG oder mit Vacciniavirus kann in einer tödlichen Infektion enden. Die Patienten sind ebenfalls sehr anfällig für die Graft-Versus-Host-Krankheit. Viele Patienten werden mit einem Hautausschlag geboren, der auf die Aktivität von Lymphozyten der Mutter zurückgeführt wird, welche die Plazenta durchquert haben.

SCID wird heute erfolgreich mit Knochenmarktransplantation therapiert. Die transplantierten Stammzellen gedeihen und entwickeln sich im Empfänger zu reifen T- und B-Zellen, die den Immundefekt ausgleichen. Man muß allerdings mit äußerster Sorgfalt die reifen T-Lymphozyten aus dem Knochenmark für den Fall eliminieren, daß Spender und Empfänger nicht genau kompatibel sind. Schon wenige T-Zellen reichen aus, um eine schwere Graft-Versus-Host-Krankheit auszulösen, da der Patient keinen Mechanismus besitzt, um die fremden T-Lymphozyten zu zerstören.

SCID ist eine genetisch bedingte Erkrankung, die in verschiedenen Varianten vorkommt. Bei 50% aller Patienten mit der autosomal rezessiven Form ließ sich ein bestimmter biochemischer Defekt, ein Fehlen des Enzyms Adenosindesaminase (ADA) nachweisen. Das Gen für ADA ist auf Chromosom 20 lokalisiert. ADA findet sich normalerweise in allen Zellen, fehlt aber in den Zellen der Patienten. Es besteht eine gewisse Wahrscheinlichkeit, daß lymphoide Zell-Linien von Patienten zwar eine Messenger-RNA für ADA besitzen, diese Patienten könnten aber defekte Produkte aufweisen oder ADA schnell abbauen.

ATP	dATP
↑	↑
ADP	dADP
↑	↑
AMP	dAMP
↑	↑

Adenosin $\xrightarrow{\text{ADA}}$ Inosin $\xrightarrow{\text{PNP}}$ Hypoxanthin

(ADA: Adenosindesaminase; PNP: Purinnucleosid-Phosphorylase).

Trotz des Fehlens von ADA in allen Zellen manifestiert sich eine ADA-Defizienz nur als ein Defekt im lymphoiden System. Man nimmt an, daß der Defekt in einer deutlichen zellulären Anreicherung von ATP und von Desoxy-ATP (dATP) resultiert. Das dATP ist für lymphoide Zellen sehr toxisch, da es das Enzym Ribonucleotidase-Reduktase hemmt und damit die DNS-Synthese blokkiert.

Es ist auch möglich, daß ADA Probleme bei der Methylierungs-Reaktion verursacht. Adenosin im Überschuß resultiert in der Akkumulierung von S-Adenosyl-homocystin, einem Produkt von S-Adenosyl-methionin, das die Methyl-Transferasen hemmt.

Im folgenden wird ein Fall von ADA-Defizienz in Boston beschrieben. Ein weibliches Baby wurde in das Krankenhaus mit einer interstitiellen Pneumonie eingeliefert. Die Diagnose eines SCID wurde durch die schwere Lymphopenie und das Fehlen eines Thymusschattens im Röntgenbild wahrscheinlich gemacht. Ein Bruder war im Alter von drei Monaten gestorben und hatte bei der Autopsie Symptome von SCID gezeigt. Die peripheren Blutleukozyten reagierten nicht auf Phytohämagglutinin-Stimulation. Die Patientin wurde in eine Isolette verbracht und unter sterilen Bedingungen aufgezogen. Die Bestimmung des Histokompatibilitäts-Typs der Familie ergab, daß ihr einziges lebendes Geschwister - ein vier Jahre alter Bruder - HLA-identisch war. Ihre gemischten Lymphozyten-Kulturen stimulierten sich gegenseitig nicht. Die Erythrozyten des Bruders waren A und die des Empfängers 0. Die Patientin erhielt 5×10^7 kernhaltige Knochenmarkzellen pro Kilogramm intravenös (total übertragene Zellmenge: 25×10^7) unmittelbar nach der Gewinnung aus dem Spender. Nach 11 Tagen trat erstmals ein makulopapulöser Ausschlag am Hals und hinter den Ohren auf und breitete sich peripher aus. Die Patientin blieb aber fieberfrei. Der Ausschlag ging nach fünf Tagen zurück, und die Haut begann abzuschilfern, insbesondere über den volaren Oberflächen der Hände und Füße. Die Abschilferung hielt drei bis vier Wochen an. Eine Hautbiopsie ergab nur minimale Rundzell-Infiltrate unter der Epidermis. Fluoreszierende Antikörper gegen alle Immunglobuline und C3 ergaben keine Reaktionen. Eine deutliche Bluteosinophilie bestand während der gesamten Zeit. Die Patientin hatte eine Graft-Versus-Host-Reaktion entwickelt.

Vierzehn Tage nach Transplantation reagierten periphere Blutleukozyten schwach auf Phytohämagglutinin. Es fanden sich Mitosen mit einem männlichen Karyotyp. Die Karyotypen-Analyse mehrerer Knochenmarkaspirate ergab nur in Teilung begriffene weibliche Zellen. Das Baby begann Gewicht zu gewinnen, und palpierbare Lymphknoten erschienen in der Zervikalregion, in der Axillar- und Inguinal-Region. Im Röntgenbild zeigte sich kein Thymus-Schatten. Die Serum-Immunglobuline stiegen zehn Tage nach der Transplantation erkennbar an. Der IgA-Spiegel im Speichel betrug 3 mg/100 ml. Nach zwei Booster-Injektionen mit Diphtherie- und Tetanus-Toxoid entwickelten sich Antitetanus- und Antidiphtherie-Antikörper. Der Anti-B-Iso-Hämagglutinintiter betrug 32; Anti-A blieb unterhalb der Nachweisschwelle, obwohl im Rezipienten nur 0-Zellen gefunden wurden. Zehn Wochen nach der Knochenmarkübertragung zeigte ein 17 Tage vorher übertragenes Hauttransplantat von voller Dicke makroskopische und mikroskopische Hinweise auf eine Abstoßung. Vor der Entlassung nahmen die Bluteosinophilen ab, die Immunglobulin-Spiegel waren normal, und ein Knochenmark-Aspirat ergab das Vorhandensein von Plasmazellen. Die peripheren Blutlymphozyten zeigten eine normale Proliferation auf Phytohämagglutinin und Candida-Antigen. Die Patientin reagierte auf eine intradermale Injektion von Candida-Antigen mit einer typischen allergischen Reaktion vom verzögerten Typ mit Erythem und Induration.

Heute, 13 Jahre nach Transplantation, ist das Kind bei guter Gesundheit. Die Erythrozyten sind vom Typ 0, und es ist kein Chimärismus der Erythrozyten festzustellen.

Auch ein Defekt des Enzyms Purinnucleosid-Phosphorylase (NP) resultiert in SCID. Es handelt sich hierbei um einen seltenen Enzym-Defekt, der bislang in einigen Familien gefunden werden konnte. Bei den meisten Patienten fehlt das Enzym, das normalerweise auf Chromosom 14 lokalisiert ist. NP-defiziente Patienten haben einen hohen Spiegel von Inosin, Guanosin, Desoxyguanosin, GTP sowie Desoxy-GTP. Man nimmt an, daß das Desoxy-GTP die Zellproliferation hemmt, indem es die Ribonucleotidase-Reduktase behindert.

Sekundäre Immundefizienz

Spezifische Immundefizienzen können sich infolge von Krankheitszuständen entwickeln, die mit Verlust oder Zerstörung von Immunglobulin, T- oder B-Zellen verbunden sind. Beispielsweise kann es bei Erkrankungen des Gastrointestinaltraktes zu Immunglobulinverlusten über den Gastrointestinaltrakt kommen. Ein Immunglobulinverlust kann auch über die Haut erfolgen, so beispielsweise bei Verbrennungen, Ekzemen und anderen Dermatosen. Der Immunglobulin-Katabolismus nimmt beim nephrotischen Syndrom und beim multiplen Myelom zu und kann eine ausgeprägte Hypogammaglobulinämie hervorrufen. Die häufigsten Ursachen einer sekundären und spezifischen Immundefizienz sind zytotoxische Medikamente, Bestrahlung oder Glucocorticoid-Therapie, die ausnahmslos zu einer ausgeprägten Zerstörung der T- und B-Zellen führen.

Erworbenes Immun-Defizienz-Syndrom (AIDS). Das erworbene Immun-Defizienz-Syndrom (AIDS) wird durch das HTLV-TypIII-(HIV-)Virus ausgelöst, das ausschließlich T-Helferzellen befällt. AIDS-Patienten leiden an schweren Infektionen mit opportunistischen Erregern, die in normalen Individuen keine Infektionen hervorrufen, die jedoch in der Abwesenheit einer Infektions-Immunität pathogen wirken können. Hierzu zählen die Zytomegalie-Viren und *Pneumocystis carinii.* Beide Erreger können schwere Lungeninfektionen erzeugen. Patienten mit AIDS besitzen keine T-Zell-Immunität; sie sind stark lymphopenisch, und das Verhältnis von T4- zu T8-Zellen ist umgekehrt wie bei Gesunden (s. Kap. 5). Ihr Immunglobulin-Spiegel ist normal oder erhöht, was einen schweren Defekt im B-Zell-Bereich ausschließt. Patienten mit AIDS können auch Tumoren entwickeln, insbesondere das *Kaposi-Sarkom*. AIDS scheint sowohl durch Sexualkontakt als auch durch Blut übertragen zu werden. Es wurden Fälle bei Blutern beschrieben, die auf Blutübertragung oder Injektion von Antihämophilen-Globulin zurückgehen.

Komplementdefekte

Ein genetisch bedingter Mangel ist für C1q, C1r, C1s, C2, C4, C3, C5, C6, C7, C8 und für C9 beschrieben. Die Defekte werden ausnahmslos autosomal rezessiv vererbt. Heterozygote Individuen lassen sich leicht daran erkennen, daß sie nur die halben Normwerte für diese Komplementkomponenten aufweisen. Der C2-Mangel ist beim Menschen häufig. So ist eine von 100 Personen für diesen Defekt heterozygot. C1q-Mangel findet sich oft bei Japanern, bei denen jeder 50. für diesen Defekt heterozygot ist. Die Symptomatik entspricht bei den Defekten im Bereich der frühen Komplementkomponenten (C1, C2, C4) der Symptomatik einer Immunkomplex-Erkrankung, während bei den Defekten im Bereich der späten Komponenten (5 bis C8) rekurrierende *Neisserien-Infektionen* im Vordergrund stehen. Eine C3-Defizienz ist mit einer Neigung zu eitrigen Infektionen vergesellschaftet. Diese klinischen Erscheinungsbilder unterstreichen die Bedeutung des Komplements 1. bei der Eliminierung und/oder Auflösung von Immunkomplexen, 2. im Rahmen der antibakteriellen Keimabtötung und 3. bei der Opsonisierung (Tab. 15.1).

Von großer klinischer Bedeutung ist das Fehlen von Inhibitoren des Systems, C1-Inhibitor und C3b-Inaktivator. Eine *C1-Inhibitor-Defizienz* ist mit dem genetisch bedingten *hereditären angioneurotischen Ödem* vergesellschaftet, das autosomal dominant vererbt wird. Bei 85% der befallenen Patienten fehlt der C1-Inhibitor. Bei den restlichen 15% besitzen die Patienten ein nicht-funktionierendes, antigenmäßig jedoch normales Protein (s. Tab. 15.1). Die Patienten leiden an rekurrierenden Anfällen von subkutanen, an jeder Körperstelle auftretenden Schwellungen oder an intestinalen Ödemen, die Koliken, Erbrechen, Übelkeit und gelegentlich wäßrige Diarrhöen hervorrufen. Larynx-Schwellungen können zum Tod durch Ersticken führen. Im Blut der Patienten tritt aktiviertes C1 auf. C4 und C2 werden in vivo sehr schnell verbraucht, so daß C4 und C2 stark erniedrigt sind. C3 und die folgenden Komponenten sind nicht betroffen. Attakken von angioneurotischem Ödem werden durch Trauma, Menses, körperliche Anstrengung, extreme Temperaturschwankungen oder Angstzustände ausgelöst. Eine spezifische Behandlung existiert nicht. Patienten mit Laryngealödem müssen tracheotomiert werden. Eine wirksame Prophylaxe läßt sich mit Androgenen durchführen, die die Synthese des C1-Inhibitors induzieren.

Tabelle 15.1 Klinische Probleme in Verbindung mit Komplement-Defekten

Fehlendes Komplement-Protein	Klinisches Problem
C1q	Häufiges Vorkommen von Immunkomplex-Krankheiten
C1r	W. V.
C2	W. V.
C4	W. V.
C3	Wiederkehrende eitrige Infektionen
C5	Wiederkehrende Neisserien-Infektionen; häufiges Auftreten von systemischem Lupus erythematodes
C6	Wiederkehrende Neisserien-Infektionen
C7	W. V.
C8	W. V.
C9	Asymptomatisch
$C\bar{1}INH$	Angioneurotisches Ödem
Faktor (C3bINA)	Wiederkehrende pyogene Infektionen
Faktor H	W. V.
Properdin (P)	Wiederkehrende Neisserien-Infektionen

Der *C3b-Inaktivator-Mangel* wird autosomal rezessiv vererbt. Er ist sehr selten. Die Patienten leiden an rekurrierenden Infektionen durch pyogene Bakterien, da sie kein opsonisierendes C3 besitzen. Der Defekt geht mit einem schnellen Katabolismus von C3 in vivo einher. Es gibt keine Behandlung für diese Krankheit außer einer angemessenen antibiotischen Therapie beim Auftreten von interkurrierenden Infektionen.

Erworbene Komplementdefekte. C3 läßt sich auf einfache Weise im Routinelabor bestimmen. Eine Abnahme von C3 unter 100 mg/dl ist signifikant. Zur Abnahme kommt es vor allem bei systemischem Lupus erythematodes infolge eines gesteigerten C3-Verbrauchs und bei der akuten Post-Streptokokken-Glomerulonephritis infolge einer verringerten C3-Synthese. Auch bei der membranproliferativen Glomerulonephritis, einer schweren Form der immunologisch induzierten Nephritis, ist C3 normalerweise wegen der Bildung eines Antikörpers gegen C3bBb, des sogenannten nephritischen Faktors, erniedrigt. Bei diesem Faktor handelt es sich um einen Autoantikörper, der das C3-konvertierende Enzym C3bBb stabilisiert und einen gesteigerten Verbrauch von C3 verursacht.

Phagozyten-Defekte

Polymorphkernige Leukozyten und Monozyten sind die wichtigsten Effektor-Zellen immunologisch ausgelöster Reaktionen. Beide Zelltypen tragen Rezeptoren für C3 und IgG (IgG1 und IgG3), die die Aufnahme von antikörper- und komplement-opsonisierten Bakterien und ihre intrazelluläre Zerstörung erleichtern (s. Kap. 5 und 12). In Kap. 5 wurden die Veränderungen im oxidativen Metabolismus diskutiert, welche die Phagozytose begleiten. Die Phagozytose aktiviert membrangebundene NADPH-Oxidase, die für die Bildung von intrazellulärem Peroxid benötigt wird:

$$O_2^- + O_2^- \xrightarrow{H_2O} O_2 + H_2O_2 \quad (1)$$

$$H_2O_2 + O_2^- \longrightarrow OH^- + {}^{\cdot}OH + O_2 \quad (2)$$

$$X^- \text{ (ein Halogenid)} + H_2O_2 \longrightarrow XO^- + H_2O \quad (3)$$

Diese Reaktionen fehlen bei einem genetisch bedingten Defekt der NADPH-Oxidase, der *chronischen granulomatösen Erkrankung* des Kindesalters. Bei diesen Patienten findet die folgende Reaktion (4) nicht statt,

$$NADPH + O_2 \longrightarrow NADP + O_2^- \quad (4)$$

so daß das für die Reaktion (1) und (2) benötigte O_2^- nicht bereitgestellt werden kann.

Die Krankheit wird als ein autosomal rezessives oder X-chromosomen-gebundenes rezessives Merkmal vererbt. Die betroffenen Kinder leiden an persistierenden Infektionen durch katalase-produzierende Bakterien, wie *Staphylococcus aureus, Serratia marcescens* und gewisse grammnegative Stäbchen. Diese Bakterien vermehren sich nach Phagozytose und bleiben in den defekten Phagozyten am Leben. Die Infektionen führen zu granulomatösen Reaktionen und zu Mikroabszessen in Lymphknoten, Lunge und Leber. Die Krankheit läßt sich leicht dadurch diagnostizieren, daß die betroffenen Leukozyten (sowohl Polymorphkernige als auch Monozyten) den Farbstoff Nitroblau-Tetrazolium (NBT) nicht aus dem farblosen Zustand zu dem tiefvioletten Formazan-Derivat reduzieren können:

$$O_2^- + NBT^+ \longrightarrow NBT + O_2$$

Therapeutisch kann man sich bei dieser Erkrankung nur auf eine antibiotische Prophylaxe beschränken.

Glossar

Abstoßungsreaktion: Zerstörung eines fremden Gewebes oder eines Tumors aufgrund einer Immunreaktion.

ADCC: (engl.) Abkürzung für antibody dependent cellular cytotoxicity = antikörperabhängige zelluläre Zytotoxizität: die Fähigkeit nicht-sensibilisierter Zellen (z.B. Zellen aus einem nicht-sensibilisierten Tier), andere Zellen zu lysieren, die mit spezifischen Antikörpern beladen sind.

Adhärente Zellen: Leukozyten, die an Glas- oder Plastik-Oberflächen haften. Normalerweise handelt es sich um Makrophagen.

Adjuvans: Fremdes Material, das, wenn zusammen mit Antigen in den Körper injiziert, die Immunogenität des Antigens steigert. Hierzu gehören abgetötete Bakterien (*B. pertussis,* Mykobakterien), Bakterienprodukte (Endotoxin) oder Emulsionen (Freundsches Adjuvans, Aluminium).

Adoptiver Transfer: Transfer der Fähigkeit, auf ein Antigen zu reagieren, durch Übertragung immunkompetenter Zellen in einen immun*in*kompetenten Rezipienten. Immuninkompetenz wird üblicherweise durch Bestrahlung herbeigeführt.

Affinität: Thermodynamische Größe, die die Interaktions-Energie zwischen zwei Molekülen beschreibt, gewöhnlich die eines Antikörpers mit seiner korrespondierenden antigenen Determinante (s. Avidität).

AI: Anaphylatoxin-Inhibitor.

Allergie: Weitgebrauchter Begriff zur Charakterisierung von Immunphänomenen, die in irgendeiner Weise schädliche Folgen haben.

Alloantigen: Antigen, das von einem anderen Individuum oder einer anderen Inzucht-Linie derselben Art abstammt. Solche Antigene sind das Ergebnis des genetischen Polymorphismus. Histokompatibilitäts-Antigene bieten Beispiele hierfür.

Alloantikörper: Antikörper, die in einem Individuum gebildet wurden und sich gegen ein Antigen (gewöhnlich Zellen) eines anderen Mitglieds derselben Art richten. Wenn Experimentaltiere eines Inzuchtstamms mit Zellen eines anderen Stammes immunisiert werden, richten sich die Antikörper gewöhnlich gegen Histokompatibilitäts-Antigene.

Allogen: Bedeutet Abstammung von einem unterschiedlichen Individuum oder einer unterschiedlichen Inzucht-Zellinie derselben Art (s. auch Isogen und Xenogen).

Allogener Effekt: Unspezifische Steigerung oder Unterdrückung einer Immunantwort durch allogene T-Lymphozyten (spezifisch für Antigene, die durch den Haupt-Histokompatibilitäts-Komplex [I-Region] kontrolliert werden); kann den Effekt von Helfer-T-Zellen nachahmen.

Allotyp: Struktur auf den schweren oder leichten Ketten einer bestimmten Immunglobulin-Klasse, die bei verschiedenen Individuen oder Inzuchtstämmen derselben Spezies unterschiedlich ist. Läßt sich als Marker für genetische Studien ausnutzen.

Alternativer Aktivierungsweg: Komplement-Aktivierung, die unter Umgehung der Bindung von C1, C4, C2 am Antigen-Antikörper-Komplex über eine antikörper-unabhängige Aktivierung des Properdins abläuft.

Anamnestische Antwort: Siehe *sekundäre Immunantwort.*

Anaphylatoxin: Kleines Fragment von C3 (C3a) oder C5 (C5a), das in der Lage ist, Mastzellen zu degranulieren und vasoaktive Amine freizusetzen.

Anaphylaxie: Systemisch auftretende Allergie vom Soforttyp, die in Atemnot oder Gefäßkollaps resultiert.

Antigen: Molekül, das eine Immunantwort stimulieren kann. Es kann viele Determinanten tragen (s. *Determinanten*). Rein empirischer Begriff.

Antikörper: Immunglobulin-Molekül, das sich spezifisch mit einer bekannten Substanz (Antigen) verbindet (s. *Immunglobulin*).

Antikörperklassen: Haupttypen von Immunglobulin-Molekülen, d.h. IgG, IgM, IgA, IgE, IgD.

Arthus-Reaktion: Lokale Immunreaktion (Allergie), die durch Antigen-Antikörper-Komplexe vermittelt wird, und in Gefäßschädigung, Thrombose, Hämorrhagien und akuter Entzündung resultiert.

Autolog: Aus demselben Individuum stammend (s. *Isolog*).

Avidität: Parameter für die Bindungsstärke zwischen Antigen- und Antikörper-Molekül, der gewöhnlich mehrfache verschiedene molekulare Interaktionsformen umfaßt (s. *Affinität*).

B: Symbol für eine Komponente des alternativen Aktivierungswegs, auch C3-Proaktivator oder GBG genannt.

B-Zelle: Eine der beiden Hauptklassen von Lymphozyten, B-Zellen entwickeln sich unter dem Einfluß der Bursa Fabricii in Vögeln oder aus dem Knochenmark von Säugetieren und reagieren auf Antigene, indem sie sich in antikörperproduzierende Zellen differenzieren.

Bence-Jones-Protein: Protein von niedrigem Molekulargewicht, das sich im Urin findet und aus leichten Ketten oder Fragmenten besteht. Es kommt häufig bei der Überwucherung eines Lymphozyten- oder Plasmazell-Klons (beispielsweise beim multiplen Myelom) vor.

β_2-*Mikroglobulin:* Polypeptid mit der Molekülmasse 12000 Dalton das sich in Assoziation mit Histokompatibilitäts-Antigenen auf der Oberfläche von Zellen findet.

BGG: Bovines Gamma-Globulin. Beliebtes Experimental-Antigen, das häufig als Träger für Haptene eingesetzt wird.

BSA: Bovines Serum-Albumin. Häufig benutztes Antigen und Trägermolekül.

Bursa Fabricii: Lymphatisches Organ im hinteren Darmteil von Vögeln, das die Entwicklung von B-Zellen beeinflußt.

Capping: Die koordinierte Bewegung von Membran-Molekülen zu einer Region der Zell-Oberfläche, nachdem ein multivalenter Ligand (z. B. Antikörper oder Antigen) gebunden wurde.

$C\bar{1}INH$: Symbol für den Inhibitor des aktivierten C1.

C3bINA: Symbol für den Inhibitor des aktivierten C3 (C3b), neuere Bezeichnung: I.

C3-Rezeptor: Bindungsstelle an der Oberfläche von B-Zellen und Phagozyten, die in der Lage ist, aktiviertes C3 zu binden.

CFA: (engl.) Complete Freund's Adjuvant = Komplettes Freundsches Adjuvans, ein Adjuvans auf Mineralöl-Basis, welches abgetötete Mykobakterien enthält.

CH50: Diejenige Konzentration von Komplement in einem lytischen System aus Komplement und antikörperbeladenen Erythrozyten, die zu einer 50%igen Hämolyse führt. Dieser Wert gilt allgemein als Maß für die Aktivität des Komplementsystems.

C_H-*Region:* Region der schweren Kette mit konstanter Aminosäure-Sequenz bei verschiedenen Antikörpern derselben Klasse.

C_L-*Region:* Abschnitt der leichten Kette mit konstanter Aminosäure-Sequenz auf verschiedenen Antikörpern derselben Klasse.

CML: (engl.) Cell-mediated lymphocytotoxicity = zellvermittelte Lymphozytotoxizität: Fähigkeit spezifischer T-Lymphozyten (d. h. T-Zellen aus einem immunisierten Tier), andere Zellen, die Membran-Antigene tragen, gegen die das Tier sensibilisiert ist, zu lysieren.

ConA: Concanavalin A, ein Pflanzenlektin, das sich an Zuckerreste auf Zelloberflächen bindet und T-Zellen zur Proliferation stimuliert.

D̄: Symbol für eine Komponente des alternativen Komplement-Aktivierungswegs (Nebenschlußweg). Wird auch C3-Proaktivator-Konvertase oder Pro-GBG-ase genannt.

Determinante: Teil eines Antigen-Moleküls, der sich an die antigen-bindenden Stellen eines Antikörper-Moleküls bindet (s. *Hapten* und *Epitop*).

DNP: Dinitrophenylrest, häufig benutztes Hapten.

E: Symbol für Erythrozyten.

EA: Symbol für einen mit einem spezifischen Antikörper beladenen Erythrozyten.

EAC: Symbol für einen Erythrozyten, der mit Antikörper und Komplement beladen ist.

ECF-A: Eosinophiler chemotaktischer Faktor der Anaphylaxie. Es handelt sich um ein Molekül, das immunologisch spezifisch im Verlauf allergischer Reaktionen freigesetzt wird und in der Lage ist, Eosinophile chemotaktisch anzulocken.

Endotoxin: Lipopolysaccharid (LPS), das aus der Zellwand gram-negativer Bakterien stammt. Es hat verschiedene biologische Effekte: Es stimuliert die Immunantwort unspezifisch, stimuliert B-Lymphozyten der Maus zur Proliferation und aktiviert den Nebenschluß-Reaktionsweg des Komplementsystems.

Enhancement: (engl.) Verlängerung der Überlebenszeit eines Allotransplantats oder eines Tumors durch spezifische Antikörper gegen das Fremdgewebe.

Epitop: In der Regel eine Determinante, die mehrfach auf demselben Antigen vorkommt (s. Hapten, Determinante und Antigen).

Fab-Fragment: Durch Papain-Verdauung entstandenes Immunglobulinprodukt mit einer intakten leichten Kette und einem Teil einer schweren Kette. Fab-Fragmente haben eine einzige Antigenbindungsstelle.

$F(ab)_2$-Fragment: Durch Pepsin-Verdauung entstehendes Immunglobulinprodukt mit zwei intakten leichten Ketten und Teilen der zwei schweren Ketten, jedoch ohne Fc-Region. $F(ab)_2$-Fragmente besitzen zwei Antigenbindungsstellen.

Fc-Fragment: Durch Papain-Verdauung entstehendes Immunglobulinprodukt, das sich aus Teilen von zwei schweren Ketten zusammensetzt und keine Antigenbindungsstelle besitzt. Dieses Fragment besitzt jedoch Regionen für die Aktivierung von Komplement und Stellen für die Bindung der Immunglobuline an Makrophagen, Lymphozyten und Mastzellen und ist verantwortlich für viele biologische Funktionen der Antikörper.

Fc-Rezeptor: Stelle auf der Oberfläche der meisten Lymphozyten und Phagozyten, die in der Lage ist, das Fc-Stück von Immunglobulinen der IgG-Klasse zu binden.

Follikel: Umschriebene Region von lymphatischem Gewebe, üblicherweise in der Oberflächenrinde von Lymphknoten, die vorwiegend B-Zellen enthält.

Gammaglobuline: Globuline von langsamer elektrophoretischer Motilität in der Gamma-Region. Dieser Begriff wird manchmal für alle Immunglobuline verschiedener Klassen gebraucht.

Gedächtnis: Die Fähigkeit des Immunsystems, mit einer spezifischen Sekundärantwort auf ein vorher verabfolgtes Immunogen zu reagieren.

Globuline: Vom Albumin verschiedene Serumproteine, die bei hohen Salzkonzentrationen ausfallen.

GVH: Graft-versus-Host-Reaktion. Pathologische Reaktion, die durch Übertragung immunkompetenter T-Lymphozyten auf einen inkompetenten Wirt ausgelöst wird. Der Empfänger ist nicht in der Lage, die T-Lymphozyten abzustoßen, wird seinerseits aber von ihnen attackiert.

H-2: Haupt-Histokompatibilitäts-Komplex der Maus.

H-2K und H-2D: Genorte im Haupt-Histokompatibilitäts-Komplex der Maus, die die Klasse-I-Histokompatibilitäts-Antigene kodieren, welche für die schnelle Abstoßung von Allotransplantaten verantwortlich sind und als Angriffsziele für die T-zell-abhängige Zytolyse dienen.

Hapten: Chemisch definierte Determinante, die nach Kopplung an einen immunogenen Träger die Synthese von Antikörpern gegen sich stimuliert. Haptene sind in der Lage, sich mit Antikörpern zu verbinden, können jedoch ohne Träger selbst keine Immunantwort stimulieren.

Helfer-T-Zellen: Klasse von spezifisch reagiblen T-Zellen, die die Differenzierung von B-Zellen in antikörperproduzierende Zellen (gegen thymusabhängige Antigene) oder von anderen T-Zellen fördern.

Heterolog: Aus einem anderen Individuum oder einer anderen Inzucht-Linie stammend. Dieser Begriff wird manchmal auch auf ein verschiedenes Träger-Molekül angewendet (s. Isolog).

Histokompatibilitäts-Antigene: Zell-Oberflächen-Antigene, die für ein Individuum oder für eine Inzucht-Linie charakteristisch sind, die Abstoßung von Gewebe-Transplantaten stimulieren und bei Interaktionen mit T-Lymphozyten regulatorische Funktionen haben.

HLA: Haupt-Histokompatibilitäts-Komplex des Menschen.

HLA-A, HLA-B, HLA-C: Drei verschiedene Genorte im Haupt-Histokompatibilitäts-Komplex des Menschen, die Klasse-I-Haupt-Histokompatibilitäts-Antigene kodieren.

HLA-D: Region des Haupt-Histokompatibilitäts-Komplexes des Menschen, welche Klasse-II-Antigene, die hauptsächlich auf B-Zellen und Makrophagen exprimiert sind, kodiert, die die spezifische Proliferation allogener T-Zellen in Kultur stimulieren.

Humorale Immunität: Immun-Phänomene, die auf die Reaktion spezifischer Antikörper mit Antigen zurückgehen.

Hypervariable Region: Definierte Abschnitte auf der variablen Region schwerer oder leichter Immunglobulin-Ketten, bei denen eine extreme Variabilität in der Aminosäure-Sequenz bei verschiedenen Molekülen besteht. Die antigen-bindende Stelle besteht aus hypervariablen Regionen.

I: s. C3bINA

Ia: Histokompatibilitäts-Antigene, die auf B-Zellen, Makrophagen, T-Zellen und den Langerhans-Zellen der Haut gefunden werden. Sie werden von der I-Region des Haupt-Histokompatibilitäts-Komplexes kodiert. Ia-Antigene sind Klasse-II-Moleküle.

I-A, I-B, I-C, I-E: Subloci des H-2I-Locus des MHC der Maus.

I-Region: Region des MHC, die die Ir-Gene enthält und die Ia-Antigene kodiert.

ICFA: (engl.) Incomplete Freund's Adjuvant = Inkomplettes Freundsches Adjuvans - Freundsches Adjuvans ohne Mykobakterien.

Idiotyp: Antigene Determinante eines spezifischen Antikörpers, die für diesen Antikörper charakteristisch ist und auch auf Antikörpern desselben Isotyps und Allotyps verschieden ist. Idiotypen sind üblicherweise auf oder nahe der antigen-bindenden Stelle lokalisiert.

IFN: Interferon - Proteine mit antiviraler Wirkung für viele Gewebezellen. Es gibt α-, β- und γ-Interferon. α-Interferon wird durch Makrophagen nach Interaktion mit verschiedenen Stimulantien gebildet. β-Interferon stammt aus virusinfizierten Zellen. γ-Interferon wird von T-Zellen nach antigener Stimulation produziert.

IL-1: Interleukin-1 wird von Makrophagen gebildet (Protein, 15000 Dalton) und wirkt aktivierend auf Thymozyten und T-Helfer-Zellen.

IL-2: Interleukin-2 ist ein von T-Helfer-Zellen gebildetes Protein, das die Proliferation anderer T-Lymphozyten fördert.

IL-2-Rezeptoren: Membranstrukturen auf aktivierten T-Zellen, die für die IL-2-Bindung verantwortlich sind. Diese ist der initiale Schritt bei der Stimulation der T-Zell-Proliferation.

Immunglobuline: Die verschiedenen Klassen von Gammaglobulin-Molekülen mit Antikörper-Aktivität.

Immunglobulin-Subklasse: Immunglobuline derselben Klasse, die sich in ihren elektrophoretischen Wanderungseigenschaften oder in einer antigenen Determinante im C_H-Bereich unterscheiden, bilden eine Subklasse, z. B. IgG_1, IgG_2, IgG_3, IgG_4.

Immunogen: Molekül, das eine Immunantwort auslöst (s. Antigen).

Immunologisches Gedächtnis: Die Fähigkeit des Immunsystems zur spezifischen Sekundär-Antwort gegen ein zuvor benutztes Antigen.

Interferon: S. IFN.

Interleukine: S. IL-1, IL-2.

Ir-Gene: Gene, die in der I-Region des Haupt-Histokompatibilitäts-Locus lokalisiert sind und die Fähigkeit besitzen, eine spezifische Immunantwort gegen thymusabhängige Antigene zu entwickeln. Ir-Genprodukte = Ia-Antigene = Klasse-II-Moleküle.

Isogen: Von demselben Individuum oder von demselben Inzuchtstamm (z. B. Mäuse) herstammend (s. auch Isolog).

Isolog: S. Isogen.

Isotyp: Immunglobulin-Klasse oder Subklasse, die allen Mitgliedern einer gegebenen Spezies gemeinsam ist.

J-Kette: Kleinerer Polypeptid-Abschnitt der IgM- und IgA-Polymere, der für die polymere Form der Immunglobuline verantwortlich ist.

K-Zellen: (Killer-Zellen) Zellen, welche die ADCC vermitteln (synonym mit Natural Killer-Zellen).

Kinin-System: Serum-Faktoren, die für zahlreiche biologische Effekte der Antikörper verantwortlich sind. Sie setzen sich aus mehreren Proteinen zusammen, welche sequentiell miteinander reagieren.

Klasse-I-Moleküle: Begriff für eines der beiden Hauptkompartimente von Molekülen, die durch den Haupthistokompatibilitätskomplex kodiert werden. HLA-A, -B und -C Gene kodieren für Klasse-I-Moleküle.

Klasse-II-Moleküle: Begriff für das andere große Kompartiment von Molekülen, das durch den Haupthistokompatibilitätskomplex kodiert wird (s. Ia-Antigene).

Klassischer Aktivierungsweg: Mechanismus der Komplement-Aktivierung durch Antigen-Antikörper-Komplexe über die Aktivierung von C1, C4, C2 und C3.

KLH: (engl.) Keyhole Limpet Hemocyanin = Hämocyanin einer bestimmten Napfschneckenart. In der Immunologie dient es als starkes thymusabhängiges Antigen, das häufig in Hapten-Träger-Systemen benutzt wird.

Kortex: Rinde; z. B. die periphere Region von Lymphknoten oder Thymus.

Komplement: Eine Serie von Serum-Proteinen, die in einer bestimmten Sequenz durch Antigen-Antikörper-Komplexe (klassischer Aktivierungsweg) oder bakterielle Produkte (alternativer Weg oder Nebenschluß-Reaktion) aktiviert werden. Verantwortlich für viele biologische Abwehrmechanismen, wie Zytolyse, Bakteriolyse, Opsonisierung, Leukozyten-Chemotaxis, Entzündung und andere mehr.

LAD: Lymphozyten-aktivierende Determinante; ein vom Haupt-Histokompatibilitäts-Komplex kodiertes Antigen, das vorwiegend auf B-Zellen exprimiert wird. LAD ist für die Stimulierung der spezifischen proliferativen Antwort von Helfer-T-Zellen in einer gemischten Lymphozyten-Reaktion verantwortlich.

LCM: Lymphozytäre Choriomeningitis; Erkrankung, die durch das LCM-Virus hervorgerufen wird, wobei es indirekt über das Immunsystem zur Gewebeschädigung kommt.

Lektine: Pflanzenprodukte, die sich an Zellen binden können; dies kommt gewöhnlich über eine für einen bestimmten Zucker spezifische Bindungsstelle zustande.

Leichte Kette: Polypeptid-Kette mit dem niedrigeren Molekulargewicht, die in jedem Immunglobulinmolekül vorkommt; Abkürzung: L-Kette.

Leukotriene: Eine Gruppe chemischer Verbindungen, die sich von der Arachidonsäure ableitet und eine starke Wirkung auf die glatte Muskulatur und die Gefäßpermeabilität hat (s. SRS-A).

LPS: Lipopolysaccharid der Zellwände gramnegativer Bakterien; LPS ist ein B-Zell-Mitogen bei der Maus (s. Endotoxin).

Ly: Ein Antigen-System, welches auf T-Zellen vorkommt und für die Unterscheidung distinkter T-Zell-Subklassen dienlich ist.

Lymphokine: Faktoren, die von Lymphozyten nach Interaktion mit homologem Antigen gebildet werden und auf andere Zellen verschiedene Effekte ausüben (s. auch Interleukine).

M-Komponente: Große Mengen homogenen Immunglobulin-Materials, das man häufig im Urin oder Serum von Patienten mit Lymphomen findet. Das Auftreten ist auf das maligne Überwuchern eines Lymphozytenklons bzw. eines Plasmazellklons zurückzuführen.

Makrophage: Eine im Gewebe ubiquitär vorkommende phagozytierende Zelle (s. auch Monozyt).

Medulla: Mark; z. B. die zentrale Region der Lymphknoten, die aus lymphatischen Sinus- und Medulla-Strängen zusammengesetzt ist.

MHC: (engl.) Major Histocompatibility Complex = Haupt-Histokompatibilitäts-Komplex; größerer Chromosomen-Abschnitt, der die Immunantwort-Gene sowie die Gene, die die Histokompatibilitäts-Antigene und die Lymphozyten-Oberflächen-Antigene kodieren, umfaßt, und damit für die rasche Abstoßung von Allotransplantaten verantwortlich ist.

MIF: Migrations-Inhibitions-Faktor - Lymphokin, das die Beweglichkeit von Makrophagen in vitro hemmt.

Mitogen: Substanz, die antigenunabhängig eine Lymphozyten-Proliferation bewirkt.

MLR oder *MLC:* (engl.) Mixed Lymphocyte Reaction/Culture = gemischte Lymphozyten-Reaktion/Kultur; In-vitro-Kultur allogener Lymphozyten, welche zu einer proliferativen Antwort dieser Zelle führt.

Monozyt: Phagozytierender mononukleärer Leukozyt im Blut, der die Vorstufe der meisten Gewebemakrophagen darstellt. Monozyten stammen von Knochenmarkzellen ab.

Nichtadhärente Zellen: Zellen aus der Milz oder anderen lymphatischen Geweben, die an Plastik oder Glas nicht adhärieren. Während Makrophagen adhärieren, gehören die Lymphozyten zu den nichtadhärenten Zellen.

NK-Zellen: (engl.) Natural Killer Cells - Natürliche zytotoxische Zellen. Zellen, die die Fähigkeit besitzen, undifferenzierte Zellen, Tumoren oder virusinfizierte Zellen zu töten. NK-Zellen tragen Fc-Rezeptoren und können auch über den Mechanismus einer ADCC zytotoxisch wirken.

Null-Zellen: Lymphozyten ohne nachweisbare Marker der T- und B-Zellen.

Opsonisierung: Steigerung der Phagozytierbarkeit verschiedener Partikel (z. B. Zellen oder Bakterien) aufgrund einer Beladung mit spezifischen Antikörpern.

PAF: Plättchen-aktivierende(r) Faktor(en) - Faktoren, die bei dem Immungeschehen freigesetzt werden und Blutplättchen aggregieren und degranulieren.

PCA: Passive kutane Anaphylaxie - Induktion einer lokalen Immunreaktion vom Soforttyp; eine PCA kann durch die Injektion von Antikörpern in die Haut und eine bald darauf folgende systemische oder lokale Zweitinjektion von Antigen hervorgerufen werden. Die Reaktion ist auf die Freisetzung vasoaktiver Amine aus Mastzellen zurückzuführen und manifestiert sich in einem Anstieg der vaskulären Permeabilität.

PFC: (engl.) Plaque-Forming Cell = plaque-bildende Zelle. Eine antikörper-sezernierende Zelle (typischerweise eine Plasmazelle), die sich zusammen mit Erythrozyten und Komplement in einer Agar-Schicht befindet, sezerniert genügend Antikörper gegen die roten Blutkörperchen, so daß ein Hämolysehof entsteht. Antikörper-Reaktionen werden häufig über die Zahl der PFC gemessen. Antikörper mit Spezifität gegen Protein-Antigene können über eine modifizierte PFC-Methode ermittelt werden, bei der das Protein-Antigen vorher an die Erythrozyten gekoppelt wurde.

PHA: Phytohämagglutinin; Pflanzenlektin, welches tierische Zellen agglutiniert und Lymphozyten, besonders T-Zellen, zur Proliferation anregt.

Plasmazellen: Von B-Lymphozyten abstammende Zellen, welche große Mengen Immunglobulin sezernieren.

Primäre Immunantwort: Immunantwort, die beim Erstkontakt mit einem Immunogen erfolgt.

Properdin: Komponente des alternativen Aktivierungswegs des Komplements.

PWM: (engl.) Pokeweed Mitogen - Substanz pflanzlichen Ursprungs, die Lymphozyten zur Proliferation anregt.

Schwere Kette: Polypeptid-Kette des Immunglobulin-Moleküls mit der höheren Molekülmasse. Bestimmt die Immunglobulin-Klasse; Abkürzung: H-Kette.

Sekundäre Immunantwort: Beim zweiten oder folgenden Kontakt eines Individuums mit einem Immunogen auftretende Immunantwort (s. Gedächtnis und anamnestische Antwort).

Serumkrankheit: Syndrom, das auf die Ablagerung zirkulierender Immunkomplexe in den kleinen Gefäßen und besonders den Nieren-Glomeruli zurückzuführen ist.

SLE: Systemischer Lupus erythematodes; Autoimmun-Erkrankung, die dadurch charakterisiert ist, daß Autoantikörper gegen verschiedene Autoantigene, besonders gegen DNA, gebildet werden.

Sofortallergie: Spezifische Immunreaktion, die Minuten bis Stunden nach der Zugabe von Antigen abläuft und durch Antikörper vermittelt wird (s. Arthus-Reaktion und Anaphylaxie).

Spezifität: Fähigkeit der Antikörper, zwischen verschiedenen Determinanten zu unterscheiden.

SRBC: (engl.) Abkürzung für Sheep Red Blood Cells = Schaferythrozyten, ein in der Immunologie häufig verwendetes Antigen.

SRS-A: (engl.) Slow-Reacting Substance of Anaphylaxis; bei immunologischen Reaktionen freigesetzte Moleküle, die für bestimmte Wirkungen bei der Anaphylaxie verantwortlich sind (auch als *Leukotriene* bezeichnet).

Ss: Region des Haupt-Histokompatibilitäts-Komplexes von Mäusen, welche die C4-Komponente des Komplements kodiert.

Subklassen: Immunglobuline derselben Klasse, die sich in ihrer elektrophoretischen Beweglichkeit bzw. in einer antigenen Determinante in der C_H-Region unterscheiden, z.B. IgG1, IgG2, IgG3 und IgG4.

Suppressor-T-Zellen: T-Lymphozyten-Subpopulation, welche eine Immunantwort gegen ein Antigen supprimiert. Es gibt spezifische und unspezifische Suppressor-T-Zellen.

T4: Ein Oberflächenprotein humaner T-Helfer-Zellen, das durch spezifische monoklonale Antikörper erkannt wird.

T8: Ein Oberflächenprotein auf menschlichen Suppressor- bzw. zytotoxischen T-Zellen, das durch monoklonale Antikörper identifiziert werden kann.

T-abhängiges Antigen: Antigen, gegen das eine Immunantwort nur unter Beteiligung von T-Zellen zustandekommt.

T-Antigene: Antigene, die auf virus-induzierten malignen Tumorzellen vorkommen und für das onkogene Virus charakteristisch sind, aber kein Virus-Protein darstellen. Verschiedene, vom gleichen Virus induzierte Tumoren, tragen die gleichen T-Antigene. Unterschiedliche Viren induzieren Tumoren mit verschiedenen T-Antigenen. T-Antigene findet man in den Kernen der Tumorzellen. Sie rufen eine Antikörper-Antwort hervor, stimulieren jedoch keine spezifische Tumorabwehr.

TCGF: (engl.) T Cell Growth Factor = T-Zell-Wachstums-Faktor. Funktionell geprägter Begriff für *Interleukin 2.*

T-unabhängiges Antigen: Antigen, gegen das eine Immunantwort ohne Beteiligung von T-Zellen zustandekommt.

T-Zellen: Zellen einer vom Thymus abstammenden Lymphozyten-Klasse, welche auf thymusabhängige Antigene und Produkte des Haupt-Histokompatibilitäts-Komplexes reagieren. T-Zellen können keine Antikörper produzieren; sie vermitteln zelluläre Immunreaktionen und regulieren verschiedene Formen der Immunantwort.

TDL: (engl.) Thoracic Duct Lymphocytes = Lymphozyten des Ductus thoracicus; zirkulierende Lymphozyten (hauptsächlich T-Zellen) aus dem Ductus thoracicus.

Theta: Ein auf den T-Zellen der Maus vorhandenes Antigen. Das Theta (Thy 1)-Antigen stellt den besten T-Zell-Marker bei der Maus dar.

Thy: Ein Antigensystem, das für T-Zellen spezifisch ist (s. Theta).

Thymusabhängige Regionen: Gebiete der peripheren lymphatischen Gewebe, wie Lymphknoten und Milz, in denen vorwiegend T-Zellen vorkommen, und welche nach Thymektomie atrophieren. Hierzu gehören die tiefe Rinde der Lymphknoten und die periarteriolären Lymphozyten-Scheiden der Milz.

Thymusunabhängige Regionen: Gebiete innerhalb der peripheren lymphatischen Gewebe, welche hauptsächlich B-Zellen enthalten. Es handelt sich vorwiegend um die Follikel der Lymphknoten in der oberflächlich gelegenen Rinde (Primärfollikel und Keimzentren).

TL: System von T-Zell-Antigenen der Maus, welches ursprünglich auf T-Zell-Leukämie-Zellen nachgewiesen wurde und in einigen Mäusestämmen auch auf normalen Thymozyten exprimiert wird.

Toleranz: Unfähigkeit des Immunsystems, aufgrund eines früheren Kontaktes mit einem bestimmten Antigen gegen das gleiche Antigen immunologisch zu antworten, obwohl eine Antwort gegen andere Antigene stattfindet. Toleranz kann am besten durch die neonatale Injektion des Antigens induziert werden.

Träger: Molekül, an welches sich Haptene binden, üblicherweise ein immunogenes Protein (s. Hapten und Immunogen).

Transferfaktor: Niedermolekulare Substanz, die aus immunen Leukozyten extrahiert werden kann, und in der Lage ist, eine spezifische Allergie vom verzögerten Typ gegen solche Antigene zu transferieren, gegen welche der Leukozyten-Spender sensibilisiert worden war.

Transportstück: Polypeptid, das in Assoziation mit sezerniertem IgA, aber nicht mit Serum-IgA, nachgewiesen werden kann. Es ist für die Fähigkeit von IgA verantwortlich, auf Schleimhautoberflächen ausgeschleust zu werden.

TSTA: Tumor-spezifische Transplantations-Antigene; Antigene auf der Zellmembran von Tumorzellen, gegen welche die Tumor-Abstoßungsreaktion gerichtet ist.

Verzögerte Allergie: Spezifische entzündliche Immunreaktion, die durch Antigeninjektion in die Haut sensibilisierter Individuen ausgelöst wird. Sie benötigt 24 bis 48 Stunden für ihre Entwicklung und wird von T-Zellen und Makrophagen, jedoch nicht von Antikörpern vermittelt.

V_H-Region: Variabler Bereich der schweren Ketten.

V_L-Region: Variabler Bereich der leichten Ketten.

Xenogen: Material, welches von einer fremden Spezies abstammt (s. auch Isogen und Allogen).

Zelluläre Immunität: Immunphänomene, die von spezifischen T-Zellen und nicht von Antikörpern vermittelt werden, wie z. B. Allergie vom verzögerten Typ oder Zytolyse durch zytotoxische T-Zellen.

Zytotoxische T-Lymphozyten (CTL): Identisch mit zytolytischen Lymphozyten; T-Lymphozyten, die sensibilisiert sind und die Fähigkeit besitzen, spezifisch Zielzellen (Tumoren, virusinfizierte und allogene Zellen) zu lysieren, an die sie sich gebunden haben (s. CML).

Korrelationsregister zum Sachgebiet „Immunologie“ im Gegenstandskatalog „Medizinische Mikrobiologie“ für den Ersten Abschnitt der Ärztlichen Prüfung (GK 2)

bearbeitet von
Georg Daeschlein

Hinweise für den Benutzer

Das vorliegende Register bezieht sich auf die Prüfungsgegenstände, die im Gegenstandskatalog für den Ersten Abschnitt der Ärztlichen Prüfung (GK 2) für das Sachgebiet *Immunologie* innerhalb der *Medizinischen Mikrobiologie* (Seiten 98-103) wiedergegeben sind.

Für alle durch Dezimalklassifikation geordneten Prüfungsgegenstände sind diejenigen Seiten angegeben, die eine Information über die angegebenen Stichworte enthalten.

In wenigen Fällen sind im Gegenstandskatalog Lerninhalte aufgeführt, die im vorliegenden Buch nicht behandelt sind. Diese gehören nicht in den engeren Bereich der Immunologie und können in den Lehrbüchern benachbarter Fächer nachgeschlagen werden.

11 Immunologie

11.1. die Immunitätsreaktion des Organismus

11.1.1. das Immunorgan

die Stammzelle und ihre Differenzierung 76, 79f., 84
T- und B-Zellsystem 76
Makrophagen 103f.
funktionelle Reifung des Immunsystems 77f., 84f.
Reifungsorgane: Bursa-Äquivalent 76
Thymus 77f.
klonale Selektion 8f.

11.1.2. die Immunreaktion

Induktions- und Effektorphase 110f., 180f.
primäre und sekundäre Immunreaktion 5f.
Adjuvantien 21
Begriff der Immunität 1f.
aktiv und passiv erworbene Immunität 1f.
Immundefekte Kap. 15

11.1.3. Stimulation des B-Zellsystems

Erkennung und Verarbeitung des Antigens 87f., 93f., 110
zelluläre Kooperation bei der Antikörperbildung Kap. 8
Differenzierung von B-Lymphozyten zu Plasmazellen 95
Funktion der Plasmazelle 95
zeitliches Auftreten von IgM und IgG 5f.
Rolle der Gedächtniszellen bei der Sekundärantwort 5f.
das Myelom als monoklonaler Plasmazelltumor 41f.

11.1.4. Stimulation des T-Zellsystems

Eigenschaften der T-Zellen 95f.
Auswirkungen der Antigenstimulation 101
Funktion der T-Zellen (Helferzellen, Suppressor-Zellen, zytotoxische Zellen) 95f.
Produktion von Lymphokinen 146f., 163

11.1.5. Immuntoleranz, Immunsuppression

Wesen der natürlichen Toleranz Kap. 9
Induktion der natürlichen Toleranz 182f.
Toleranzdurchbrechung 192f.
Prinzip der Immunsuppression durch Strahlen, Pharmaka und Antilymphozytenserum 133

11.1.6. Effektorphase

humorale und zelluläre Abwehr gegenüber Infektionen 113
Leistungsbereich des B- und des T-Zellsystems Kap. 5
Folgereaktionen: Aktivierung von Komplement Kap. 12
Aktivierung von Makrophagen 103

11.2. Antigen

11.2.1. Definition

Definitionskriterien 12

11.2.2. Voraussetzungen der Antigenität

chemische Voraussetzungen der Antigenität 19f.
biologische Voraussetzungen der Antigenität 12
Mindestmolekulargewicht 19
Oberflächenstrukturen 19f.
Fremdheit in bezug auf das Immunsystem 18
unterschiedliche Stärke der Antigenität 22

11.2.3. Träger und Determinate

chemische Basis der Spezifität 13f.
Funktionen des Trägers und der Determinante für Antigenität und Spezifität 13f., 20
das Antigenmolekül als Träger mehrerer Spezifitäten 18f., 22

11.2.4. Hapten

begriffliche Beziehung zwischen Hapten und Determinate 16f.
das Vollantigen als Resultat der Kupplung von Hapten an einen Träger 16

11.2.5. serologische Verwandtschaft (Kreuzreaktion), heterogenetische Antigene

Gegenüberstellung von chemischen und serologischen Kriterien zur Definition der Begriffe „identisch“, „teil-identisch“ und „nicht-identisch“ 18, 53f.
Antigenmosaik und Antigenformel Beispiel: Blutgruppen 24f.

11.2.6. Autoantigene

Begriff des „Selbst“ und „Nicht-Selbst“ 18
Beispiele für Autoantigene 271
organspezifische Autoantigene mit gleichzeitigem Charakter als heterogenetische Antigene 272
immunpathologische Bedeutung 273

11.2.7. allogenetische Antigene (Iso-Antigene)

Definition der Begriffe „autolog“, „isolog“, „heterolog“ sowie „allogenetisch“ und „syngenetisch“ 126f.
Beispiel für Allo-Antigene: Blutgruppenantigene des AB0- und des Rh-Systems 24f., 27f.
Histokompatibilitätsantigene 117f., 131f.

11.3. Antikörper

11.3.1. Molekularstruktur des Antikörpers

Einordnung als Immunglobulin 31f.
Aufbau des IgG-Moleküls 33f.
H- und L-Ketten 31f.
S-S-Brücken 33
Antikörperfragmentierung durch Pepsin und Papain 33
Fc-Stück 33
kappa- und lambda-Determinanten 32
Bedeutung für den Coombs-Test 28, 59
Funktionslokalisation: Bedeutung des Fc-Stücks für Komplementaktivierung 33f.
Zytotropie 104f.
Rheumafaktor-Bindung 270
Plazenta-Penetration 29
Position der Antigen-Bindungsstelle 44
Aufbau des IgM-Antikörpers 35f.

11.3.2. Immunglobulinklassen

Einteilungskriterien: klassenspezifische Determinate der H-Kette 31
Molekulargewicht, Kohlenhydratgehalt, Wertigkeit 40
biologische Funktion der einzelnen Klassen: antimikrobielle Abwehr durch IgG, IgM und IgA 47f.
Schleimhaut-Abwehr für IgA 36f., 49
IgE als zellgebundener Träger der allergischen Überempfindlichkeit 50, 280f.
Affinität zu Mastzellen 50, 280f.
Auslösung der Histaminfreisetzung aus IgE-beladenen Mastzellen durch Antigen 50, 280f.
Vielfalt der Antikörperantwort 41f.
monoklonale Antikörper 73

11.3.3. Spezifität des Antikörpers

Begriff der Spezifität als Ausdruck für das komplementäre Strukturverhältnis zwischen Determinante und der Bindungsstelle am Antikörper 43f.
reversibler Charakter der Antigen-Antikörperbindung 51f.
Spezifität als Funktion der Aminosäuresequenz 43f.
konstanter und variabler Teil der L-Kette 43f.
das Bence-Jones-Protein als monoklonales L-Kettenmaterial 41f.
genetische Determination der Antikörperspezifität 196f.
Klonselektion 8f.

11.3.4. Antikörperanaloge Stoffe

Rheumafaktor 270

11.4. Antigen-Antikörper-Reaktion – serologische Methoden

11.4.1. Bindung von Antigen und Antikörper

Antigen-Antikörper-Komplex 43f.
Konformationsänderung des Antikörper-Moleküls durch Bindung an das Antigen: Aktivierung der komplementbindenden Funktion 232
Aktivierung der Fähigkeit zur Bindung des Rheumafaktors 270

11.4.2. Immunpräzipitation

Abhängigkeit der Präzipitatbildung vom Verhältnis Antigen-Antikörper: Antikörperüberschuß, Äquivalenzzone und Antigenüberschuß 51f., 262

Entstehung von löslichen Immunkomplexen im Antigenüberschuß 51f.

11.4.3. Agglutination

Agglutination von Bakterien als Mittel zur serologischen Identifizierung; diagnostische Agglutinationsreaktion 57f.
Hämagglutination 57f.
Förderung der Agglutinationsbereitschaft durch Supplement 28
indirekter Coombstest 28
Spezifität des Coombsserums 59
passive Hämagglutination 57f.

11.4.4. Radio-Immun-Test

Prinzip der Markierung von Antigen und Antikörper durch Isotopen 67f.

11.4.5. Toxin-Neutralisation

sterische Blockade durch Antikörper 47f.

11.4.8. Fluoreszenz-Serologie

Antigenlokalisation im mikroskopischen Präparat 63f.

11.4.9. Komplement

Komplement als Plasmaproteinsystem Kap. 12
Aktivierungsmodus durch Immunkomplexe (Beispiel: Immunhämolyse) 232f.
Aktivierung über das Properdinsystem 234f., 237
Bildung von Entzündungsmediatoren 248
Opsonisierung 48

11.5. Blutgruppenserologie

11.5.1. Allgemeines

Charakterisierung der Blutgruppeneigenschaften als genetisch determinierte Merkmale 24f.
Induktion von allotypischen Antikörpern (Isoantikörpern) der verschiedenen Immunglobulinklassen 24f.
Prinzipien der Blutgruppenbestimmung mit Hilfe von Testreagenzien (z. B. Testseren und Testerythrozyten) 27f.

11.5.2. AB0-System

Vorkommen der AB0-Antigene 24f.
chemische Grundlagen der AB0-Spezifität 24f.
Vererbung des AB0-Systems 24f.
Besonderheiten der AB0-Erythroblastose 26f.
Methodik der AB0-Bestimmung 27

11.5.3. Rh-System

Charakterisierung des Rh-Systems 27f.
Vorkommen der Antigene an Erythrozyten 28
Bildung von nicht agglutinierenden plazentagängigen IgG-Antikörpern 29
Vererbung und Immunogenität der einzelnen Rh-Antigene und ihre Bedeutung für die Bluttransfusion 27f.
Sonderstellung des Rh-Merkmals D 28
Rh-Erythroblastose (Pathogenese, serologische Diagnostik, Therapie, Prophylaxe) 29f.

11.5.4. sogenannte „seltene" Blutgruppenmerkmale

Bedeutung weiterer Blutgruppenmerkmale für die Bluttransfusion 27

11.5.5. Kreuzprobe

Prinzip
Ausführung durch Ansätze mit Supplement und Coombs-Test 28

11.6. pathogene Wirkungen von Immunreaktionen (s. a. GK Pathologie Kap. 6)

11.6.1. Grundbegriffe, Einteilungskriterien

Erlangung der Überempfindlichkeit (Sensibilisierung) 255ff., 277ff.
Überempfindlichkeitsreaktionen 255ff.
aktive und passive, allgemeine und örtliche Sensibilisierung 255ff.
allgemeine und örtliche Reaktion 255ff.
Sensibilisierung und Reaktion gegen körpereigenes und körperfremdes Antigen 255ff.
humorale und zelluläre Träger der Überempfindlichkeit: Sofortreaktion und verzögerte Reaktion 256
pathogenetische Wirkung von Immunkomplexen 257

11.6.2. Systematik

11.6.3. Pathogenese

11.6.5. klinische Bedeutung der Autoaggression

11.6.6. Immunreaktion bei der Transplantation und bei Tumoren

Sachregister

FSC
www.fsc.org
MIX
Papier | Fördert gute Waldnutzung
FSC® C083411

Kolibri 360 GmbH
Ferdinand-Jühlke-Straße 7
99095 Erfurt, Deutschland
produktsicherheit@kolibri360.de